高职高专材料工程类规划教材

建材化学分析

邓小锋　主编

中国建材工业出版社

图书在版编目（CIP）数据

建材化学分析/邓小锋主编. —北京：中国建材
工业出版社，2015.4（2023.2重印）
高职高专材料工程类规划教材
ISBN 978-7-5160-1095-2

Ⅰ.①建… Ⅱ.①邓… Ⅲ.①建筑材料－化学分析－
高等职业教育－教材 Ⅳ.①TU502

中国版本图书馆 CIP 数据核字（2015）第 018469 号

内 容 简 介

  本书以"工学结合精神为指导、培养学生实践能力为目标、项目教学为方法"为指导思想，参照国家《高级建材化学分析工》职业标准的要求，以校企合作编写的方式，本着"管用、够用、适用"的原则，通过分析企业典型工作任务，确定教材内容，同时考虑学生的可持续发展，将教材目录与内容按项目和任务组织序化。在同类型教材中首次将理论、实践和实训内容融为一体，形成理实一体、工学结合的新教材。

  本书属材料工程技术专业核心系列教材之一，它具有"理论联系实际，学有所用；图文并茂，学有所乐；与职业资格考核标准对接，考有所依"三大典型特征。本书可作为高等职业院校材料工程技术专业教学用书，也可供中等职业学校、现代水泥企业专业技术人员学习参考。

  本书有配套课件，读者可登录我社网站免费下载。

建材化学分析

邓小锋 主编

出版发行 中国建材工业出版社
地 址：北京市海淀区三里河路 11 号
邮 编：100831
经 销：全国各地新华书店
印 刷：北京雁林吉兆印刷有限公司
开 本：787mm×1092mm 1/16
印 张：20.25
字 数：506 千字
版 次：2015 年 4 月第 1 版
印 次：2023 年 2 月第 4 次
定 价：**59.00 元**

本社网址：www.jccbs.com 微信公众号：zgjcgycbs
本书如出现印装质量问题，由我社市场营销部负责调换。联系电话：(010) 57811387

前　　言

教育部"关于提高高等职业教育教学质量的若干意见"（教高［2006］16号）中指出："课程建设与改革是提高教学质量的核心，也是教学改革的重点和难点"，直接关系高素质技能型专门人才的培养质量。

为此，2009年5月27日绵阳职业技术学院受教育部材料类专业教学指导委员会委托，组织召开了黑龙江建筑职业技术学院等6所高职学院、四川峨胜水泥有限公司等23家建材企业的46名专家参加的"材料工程技术专业课程建设与改革研讨会"，专题研究了材料工程技术专业课程建设与改革的具体做法，统一了课程体系的构建思路，确定了各专业方向的核心课程，部署了专业核心课程标准的拟定和教材的编写工作；2010年5月28日绵阳职业技术学院再次组织上述单位的专家对《材料工程技术专业人才培养方案及课程标准》（初稿）进行了审定。本教材就是根据2010年5月28日会议制定的《建材化学分析》课程标准编写的。

本教材以"工学结合精神为指导、培养学生实践能力为目标、项目教学为方法"为指导思想，参照国家《高级建材化学分析工》职业标准的要求，以校企合作编写的方式，本着"管用、够用、适用"的原则，通过分析企业典型工作任务，确定教材内容，同时考虑学生的可持续发展，将教材目录与内容按项目和任务组织序化。在同类型教材中首次将理论、实践和实训内容融为一体，形成理实一体、工学结合的新教材。本书属材料工程技术专业核心系列教材之一，它具有"理论联系实际，学有所用；图文并茂，学有所乐；与职业资格考核标准对接，考有所依"三大典型特征。本书可作为高等职业院校材料工程技术专业教学用书，也可供中等职业学校、现代水泥企业专业技术人员学习参考。

本教材由绵阳职业技术学院邓小锋主编，并编写了课程引导、项目一测定硅酸盐制品与原料中的 SiO_2；四川峨胜水泥股份有限公司许晓英，河北职业技术学院孟庆红，绵阳职业技术学院孙会宁任副主编，分别编写了项目二测定硅酸盐制品与原料中的 CaO、MgO，项目三测定硅酸盐制品与原料中的 Fe_2O_3、Al_2O_3；黑龙江职业技术学院张正淑编写项目四测定硅酸盐制品与原料中的 SO_3 和 Cl；绵阳职业技术学院王忠祥、石建屏编写了项目五测定硅酸盐制品与原料中的其他成分；四川金顶水泥股份有限公司周玉良，绵阳职业技术学院余波编写项目六硅酸盐制品与原料系统分析。本教材由西南科技大学杨定明教授主审。在编写过程中还得到了本院左明扬院长、材料工程系杨峰主任以及众多兄弟院校及友好企业的大力支持和帮助，在此一并表示衷心的感谢！

鉴于编者水平和时间仓促，错误和不妥之处，敬请读者批评指正。

编　者

2015 年 3 月

目　　录

课程引导

🔍 知识目标

- 了解建材化学分析技术在生产中的应用。
- 掌握定量分析中误差产生的原因、有关误差的基本概念及减少误差的方法。
- 掌握有效数字及其运算规则。
- 了解滴定分析法的实质和四种滴定分析法的原理。
- 掌握直接滴定法中化学反应应具备的条件和滴定分析法中常用的几种方式。
- 掌握基准物质应具备的条件以及标准滴定溶液制备和标定的方法。
- 掌握滴定管、移液管和容量瓶等滴定分析常用仪器的使用方法。
- 熟悉滴定分析仪器校验的基本知识和校验常用滴定分析仪器的方法。
- 掌握分析天平的使用和样品的称量方法以及滴定分析的有关计算。

👍 能力目标

- 能结合分析实践认识准确度和精密度的关系。
- 能结合分析实践判断产生误差所属的种类并能提出正确的解决方法。
- 能在分析实践中应用有效数字及其运算规则，正确记录、处理实验数据以及表达分析结果。
- 能用滴定管进行滴定分析基本操作，能用移液管移取一定体积的溶液，能用容量瓶配制一定浓度的标准滴定溶液。
- 能用分析天平正确称取样品的质量。
- 能正确进行滴定分析的有关计算。

0.1 概　　述

0.1.1　建材化学分析在建材生产中的应用

"建材化学分析"是高职高专材料工程技术专业必修的专业核心课程，与化学学科的重要分支——分析化学在原理上完全一致，但更加突出知识的特色和实用性，注重培养学生分析及解决实际问题的基本知识和基本技能。

分析化学是"表征和量测的科学"，是研究物质化学组成、含量、结构的分析方法及有关理论的一门学科。按分析化学的任务，可分为定性分析和定量分析两部分。定性分析的任务是确定物质由哪些组分（元素、离子、基团或化合物）所组成，也就是确定组成物质的各组分"是什么"；定量分析的任务是测定物质中有关组分的含量，也就是确定物质中被测组分"有多少"。在进行物质分析时，首先要确定物质有哪些组分，然后选择适当的分析方法来测定各组分的含量。在生产中，大多数情况下物料的基本组成是已知的，只需要对原材料、半成品、成品以及其他辅助材料进行及时的准确的定量分析。建材化学分析主要讲述定量化学分析的基本原理和方法，并着重介绍无机非金属材料的原材料、半成品和成品化学组成的分析检测技术。

"建材化学分析"是一门实践性很强的课程，是以实验为基础的科学，是高职高专材料工程技术专业学生必须掌握的一项基本技能。在学习过程中要求一定要理论联系实际，注重培养实践技能这一重要环节。通过本课程的学习，要求学生掌握有关物质化学组成分析的基本原理和测定方法，树立准确的量的概念；加强基本操作技能的训练，培养严谨、求实的工作作风和科学态度；提高分析问题和解决问题的能力，提高综合素质，为后续课程的学习和将来的实际应用打下坚实的基础。

0.1.2　基本分析方法的分类

分析化学的内容十分丰富，除按任务分为定性分析、定量分析外，还可根据分析对象、测定原理、试样用量、被测组分含量和生产部门的要求等进行分类。

1. 无机分析和有机分析

无机分析的对象是无机化合物，有机分析的对象是有机化合物。无机化合物所含的元素种类繁多，无机分析通常要求鉴定试样是由哪些元素、离子、原子团或化合物所组成，各组分的含量是多少。在有机分析中，虽然组成有机化合物的元素种类不多，但由于有机化合物结构复杂，其种类已达千万种以上，故分析方法不仅有元素分析，还有官能团分析和空间结构分析。

2. 化学分析和仪器分析

以物质的化学反应为基础的分析方法称为化学分析法，主要有滴定分析和重量分析两种方法。以物质的物理与物理化学性质为基础的分析方法称为物理和物理化学分析法。这类方法都需要特殊且精密的仪器，通常称为仪器分析法。仪器分析法主要有光学分析法、电化学分析法、色谱分析法、质谱分析法、核磁共振波谱法、流动注射分析法、电感耦合等离子体原子发射光谱法等，种类很多，而且新的分析方法还在不断出现。

3. 常量分析、半微量分析和微量分析

分析工作中根据试样用量的多少可分为常量分析、半微量分析和微量分析，如表0-1所示。

表 0-1　各种分析方法的试样用量

分析方法名称	常量分析	半微量分析	微量分析
固态试样质量（g）	1～0.1	0.1～0.01	<0.01
液态试样体积（mL）	10～1	1～0.01	<0.01

定量化学分析主要用于进行常量分析；仪器分析主要用于进行微量分析。

4. 常量组分分析、微量组分分析和痕量组分分析

按被测组分含量范围又可分为常量组分（>1%）分析、微量组分（1%～0.01%）分析和痕量组分（<0.01%）分析。

5. 例行分析、快速分析和仲裁分析

例行分析是指一般化验室日常生产中的分析，又称常规分析。快速分析是例行分析的一种，主要为控制生产过程提供信息。例如玻璃厂配合料中碱含量的测定，水泥企业熟料中游离氧化钙的测定等，要求在尽量短的时间内报告出分析结果，以便控制生产过程。这种分析要求速度快，准确的程度达到一定要求便可。

仲裁分析是因为不同的单位对同一试样分析得出不同的测定结果，并由此发生争议时，要求权威机构用公认的标准方法进行准确的分析，以裁判原分析结果的准确性。显然，在仲裁分析中，对分析方法和分析结果均要求有较高的准确度。

0.1.3　化学分析技术的发展

化学分析技术是近几年发展最为迅速的学科之一。它的发展经历了三次巨大变革：第一次变革是随着分析化学基础理论，特别是物理化学的基本概念的发展，使化学分析技术从一种技术演变成为一门科学；第二次变革是由于物理学和电子学的发展，改变了经典的以化学分析为主的局面，使仪器分析获得蓬勃发展。目前，化学分析技术正处在第三次变革时期，生命科学、环境科学、新材料科学发展的要求，生物学、信息科学、计算机技术的引入，使化学分析技术进入了一个崭新的境界。

化学分析技术第三次变革的基本特点：从采用的手段看，它已发展成为在综合光、电、热、声和磁等现象的基础上进一步采用数学、计算机科学及生物学等学科新成就对物质进行纵深分析的科学；从解决的任务看，它已发展成为获取形形色色物质尽可能全面的信息、进一步认识自然、改造自然的科学。它的任务已不只限于测定物质的组成及含量，而是要对物质的形态（氧化-还原态、配位态、结晶态）、结构（空间分布）、微区、薄层及化学和生物活性等作出瞬时追踪、无损和在线监测等分析及过程控制。

随着智能化计算机技术、微电子技术、激光技术、等离子体技术、流动注射技术、生物芯片及传感器技术等现代高新技术的发展，现代化学分析技术（即现代仪器分析技术）在方法和实验技术方面都发生了深刻的变化，在分析理论上与其他学科相互渗透、相互交叉、有机融合；在分析技术上趋于各种技术扬长避短、相互联用、优化组合；在分析手段上更趋向灵敏、快速、准确、简便和自动化。

尽管现代化学分析技术正朝着高灵敏度、高速度和仪器自动化的方向发展，但化学分析法仍然是现代化学分析技术的基础。对于大部分元素，只要组分的含量不是很小，化学分析法的准确度是其他方法所不能及的。化学分析法中除滴定分析法需要纯物质用于标定外，不再需要任何其他标准物质。而许多仪器分析法不仅需要与试样组成相似的标准物质作标准之用，有时还需要合成标准或用化学分析法先分析标准；另外有时在用仪器分析法测定前，试样必须先经过化学处理，如试样的溶解、干扰物质的分离等，这些都是在化学分析技术的基础上进行的。因此本课程依然要从学习经典的化学分析法开始。

0.1.4　怎样学好建材化学分析课程

虽然本课程内容多而杂，知识点零乱，但是仍然有一定的规律性。为了更好地学习本课程，学生在学习过程中要注意以下几点。

第一，既然课时少，就要求学生主要掌握"三基"——即基本概念、基本原理和基本操作，要会举一反三。其中最为关键的是掌握获取知识的思维和方法，以达到培养潜在发展能力的目的。例如，继续学习的能力、创新能力、分析和解决问题的能力等。

第二，明白课堂教学不是唯一的形式，要通过课前课后的自学消化，实验操作，多做练习题等手段，达到理解、弄懂的目的，切忌死记硬背。

第三，课堂上要认真听课，做好课堂纲要笔记，课后要独立完成作业，要合理有效地利用参考书。不可过分依赖习题解，更不能抄袭别人的作业。

第四，在实操过程中，在明白和记住操作要领的基础上，敢于做，勤于做，并及时反思，不断提高动手能力。

0.2　分析误差与数据处理

0.2.1　定量化学分析中的误差

定量化学分析的任务是测定试样中组分的含量。要求测定的结果必须达到一定的准确度，方能满足生产和科学研究的需要。不准确的分析结果将会导致生产的损失、资源的浪费、科学上的错误结论。

在分析测试过程中，由于主、客观条件的限制，使得测定结果不可能与真实含量完全一致。即使是技术很熟练的人，用同一分析方法和同一精密的仪器，对同一试样进行多次分析，其结果也不会完全一样，而是在一定范围内波动。这就说明分析过程中客观上存在难于避免的误差。因此，人们在进行定量分析时，不仅要得到被测组分的含量，而且必须对分析结果进行评价，判断分析结果的可靠程度，检查产生误差的原因，以便采取相应措施减小误差，使分析结果尽量接近客观真实值。

真实值：某一物理量本身具有的客观存在的真实值。真实值是未知的量，在特定情况下认为是已知的：

① 纯物质的理论值，如化合物的理论组成，NaCl 中 Cl^- 的含量。

② 计量学约定真实值，如国际计量大会确定的长度、质量、物质的量单位等，以及标准参考物质书上给出的数值。

③ 相对真实值，如高一级精度的测量值相对于低一级精度的测量值（例如，标准样品的标准值）。

1. 误差的表征——准确度与精密度

分析结果的准确度指结果与被测分析组分的真实值相接近的程度。它们之间的差值越小，则分析结果的准确度越高。

为了获得可靠的分析结果，在实际分析中，人们总是在相同条件下对试样平行测定几次，然后以平均值作为分析结果。如果平行测定的几个数据比较接近，说明分析方法的精密度高。所谓精密度就是几次平行测定结果相互接近的程度。如何从精密度和准确度两方面评价分析结果呢？图 0-1 是甲、乙、丙、丁四人打靶结果示意图。

甲打靶结果准确度与精密度均好；乙的精密度虽高，但准确度较低；丙的精密度与准确度均很差；丁的平均值虽然也很接近于真实值，但几个数据彼此相差甚远。

综上所述，可以得到以下结论：

（1）精密度是保证准确度的先决条件。精密度差，所测结果不可靠，就失去了衡量准确度的前提。在分析工作中，首先要重视测量数据的精密度。

甲　准确且精密　　　乙　不准确但精密　　　丙　不准确且不精密　　　丁　准确但不精密

图 0-1　不同人员打靶结果示意图

（2）高的精密度不一定能保证高的准确度，但可以找出精密而不准确的原因，而后加以校正，就可以使测定结果既精密又准确。

2. 误差的表示——误差和偏差

（1）误差

准确度的高低用误差来衡量。误差表示测定结果与真实值的差异。差值越小，误差就越小，即准确度就高。误差一般用绝对误差和相对误差来表示。绝对误差是表示测定值 x_i 与真实值 μ 差，即

$$E = x_i - \mu \tag{0-1}$$

相对误差是指绝对误差在真实值中占的百分率：

$$RE = \frac{E}{\mu} \times 100\% \tag{0-2}$$

【例 0-1】 测定硫酸铵中氮含量为 20.84%，已知真实值为 20.82%，求其绝对误差和相对误差。

解：
$$E = 20.84\% - 20.82\% = +0.02\%$$
$$RE = \frac{0.02\%}{20.82\%} \times 100\% = +0.1\%$$

绝对误差和相对误差都有正值和负值，分别表示分析结果偏高或偏低。

【例 0-2】 用分析天平称取 $0.2000g$ 和 $2.0000g$ 的物体，绝对误差均为 $\pm 0.0002g$，求其相对误差分别是多少？

解：
$$RE_1 = \frac{\pm 0.0002}{0.2000} \pm 0.1\% \quad RE_2 = \frac{\pm 0.0002}{2.0000} = \pm 0.01\%$$

可见，用相对误差表示结果的准确度更为确切，且为减小误差尽可能称"大样（质量大为宜）"。由于相对误差能反映误差在真实值中所占的比例，故常用相对误差来表示或比较各种情况下测定结果的准确度。

（2）偏差

在实际分析工作中，真实值并不知道，一般是取多次平行测定值的算术平均值 $\bar{x}$ 来表示分析结果：

$$\bar{x} = \frac{x_1 + x_2 + x_3 + \cdots + x_n}{n} = \frac{1}{n} \sum_{i=1}^{n} x_i \tag{0-3}$$

各次测定值与平均值的差称为偏差。偏差的大小可表示分析结果的精密度，偏差越小，说明测定值的精密度越高。偏差也分为绝对偏差和相对偏差。

绝对偏差：
$$d_i = x_i - \bar{x} \tag{0-4}$$

相对偏差：$\qquad Rd_i = \dfrac{d_i}{\overline{x}} \times 100\%$ $\qquad\qquad$ (0-5)

【例0-3】 标定某 HCl 标准滴定溶液的物质的量浓度，三次测定值分别为 0.1827mol/L、0.1825mol/L、0.1828mol/L，求各测定值的绝对偏差和相对偏差。

解： 三次测定结果的平均值为：

$$\overline{x} = \frac{0.1827 + 0.1825 + 0.1828}{3} = 0.1827\text{mol/L}$$

由（0-4）： $\qquad d_1 = x_1 - \overline{x} = 0.1827 - 0.1827 = 0.0000\text{mol/L}$

$$d_2 = x_2 - \overline{x} = 0.1825 - 0.1827 = -0.0002\text{mol/L}$$

$$d_3 = x_3 - \overline{x} = 0.1828 - 0.1827 = +0.0001\text{mol/L}$$

由（0-5）： $\qquad\qquad Rd_1 = \dfrac{d_1}{\overline{x}} \times 100\% = 0$

$$Rd_2 = \dfrac{d_2}{\overline{x}} \times 100\% = \dfrac{-0.0002}{0.1827} \times 100\% = -0.1\%$$

$$Rd_3 = \dfrac{d_3}{\overline{x}} \times 100\% = \dfrac{+0.0001}{0.1827} \times 100\% = +0.05\%$$

（3）公差

由前面的讨论可以知道，误差与偏差具有不同的含义。前者以真实值为标准，后者是以多次测定值的算术平均值为标准。严格地说，人们只能通过多次反复的测定，得到一个接近于真实值的平均结果，用这个平均值代替真实值来计算误差。显然，这样计算出来的误差还是偏差，因此在生产部门并不强调误差与偏差的区别，而用"公差"范围来表示允许误差的大小。

公差是生产部门对分析结果允许误差的一种限量，又称允许差。如果分析结果超出允许的公差范围称为"超差"。遇到这种情况，则该项分析应该重做。公差范围的确定一般是根据生产需要和实际情况而定，所谓根据实际情况是指试样组成的复杂情况和所用分析方法的准确程度。对于每一项具体的分析工作，各主管部门都规定了具体的公差范围，例如，国家标准 JC/T 850—2009 规定水泥用铁质原（燃）料分析的公差范围，如表 0-2 所示。

表 0-2　水泥用铁质原（燃）料化学分析测定结果允许差

化学成分	标样允许差（%）	试样实验室内允许差（%）	试样实验室间允许差（%）
烧失量	0.20	0.25	0.40
SiO_2	0.30	0.40	0.60
Fe_2O_3	0.35	0.50	0.70
Al_2O_3	0.20	0.25	0.40
CaO	0.20	0.25	0.40
MgO	0.20	0.25	0.40
SO_3	0.20	0.25	0.50
K_2O	0.07	0.10	0.14
Na_2O	0.05	0.08	0.10

该标准规定：当平行分析同类型标准试样所得的分析值与标准值之差不大于表 0-2 所列允许差时，则试样分析值有效，否则无效。当所得的两个有效分析值之差，不大于表 0-2 所列允许差，可予以平均，计算为最终分析结果。如两者之差大于允许差时，则应进行追加分析和数据处理。试样的有效分析值的算术平均值为最终分析结果，并按 GB 8170 数值修约规则修约到小数点后第二位。

3. 误差的分类

根据误差产生的原因与性质，误差可以分为系统误差、偶然误差及过失误差三类。

（1）系统误差（又称可测误差）

系统误差是指在一定的实验条件下，由于某个或某些经常性的因素按某些确定的规律起作用而形成的误差。它具备以下性质：重复性，即同一条件下，重复测定中，重复地出现；单向性，即测定结果系统偏高或偏低；恒定性，即大小基本不变，对测定结果的影响固定；可校正性，即其大小可以测定，可对结果进行校正。

产生系统误差的主要原因是：

① 方法误差：由于测定方法本身不够完善而引入的误差。例如，重量分析中由于沉淀溶解损失而产生的误差，在滴定分析中由于滴定终点与化学计量点不一致而造成的误差等。

② 仪器误差：由于仪器本身不够精确或没有调整到最佳状态所造成的误差。例如，由于天平两臂不相等，砝码、滴定管、容量瓶、移液管等未经校正而引入的误差。

③ 试剂误差：由于试剂不纯或者所用的蒸馏水不合规格，引入微量的被测组分或对测定有干扰的杂质而造成的误差。

④ 人为误差：由于操作人员主观原因造成的误差。例如，对终点颜色的辨别不同，有人感觉偏深，有人感觉偏浅；用移液管取样进行平行滴定时，有人总是想使第二份滴定结果与前一份滴定结果相吻合，在判断终点或读取滴定读数时，就不自觉地接受这种"先入为主"的影响，从而产生主观误差。这类误差在操作中不能完全避免。

实验条件改变时，系统误差会按某一确定的规律变化。重复测定不能发现和减小系统误差；只有改变实验条件，才能发现它，找出其产生的原因之后可以设法校正或消除。所以系统误差又称可测误差。

（2）偶然误差（又称未定误差或随机误差）

偶然误差是由于在测定过程中一系列有关因素微小的随机波动而形成的具有相互抵偿性的误差。偶然误差的大小及正负在同一实验中不是恒定的，并很难找到产生的确切原因，所以偶然误差又称未定误差或随机误差。

产生偶然误差的原因有许多。例如，在测量过程中由于温度、湿度、气压以及灰尘等的偶然波动都可能引起数据的波动。又如在读取滴定管读数时，估计小数点后第二位的数值时，几次读数也并不一致。这类误差在操作中难以觉察、难以控制、无法校正，因此不能完全避免。

从表面上看，偶然误差的出现似乎没有规律，但是如果反复进行多次测定，就会发现偶然误差的出现是符合一般统计规律的：

① 对称性：相近的正误差和负误差出现的概率相等，误差分布曲线对称。

② 单峰性：小误差出现的概率大，大误差的概率小。误差分布曲线只有一个峰值。误

7

差有明显集中趋势。

③ 有界性：由随机误差造成的误差不可能很大，即大误差出现的概率很小。

④ 抵偿性：误差的算术平均值的极限为零，即 $\lim\limits_{n\to\infty}\sum\limits_{i=1}^{n}\dfrac{d_i}{n}=0$。

这些规律可以用误差的标准正态分布曲线（图 0-2）表示。图中横轴代表偶然误差的大小，以总体标准差 σ 为单位，纵轴代表偶然误差发生的几率。

（$\mu=\dfrac{x-\mu}{\sigma}$　μ：总体平均值，即 $\overline{x}$；σ：总体标准偏差，即 S；$x-\mu$：随机误差。相关概念参看可疑数字取舍部分）

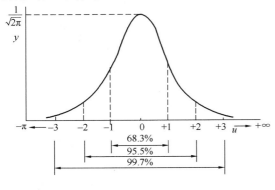

图 0-2　标准正态分布曲线

（3）过失误差

测定过程中，由于操作者粗心大意或不按操作规程办事而造成的测定过程中溶液的溅失、加错试剂、看错刻度、记录错误以及仪器测量参数设置错误等不应有的失误，都属于过失误差。过失误差会对计量或测定结果带来严重影响，必须注意避免。如果证实操作中有过失，则所得结果应予删除，且必须重做。因此，在实验中必须严格遵守操作规程，一丝不苟，耐心细致，养成良好的实验习惯。

4. 误差的减免

从误差的分类和误差产生的原因来看，只有熟练操作并尽可能地减少系统误差和随机误差，才能提高分析结果的准确度。减免误差的主要方法如下：

（1）对照实验

对照实验是用来检验系统误差的有效方法。进行对照实验时，常用已知准确含量的标准试样（或标准滴定溶液），按同样方法进行分析测定以资对照；也可以用不同的分析方法，或者由不同单位的化验人员分析同一试样来互相对照。

生产中，常常在分析试样的同时，用同样的方法做标样分析，以检查操作是否正确及仪器是否正常，若分析标样的结果符合"公差"规定，说明操作与仪器均符合要求，试样的分析结果是可靠的。

（2）空白实验

在不加试样的情况下，按照试样的分析步骤和条件而进行的测定称为空白实验。得到的结果称为"空白值"。从试样的分析结果中扣除空白值，就可以得到更接近真实含量的分析结果。由试剂、蒸馏水、实验器皿和环境带入的杂质所引起的系统误差，可以通过空白实验来校正。空白值过大时，必须采取提纯试剂或改用适当器皿等措施来降低。

（3）仪器校准

在日常分析工作中，因仪器出厂时已进行过校正，只要仪器保管妥善，一般可不必进行校准。在准确度要求较高的分析中，对所用的仪器如滴定管、移液管、容量瓶等，必须进行校准，求出校正值，并在计算结果时采用，以消除由仪器带来的误差。

（4）方法校正

某些分析方法的系统误差可用其他方法直接校正。例如，在重量分析中，使被测组分沉淀绝对完全是不可能的，必须采用其他方法对溶解损失进行校正。如在沉淀硅酸后，可再用比色法测定残留在滤液中的少量硅；在准确度要求高时，应将滤液中该组分的比色测定结果加到重量分析结果中去。

（5）进行多次平行测定

随着测定次数的增加，偶然误差的平均值将会趋于零。因此，根据偶然误差的这一规律，可以采取适当增加测定次数，取其平均值的办法减小偶然误差。

0.2.2 有效数字及其运算规则

1. 有效数字及位数

为了得到准确的分析结果，不仅要准确测量，而且还要正确地记录和计算，即记录的数字不仅表示数量的大小，而且要正确地反映测量的精确程度。例如用通常的分析天平称得某物体的质量为 0.3280g，这一数值中 0.328 是准确的，最后一位数字"0"是可疑的；可能有上下一个单位的误差，即其真实质量为（0.3280±0.0001）g 范围内的某一数值。此时称量的绝对误差为±0.0001g，相对误差为

$$\frac{\pm 0.001\text{g}}{0.3280\text{g}} \times 100\% = \pm 0.03\%。$$

若将上述称量结果记录为 0.328g，则该物体的实际质量将为（0.328±0.001）g 范围内的某一数值，即绝对误差为±0.001g，而相对误差则为±0.3%。可见，记录时在小数点后末尾多写一位或少写一位"0"数字，从数学角度看关系不大，但是记录所反映的测量精确程度无形中被扩大或缩小了 10 倍。所以在数据中代表一定量的每一个数字都是重要的。这种在分析工作中实际能测量得到的数字称为有效数字。其最末一位是估计的、可疑的，是"0"也得记上。数字"0"在数据中具有双重意义。若作为普通数字使用，它就是有效数字；若它只起定位作用，就不是有效数字。例如：

1.0001g	五位有效数字
0.5000g，27.03%，6.023×10^2	四位有效数字
0.0320g，1.06×10^{-5}	三位有效数字
0.0074g，0.30%	两位有效数字
0.6g，0.007%	一位有效数字

在 1.0002g 中间的三个"0"，0.5000g 中后边的三个"0"，都是有效数字；在 0.0074g 中的"0"只起定位作用，不是有效数字；在 0.0320g 中，前面的"0"起定位作用，最后一位"0"是有效数字。

因此，在记录测量数据和计算结果时，应根据所使用的测量仪器的准确度，使所保留的有效数字中，只有最后一位是估计的"不定数字"。

分析化学中常用的一些数值，有效数字位数如下：

试样的质量	0.4370g（分析天平称量）	四位有效数字
标准滴定溶液体积	18.34mL（滴定管读取）	四位有效数字

标准滴定溶液浓度	0.1000mol/L	四位有效数字
被测组分含量	23.47%	四位有效数字
解离常数	$K_b=1.8\times10^{-5}$	二位有效数字
配合物稳定常数	$K_{MY}=1.00\times10^{8.6}$	三位有效数字
pH 值	4.30，11.02	二位有效数字

2. 数字修约规则

对分析数据进行处理时，必须根据各步的测量精度及有效数字的计算规则，合理保留有效数字的位数。我国的国家标准对数字修约有如下规定。

（1）"四舍六入五成双"的规则

当尾数≤4时则舍；尾数≥6时则入；尾数等于5而5后面没有数字或全为0时，如果5前面为偶数，则舍5不进；如果5前面为奇数，则舍5进1；尾数等于5而5后面有数字时，则舍5进1。即"四舍六入五考虑，五后非零则进一，五后皆零视奇偶，五前为奇则进一，五前为偶则舍弃"。

例如，将下列数字修约为四位有效数字：

0.52664→0.5266　　　　　　250.6501→250.7

0.36266→0.3627　　　　　　18.035→18.04

10.245→10.24

（2）"一次修约"原则

所拟舍去的数字，若为两位以上数字时，不得连续进行多次修约。例如，需将215.4546修约成四位，应一次修约为215.5。

若215.4546→215.455→215.46→215.5则是不正确的。

3. 有效数字的运算规则

（1）加减法

当几个数据相加或相减时，它们的和或差只能保留一位可疑数字，应以小数点后位数最少（即绝对误差最大的）的数据为依据。例如53.2、7.45和0.66382三数相加，若各数据都按有效数字规定所记录，最后一位均为可疑数字，则53.2中的2已是可疑数字，因此三数相加后第一位小数已属可疑，它决定了总和的绝对误差，因此上述数据之和，不应写作61.31382，而应修约为61.3。

（2）乘除法

几个数据相乘除时，积或商的有效数字位数的保留，应以其中相对误差最大的那个数据，即有效数字位数最少的那个数据为依据。例如计算

$$\frac{0.0234\times7.105\times70.06}{164.2}\times100\%=?$$

因最后一位都是可疑数字，各数据的相对误差分别为

$$\frac{\pm0.001}{0.0234}\times100\%=0.4\%$$

$$\frac{\pm0.001}{7.105}\times100\%=\pm0.01\%$$

$$\frac{\pm0.001}{70.06}\times100\%=\pm0.01\%$$

$$\frac{\pm 0.1}{164.2} \times 100\% = \pm 0.06\%$$

可见 0.0243 的相对误差最大（也是有效数字位数最少的数据），所以上列计算式的结果只允许保留三位有效数字

$$\frac{0.0234 \times 7.10 \times 70.1}{164} = 0.0737$$

在计算和取舍有效数字位数时，还要注意以下几点。

① 若某一数据中第一位有效数字大于或等于8，则有效数字的位数可多算一位。如 8.15，可视为四位有效数字。

② 在分析化学计算中，经常会遇到一些倍数、分数，如 2、5、10 及 1/2、1/5、1/10 等，这里的数字可视为足够准确，不考虑其有效数字位数，计算结果的有效数字位数，应由其他测量数据来决定。

③ 在计算过程中，为了提高计算结果的可靠性，可以暂时多保留一位有效数字位数，得到最后结果时，再根据数字修约的规则，弃去多余的数字。

④ 在分析化学计算中，对于各种化学平衡常数，一般保留两位或三位有效数字。对于各种误差的计算，取一位有效数字即已足够，最多取两位。对于 pH 值的计算，通常只取一位或两位有效数字即可，如 pH 值为 3.4、7.5、10.48。

⑤ 定量分析的结果，对于高含量组分（例如≥10%），要求分析结果为四位有效数字；对于中含量组分（1%~10%），要求有三位有效数字；对于微量组分（<1%），一般只要求两位有效数字。通常以此为标准，报出分析结果。

⑥ 使用计算器计算定量分析结果时，特别要注意最后结果中有效数字的位数，应根据前述数字修约规则决定取舍，不可全部照抄计算器上显示的八位数字或十位数字。

4. 分析结果的数据处理

在分析工作中，最后处理分析时，都要在校正系统误差和剔除由于明显原因而与其他测定结果相差甚远的那些错误测定结果后进行。

在例行分析中，一般对单个试样平行测定两次。两次测定结果差值如不超过双面公差（即 2 乘以公差），则取它们的平均值报出分析结果，如超过双面公差，则需重做。例如，水泥中 SiO_2 的测定，有关国家标准规定同一实验室内公差（允许误差）为 ±0.20%，如果实际测得的数据分别为 21.14% 及 21.58%，两次测定结果的差值为 0.44%，超过双面公差（2×0.20%），必须重新测定。如又进行一次测定结果为 21.16%，则应以 21.14% 和 21.16% 两次测定的平均值 21.15% 报出。

在常量分析实验中，一般对单个试样平行测定 2~3 次，此时测定结果可作如下简单处理：计算出相对平均偏差。若其相对平均偏差≤0.1%，可认为符合要求，取其平均值报出测定结果，否则需重做。

对要求非常准确的分析，如标准试样成分的测定，考核新拟定的分析方法，对同一试样，往往由于实验室不同或操作者不同，做出的一系列测定数据会有差异，因此需要用统计的方法进行结果处理。首先把数据加以整理，剔除由于明显原因而与其他测定结果相差甚远的错误数据，对于一些精密度似乎不甚高的可疑数据，则按本节所述的 Q 检验法（或根据实验要求，按其他有关规则）决定取舍，然后计算 n 次测定数据的平均值 $\bar{x}$ 与标准偏差 S。有

了 $\bar{x}$、S、n 这三个数据，即可表示出测定数据的集中趋势和分散情况，就可进一步对总体平均值可能存在的区间作出估计。

（1）数据集中趋势的表示方法

根据有限次测定数据来估计真实值，通常采用算术平均值或中位数来表示数据分布的集中趋势。

① 算术平均值

对某试样进行 n 次平行测定，测定数据为 x_1，x_2，$\cdots$，x_n，则

$$\bar{x} = \frac{x_1 + x_2 + x_3 + \cdots + x_n}{n} = \frac{1}{n}\sum_{i=1}^{n}x_i \tag{0-6}$$

根据随机误差的分布特性，绝对值相等的正、负误差出现的概率相等，所以算术平均值 x 是真实值的最佳估计值。当测定次数无限增多时，所得的平均值即为总体平均值 u。

$$u = \lim \frac{1}{n}\sum_{i=1}^{n}x_i \tag{0-7}$$

② 中位数

中位数是指一组平行测定值按由小到大的顺序排列时的中间值。当测定次数 n 为奇数时，位于序列正中间的那个数值，就是中位数；当测定次数 n 为偶数时，中位数为正中间相邻的两个测定值的平均值。

中位数不受离群值大小的影响，但用以表示集中趋势不如平均值好。通常只有当平行测定次数较少而又有离群较远的可疑值时，才用中位数来代表分析结果。

（2）分散程度的表示方法

随机误差的存在影响测量的精密度，通常采用平均偏差或标准偏差来表示数据的分散程度。

① 平均偏差 d

计算平均偏差 d 时，先计算各次测定对于平均值的偏差：

$$d_i = x_i - \bar{x}(i = 1,2,3,4,\cdots,n)$$

然后求其绝对值之和的平均值：

$$\bar{d} = \frac{1}{n}\sum_{i=1}^{n}|d_i| = \frac{1}{n}\sum_{i=1}^{n}|x_i - \bar{x}| \tag{0-8}$$

则相对平均偏差为

$$\frac{\bar{d}}{\bar{x}} \times 100\% \tag{0-9}$$

② 标准偏差

标准偏差又称均方根偏差。当测定次数趋于无穷大时，总体标准偏差 σ 表达式为

$$\sigma = \sqrt{\frac{\sum_{i=1}^{n}(x_i - u)}{n}} \tag{0-10}$$

式中，μ 为总体平均值，在校正系统误差的情况下 μ 即为真实值。在一般的分析工作中，有限测定次数时的标准偏差 S 表达式为

$$S = \sqrt{\frac{\sum\limits_{i=1}^{n}(x_i - \overline{x})^2}{n-1}} \qquad (0\text{-}11)$$

相对标准偏差也称变异系数（CV），其计算式为

$$CV = \frac{S}{\overline{x}} \times 100\% \qquad (0\text{-}12)$$

用标准偏差表示精密度比用算术平均偏差更合理，因为将单次测定值的偏差平方之后，较大的偏差能显著地反映出来，故能更好地反映数据的分散程度。例如有甲、乙两组数据，其各次测定的偏差分别为：

甲组：$+0.11$，-0.73^*，$+0.24$，$+0.51^*$，-0.14，0.00，$+0.30$，-0.21

$n_1 = 8$，$\overline{d} = 0.28$，$S_1 = 0.38$

乙组：$+0.18$，$+0.26$，-0.25，-0.37，$+0.32$，-0.28，$+0.31$，-0.27

$n_2 = 8$，$\overline{d} = 0.28$，$S_2 = 0.29$

甲、乙两组数据的平均偏差相同，但可以明显地看出甲组数据较为分散，因其中有两个较大的偏差（标有 * 号者），因此用平均偏差反映不出这两组数据的好坏。但是，如果用标准偏差来表示时，甲组数据的标准偏差明显偏大，因而精密度较低。

【例 0-4】 分析铁矿中铁的含量，得如下数据：37.45%、37.20%、37.50%、37.30%、37.25%，计算该组数据的平均值、平均偏差、标准偏差和变异系数。

解：

$$\overline{x} = \frac{37.45\% + 37.20\% + 37.50\% + 37.30\% + 37.25\%}{5} = 37.34\%$$

各次测量值的偏差分别为 $d_1 = 0.11\%$，$d_2 = -0.14\%$，$d_3 = 0.16\%$，$d_4 = -0.04\%$，$d_5 = -0.09\%$

$$\overline{d} = \frac{1}{n}\sum_{i=1}^{n}|d_i| = \frac{0.11\% + 0.14\% + 0.16\% + 0.04\% + 0.09\%}{5} = 0.11\%$$

$$S = \sqrt{\frac{\sum\limits_{i=1}^{n}d_i^2}{n-1}} = \sqrt{\frac{(0.11\%)^2 + (-0.14\%)^2 + (0.16\%)^2 + (-0.04\%)^2 + (-0.09\%)^2}{5-1}}$$
$$= 0.13\%$$

$$CV = \frac{0.13\%}{37.34\%} \times 100\% = 0.35\%$$

（3）置信度与平均值的置信区间

对于无限次测定，图 0-2 中曲线与横坐标从 $-\infty \sim +\infty$ 之间所包围的面积代表具有各种大小误差的测定值出现的概率总和，设为 100%。由数学计算可知，在 $(u-1) \sim (u+1)$ 区间内，曲线所包围的面积为 68.3%，真实值 μ 落在此区间内的概率为 68.3%，此概率称为置信度。亦可计算出落在 $(u\pm2)$、$(u\pm3)$ 区间内的概率分别为 95.4% 和 99.7%。

在实际分析工作中，不可能对一试样做无限多次测定，而且也没有必要做无限多次测定，μ 和 σ 是不知道的。进行有限次测定，只能知道 $\overline{x}$ 和 S。由统计学可以推导出有限次数测定的平均值 $\overline{x}$ 和总体平均值 u 的关系：

$$u = \overline{x} \pm \frac{tS}{\sqrt{n}} \qquad (0\text{-}13)$$

式中，S 为标准偏差；n 为测定次数；t 为在选定的某一置信度下的概率系数，可根据测定次数从表 0-3 中查得。由表 0-3 可知，t 值随测定次数的增加而减小，也随置信度的提高而增大。

表 0-3　对于不同测定次数及不同置信度的 t 值

测定次数(n)	置　信　度				
	50%	90%	95%	99%	99.5%
2	1.000	6.314	12.706	63.657	127.32
3	0.816	2.920	4.303	9.925	14.089
4	0.765	2.353	3.182	5.841	7.453
5	0.741	2.132	2.776	4.604	5.589
6	0.727	2.015	2.571	4.032	4.773
7	0.718	1.943	2.447	3.707	4.317
8	0.711	1.895	2.365	3.500	4.029
9	0.706	1.860	2.306	3.355	3.832
10	0.703	1.833	2.262	3.250	3.690
11	0.700	1.812	2.228	3.169	3.581
21	0.687	1.725	2.086	2.845	3.153

根据式（0-13）可以估算出在选定的置信度下，总体平均值在以测定平均值 $\overline{x}$ 为中心的多大范围内出现，这个范围就是平均值的置信区间。

【例 0-5】 测定某一物料中 SiO_2 的质量分数，得到下列数据：28.62%、28.59%、28.51%、28.48%、28.52%、28.63%。求平均值、标准偏差和置信度分别为 90% 和 95% 时的平均值的置信区间。

解：$\overline{x} = \dfrac{28.62\% + 28.59\% + 28.51\% + 28.48\% + 28.52\% + 28.63\%}{6} = 28.56\%$

查表 0-3，置信度为 90%，$n=6$ 时，$t=2.015$

$$\mu = 28.56\% \pm \frac{2.015 \times 0.06\%}{\sqrt{6}} = (28.56 \pm 0.05)\%$$

同理，对于置信度为 95%，$n=6$ 时，$t=2.517$

$$\mu = 28.56\% \pm \frac{2.571 \times 0.06\%}{\sqrt{6}} = (28.56 \pm 0.06)\%$$

上述计算说明，若平均值的置信区间取 $(28.56 \pm 0.05)\%$，则真实值在其中出现的概率为 90%；而若使真实值出现的概率提高为 95%，则平均值的置信区间将扩大为 $(28.56 \pm 0.06)\%$。100% 的置信度就意味着区间是无限大，肯定会包括 μ，但这样的区间是毫无意义的。应当根据实际工作的需要定出置信度。分析中通常将置信度定为 95% 或 90%。

对平均值的置信区间必须正确理解，例 0-5 中某物料中 SiO_2 的含量，置信度为 90%，平均值的置信区间为 $(28.56 \pm 0.05)\%$，对此正确的认识是在 $(28.56 \pm 0.05)\%$ 区间中，真实值在其中出现的概率为 90%。

从表 0-3 还可以看出，测定次数越多，t 值越小，因而求得的置信区间越窄，即测定平均值与总体平均值越接近。同时也可看出，测定 20 次以上与测定次数无限大时，t 值相差不多，这表明当测定次数超过 20 次以上时，再增加测定次数对提高测定结果的准确度已经没有意义了。可见只有在一定测定次数范围内，分析数据的可靠性才随平行测定次数的增多而增加。

【例 0-6】 对某试样中 Cl^- 的含量进行分析测定，先测四次，测定结果为 47.52%、47.64%、47.60%、47.58%；再测两次，测定结果为 47.62%、47.56%。试分别按四次测定和六次测定的数据来计算平均值的置信区间（置信度为 95%）。

解： 四次测定时

$$\bar{x} = \frac{47.52\% + 47.64\% + 47.60\% + 47.58\%}{4} = 47.58\%$$

$$S = \sqrt{\frac{(0.06\%)^2 + (0.06\%)^2 + (0.02\%)^2 + (0.00\%)^2}{4-1}} = 0.05\%$$

查表 0-3，置信度为 95%，$n=4$ 时，$t=3.182$

$$X(Cl^{-1}) = 47.58\% \pm \frac{3.182\% \times 0.05\%}{\sqrt{4}} = (47.58 \pm 0.08)\%$$

六次测定时

$$\bar{x} = \frac{47.52\% + 47.64\% + 47.60\% + 47.58\% + 47.62\% + 47.56\%}{6} = 47.59\%$$

查表 0-3，置信度为 95%，$n=6$ 时，$t=2.571$

$$X(Cl^-) = 47.59\% \pm \frac{2.571\% \times 0.04\%}{\sqrt{6}} = (47.59 \pm 0.04)\%$$

由上例可见，在一定的测定次数范围内，适当增加测定次数，可使置信区间显著缩小，即可使测定的平均值 $\bar{x}$ 与总体平均值 u 接近。

（4）可疑数据的取舍

在多次测定时，如出现特大或特小的离群值，即可疑值时；又不是明显的过失造成的，就要根据随机误差分布规律决定取舍。取舍方法很多，下面介绍三种常用的检验法。

① Q 检验法

当测定次数 $3 \leqslant n \leqslant 10$ 时，根据所要求的置信度，按照下列步骤，检验可疑数据是否应弃去。

第一步：将各数据按递增的顺序排列：x_1，x_2，x_3，$\cdots$，x_n；

第二步：求出最大值与最小值之差 $x_n - x_1$；

第三步：求出可疑数据与其最邻近数据之间的差 $x_n - x_{n-1}$ 或 $x_2 - x_1$；

第四步：求出 $Q = \dfrac{x_n - x_{n-1}}{x_n - x_1}$；

第五步：根据测定次数 n 和要求的置信度，查表 0-4，得 $Q_{表}$；

表 0-4 舍弃可疑数据的 Q 值（置信度 90% 和 95%）

测定次数	3	4	5	6	7	8	9	10
$Q_{0.90}$	0.94	0.76	0.64	0.56	0.51	0.47	0.44	0.41
$Q_{0.95}$	1.53	1.05	0.86	0.76	0.69	0.64	0.60	0.58

第六步：将 Q 与 $Q_{表}$ 相比，若 $Q > Q_{表}$，则舍去可疑值，否则应予保留。

在三个以上数据中，需要对一个以上的数据用 Q 检验法决定取舍时，首先检查相差较大的数。

【例 0-7】 对轴承合金中锑含量进行十次测定，得到下列结果：15.48%、15.51%、15.52%、15.53%、15.52%、15.56%、15.53%、15.54%、15.68%、15.56%，试用 Q 检验法判断有无可疑值需弃去（置信度为 90%）。

解：第一步：首先将各数按递增顺序排列：

15.48%，15.51%，15.52%，15.52%，15.53%，15.53%，15.54%，15.56%，15.56%，15.68%

第二步：求出最大值与最小值之差：

$$x_n - x_1 = 15.68\% - 15.48\% = 0.20\%$$

第三步：求出可疑数据与最邻近数据之差：

$$x_n - x_{n-1} = 15.68\% - 15.56\% = 0.12\%$$

第四步：计算 Q 值：

$$Q = \frac{x_n - x_{n-1}}{x_n - x_1} = \frac{0.12\%}{0.20\%} = 0.60$$

第五步：查表 0-4，$n = 10$ 时，$Q_{0.90} = 0.41$，$Q > Q_{表}$，所以最高值 15.68% 必须弃去。此时，分析结果的范围为 15.48%～15.56%，$n = 9$。同样，可以检查最低值 15.48%。

$$Q = \frac{x_n - x_{n-1}}{x_n - x_1} = \frac{0.12\%}{15.56\% - 15.48\%} = 0.38$$

查表 0-4，$n = 9$，$Q_{0.90} = 0.44$，$Q < Q_{表}$，故最低值 15.48% 应予保留。

Q 检验法的缺点：没有充分利用测定数据，仅将可疑值与相邻数据比较，可靠性差。在测定次数少时（如 3～5 次测定），误将可疑值判为正常值的可能性较大。Q 检验法适用于 3～10 个数据的检验。

② G 检验法

设有 n 个数据，从小到大为 x_1，x_2，x_3，…，x_n，其中 x_1 或 x_n 为可疑数据。

第一步：计算 $\bar{x}$（包括可疑值 x_1、x_n 在内）、$|x_{可疑} - \bar{x}|$ 及 S；

第二步：计算 G：$G_{计} = \dfrac{|x_i - \bar{x}|}{S}$；

第三步：查 G 值表得 $G_{\nu,P}$；

第四步：比较 $G_{计}$ 与 $G_{\nu,P}$：

若 $G_{计} \geqslant G_{\nu,P}$ 则舍去可疑值；若 $G_{计} < G_{\nu,P}$ 则保留可疑值。

【例 0-8】 某分析人员对试样平行测定 5 次，测量值分别为 2.62g、2.60g、2.61g、2.63g、2.52g，试用 G 检验法确定测定值 2.52g 是否应该保留（置信度为 90%）？

解：排列数据：2.52g，2.60g，2.61g，2.62g，2.63g。

平均值和标准偏差为：$\bar{x} = 2.60g$，$S = 0.044g$，则

$$G_{计} = \frac{\bar{x} - x_1}{S} = \frac{2.60g - 2.52g}{0.044g} = 1.819$$

查表 0-5，$n = 5$，置信度为 90% 时，$G = 1.749$，由于 $G_{计} > G_{表}$，因此 2.52g 应舍去。

对于多组测定值的检验，只需把平均值作为一个数据，用以上相同的步骤进行计算与检验。

表 0-5　舍弃可疑数据的 G 值（置信度 90% 和 95%）

测定次数	3	4	5	6	7	8	9	10
$G_{0.90}$	1.155	1.492	1.749	1.944	2.097	2.221	2.323	2.410
$G_{0.95}$	1.153	1.463	1.672	1.822	1.938	2.032	2.110	2.176

③ $4d$ 检验法

第一步：将可疑值除外，求其余数据的平均值和平均偏差。

第二步：求可疑值与平均值的差值。

第三步：将此值与 $4\overline{d}$ 比较。若 $|x_{可疑} - \overline{x}_{n-1}| \geqslant 4\overline{d}_{n-1}$，则可疑值舍去。

【例 0-9】 用 EDTA 标准滴定溶液滴定某试液中的 Zn，进行四次平行测定，消耗 EDTA 标准滴定溶液的体积（mL）分别为：26.32、26.40、26.44、26.42，试问 26.32 这个数据是否应保留？

解： 首先不计可疑值 26.32，求得其余数据的平均值 $\overline{x}$ 和平均偏差 $\overline{d}$ 为

$$\overline{x} = 26.42 \qquad \overline{d} = 0.01$$

可疑值与平均值的绝对差值为

$$|26.32 - 26.42| = 0.10 > 4\overline{d} \quad (0.04)$$

故 26.32 这一数据应舍去。

用 $4d$ 法处理可疑数据的取舍是存有较大误差的。但是，由于这种方法比较简单，不必查表，故至今仍为人们采用。显然，这种方法只能用于处理一些要求不高的实验数据。

0.3　滴定分析

0.3.1　滴定分析的基本术语

滴定分析是将已知准确浓度的标准滴定溶液滴加到被测物质的溶液中，直至所加溶液物质的量按化学计量关系恰好反应完全，然后根据所加标准滴定溶液的浓度和所消耗的体积，计算出被测物质含量的分析方法。由于这种测定方法是以测量溶液体积为基础，故又称容量分析。

在进行滴定分析过程中，我们将用基准物质标定或直接配制的已知准确浓度的试剂溶液称为"标准滴定溶液"。滴定时，将标准滴定溶液装在滴定管中，通过滴定管逐滴加入到盛有一定量被测物溶液中进行测定，这一操作过程称为"滴定"。当加入的标准滴定溶液的量与被测物的量恰好符合化学反应式所表示的化学计量关系量时，称反应到达"化学计量点"。

在化学计量点时，反应往往没有易被人察觉的外部特征，因此通常是加入某种试剂，利用该试剂的颜色突变来判断，这种能改变颜色的试剂称"指示剂"。滴定时，指示剂改变颜色的那一点称"滴定终点"。滴定终点往往与理论上的化学计量点不一致，它们之间存在有很小的差别，由此造成的误差称"终点误差"。终点误差是滴定分析误差的主要来源之一，其大小决定于化学反应的完全程度和指示剂的选择。

滴定分析法是定量分析中的重要方法之一，此种方法适于百分含量在 1% 以上各物质的测定，有时也可以测定微量组分。该方法的特点是：快速、准确、价廉、应用广泛。一般情况下，其滴定的相对误差在 0.2% 以内。

0.3.2 滴定分析法的分类

滴定分析法以化学反应为基础，根据所利用的化学反应类型的不同，滴定分析一般可分为四大类：

1. 酸碱滴定法

它是以酸、碱之间质子传递反应为基础的一种滴定分析法。可用于测定酸、碱和两性物质。其基本反应为：

$$H^+ + B^- \!=\!=\! HB$$

2. 配位滴定法

它是以配位反应为基础的一种滴定分析法。可用于对金属离子进行测定。若采用EDTA作配位剂，其反应为：

$$M^{n+} + Y^{4-} \!=\!=\! MY^{(n-4)-}$$

式中 M^{n+} 表示金属离子，Y^{4-} 表示EDTA的阴离子。

3. 氧化还原滴定法

它是以氧化还原反应为基础的一种滴定分析法。可用于对具有氧化还原性质的物质或某些不具有氧化还原性质的物质进行测定，如重铬酸钾法测定铁，其反应如下：

$$Cr_2O_7^{2-} + 6Fe^{2+} + 14H^+ \!=\!=\! 2Cr^{3+} + 6Fe^{3+} + 7H_2O$$

4. 沉淀滴定法

它是以沉淀反应为基础的一种滴定分析法。可用于对 Ag^+、CN^-、SCN^- 及类卤素等离子进行测定，如银量法，其反应如下：

$$Ag^+ + Cl^- \!=\!=\! AgCl\downarrow$$

0.3.3 滴定分析法对滴定反应的要求和滴定方式

1. 滴定分析法对滴定反应的要求

滴定分析虽然能利用各种类型的反应，但不是所有反应都可以用于滴定分析。适用于滴定分析的化学反应必须具备下列条件：

① 定量：反应要按一定的化学反应方程式进行，即反应应具有确定的化学计量关系，这是定量的基础。

② 完全：通常要求反应完全程度≥99.9%。

③ 快速：反应速度要快，对于速度较慢的反应，可以通过加热、增加反应物浓度、加入催化剂等措施来加快。

④ 有适当的方法确定滴定的终点（指示剂或简单仪器）。

⑤ 共存物不干扰测定。

2. 滴定方式

在进行滴定分析时，滴定的方式主要有如下几种：

（1）直接滴定法

凡符合上述条件的反应，就可以直接采用标准滴定溶液对实验溶液进行滴定，称为直接滴定。如HCl标准滴定溶液滴定NaOH溶液。

（2）返滴定法

对于反应速度较慢或被测物是固体的反应，先加入一定量且过量的标准滴定溶液，待其与被测物质反应完全后，再用另一种标准滴定溶液滴定剩余的第一种标准滴定溶液，从而计算被测物质的含量，因此返滴定法又称剩余量滴定法。

例：Al^{3+} + 一定过量 EDTA 标准滴定溶液

剩余 EDTA 标准滴定溶液 | Zn^{2+} 标准滴定溶液，EBT
（返滴定）

$$n_{EDTA总} - n_{EDTA过量} = n_{Al^{3+}}$$
$$(c \cdot V)_{EDTA总} - (c \cdot V)_{Zn} = (c \cdot V)_{Al^{3+}}$$

（3）置换滴定法

对于不按一定的计量关系进行反应或有副反应的反应，可加入适量的试剂，使试剂和被测物反应置换出一定量的能被滴定的物质，再用适当的标准滴定溶液滴定，通过计量关系求含量。

例：$Na_2S_2O_3 + K_2Cr_2O_7 \longrightarrow S_4O_6^{2-} + SO_4^{2-}$ （无定量关系）

$K_2Cr_2O_7 + KI$（过量）$\longrightarrow I_2$（定量生成）$\longrightarrow$ 深蓝色消失

$Na_2S_2O_3$ 标准滴定溶液 | 淀粉指示剂

（4）间接滴定法

对于不和标准滴定溶液直接反应的物质，通过其他的化学反应，用滴定法间接测定。

例：$Ca^{2+} \longrightarrow CaC_2O_4$ 沉淀 $\longrightarrow C_2O_4^{2-}$

+ （间接测定）

H_2SO_4 $KMnO_4$ 标准滴定溶液

0.3.4 基准物质和标准滴定溶液

滴定分析中，标准滴定溶液的浓度和用量是计算被测组分含量的主要依据，因此正确配制标准滴定溶液，准确地确定标准滴定溶液的浓度以及对标准滴定溶液进行妥善保存，对于提高滴定分析的准确度具有重大意义。

1. 基准物质

可用于直接配制标准滴定溶液或标定溶液浓度的物质称为基准物质。作为基准物质必须具备以下条件：

① 组成恒定并与化学式相符。若含结晶水，例如 $H_2C_2O_4 \cdot 2H_2O$、$Na_2B_4O_7 \cdot 10H_2O$ 等，其结晶水的实际含量也应与化学式严格相符。

② 纯度足够高（达 99.9% 以上），杂质含量应低于分析方法允许的误差限。

③ 性质稳定，不易吸收空气中的水分和 CO_2，不分解，不易被空气氧化。

④ 有较大的摩尔质量，以减小称量时相对误差。

常用的基准物有 $KHC_8H_4O_4$（邻苯二甲酸氢钾）、$H_2C_2O_4 \cdot 2H_2O$、Na_2CO_3、$K_2Cr_2O_7$、$NaCl$、$CaCO_3$、金属锌、铜等。基准物在使用前必须以适宜方法进行干燥处理并妥善保存。

实验室常用试剂分类如表 0-6 所示。

表 0-6　实验室常用试剂分类

级别	1 级	2 级	3 级	生化试剂
中文名	优级纯	分析纯	化学纯	
英文标志	GR	AR	CP	BR
标签颜色	绿	红	蓝	咖啡色
用途	精密分析	一般分析		生化及医用化学

2. 标准滴定溶液的配制

根据标准滴定溶液对应溶质性质的稳定性，配制标准滴定溶液的方法有两种，即直接配制法和间接配制法。

（1）直接配制法

准确称取一定量的基准物质或纯度相当的其他物质，溶解后定量转移到容量瓶中，稀释至一定体积，根据称取物质的质量和容量瓶的体积即可计算出该标准滴定溶液的准确浓度。其过程如图 0-3 所示。

图 0-3　直接配制法过程简图

例如，欲配制 0.01000mol/L $K_2Cr_2O_7$ 溶液 1L 时，首先在分析天平上精确称取 2.9420g $K_2Cr_2O_7$ 置于烧杯中，加入适量水溶解后，定量转移到 1000mL 容量瓶中，再定容即得。

【例 0-10】 配制 0.02000mol/L $K_2Cr_2O_7$ 标准滴定溶液 250.0mL，求 $m=$？

解： $mK_2Cr_2O_7 = n \cdot M = c \cdot V \cdot M = 0.02000 \times 0.2500 \times 294.2 = 1.471g$

通常仅需要溶液浓度为 0.02mol/L 左右，做法是：准确称量 1.47g（±10%）$K_2Cr_2O_7$ 基准物质，于容量瓶中定容，再计算出其准确浓度：

$$C_{K_2Cr_2O_7} = \frac{m_{K_2Cr_2O_7}}{M_{K_2Cr_2O_7} \cdot V_{K_2Cr_2O_7}}$$

（2）间接配制法

间接配制法又称标定法。用来配制标准滴定溶液的物质大多数是不能满足基准物质条件的，或它们在空气中不稳定，如 HCl、NaOH、$KMnO_4$、I_2、$Na_2S_2O_3$ 等试剂，它们不适合用直接法配制成标准滴定溶液，需要采用间接配制法。这种方法是：先粗略地称取一定量的物质或量取一定体积的溶液，配制成接近所需浓度的溶液，然后用基准物质（或已经用基准物质标定过的标准滴定溶液）来标定它的准确浓度。其过程如图 0-4 所示。

标定：用配制溶液滴定基准物质计算其准确浓度的方法称为标定。

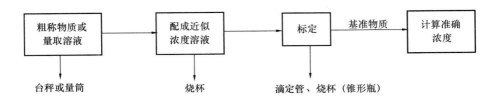

图 0-4 间接配制法过程简图

标定时，不论采用哪种方法应注意以下几点：

① 一般要求应平行测定 3~4 次，至少 2~3 次，相对偏差要求不大于 0.2%。

② 为了减小测量误差，称取基准物质的量不应太少；滴定时消耗标准滴定溶液的体积也不应太小。

③ 配制和标定溶液时用的量器（如滴定管、移液管和容量瓶等），必要时需进行校正。

④ 标定后的标准滴定溶液应妥善保存。

（3）标准滴定溶液浓度表示方法

① 物质量的浓度：单位体积溶液所含溶质物质的量。

$$n_B = \frac{m_B}{M_B} \quad (\text{mol 或 mmol})$$

$$C_B = \frac{n_B}{V_B} = \frac{m_B}{M_B V_B} \quad (\text{mol/L}) \text{ 或 } (\text{mmol/L}) \tag{0-14}$$

式中　m_B——物质 B 的质量，g；

　　　M_B——物质 B 摩尔质量，g/mol；

　　　V——溶液的体积，L；

　　　C_B——物质的量浓度，mol/L。

由于物质的量 n_B 的数值取决于基本单元的选择，因此，表示物质的量浓度时，必须指明基本单元。如硫酸溶液，由于选择不同的基本单元，其摩尔质量就不同，浓度亦不相同。

$c_{H_2SO_4} = 0.1\text{mol/L}$，则 $c_{\frac{1}{2}H_2SO_4} = 2c_{H_2SO_4} = 0.2\text{mol/L}$，$c_{2H_2SO_4} = \frac{1}{2}c_{H_2SO_4} = 0.05\text{mol/L}$。

基本单元选择，一般是以化学反应的计量关系为依据，如果：

$$a_A + b_B \Longrightarrow c_C + d_D$$

A 的基本单元 $= \frac{1}{a}A$

那么：

$$M_A = aM_{\frac{1}{a}A} \quad n_A = \frac{1}{a}n_{\frac{1}{a}A} \quad c_A = \frac{1}{a}c_{\frac{1}{a}A} \tag{0-15}$$

例：$H_2SO_4 + 2NaOH \Longrightarrow Na_2SO_4 + 2H_2O$

H_2SO_4 的基本单元：$\frac{1}{2}H_2SO_4$

NaOH 的基本单元：NaOH　　$\longrightarrow n_{\frac{1}{2}H_2SO_4} = n_{NaOH}$

又例：$MnO_4^- + 5Fe^{2+} + 8H^+ \Longrightarrow Mn^{2+} + 5Fe^{3+} + 4H_2O$

MnO_4^- 的基本单元：$\frac{1}{5}MnO_4^-$

Fe^{2+} 的基本单元：Fe^{2+}　　$\longrightarrow n_{\frac{1}{5}KMnO_4} = n_{Fe}$

在生产单位的例行分析中，为了简化计算，常用滴定度表示标准滴定溶液的浓度。

② 滴定度：与每 mL 标准滴定溶液相当的被测组分的质量。

表示法：$T_{A/B}$ | A：被测组分 | B：标准滴定溶液 | 单位：g/mL 或 mg/mL

例：测定铁含量的某 $KMnO_4$ 标准滴定溶液，其浓度表示：$T_{Fe_2O_3/KMnO_4}$ 或 $T_{Fe/KMnO_4}$

如果：$T_{Fe/KMnO_4} = 0.005682$g/mL

则表示：1mL 该 $KMnO_4$ 溶液相当于 0.005682g 铁。

对于下列反应而言：aA(被测物质)＋bB(标准滴定溶液)＝＝cC＋dD

$$T_{A/B} = \frac{a}{b} \times \frac{c_B M_A}{1000}$$

【例 0-11】求 0.100mol/L NaOH 标准滴定溶液对 $H_2C_2O_4$ 的滴定度。

解： NaOH 与 $H_2C_2O_4$ 的反应为：

$$H_2C_2O_4 + 2NaOH ＝＝ Na_2C_2O_4 + 2H_2O$$

$$\begin{aligned}
T_{H_2C_2O_4/NaOH} &= \frac{a}{b} \cdot \frac{c_{NaOH} M_{H_2C_2O_4}}{1000} \\
&= \frac{1}{2} \times \frac{0.1000\text{mol/L} \times 90.04\text{g/mol}}{1000} \\
&= 0.004502\text{g/mL}
\end{aligned}$$

0.3.5　滴定分析结果的计算

滴定结果的计算，首先要找出相关物质之间量的关系，然后根据要求计算。滴定分析中有下面几种量和单位经常使用，请大家注意（表 0-7）。

表 0-7　分析化学中常用的量和单位

物质的量　n	mol；mmol	注明基本单元
摩尔质量　M	g/mol	注明基本单元
物质的量浓度　c	mol/L	注明基本单元
质量　m	g；mg	
体积　V	L；mL	
质量分数　w	%；mg/g	
质量浓度　ρ	g/mL；mg/mL	

1. 滴定分析计算的根据和常用公式

滴定分析就是用标准滴定溶液去滴定被测物质的溶液，按照反应物之间是按化学计量关系相互作用的原理，当滴定到化学计量点，化学方程式中各物质的系数比就是反应中各物质相互作用的物质的量的比。

$$a\text{A} + b\text{B} ＝＝ c\text{C} + d\text{D}$$

$$n_A : n_B = a : b$$

$$n_A = \frac{a}{b} n_B$$

设体积为 V_A 的被滴定物质的溶液其浓度为 c_A，在化学计量点时用去浓度为 c_B 的标准滴定溶液体积为 V_B，如果已知 c_B、V_B、V_A，则可求出 c_A 和 m_A。

$$c_A V_A = \frac{a}{b} c_B V_B \longrightarrow \begin{cases} c_A = \frac{a}{b} \times \frac{c_B V_B}{V_A} & (0\text{-}16) \\[3mm] m_A = \frac{a}{b} \times \frac{c_B V_B M_A}{1000} & (0\text{-}17) \end{cases}$$

滴定分析中计算被测物质含量的一般通式：

$$w_A = \frac{\frac{b}{a} \times c_B V_B M_A}{m} \times 100\% \qquad (0\text{-}18)$$

其中试样的质量为 m，w_A 为被测物质 A 的质量分数。

另外滴定度用于分析结果计算十分方便，其计算公式如下：

$$w_A = \frac{T_{A/B} V_B}{m} \times 100\%$$

式中　$T_{A/B}$ ——标准滴定溶液 B 对被测物质 A 的滴定度，g/mL；

　　　V_B ——消耗的标准滴定溶液 B 的体积，mL；

　　　m ——试样的质量，g。

2. 滴定分析法计算示例

（1）标准滴定溶液配制的计算

【例 0-12】 已知浓 HCl 的密度为 1.19g/mL，其中 HCl 含量约为 37%。计算：①每升浓 HCl 中所含 HCl 的物质的量浓度；②欲配制浓度为 0.10mol/L 的稀 HCl 500mL，需量取上述浓 HCl 多少 mL？

解： $c_{HCl} = \dfrac{m_{HCl}}{M_{HCl}} = \dfrac{1000 \times 1.19 \times 0.37}{36.46} = 12\text{mol/L}$

$c_{HCl} V_{HCl} = c'_{HCl} V'_{HCl}$

$V_{HCl} = \dfrac{c'_{HCl} V'_{HCl}}{V_{HCl}} = \dfrac{0.10 \times 500}{12} = 4.2\text{mL}$

（2）标准滴定溶液浓度的计算

【例 0-13】 用 $(Na_2B_4O_7 \cdot 10H_2O)$ 标定 HCl 溶液的浓度，称取 0.4806g 硼砂，滴定至终点时消耗 HCl 溶液 25.20mL，计算 HCl 溶液的浓度。

解： $\qquad Na_2B_4O_7 + 2HCl + 5H_2O \!=\!\!=\!\!= 4H_3BO_3 + 2NaCl$

$$n_{Na_2B_4O_7} = \frac{1}{2} n_{HCl}$$

$$\frac{m_{Na_2B_4O_7}}{M_{Na_2B_4O_7}} = \frac{1}{2} c_{HCl} V_{HCl}$$

$$c_{HCl} = 0.1000\text{mol/L}$$

（3）被测物质质量分数的计算

【例 0-14】 $K_2Cr_2O_7$ 标准滴定溶液的 $T_{K_2Cr_2O_7/Fe} = 0.005316\text{g/mL}$。测定 0.5000g 含铁试样时，用去该标准滴定溶液 24.64mL。计算 $T_{K_2Cr_2O_7/Fe_2O_3}$ 和试样中 Fe_2O_3 的质量分数。

解： $T_{Fe_2O_3/K_2Cr_2O_7} = \dfrac{T_{K_2Cr_2O_7} M_{Fe_2O_3}}{2M_{Fe}} = \dfrac{0.01117 \times 159.69}{2 \times 55.85} = 0.015789\text{g/mL}$

$$w_{Fe_2O_3} = \frac{m_{Fe_2O_3}}{m} \times 100\% = \frac{0.015789 \times 24.64}{0.5000} \times 100\% = 78.70\%$$

小结：滴定分析结果计算过程，① 列出测定中发生的有关化学反应式，② 找出标准滴定溶液与被测物质之间的化学计量关系，③ 根据题意要求列出计算式后，代入数字进行计算。

0.4　分析天平与称量操作

0.4.1　天平的种类与性能

1. 天平的种类

分析天平是定量化学分析实验中最主要、最常用的仪器之一。常用的分析天平可按结构和精度来分类。

按天平构造原理分类，分析天平可分为杠杆天平和电子天平。

（1）杠杆天平

实验室常用的杠杆天平分为等臂双盘天平和不等臂单盘天平，它们一般都有光学读数装置，又称电光分析天平。

等臂双盘天平还可以再分为摇摆天平和阻尼天平（有阻尼器）。按加码器加码范围，分部分机械加码和全部机械加码（或称半自动加码和全自动加码），后者加码器易发生故障。双盘天平的缺点是天平的两臂理论上长度应相等，实际上存在不等臂性误差，空载和实载灵敏度不同，操作麻烦。

不等臂单盘天平采用全量机械减码，操作简便，称量速度快，性能稳定。

（2）电子天平

电子天平依据电磁力平衡的原理，没有刀口刀承，无机械磨损，全部数字显示，称量快速，只需几秒就可显示称量结果。电子天平连接计算机和打印机后，可具有多种功能。

接天平的精度分类，通常分析天平分为 10 级。一级天平精度最好，十级最差。在常量分析中，使用最多的是最大载荷为 100～200g 的分析天平，属于三至四级。在半微量和微量分析中，常用最大载荷为 20～30g 的一至三级分析天平。

2. 分析天平的性能

分析天平是精密的衡量仪器，其性能必须具有适当的灵敏性、准确性、稳定性和不变性等。

（1）天平的灵敏性

分析天平的灵敏性是以灵敏度表示的。灵敏度是指在天平盘上增加一个小质量物质所引起指针偏移的程度。指针偏移的距离越大，表示天平越灵敏。

天平的灵敏度一般规定为 1mg 砝码引起的指针在读数标尺上偏移的格数。

$$灵敏度 = \frac{指针偏离的格数}{1mg}$$

当载重一定时，指针偏转与臂长成正比，与天平梁的质量和重心到支点的距离成反比。一架天平的横梁质量和臂长是一定的，唯有重心的位置可以通过感量螺钉（重心螺钉）上下移动进行调节。感量螺钉（重心螺钉）上移，使重心到支点的距离缩短，天平的灵敏度增加。天平的灵敏度太低，会增大称量误差；但灵敏度太高时，天平梁不易静止，不便于称量操作。

灵敏度越高，表示天平感觉能力越强，所以灵敏度也可以用感量（或分度值）表示。感量是指针偏移一格时所需要的 mg 数，故：

$$感量 = \frac{1}{灵敏度}$$

如 TG328 型半自动电光天平的感量为 0.1mg/格，则其灵敏度为

$$灵敏度 = \frac{1}{0.1} = 10 \ 格/mg$$

由于采用了光学放大读数装置，可直接读出 0.1mg，因此这类天平也称感量为万分之一的天平。

（2）天平的准确性

天平的准确性是指天平的等臂性。一架完好的天平，两臂之差应符合一定的要求，差值不超过臂长的 1/40000，以控制由于天平不等臂所引起的称量误差。用等臂天平称量时，由于天平不等臂引起的称量误差是难免的，但这一类误差属于系统误差。采用替代称量法可以抵消这类误差，单盘天平的称量采用替代法，故单盘不等臂天平不存在不等臂所引起的误差。

（3）天平的稳定性

天平梁在平衡状态受到扰动后能自动回到初始平衡位置的能力，称为天平的稳定性。

分析天平不仅要有一定的灵敏性，而且还要有相当的稳定性，才能完成准确的称量。灵敏性与稳定性是互相矛盾的，但灵敏性与稳定性的乘积是个常数，两者都兼顾到才能使天平处于最佳状态。天平的稳定性是通过改变天平梁的重心，即移动感量螺钉（重心螺钉）来调节的，感量螺钉离支点越远天平的稳定性越好。

（4）天平的不变性

天平的不变性是指天平在同一重量差的作用下，各次平衡位置重合不变的性能。

在同一台天平上，使用同一组砝码多次称量同一重物不可能得到绝对完全重合的结果，一般都存在微小的差异，这种差异称为示值变动性。一般用多次开关天平时，指针平衡后标尺上出现的最大值与最小值之差来表示，两者之差越大，表示天平的不变性越差。天平的不变性与天平的稳定性有密切关系，两者都以示值变动性表示，但不是同一概念。天平的稳定性主要与天平梁的重心有关；而天平的不变性与稳定性、天平的结构、天平的调整状态及称量时的环境条件有关。

0.4.2 分析天平的主要技术规范

1. 最大称量

最大称量又称最大载荷，表示天平可称量的最大值。天平的最大称量必须大于被称物体可能的质量。

2. 分度值

天平的分度值是天平标尺一个分度对应的质量。天平的分度值与最大载重之比划分天平

的级别，表示天平的精度。

3. 秤盘直径和秤盘上方的空间

天平的技术规格给出天平秤盘直径及秤盘上方空间，即高度和宽度，可以根据称量物件的大小选择天平。

4. 天平的型号及规格

分析天平的种类、型号很多，表 0-8 列出了部分杠杆天平的型号及规格。

表 0-8　部分杠杆天平的型号和规格

类别	制品名称	型号	规格和技术数据		主要用途
			最大称量（g）	分度值（mg）	
双盘天平	全机械加码分析天平	TG-328A	200	0.1	精密称量，分析测定
	部分机械加码分析天平	TG-328B	200	0.1	
单盘天平	单盘精密分析天平	TD-12	109.9	0.1	精密定量分析
		DT-100	100	0.1	
	单盘分析天平	TG-729C	100	1	精密称量
		DTQ-160	160	0.1	
		TD-18	160	0.1	

5. 天平的正确选用

购置天平时，需要在了解天平的技术参数和各类天平特点的基础上，根据称量要求的精度及工作特点正确选用天平。首先要考虑称量的最大质量，不能使天平超载，以免损坏天平。其次是不使用精度不够的天平，但也不应滥用高精度天平而造成不必要的浪费。如果有条件，选用一台电子天平，一方面电子天平有不同档，其使用范围可变；另一方面电子天平可以频繁或连续测定质量值，功能强，使用起来得心应手。

0.4.3　双盘天平

1. 双盘天平的称量原理

双盘电光天平是以杠杆原理设计的一种等臂分析天平，其特点是天平的两臂长度相等，称量原理如图 0-5 所示。

设天平两臂长度相等，即 $L_1 = L_2$，质量为 m_Q 的物体和质量为 m_P 的砝码分别放在天平的左、右秤盘上。当达到平衡时，根据杠杆原理，支点两边的力矩相等。则

$$QL_1 = PL_2$$

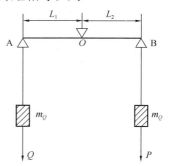

其中 Q、P 分别为 m_Q 和 m_P 的重量，因为：$Q = m_Q \cdot g$，$P = m_P \cdot g$，其中 g 为重力加速度，故 $m_Q \cdot g \cdot L_1 = m_P \cdot g \cdot L_2$，由于 $L_1 = L_2$，在同一地点 g 值相同，则：$m_Q = m_P$，即被称物体的质量等于砝码的质量。

由此可见，通常所说称量某物体的重量实际上称得的是物体的质量。

2. 双盘电光天平的结构

如 TG328B 型双盘电光天平，是由横梁部分、悬挂系统、升降枢和水平仪、光学读数系统、机械加码装置、砝码

图 0-5　等臂双盘天平称量原理示意图

和天平箱等组成，其结构如图 0-6 所示。

（1）横梁部分由横梁、指针、感量螺钉和平衡螺钉组成

① 横梁：它是天平的主要部件，多用质轻、坚固、膨胀系数小的铝铜合金制成。梁上装有三把玛瑙刀，中刀（支点刀）向下，两边的边刀与中刀的距离相等，并要求三把刀口互相平行且位于同一水平面上。

刀口越锋利，与刀口接触的玛瑙平面越光滑，它们之间的摩擦力越小，天平的灵敏度越高。玛瑙耐磨性好，但质地较脆，使用时要十分小心，注意保护，开关天平要慢，以减轻振动。

② 指针：它装在横梁中间向下，指针下端装有微分标尺，经光学系统放大后可在投影屏上读数，标牌上刻有 $0\sim\pm10\mathrm{mg}$ 刻度线。

③ 感量螺钉：又称重心螺钉，上下移动可调节分析天平的灵敏度。

④ 平衡螺钉：在横梁的两侧，当用拨杆不能调节天平的零点时需要用平衡螺钉来调节。

（2）悬挂系统由吊耳、阻尼内筒和秤盘组成

① 吊耳：包括承重板和挂钩，承重板下面镶有一块长条形玛瑙平板，它起着将悬挂系统的力传递给边刀的作用。挂钩用来挂阻尼内筒及秤盘。

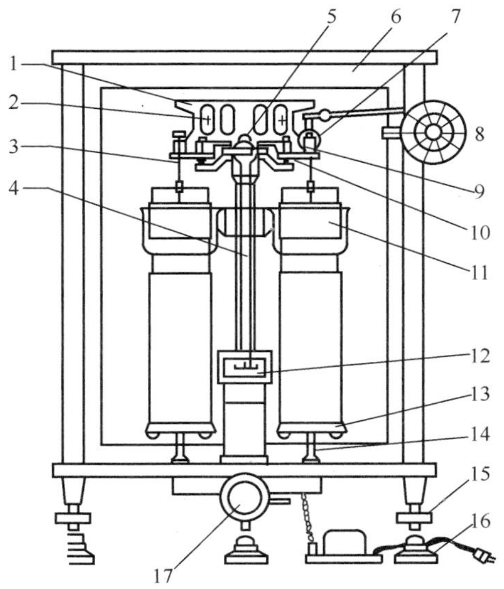

图 0-6　TG328B 型分析天平

1—横梁；2—平衡螺钉；3—吊耳；4—指针；5—支点力；6—框罩；7—圈形砝码；8—指数盘；9—支力销；10—折叶；11—阻尼内筒；12—投影屏；13—秤盘；14—托盘；15—螺旋脚；16—垫脚；17—旋钮

② 阻尼器：由内筒和外筒组成，利用空气阻力使指针能很快停止摆动。要求阻尼器内筒与外筒之间的缝隙要均匀，不能有丝毫碰擦；否则会发生挡害，造成很大称量误差，严重时使称量无法进行。

③ 秤盘：分左、右两个，上面刻有标记，不能相互调换使用。称量时，左盘放称物，右盘放砝码。

（3）升降枢

由天平开关旋钮控制，打开天平时，旋钮顺时针转动，支撑天平横梁和吊耳的支力鞘随着下降，最后与横梁和吊耳脱离，使中刀口与中刀垫接触，承重刀口与承重板接触，三把刀口承受着横梁和悬挂系统全部的重力。与此同时，盘托也随之下降，光源灯变亮，此时天平处于工作状态。关闭天平时，旋钮逆时针转动，支力鞘动作与上述情况相反，天平处于休止状态。

为了保护玛瑙刀口和确保称量的准确性，开关天平时必须缓缓地转动开关旋钮；否则不仅会损坏玛瑙刀口，而且还会使吊耳发生偏斜，造成较大的称量误差。

（4）水准仪

它固定在立柱后面的支架上，供校正天平的水平位置之用。调节天平两个前螺旋脚，使气泡位于水准仪圆圈的中央时，即达到水平位置。

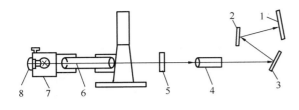

图 0-7　光学读数系统

1—投影屏；2—二次反射镜；3——次反射镜；
4—物镜；5—微分标尺；6—聚光镜；
7—灯泡；8—灯座

（5）光学读数系统

它的作用是通过放大镜将微分标牌的读数放大，在投影屏上直接读出 10mg 以下的数值。光学读数系统包括变压器、灯泡、灯座、聚光管、微分标尺、物镜、一次、二次反射镜和投影屏等，如图 0-7 所示。

（6）机械加码装置

它是代替人工加减砝码的装置，有全机械加码和半机械加码两种形式。半机械加码装置由八个凸轮组成，由指数盘控制八个 mg 组环码的起落。环码采用 1、2、5 组合法，各档量值由 10mg、10mg、20mg、50mg 和 100mg、100mg、200mg、500mg 环码组成。转动指数盘可获取 10～990mg 的量值。TG328 型半自动电光天平的克组砝码仍需用手工操作。

操作指数盘要慢慢转动，一档一档地加减，否则会造成环码离钩、互挂或互碰现象，损害天平档，严重影响称量。

（7）砝码

TG328 型半自动电光天平还有一盒克组砝码，有 5、2、2、1 和 5、2、1、1、1 两种组合形式。砝码在出厂时都要经校准鉴定，按其误差大小分为几等；半自动电光天平的配套磁码一般为 2 等或 3 等。

为了保证称量的准确性，要保护好砝码，使其不被沾污、氧化或腐蚀；若因不慎掉在地上或实验台上应检查是否受到损坏，必要时需要重新校正；砝码使用一年后也需重新校正、检验。

面值相同的砝码，它们之间的质量有微小的差异，其中一个打有标记以示区别，称量时一般先使用不带标记的。

（8）天平箱

它的作用是保护天平，防尘、防潮，称量时减少外界因素的影响。箱的前门供安装、检修天平用，侧门供称量时取、放砝码和称量物用，但调零点或读数时必须关闭。三只天平足的后面一只是固定的，前面两只是可调的，用来调整天平的水平位置。

3. 双盘电光天平的称量操作

（1）称量前的准备工作

每次称量前都应切实做好下面步骤：

① 取下天平罩，叠好，用毛刷轻轻刷去秤盘和底座上的灰尘。

② 调节天平处于水平位置，细心检查天平各部件是否处于正确位置。

③ 缓缓打开天平，拨动底座下面的调零拨杆，使标尺的零线与投影屏上的标线重合。关闭天平，此时天平状态良好，可进行称量操作。

（2）直接称量法

直接称量法是指直接称取某一器皿质量或某种试样质量的方法。称量试样时，不同的试样可采用表面皿、小烧杯或称量纸等器皿盛放。该法常用于称取不易吸水，在空气中比较稳定的样品，如金属、矿样、基准物质等。

为了较快地确定称量物的质量范围，通常采用"由大到小，折半加入"的原则加减砝码。如称小表皿可将其放在左秤盘，并估计它的质量约在 10g 左右，可在右秤盘上放 10g 砝码。半开天平，若指针向左偏转，说明小表皿质量不足 10g，这时可换上 5g 砝码，半开天平若指针向右偏转，说明小表皿质量大于 5g，这时可再加 2g 砝码。以此类推，按上述原则反复进行，直至小表皿与砝码的质量相差在 10mg 范围内才允许全开天平，最后要求标线落在标尺的"+"值处。

当天平投影屏上的光标不再移动时，就可以读数。首先按克组砝码盒的空位读出所加的克组砝码数，待放回时再仔细核对一遍，如 7.0000g；然后读出指数盘上加的环码 mg 数，如 930mg，即 0.9300g；最后读出投影屏上标线所对的标尺读数，如 2.3mg，即 0.0023g。

将以上 3 次读数相加即为小表皿的质量，$m = 7.9323g$，仔细核对无误后，记录在记录本上。

读数完毕立即关闭天平，取出称量物，砝码放回原位，指数盘回"零"，再打开天平检查零点。要求称量前后零点变化不得超过两小格（相当于 0.2mg），若超过两小格应请指导教师查出原因后重新称量。最后将天平恢复到原来的状态。

（3）递减称量法

递减称量法是指把需称量试样装在密闭的称量瓶内，先直接称出称量瓶和试样总量，然后取出称量瓶，根据要求倾倒出某质量范围试样，再进行称量，两次称量之差，就是倾出试样的准确质量。该法常用于称取易吸收空气中水分或二氧化碳，易于氧化的样品。

现以要求称量出四份质量范围在 0.1～0.2g 固体试剂为例，说明递减称量法操作步骤：

① 做好称量前的准备工作，即清理天平、调好水平和零点等。

② 按直接称量法称出称量瓶与固体试剂的总质量 m_1，记录到实验记录本。

操作时要戴好细纱手套，放取称量瓶，若没有细纱手套也可用一纸条或塑料条套在称量瓶上，如图 0-8（a）所示，严禁用手直接抓取。

③ 取出称量瓶，在接受试剂容器的上方（尽量靠近又不能接触）打开瓶塞；将称量瓶慢慢倾斜，用瓶塞轻轻敲打瓶口的上部，如图 0-8（b）所示，使试剂慢慢落入容器中。估计倾出试剂量已接近所需要的量

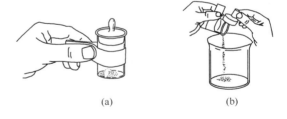

图 0-8　递减称量取样方法
（a）用纸条套住称量瓶；（b）试剂敲出方法

时，在接受容器上方，边用瓶塞轻轻敲打称量瓶口的外壁，边慢慢将称量瓶竖起，使粘在瓶口的试剂回到瓶内或落入接受容器内，然后将称量瓶加盖后，重新放回天平盘上。

④ 转动指数盘，减去 100mg 环码，半开天平，若指针迅速向右偏转，则倒出试剂不足100mg，可按上述方法继续倾出部分试剂，直到天平指针向左偏转为止。这时可由指数盘再减去 100mg 环码，半开天平若指针迅速向右偏转，则表示倒出的试剂量没有超过 200mg，符合要求的称量范围。然后适当加减砝码准确称量倒出第一份试剂后，称量瓶和试剂的总质量，设其为 m_2，则第一份试剂的质量为 $m_1 - m_2$。递减称量法每份试剂倒出的次数不宜过多，以免增加丢失的机会，最好一次成功，最多不超过 3 次。

⑤ 按照上述方法重复进行操作，即可称得第二、第三和第四份试剂的质量。按表0-9进行记录和计算。

表0-9　递减称量法记录表

	1	2	3	4
倒出前称量瓶＋试剂量（g）	m_1	m_2	m_3	m_4
倒出后称量瓶＋试剂量（g）	m_2	m_3	m_4	m_5
倒出试剂的量（g）	m_1-m_2	m_2-m_3	m_3-m_4	m_4-m_5

称量结束工作应按直接称量法取出称量物和砝码，指数盘恢复到零，检查零点，最后将天平恢复到使用前的状态。

0.4.4　电子分析天平

1. 电子分析天平的称量原理

应用现代电子控制技术进行称量的天平称为电子分析天平。各种电子分析天平的控制方式和电路结构不相同，但其称量的依据都是电磁力平衡原理。现以MD系列电子分析天平为例说明其称量原理。

电子分析天平结构示意图如图0-9所示。秤盘通过支架连杆与线圈相连，线圈置于磁场中。秤盘及被称物体的重力通过连杆支架作用于线圈上，方向向下。线圈内有电流通过，产生一个向上作用的电磁力，与秤盘重力方向相反，大小相等。位移传感器处于预定的中心位置，当秤盘上的物体质量发生变化时，位移传感器检出位移信号，经调节器和放大器改变线圈的电流直至线圈回到中心位置为止。通过数字显示出物体的质量。

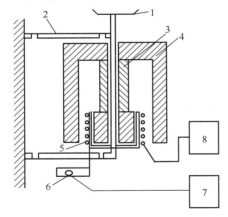

图0-9　MD系列电子天平结构示意图
1—秤盘；2—簧片；3—磁钢；4—磁回路体；
5—线圈及线圈架；6—位移传感器；
7—放大器；8—电流控制电路

2. 电子分析天平的安装和使用

以FA1604型电子分析天平为例，简单介绍安装和使用。

（1）电子分析天平的安装

电子分析天平的安装很简单，拆箱后，去除一切包装，取出风罩内缓冲海绵，装好称盘。将天平置于稳定的工作台上，避免振动、阳光照射和气流。

（2）电子分析天平的使用方法

① 天平在使用前观察水平仪，如水平仪水泡偏移，需调整水平调节脚，使水泡位于水平仪中心。

② 选择合适电源电压，将电压转换开关置相应位置。天平接通电源，开始通电工作（显示器未工作），通常需预热后方可开启显示器进行操作使用。

③ ON开启显示器键，只要轻按一下ON键，显示器全亮，对显示器的功能进行检查后，进入称量模式。OFF关闭显示键，轻按OFF键，显示器熄灭即可。若较长时间不使用天平，应拔去电源线。

④ 天平校准键，因存放时间较长，位置移动，环境变化或为获得精确测量，天平在使

用前一般都应进行校准操作。校准天平按说明书进行。

⑤ 电子分析天平采用轻触按键，能实行多键盘控制，操作灵活方便，各功能的转换与选择，只需按相应的按键。TAR 清零、去皮键；RNG 称量范围转换键；UNT 量制转换键；INT 积分时间调整键；ASD 灵敏度调整键；PRT 输出模式设定键。

⑥ 称量操作。

称量：以上各模式待用户选定后（本天平由于具有记忆功能，所有选定模式能保持断电后不丢失就可用于称量），按 TAR 键，显示为零后，置被称物于称盘，待数字稳定，即显示器左边的"0"标志熄灭后，该数字即为被称物的质量值。

去皮重：置容器于称盘上，天平显示容器质量，按 TAR 键，显示零，即去皮重。再置被称物于容器中，这时显示的是被称物的净重。

累计称量：用去皮重称量法，将被称物逐个置于称盘上，并相应逐一去皮清零，最后移去所有被称物，则显示数的绝对值为被称物的总质量值。

加物：置 INT—0 模式，置容器于称盘上，去皮重。将称物（液体或松散物）逐步加入容器中，能快速得到连续读数值。当加物达到所需称量，显示器最左边"0"熄灭，这时显示的数值即为用户所需的称量值。当加入混合物时，可用去皮重法，对每种物质计净重。

读取偏差：置基准砝码（或样品）于称盘上，去皮重，然后取下基准码，显示其质量负值。再置称物于称盘上，视称物比基准砝码重或轻，相应显示正或负偏差值。

下称：拧松底部下盖板的螺丝，露出挂钩。将天平置于开孔的工作台上，调正水平，并对天平进行校准工作，就可用挂钩称量挂物了。

⑦ 电子分析天平的维护与保养，天平必须小心使用，称盘与外壳须经常用软布和牙膏轻轻擦洗，切不可用强溶解剂擦洗。

0.4.5　分析天平的使用规则

① 称量前先取下天平护罩，叠好，然后检查天平是否处于水平状态；刷去秤盘上的污垢和灰尘；检查并调整天平的零点。

② 旋转天平开关旋钮或停动手钮时必须缓慢，要轻开、轻关，绝对禁止在天平开启状态取放称量物和加减砝码及环码。单盘电光天平允许"半开"时加减砝码，但不允许取放称量物；双盘电光天平"半开"是为了判断指针倾斜方向及程度，不允许加减砝码及环码。

③ 读数和检查零点时必须全开天平，关好侧门，不得随意打开前门。

④ 试样和化学试剂均不得直接放在天平盘上称量，而应放在清洁干燥的表皿、称量瓶或坩埚内；具有腐蚀性的气体或吸湿性物质必须放在称量瓶或其他适当的密闭容器中称量。

⑤ 双盘电光天平 1g 以上的砝码必须用镊子夹取，转动指数盘、减码手钮必须一档一档地慢慢进行，防止砝码跳落或互撞。大砝码及被称物应尽量放在秤盘的中央，这样可减少秤盘的晃动，也可使称量结果更加准确。

⑥ 绝对禁止载重超过天平的最大负载；为了减少称量误差，在同一实验中应使用同一台天平和与其配套的砝码，并注意相同面值砝码的区别，应优先使用不带标记的砝码。

⑦ 称量时，如砝码与被称物的质量相差甚大，不允许全开天平；应学会用"半开"天平的操作来决定砝码的加或减；双盘电光天平两盘相差在 10mg 范围内才允许全开天平；而

单盘电光天平砝码与被称物相差在 100mg 以内才允许全开天平。

⑧ 称量数据必须记录在实验记录本上，不得记在零碎纸上或其他地方；记录必须用钢笔或圆珠笔书写。

⑨ 称量完毕关好天平，及时取出砝码及被称物；指数盘和读数窗复零位后检查称量后的零点；若称量后零点变化超过 0.2mg，应检查出原因后重新称量；若有洒落在天平盘上的试样应及时用毛刷清刷掉，然后检查天平是否关好，侧门是否关上，最后罩上天平护罩。

⑩ 为了保证天平横梁的等臂性，称量的物体必须与天平箱内的温度一致，不得将过热或过冷的物体放进天平称量。

0.4.6　称量误差分析

称量误差主要来源如下：

（1）被称物（容器或试样）在称量过程中条件发生变化。

① 被称容器表面的湿度变化。烘干的称量瓶、灼烧过的坩埚等一般放在干燥器内冷却到室温后进行称量，它们暴露在空气中会因吸湿而使质量增加，空气湿度不同，吸附的水分不同，故称量试样要求速度要快。

② 试样能吸附或放出水分，或具有挥发性，使称量质量改变，灼烧产物具有吸湿性，应盖上坩埚盖称量。

③ 被称物温度与天平温度不一致。如果被称物温度较高，能引起天平臂不同程度的膨胀，且有上升的热气流，使称量结果小于真实值。应将烘干或灼烧过的器皿在干燥器中冷却至室温后称量，但在干燥器中不是绝对不吸附水分，因此坩埚等应保持相同的冷却时间后称量才易于恒量。

④ 容器包括加药品的塑料勺表面由于摩擦带电可能引起较大的误差，这点常被操作者忽略。故天平室湿度应保持在 50%～70%，过于干燥会使摩擦而积聚的电不易耗散。称量时要注意，如擦拭被称物后应多放一段时间再称量。

（2）天平和砝码不准确带来的误差。天平和砝码应定期检定（至多 1 年以内），方法见有关规程。砝码的实际质量不相符属于系统误差，可借使用校正值消除，一般分析工作当不采用校正值时，要注意到克组砝码的质量允差较大。

（3）称量操作不当是初学者称量误差的主要来源，如天平未调整水平，称量前后零点变动，开启天平过重，以及吊耳脱落，天平摆动受阻未被发现等。其中以开启天平过重，转动减码手钮过重，造成称量前后零点变动为主要误差来源，因此在称量前后检查天平零点是否变化，是保证称量数据有效的一个简易方法。另外如砝码读错，记录错误等虽属于不应有的过失误差，但也是初学者称量失误的主要原因。

（4）环境因素的影响。震动、气流、天平室温度太低或温度波动大等，均使天平变动性增大。

（5）空气浮力的影响。一般分析工作中所称的物体其密度小于砝码的密度，其体积比相应的砝码的体积大，在空气中所受的浮力也大，在精密的称量中要进行浮力校正，一般工作忽略此项误差。

0.5　滴定分析基本操作

0.5.1　滴定管的使用

滴定管是滴定分析中最基本的量器。常量分析用的滴定管有 50mL 及 25mL 等几种规格，它们的最小分度值为 0.1mL，读数可估计到 0.01mL。此外，还有容积为 10mL、5mL、2mL、1mL 的半微量和微量滴定管，最小分度制为 0.05mL、0.01mL、0.005mL。它们的形状各异。

根据控制溶液流速的装置不同，滴定管可分为酸式和碱式两种。酸式滴定管的下端装有玻璃活塞，用来盛放酸性或具有氧化性溶液。碱式滴定管的下端用乳胶管连接一个小玻璃管，乳胶管内有一玻璃珠，用以控制溶液的流出。碱式管用来装碱性溶液和无氧化性溶液。

滴定管的使用包括：洗涤、检漏、涂油、排气泡、读数等步骤。

1. 洗涤

对无明显油物的干净滴定管，可直接用自来水冲洗或用滴定管刷蘸肥皂水或洗涤剂（但不能用去污粉）刷洗，再用自来水冲洗。刷洗时要注意，不用刷头露出铁丝的毛刷，以免划伤滴定管内壁。如有明显油污，则需用洗液浸洗。洗涤时向管内倒入 10mL 左右铬酸洗液（碱式滴定管将乳胶管内玻璃珠向上挤压封住管口或将乳胶管换成乳胶滴头），再将滴定管逐渐向管口倾斜，并不断旋转，使管壁与洗液充分接触，管口对着废液缸，以防洗液撒出。若油污较重，可装满洗液浸泡，浸泡时间的长短视沾污情况而定。洗毕，洗液应倒回洗瓶中，洗涤后应用大量自来水淋洗，并不断转动滴定管，至流出的水无色，再用去离子水润洗三遍，洗净后的管内壁应均匀地润上一层水膜而不挂水珠。

2. 检漏

滴定管在使用前必须检查是否漏水。碱式管漏水可更换乳胶管或玻璃珠；酸式管漏水或活塞转动不灵，则应重新涂抹凡士林。其方法是：将滴定管平放于实验台上，取下活塞，用吸水纸擦净或拭干活塞及活塞套，在活塞两侧涂上薄薄一层凡士林，再将活塞平行插入活塞套中，单方向转动活塞，直至活塞转动灵活且外观为均匀透明状态（图 0-10）。用橡皮圈套在活塞小头一端的凹槽上，固定活塞，以防其滑落打碎。

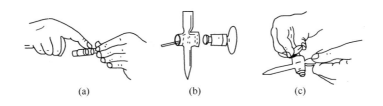

（a）　　　　　　　　　（b）　　　　　　　　　（c）

图 0-10　酸式滴定管活塞
（a）活塞涂油；（b）安装活塞；（c）转动活塞

如遇凡士林堵塞尖嘴玻璃小孔，可将滴定管装满水，用洗耳球鼓气加压，或将尖嘴浸入热水中，再用洗耳球鼓气，便可以将凡士林排除。

3. 装溶液和赶气泡

洗净后的滴定管在装液前，应先用待装溶液润洗内壁三次，用量依次为 10mL、5mL、5mL 左右。

装入溶液的滴定管，应检查出口下端是否有气泡，如有应及时排除。其方法是：取下滴定管，倾斜成 30°角。对酸试管，可用手迅速打开活塞（反复多次），使溶液冲出并带走气泡；对碱式管，则将橡皮管向上弯曲，捏起乳胶管使溶液从管口喷出，即可排除气泡，如图 0-11 所示。

将排除气泡后的滴定管补加操作溶液到零刻度以上，然后再调整至零刻度线位置。

4. 读数

读数前，滴定管应垂直静置 1min。读数时，管内壁应无液珠，管出口的尖嘴内应无气泡，尖嘴外应不挂液滴，否则读数不准。读数方法是：取下滴定管用右手大拇指和食指捏住滴定管上部无刻度处，使滴定管保持垂直。并使自己的视线与所读液面处于同一水平上 [图 0-12 (a)]。不同的滴定管读数方法略有不同。对无色或浅色溶液，有乳白板蓝线衬背的滴定管读数应以两弯月面相交的最尖部分为准 [图 0-12 (b)]。一般滴定管应读取弯月面最低点所对应的刻度。对深色溶液，则一律按液面两侧最高点相切处读取。

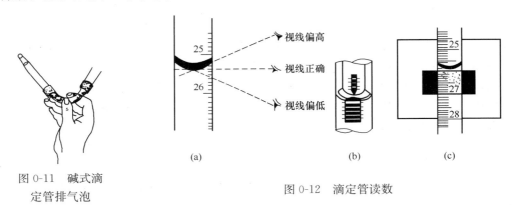

图 0-11　碱式滴
　　定管排气泡

图 0-12　滴定管读数

对初学者，可使用读数卡，以使弯月面更清晰。读数卡是用贴有黑纸或涂有黑色长方形（约 3cm×15cm）的白纸板制成。读数卡紧贴在滴定管的后面，把黑色部分放在弯月面下面约 1mm 处，使弯月面的反射层全部成为黑色，读取黑色弯月面的最低点 [图 0-12 (c)]。

5. 滴定

读取初读数之后，立即将滴定管下端插入锥形瓶（或烧杯）口内约 1cm 处，进行滴定。操作酸式滴定管时，左手拇指与食指跨握滴定管的活塞处，与中指一起控制活塞的转动，如图 0-13 (a) 所示。但应注意，不要过于紧张，手心用力以免将活塞从大头推出造成漏水，而应将三手指略向手心回力，以塞紧活塞。操作碱式滴定管时，用左手的拇指与食指捏住玻璃珠外侧的乳胶管向外捏，形成一条缝隙，溶液即可流出，如图 0-13 (b) 所示。控制缝隙的大小即可控制流速，但要注意不能使玻璃珠上下移动，更不能捏玻璃珠下部的乳胶管以免产生气泡。滴定时，还应双手配合协调。当左手控制流速时，右手拿住锥型瓶颈，单方向旋转溶液。若用烧杯滴定，则右手持玻璃棒作圆周搅拌溶液，注意玻璃棒不要碰到杯壁和杯底（图 0-14）。

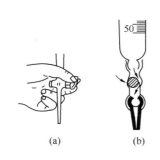

图 0-13 滴定管中溶液的排出
（a）活塞的转动；（b）碱管溶液的流出

图 0-14 滴定操作

6. 滴定速度

滴定时速度的控制一般为开始时每秒 3~4 滴；接近终点时，应一滴一滴加入，并不停地摇动，仔细观察溶液的颜色变化；也可每次加半滴（加半滴操作，使溶液悬而不滴，让其沿器壁流入容器，再用少量去离子水冲洗内壁，并摇匀），仔细观察溶液的颜色变化，直至滴定终点为止。读取终读数，立即记录。注意：在滴定过程中左手不应离开滴定管，以防流速失控。

7. 平行实验

平行滴定时，应该每次都将初刻度调整到"0"刻度或其附近，这样可减少滴定管刻度的系统误差。

8. 最后整理

滴定完毕，应放出管中剩余溶液，洗净滴定管，装满去离子水，罩上滴定管盖备用。

0.5.2 移液管及其使用

移液管是用来准确移取一定体积溶液的量器，准确度与滴定管相当。移液管有两种，一种中部具有"胖肚"结构，无分刻度，两端细长，只有环行标线，"胖肚"上标有指定温度下的容积。常见的规格为 5mL、10mL、25mL、50mL、100mL 等；另一种是有分刻度的直型玻璃管，又称吸量管或刻度吸量管，管的上端标有指定温度下的总体积。吸量管的容积有 1mL、2mL、5mL、10mL 等，可用来吸取不同容积的溶液，一般只量取小体积的溶液，其准确度比"胖肚"移液管稍差。吸量管有单标线和双标线之分，单标线为溶液全流出式，双标线吸量管的分刻度不刻到管尖，属于溶液不完全流出式。

移液管的使用，主要包括如下几个方面：

1. 洗涤

移液管使用前也要进行洗涤，洗涤时，先用适当规格的移液管刷，用自来水清洗，若有油污可用洗液洗涤。方法是吸入 1/3 容积铬酸洗液，平放并转动移液管，使洗液润洗内壁，洗毕将洗液放回原瓶，稍后用自来水冲洗，再用去离子水清洗 2~3 次备用。

2. 润洗

洗净后的移液管，在移液前必须用吸水纸吸净尖端内、外的残留水，然后用待取液润洗2~3 次，以防改变溶液的浓度洗涤时，当溶液吸至"胖肚"1/4 处，即可封口取出。应注意勿使溶液回流，以免稀释溶液。润洗后将溶液从下端放出。

3. 移液

将润洗好的移液管插入待取溶液的液面下约 1～2cm 处（不能太浅以免吸空，也不能插至容器底部以免吸起沉渣），右手的拇指与中指拿住移液管标线以上部分，左手拿起洗耳球，排出洗耳球内的空气，将洗耳球尖端插入移液管上端，并封紧移液管口，逐步松开洗耳球，以吸取溶液［图 0-15（a）］。当液面上升至标线以上时，拿掉洗耳球，立即用食指堵上管口，将移液管提出液面，倾斜容器，稍待片刻，以除去管外壁的溶液，然后微微松动食指，并用拇指和中指慢慢转动移液管，使液面缓慢下降，直到溶液的弯月面与标线相切。此时，应用食指按紧管口，使液体不再流出。小心把移液管移入接受溶液的容器，使移液管的下端与容器内壁上端接触［图 0-15（b）］。松开食指，让溶液自由流下，当溶液流尽后，再停 15s，并将移液管向左右转动一下，取出移液管。注意，除标有"吹"字样移液管外，

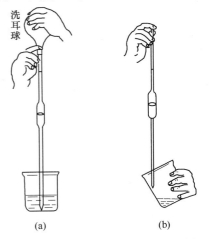

图 0-15　移液管的使用

不要把残留在管尖的液体吹出，因为在校准移液管容积时，没有算上这部分液体。具有双标线的移液管，放溶液时应注意下标线。

0.5.3　容量瓶及其使用

在配置标准滴定溶液或将溶液稀释至一定浓度时，我们往往要使用容量瓶。容量瓶的外形是一平底、细颈梨型瓶，瓶口带有磨口玻璃塞或塑料塞。颈上有环型标线，瓶体标有体积，一般表示 20℃时液体充满至刻度时的容积。常见的有 10mL、25mL、50mL、100mL、250mL、500mL 和 1000mL 等各种规格。此外还有 1mL、2mL、5mL 的小容量瓶，但用得较少。

容量瓶的使用，主要包括如下几个方面：

1. 检查

使用容量瓶前应先检查其标线是否离瓶口太近，如果太近则不利于溶液混合，故不宜使用。另外还必须检查瓶口是否漏水，检查时加自来水近刻度，盖好瓶塞用左手食指按住，同时用右手五指托住瓶底边沿（图 0-16），将瓶倒立 2min，如不漏水，将瓶直立，把瓶塞转动 180°，再倒立 2min，若仍不漏水即可使用。

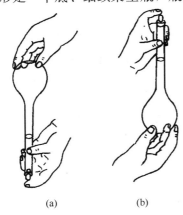

图 0-16　容量瓶的检查

2. 洗涤

可先用自来水冲洗，洗后，如内壁有油污，则应倒尽残水，加入适量的铬酸洗液（250mL 规格的容量瓶可倒入 10～20mL），倾斜转动，使洗液充分润洗内壁，再倒回原洗液瓶中，用自来水冲洗干净后，再用离子水润洗 2～3 次备用。

3. 用于配制溶液

将准确称量好的药品，倒入干净的小烧杯中，加入少量溶剂将其完全溶解后再转移至容

量瓶中。注意，如使用非水溶剂则小烧杯及容量瓶都应事先用该溶剂润洗 2~3 次。定量转移时，右手持玻璃棒悬空放入容量瓶内，玻璃棒下端靠在瓶颈内壁（但不能与瓶口接触），左手拿烧杯，烧杯嘴紧靠玻璃棒，使溶液沿玻璃棒流入瓶内沿壁而下（图 0-17）。烧杯中溶液流完后，将烧杯嘴沿玻璃棒上提，同时使烧杯直立。将玻璃棒取出放入烧杯内，用少量溶剂冲洗玻璃棒和烧杯内壁，也同样转移到容量瓶中。如此重复操作 3 次以上。然后补充溶剂，当容量瓶中溶液体积至 3/4 左右时，可初步摇荡混匀。再继续加溶剂至近标线，最后改用滴管逐滴加入，直到溶液的弯月面恰好与标线相切。若为热溶液应冷至室温后，再加溶剂至标线。盖上瓶塞，按图 0-16 所示将容量瓶倒置，待气泡上升至底部，再倒转过来，待气泡上升到顶部，如此反复 10 次以上，使溶液混匀。

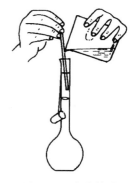

图 0-17　溶液转移入容量瓶

4. 用于稀释溶液

用移液管移取一定体积的浓溶液于容量瓶中，加水至标线，混均匀即可。

5. 注意事项

容量瓶不宜长期储存试剂，配好的溶液需要长期保存时，应转入试剂瓶中。转移前要用该溶液润洗试剂瓶三遍。用过的容量瓶，应立即用水洗净备用。如长期不用容量瓶时，要把磨口和瓶塞擦干，用纸片将其隔开。此外容量瓶不能在电炉、烘箱中烘烤，如必须干燥，可先用 C_2H_5OH 等有机物润洗后，再用电吹风或烘干机的冷风吹干。

0.5.4　容量器皿的校准

容量器皿的实际容积与其所标示的容积往往不完全相符，而且通常的容器校正以 20℃ 为标准，但使用时的温度不一定是 20℃，温度改变时，容器的容积及溶液的体积都将发生改变，因此，精密分析时需进行容量器皿的校准。

容器校准时，根据具体情况可采用相对校准和称量校准。

1. 相对校准

在实际工作中，容量瓶和移液管常常是配合使用的。例如，要用 25mL 移液管从 250mL 容量瓶中取 1/10 容积的液体，则移液管与容量瓶的容积比只要 1:10 就行了。此时，可采用相对校准的方法。其步骤如下：使用移液管准确移取 25mL 去离子水，放入已洗净、干燥的 250mL 容量瓶中。重复移取 10 次后，观察溶液的弯月面是否与标准线正好相切，否则，应另作一标号。相对校准后的容量瓶和移液管，应贴上标签，以便以后更好地配套使用。

2. 称量校准

滴定管、容量瓶、移液管的实际容积往往采用称量校准方法。原理为：称取量器中所放或所容纳 H_2O 的质量。并根据该温度下 H_2O 的密度，计算出该量器在 20℃（玻璃量器的标准温度）时的容积。但是，由质量换算成容积时必须考虑 H_2O 的密度、空气浮力、玻璃的膨胀系数三个方面的影响。为了方便起见，表 0-10 列出了三个因素综合校准后的换算系数。根据表中换算系数（f），用下式即可算出某一温度（t）下一定质量（m）的纯 H_2O 在 20℃ 时所占的实际容积（V）：

$$V = f \cdot m$$

例如，校准移液管时，在15℃称得纯 H_2O 质量为24.94g，查表得15℃时的综合换算系数为1.0021，由此算得它在20℃时的实际体积为：

$$V = 1.0021\text{mL/g} \times 24.94 = 24.99\text{mL}$$

表0-10 在不同温度下纯 H_2O 体积的综合换算系数（f）

t（℃）	f（mL/g）	t（℃）	f（mL/g）	t（℃）	f（mL/g）	t（℃）	f（mL/g）
0	1.00176	10	1.00161	20	1.00283	31	1.00535
1	1.00168	11	1.00168	21	1.00301	32	1.00569
2	1.00161	12	1.00177	22	1.00321	33	1.00599
3	1.00156	13	1.00186	23	1.00341	34	1.00629
4	1.00152	14	1.00196	24	1.00363	35	1.00660
5	1.00150	15	1.00207	25	1.00385	36	1.00693
6	1.00149	16	1.00221	26	1.00409	37	1.00725
7	1.00150	17	1.00234	27	1.00433	38	1.00760
8	1.00152	18	1.00249	28	1.00458	39	1.00794
9	1.00156	19	1.00265	29	1.00484	40	1.00830
				30	1.00512		

f 为不同温度下用纯 H_2O 充满1L（20℃）玻璃容器时 H_2O 质量的0.1‰倒数，其中 1L＝1.000028dm³。

任务一 分析天平的称量练习

一、实验目的

1. 了解分析天平的结构及称量原理。
2. 熟记分析天平的使用规则，初步掌握直接称量法和递减称量法。
3. 学习在称量中如何运用有效数字。

二、仪器

1. 分析天平（分度值0.1mg）1台。
2. 台秤（分度值0.1g）公用。
3. 小烧杯（25mL）2只。

三、试剂

石英沙或工业级重铬酸钾。

四、实验过程

1. 称量前准备

每次称量前都应按顺序认真做好：

（1）取下天平罩，叠好放在固定位置。

（2）检查天平是否正常，一般指是否水平，天平是否回零，环码是否位移及脱落、天平门是否关好。

（3）用毛刷清扫天平盘。

（4）检查和调整天平的空盘零点。

2. 称量

（1）按直接称量法的步骤，称出两只空烧杯各自的质量（注意：先在台秤上称量，然后在分析天平上称），记在记录本上。

（2）按递减称量法的步骤（参看本章第一节中双盘分析天平的称量操作），称取两份固体试样，分别放置于两只小烧杯中，每份试样的质量在 0.2～0.4g 范围内。

（3）按直接称量法的步骤，称量每只小烧杯加上试样后各自的质量。

3. 检查结果

用递减称量法称出的试样质量是否等于上述 2.（3）中称出的质量减去小烧杯各自的质量。若不相等，求出差值，要求绝对差值不大于 0.5mg。如果不符合要求，分析原因，从头开始继续称量。

五、实验数据记录

记 录 项 目			
倒出前（称量瓶＋样品）的质量 倒出后（称量瓶＋样品）的质量 称出样品的质量			
称量（空烧杯＋样品）的质量 空烧杯质量 称出样品的质量			
绝对误差			

任务二　酸碱标准滴定溶液的配制及浓度比较

一、实验目的

1. 练习滴定分析操作技术，初步掌握准确确定终点的方法。
2. 学会正确的使用酚酞、甲基橙指示剂判断滴定终点。
3. 学会滴定分析数据的记录与处理方法。

二、实验原理

浓 HCl 易挥发，固体氢氧化钠易吸收空气中水分和二氧化碳，因此不能直接配制成准确浓度的标准滴定溶液，只能先配制近似浓度的溶液，然后用基准物质标定其准确浓度。

酸碱指示剂具有一定的变色范围。强酸与强碱的滴定反应，突跃范围 pH 值约为 4～10，在这一范围内可采用甲基橙（变色范围 pH 值为 3.1～4.4）、酚酞（变色范围 pH 值为 8.0～10.0）、甲基红（变色范围 pH 值为 4.4～6.2）等指示剂来指示反应的终点。

三、仪器

1. 酸式滴定管（50mL）。
2. 碱式滴定管（50mL）。
3. 常用玻璃仪器若干。

四、试剂

1. NaOH（固体，A. R 级）。
2. HCl（体积比为 1＋1，实验室用 A. R 级的浓 HCl 配制）。
3. 甲基橙水溶液（0.1%）。
4. 酚酞乙醇溶液（0.2%）。

五、实验过程

1. 酸、碱溶液的配制

（1）0.2mol/L HCl 溶液：计算配制 500mL 0.2mol/L HCl 溶液需要（1＋1）HCl 的体积，然后用小量筒量取此体积（1＋1）HCl，倒入烧杯中，加去离子水稀释至 500mL，贮于玻璃塞的细口瓶中，充分摇匀。

（2）0.2mol/L NaOH 溶液：计算配制 500mL 0.2mol/L NaOH 溶液需要固体 NaOH 的质量，然后在台秤上迅速称此质量的 NaOH，倒入烧杯中，立即加去离子水溶解并稀释至 500mL，贮于橡皮塞的细口瓶中，充分摇匀。

2. 滴定管的准备

洗涤酸式滴定管和碱式滴定管，特别注意检查是否漏水，然后用约 10mL 去离子水分别润洗滴定管三次，再用约 5～10mL 待装溶液分别润洗滴定管（注意不要忘记润洗滴定管的管尖部分），最后，将两滴定管分别装满待装溶液，排出滴定管管尖部分的气泡，调整滴定管液面到零刻度附近，备用；洗涤三只锥形瓶，再用少量的去离子水润洗三次，备用。

3. 酸碱溶液浓度的比较

（1）精确的读出碱式滴定管液面的位置，这个数字作为 NaOH 溶液初读数，记在记录本上。

（2）取一只锥形瓶放在碱式滴定管下面，以 3～4 滴/s 的速度放出约 25mL NaOH 溶液于锥形瓶，静置 1min 后，精确地读出此时滴定管液面的位置，并作为 NaOH 溶液终读数，记在记录本上。

（3）往 NaOH 溶液加入 1～2 滴 0.1% 的甲基橙指示剂，先用同样方法读出酸式滴定管中 HCl 溶液初读数，记录在本上，然后，以 3～4 滴/s 的速度，用 HCl 溶液滴定至溶液由黄色变橙色。静置 1min 后，精确读出此时酸式管液面的位置，作为终读数，记录在本上。

（4）反复滴定几次，记下读数，分别计算消耗的 NaOH 溶液和 HCl 溶液体积，求出体积（V_{NaOH}/V_{HCl}），直到三次测定结果的相对平均偏差在 ±0.2% 之内。

（5）以酚酞为指示剂，用 NaOH 溶液滴定 HCl 溶液，终点由无色变为粉红色，且 30s

不腿色，其他步骤同上。

六、实验数据记录与处理

1. 以甲基橙为指示剂

编号 记录项目	1	2	3
NaOH 溶液终读数 NaOH 溶液初读数 V_{NaOH}			
HCl 溶液终读数 HCl 溶液初读数 V_{HCl}			
V_{NaOH}/V_{HCl}			
V_{NaOH}/V_{HCl} 平均值			
相对偏差			
平均相对偏差			

2. 以酚酞为指示剂（同上）

七、说明和注意事项

1. 滴定管的初始读数应在 1mL 以内。

2. 试剂瓶应贴上标签，注明试剂名称、配制日期、使用者姓名、并留一空位以备填入溶液的准确浓度。

3. 长期使用的 NaOH 标准滴定溶液，最好装入下口瓶中，瓶塞上部装一碱石灰管，以吸收空气中的 CO_2。

学习思考

一、填空题

1. 以下各数的有效数字为几位：

0.0060 为 ＿＿＿ 位；6.023×10^{23} 为 ＿＿＿ 位；pH＝9.26 为 ＿＿＿ 位。

2. 将以下数修约为 4 位有效数字：

0.0253541 修约为 ＿＿＿＿＿＿＿＿＿＿＿ ，0.0253562 修约为 ＿＿＿＿＿＿＿＿＿＿＿ ，

0.0253550 修约为 ＿＿＿＿＿＿＿＿＿＿＿ ，0.0025365 修约为 ＿＿＿＿＿＿＿＿＿＿＿ ，

0.0025365 修约为 ＿＿＿＿＿＿＿＿＿＿＿ ，0.0253549 修约为 ＿＿＿＿＿＿＿＿＿＿＿ 。

3. 测得某溶液 pH 值为 3.005，该值具有 ＿＿＿＿＿＿＿＿＿ 位有效数字；某溶液氢离子浓度为 2.5×10^{-4} mol/L，其有效数字为 ＿＿＿＿＿＿＿＿＿ 位。

4. 常量分析中，实验用的仪器是分析天平和 50mL 滴定管，某学生将称样和滴定的数据记为 0.31g 和 20.5mL，正确的记录应为 ＿＿＿＿＿＿＿＿＿ 和 ＿＿＿＿＿＿＿＿＿ 。

5. 下列计算结果为：＿＿＿＿＿＿＿＿＿ 。

$$w_{NH_3} = \frac{(0.1000 \times 25.00 \times 0.1000 \times 18.00) \times 17.03}{1.000 \times 1000} \times 100\%$$

6. 某学生两次平行分析某试样结果为 95.38％和 95.03％，按有效数字规则其平均值应表示为_____。

7. 由随机的因素造成的误差称_____；由某种固定原因造成的使测定结果偏高所产生的误差属于_____。

8. 滴定管读数小数点第二位估读不准确属于_____误差；天平砝码有轻微锈蚀所引起的误差属于_____误差；在重量分析中由于沉淀溶解损失引起的误差属于_____；试剂中有少量干扰测定的离子引起的误差属于_____；称量时读错数据属于_____；滴定管中气泡未赶出引起的误差属于_____；滴定时操作溶液溅出引起的误差属于_____。

9. 准确度高低用_____衡量，它表示_____。精密度高低用_____衡量，它表示_____。

10. 某标准样品的 $w＝13.0\%$，三次分析结果为 12.6％、13.0％、12.8％。则测定结果的绝对误差为_____，相对误差为_____。

11. 对某试样进行多次平行测定，各单次测定的偏差之和应为_____；而平均偏差应_____，这是因为平均偏差是_____。

12. 对于一组测定，平均偏差与标准偏差相比，更能灵敏的反映较大偏差的是_____。

二、选择题

1. 下列数据中有效数字为四位的是（　　　）。
A　0.060　　　　B　0.0600　　　　C　pH＝6.009　　　D　0.6000

2. 下列数据中有效数字不是三位的是（　　　）。
A　$4.00×10^{-5}$　　B　0.400　　　C　0.004　　　D　$pK_a＝4.008$

3. 为了消除 0.0002000kg 中的非有效数字，应正确地表示为（　　　）。
A　0.2g　　　　B　0.20g　　　　C　0.200g　　　　D　0.2000g

4. 下列数据中有效数字不是四位的是（　　　）。
A　0.2500　　　B　0.0025　　　C　2.005　　　　D　20.50

5. 下列数据中为四位有效数字的是（　　　）。
① 0.068　　　② 0.06068　　　③ 0.6008　　　④ 0.680
A　①，②　　　B　③，④　　　C　②，③　　　D　①，④

6. 用 50mL 滴定管滴定，终点时正好消耗 25mL 标准滴定溶液，正确的记录应为（　　　）。
A　25mL　　　B　25.0mL　　　C　25.00mL　　　D　25.000mL

7. 用 25mL 移液管移取溶液，其有效数字应为（　　　）。
A　二位　　　B　三位　　　C　四位　　　D　五位

8. 用分析天平准确称取 0.2g 试样，正确的记录应是（　　　）。
A　0.2g　　　B　0.20g　　　C　0.200g　　　D　0.2000g

9. 用分析天平称量试样时，在下列结果中不正确的表达是（　　　）。
A　0.312g　　　B　0.0963g　　　C　0.2587g　　　D　0.3010g

10. 已知某溶液的 pH 值为 10.90，其氢离子浓度的正确值为（　　）。

A　1×10^{-11} mol/L　　　　　　B　1.259×10^{-11} mol/L

C　1.26×10^{-11} mol/L　　　　　D　1.3×10^{-11} mol/L

11. 下列数据中有效数字为二位的是（　　）。

A　$[H^+] = 10^{-7.0}$　　　　　　B　pH = 7.0

C　lg$K$ = 27.9　　　　　　　　D　lg$K$ = 27.94

12. 按四舍六入五成双规则将下列数据修约为四位有效数字（0.2546）的是（　　）。

A　0.25454　　B　0.254549　　C　0.25465　　　　D　0.254651

13. 下列四个数据中修改为四位有效数字后为 0.2134 的是（　　）。

①　0.21334　　　②　0.21335　　　③　0.21336　　　④　0.213346

A　①、②　　　　B　③、④　　　　C　①、④　　　　D　②、③

14. 以下计算式答案 x 应为（　　）。

$$11.05 + 1.3153 + 1.225 + 25.0678 = x$$

A　38.6581　　　B　38.64　　　　C　38.66　　　　D　38.67

15. 下列算式的结果中 x 应为（　　）。

$$x = \frac{0.1018 \times (25.00 \times 23.60)}{1.0000}$$

A　0.14252　　　B　0.1425　　　C　0.143　　　　D　0.142

16. 以下产生误差的四种表述中，属于随机误差的是（　　）。

① 试剂中含有被测物

② 移液管未校正

③ 称量过程中天平零点稍有变动

④ 滴定管读数最后一位估计不准

A　①、②　　　B　③、④　　　C　②、③　　　D　①、④

三、问答题

1. 指出在下列情况下，各会引起哪种误差？如果是系统误差，应该采用什么方法减免？

① 砝码被腐蚀；

② 天平的两臂不等长；

③ 容量瓶和移液管不配套；

④ 试剂中含有微量的被测组分；

⑤ 天平的零点有微小变动；

⑥ 读取滴定体积时最后一位数字估计不准；

⑦ 滴定时不慎从锥形瓶中溅出一滴溶液；

⑧ 标定 HCl 溶液用的 NaOH 标准滴定溶液中吸收了 CO_2。

2. 分析天平的每次称量误差为 ± 0.1mg，称样量分别为 0.05g、0.2g、1.0g 时可能引起的相对误差各为多少？这些结果说明什么问题？

3. 滴定管的每次读数误差为 ± 0.01mL。如果滴定中用去标准滴定溶液的体积分别为 2mL、20mL 和 30mL 左右，读数的相对误差各是多少？从相对误差的大小说明了什么问题？

4. 两位分析者同时测定某一试样中硫的质量分数，称取试样均为 3.5g，分别报告结果如下：甲：0.042%，0.041%；乙：0.04099%，0.04201%。问哪一份报告是合理的，为什么？

5. 有两位学生使用相同的分析仪器标定某溶液的浓度（mol/L），结果如下：甲：0.20，0.20，0.20（相对平均偏差 0.00%）；乙：0.2043，0.2037，0.2040（相对平均偏差 0.1%）。如何评价他们的实验结果的准确度和精密度？

6. 如何表示分析天平的灵敏度？

7. 为什么天平梁未托起前，绝对不允许把任何物品放入天平盘中或从天平盘取下？

8. 实验中记录称量数据应精确至几位？为什么？

9. 称量时，每次应将砝码和物品放在天平盘的中央，为什么？

10. 滴定管在装入标准滴定溶液之前为什么必须用待装溶液润洗三次？滴定中使用的锥形瓶是否需要干燥或润洗，为什么？

11. 为什么不能直接配制准确浓度的 NaOH 和 HCl 标准滴定溶液？

12. 滴定过程中，往锥形瓶中加入少量的去离子水，对滴定的结果有无影响，为什么？

13. 用 HCl 标准滴定溶液滴定 NaOH 标准滴定溶液时是否可用酚酞作指示剂？

四、计算题

1. 测定某铜矿试样，其中铜的质量分数为 24.87%、24.93% 和 24.89%。真实值为 25.06%，计算：① 测得结果的平均值；② 绝对误差；③ 相对误差。

2. 三次标定 NaOH 溶液浓度（mol/L）结果为 0.2085、0.2083、0.2086，计算测定结果的平均值、个别测定值的平均偏差、相对平均偏差、标准差和相对标准偏差。

3. 某铁试样中铁的质量分数为 55.19%，若甲的测定结果（%）是：55.12、55.15、55.18；乙的测定结果（%）为：55.20、55.24、55.29。试比较甲乙两人测定结果的准确度和精密度（精密度以标准偏差和相对标准偏差表示）。

4. 某分析人员提出了一新的分析方法，并用此方法测定了一个标准试样，得如下数据（%）：40.15、40.00、40.16、40.20、40.18。已知该试样的标准值为 40.19%，用 Q 检验法判断可疑值是否应该舍弃？

5. 20.00mL KMnO_4 溶液能氧化 0.1117g 铁，求该标准滴定溶液对 Fe 及 Fe_2O_3 的滴定度。

6. 称取分析纯试剂 $K_2Cr_2O_7$ 14.709g，配成 500mL 溶液，试计算 $K_2Cr_2O_7$ 溶液对 Fe 及 Fe_2O_3 的滴定度。

7. 如果要求在标定浓度约为 0.1mol/L HCl 溶液时，消耗的 HCl 溶液体积在 25～35mL 之间，问应称取硼砂的质量称量范围是多少 g？

8. 测定工业纯碱中 Na_2CO_3 的含量时，称取 0.2648g 试样，用 $c_{HCl} = 0.1970mol/L$ 的 HCl 标准滴定溶液滴定，以甲基橙指示终点，用去 HCl 标准滴定溶液 24.45mL。求纯碱中 Na_2CO_3 的质量分数。

9. 准确称取 1.0000g 的大理石试样，加入 50.00mL 0.4000mol/L 的 HCl 溶液溶解后，过量的 HCl 溶液用 0.2000mol/L 的氢氧化钠标准滴定溶液滴定，消耗了 10.00mL。计算大理石中碳酸钙的质量分数。

项目一   测定硅酸盐制品与原料中的 SiO_2

🔍 知识目标

- 熟悉酸碱质子理论。
- 掌握酸碱溶液 pH 值的计算；酸碱指示剂的变色原理和变色范围及其影响因素，常用酸碱指示剂及混合指示剂；强酸（碱）、一元弱酸（碱）、多元酸（碱）的滴定曲线特征，影响其滴定突跃范围的因素及指示剂的选择；酸碱滴定结果的计算。
- 熟悉缓冲溶液的基本概念和几种常用酸碱指示剂的变色范围及其终点变化情况。
- 了解强酸（碱）、一元弱酸（碱）滴定终点误差的计算；各种类型酸、碱能否被准确滴定的可行性判断；多元酸、碱能否分步滴定的判断条件；溶剂的酸碱性对溶质酸碱强度的影响，溶剂的均化效应和区分效应。
- 掌握 HCl 和 NaOH 标准滴定溶液的配制与标定的方法和原理。
- 掌握测定硅酸盐制品与原料中的 SiO_2 原理和方法。
- 了解非水溶液中酸碱滴定法基本原理；非水溶液中酸的滴定和碱的滴定。

👍 能力目标

- 能用最简式计算各类酸碱溶液的 pH 值。
- 能计算各类酸碱滴定化学计量点的 pH 值，并能正确选择指示剂。
- 能应用一元酸（碱）准确滴定、多元酸（碱）分步滴定的判据，分析和解决实际问题。
- 能进行 HCl、NaOH 标准滴定溶液的配制与标定。
- 能进行硅酸盐制品与原料中 SiO_2 的测定。
- 能准备和使用实验所需的仪器及试剂；能进行实验数据的处理；能进行实验仪器设备的维护和保养。

项目素材

1.1　酸碱滴定法概述

利用酸碱反应为基础的滴定分析方法，也称中和法，其基本反应是

$$H_3O^+ + OH^- ==== 2H_2O$$
$$H_3O^+ + A^- ==== HA + H_2O$$

通常不发生任何外观变化

完成滴定反应的两个关键问题：① 何时滴定结束？② 怎样知道被滴定溶液的 pH 值已达要求？

一般的酸和碱，以及能与酸或碱作用的物质都可以用酸碱滴定法来测定。酸碱滴定法的标准滴定溶液是强酸或强碱溶液，如 HCl、H_2SO_4、HNO_3、NaOH、KOH 等。

由于酸碱强弱不同，一般能用于酸碱滴定法的有强酸与强碱互相滴定；强碱滴定弱酸（如 NaOH 滴定 HAc）；强酸滴定弱碱（如 HCl 滴定 $NH_3 \cdot H_2O$）；强碱滴定多元酸（如 NaOH 滴定磷酸）；以及强酸滴定强碱弱酸盐（如 HCl 滴定 Na_2CO_3）等。

在酸碱滴定过程中是否达到中和反应的化学计量点，是依靠指示剂的变色来确定的。酸碱滴定法的指示剂有多种，它们的性质各不相同，有的在酸性溶液中变色(如甲基橙)，有的在碱性溶液中变色(如酚酞)。而各种滴定的化学计量点并不都是 pH=7 的时候，达到化学计量点时溶液的 pH 值随酸碱强弱程度而不同，因此选择合适的指示剂是酸碱滴定法的关键问题。

1.1.1 酸碱质子理论

酸碱质子理论认为：凡是能给出质子（H^+）的物质是酸，如 HCl、HAc、NH_4^+、H_3O^+ 等；凡是能接受质子的物质是碱，如 Cl^-、Ac^-、NH_3、PO_4^{3-} 等。某种酸 HA 失去质子后形成酸根 A^-，其对质子具有一定的亲和力，故 A^- 是碱。这种由于一个质子的转移而形成一对能互相转化的酸碱，称为共轭酸碱对。这种关系可用下式表示：

$$酸 \qquad 质子 \quad 碱$$
$$HA \rightleftharpoons H^+ + A^-$$

表 1-1 中罗列了一些共轭酸碱对实例。由此可知，酸碱可以是阳离子、阴离子，也可以是中性分子。同一种物质如 HCO_3^- 既具有给出质子的能力，表现为酸，也具有接受质子的能力，表现为碱，这种物质称为两性物质。所谓"有酸就有碱，有碱必有酸，酸中有碱，碱可变酸"。

表 1-1 共轭酸碱对实例

酸		质子		碱
HAc	$\rightleftharpoons$	H^+	+	Ac^-
$H_2CO_3^-$	$\rightleftharpoons$	H^+	+	HCO_3^-
HCO_3^-	$\rightleftharpoons$	H^+	+	CO_3^{2-}
NH_4^+	$\rightleftharpoons$	H^+	+	NH_3
HSO_4^-	$\rightleftharpoons$	H^+	+	SO_4^{2-}
$H_2PO_4^-$	$\rightleftharpoons$	H^+	+	HPO_4^{2-}

共轭酸碱对之间彼此相差一个质子，酸给出质子形成共轭碱，或碱接受质子形成共轭酸的反应称为酸碱半反应。与氧化还原反应中的半电池反应类似，酸碱半反应在溶液中不能单独进行。酸碱反应是两个共轭酸碱对共同作用的结果，其实质为质子传递过程，如 HCl 与 NH_3 的反应。

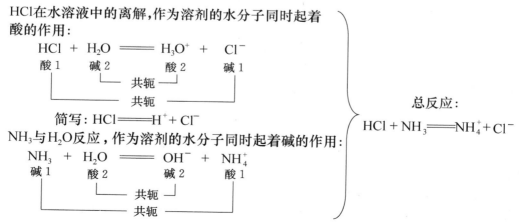

从上述实例可以看出，水是两性物质，即 H_2O 既能给出质子，又能接受质子。

$$H_2O + H_2O \rightleftharpoons H_3O^+ + OH^-$$

这种在溶剂分子之间发生的质子传递作用称为质子自递反应。根据质子理论，酸碱中和反应，盐类水解反应，其实质均是质子转移反应。

按照酸碱质子理论，酸碱反应的实质就是酸失去质子，碱得到质子的过程，酸碱反应是酸碱之间发生了质子转移。

1.1.2　酸碱离解平衡

酸碱的强弱取决于物质给出质子或接受质子能力的强弱。物质给出质子的能力越强，酸性就越强，反之就越弱。同样，物质接受质子的能力越强，碱性就越强，反之就越弱。酸碱的强弱程度可由酸碱的解离常数 K_a 和 K_b 的大小来定量说明。

例如，弱酸 HA 在水溶液中的离解反应和平衡常数为：

$$HA + H_2O \rightleftharpoons H_3O^+ + A^-$$

$$K_a = \frac{[H^+][A^-]}{[HA]}$$

平衡常数 K_a 即为酸的解离常数，此值越大，表示该酸越强。

HA 的共轭碱 A^- 的离解反应和平衡常数为：

$$A^- + H_2O \rightleftharpoons HA + OH^-$$

$$K_b = \frac{[HA][OH^-]}{[A^-]}$$

K_b 为碱的解离常数，是衡量碱强弱的尺度。显然，共轭酸碱对的 K_a 和 K_b 有下列关系：

$$K_a K_b = [H^+][OH^-] = K_w = 10^{-14} \quad (25℃) \tag{1-1}$$

由此可以看出，共轭酸碱对中酸的酸性越强，其共轭碱的碱性就越弱。

【例 1-1】已知 NH_3 的解离常数 $K_b = 1.8 \times 10^{-5}$，求 NH_3 的共轭酸 NH_4^+ 的解离常数 K_a。

解：NH_3 的共轭酸为 NH_4^+，它的离解反应为

$$NH_4^+ + H_2O \rightleftharpoons NH_3 + H_3O^+$$

$$K_a = \frac{K_w}{K_b} = \frac{10^{-14}}{1.8 \times 10^{-5}} = 5.6 \times 10^{-10}$$

多元酸在水中逐级离解，溶液中存在多个共轭酸碱对，这些共轭酸碱对的 K_a 和 K_b 之间也有一定的对应关系。例如三元酸 H_3A：

一般地，$H_3A \underset{K_{b_3}}{\overset{K_{a_1}}{\rightleftharpoons}} H_2A^- \underset{K_{b_2}}{\overset{K_{a_2}}{\rightleftharpoons}} HA^{2-} \underset{K_{b_1}}{\overset{K_{a_3}}{\rightleftharpoons}} A^{3-}$

则 $K_{a_1}K_{b_3} = K_{a_2}K_{b_2} = K_{a_3}K_{b_1} = [H^+][OH^-] = K_w$

【例 1-2】计算 HS^- 的 K_b 值。

解：HS^- 为两性物质，K_b 是它作为碱的解离常数，即

$$HS^- + H_2O \Longrightarrow H_2S + OH^-$$

其共轭酸是 H_2S，共轭碱是 S^{2-}，HS^- 的 K_b 即 S^{2-} 的 K_{b_2}，可以由 H_2S 的 K_{a_1} 求得 H_2S 的 $K_{a_1} = 1.3 \times 10^{-7}$，所以

$$K_{b_2} = \frac{K_w}{K_{a_1}} = \frac{10^{-14}}{1.3 \times 10^{-7}} = 7.7 \times 10^{-8}$$

1.2 酸碱溶液的 pH 值

酸碱滴定过程中，溶液的 pH 值是在不断变化的。为了解滴定过程中溶液 pH 值的变化规律，就必须掌握酸碱溶液 pH 值的计算方法。

1.2.1 质子条件

酸碱反应的本质是质子的转移。当反应达到平衡时，酸失去的质子数与碱得到的质子数一定相等。准确反映整个平衡体系中质子转移的数量关系的数学表达式称为质子条件。列出质子条件时，先选择溶液中大量存在并参与质子转移的物质作为参考水平，然后判断溶液中哪些物质得到了质子，哪些物质失去了质子，并根据得失质子的物质的量应该相等列出等式，即为质子条件式。由质子条件式即可计算溶液的 [H$^+$]。

例如，一元弱酸 HA 的水溶液中，存在的离解平衡有：

HA 的解离反应　　　　　　　$HA + H_2O \Longrightarrow H_3O^+ + A^-$

水中的解离反应　　　　　　　$H_2O + H_2O \Longrightarrow H_3O^+ + OH^-$

选择 HA 和 H_2O 作为参考水平，可知 H_3O^+（以下简化为 H$^+$）是得质子的产物，A$^-$ 和 OH$^-$ 是失质子的产物。根据得失质子的物质的量应该相等，可写出质子条件如下：

$$[H^+] = [A^-] + [OH^-] \tag{1-2}$$

对多元酸碱在列质子条件时要注意平衡浓度前的系数。

例如，Na_2CO_3 的水溶液中存在下列平衡：

$$CO_3^{2-} + H_2O \Longrightarrow HCO_3^- + OH^-$$

$$CO_3^{2-} + 2H_2O \Longrightarrow H_2CO_3 + 2OH^-$$

$$H_2O + H_2O \Longrightarrow H^+ + OH^-$$

选择 CO_3^{2-} 和 H_2O 作为参考水平，并将各种存在形式与之比较，可知 OH$^-$ 为失质子的产物，而 HCO_3^-、H_2CO_3 及 H$^+$ 为得质子的产物，其中 H_2CO_3 得到 2 个质子，所以 $[H_2CO_3]$ 前应乘以系数 2，以使得失质子的物质的量相等。因此 Na_2CO_3 溶液的质子条件为

$$[H^+] + [HCO_3^-] + 2[H_2CO_3] = [OH^-] \tag{1-3}$$

1.2.2 酸碱溶液 pH 值的计算

1. 一元弱酸(碱)溶液 pH 值的计算

一元弱酸 HA 溶液的质子条件为：$[H^+] = [A^-] + [OH^-]$

利用平衡常数式以 $[A^-] = K_a[HA]/[H^+]$ 和 $[OH^-] = K_w/[H^+]$ 代入上式可得

$$[H^+] = \frac{K_a[HA]}{[H^+]} + \frac{K_w}{[H^+]} \tag{1-4}$$

$$[H^+] = \sqrt{K_a[HA] + K_w} \qquad (1\text{-}5)$$

上式为计算一元弱酸溶液 $[H^+]$ 的精确公式。实际上，由于式中 $[HA]$ 为 HA 的平衡浓度是未知的，虽然浓度 c 是已知的，但是 $[H^+]$ 的计算相当麻烦。若要求计算结果的相对误差不大于 5%，同时满足 $c/K_a \geqslant 10^5$ 和 $cK_a \geqslant 10K_w$（10^{-13}）两个条件时（若要求相对误差不大于 2.5%，应同时满足 $c/K_a \geqslant 500$ 和 $cK_a \geqslant 20K_w$），式（1-5）可简化为

$$[H^+] = \sqrt{cK_a} \qquad (1\text{-}6)$$

这就是常用的计算一元弱酸溶液 $[H^+]$ 的最简式。

【例 1-3】 计算 0.20mol/L 的 HAc 溶液的 pH 值。

解： 已知 HAc 的 pK_a=4.74，c=0.20mol/L

因为 $c/K_a \geqslant 10^5$，$cK_a \geqslant 10K_w$，所以可用最简式计算 pH=2.72。

对于一元弱碱溶液，只需将上述计算一元弱酸溶液 $[H^+]$ 公式中的 K_a 换成 K_b，$[H^+]$ 换成 $[OH^-]$，就成为计算一元弱碱溶液中 $[OH^-]$ 的公式。见下式：

$$[OH^-] = \sqrt{cK_b} \qquad (1\text{-}7)$$

【例 1-4】 计算 0.050mol/L 的 NH$_3$ 水溶液的 pH 值。

解： 已知 NH$_3$ 的 $K_b = 1.8 \times 10^{-5}$，c=0.050mol/L，且 $c/K_b \geqslant 10^5$，$cK_b \geqslant 10K_w$，所以可用最简式计算：$[OH^-] = \sqrt{cK_b} = \sqrt{0.050 \times 1.8 \times 10^{-5}} = 9.5 \times 10^{-4}$mol/L

pOH=3.02

pH=14.00−3.02=10.98

2. 多元弱酸(碱)溶液 pH 值的计算

对多元酸，如果 $K_{a_1} \geqslant K_{a_2}$，溶液中的 H$^+$ 主要来自第一级电离，近似计算时，可把它当一元弱酸来处理，其公式为：

$$[H^+] = \sqrt{cK_{a_1}} \qquad (1\text{-}8)$$

多元碱亦可类似处理，其公式为：

$$[OH^-] = \sqrt{cK_{b_1}} \qquad (1\text{-}9)$$

以上两个公式均为最简式，注意使用条件。

【例 1-5】 室温时 H$_2$CO$_3$ 饱和溶液的浓度约为 0.04mol/L，求此溶液的 pH 值。$[K_{1(H_2CO_3)} = 4.4 \times 10^{-7}, K_{2(H_2CO_3)} = 4.7 \times 10^{-11}]$

解： $c_{H_2CO_3} K_{1(H_2CO_3)} = 0.04 \times 4.4 \times 10^{-7} = 1.76 \times 10^{-8} > 100K_{2(H_2CO_3)} = 4.7 \times 10^{-9}$

$c_{H_2CO_3} K_{1(H_2CO_3)} = 0.04 \times 4.4 \times 10^{-7} = 1.76 \times 10^{-8} > 20K_w = 2.0 \times 10^{-7}$

$$\frac{c_{H_2CO_3}}{K_{1(H_2CO_3)}} = \frac{0.04}{4.4 \times 10^{-7}} = 9.1 \times 10^4 > 500$$

$$[H^+] = \sqrt{c_{H_2CO_3} K_{1(H_2CO_3)}} = \sqrt{0.04 \times 4.4 \times 10^{-7}} = 1.33 \times 10^{-4}\text{mol/L}$$

$$pH = 4 - \lg 1.33 = 3.9$$

3. 两性物质溶液 pH 值的计算

两性物质在水溶液中既可给出质子显酸性，又可接受质子显碱性，其酸碱平衡较为复杂。以 NaHA 为例，溶液中的离解平衡有：

$$HA^- \Longrightarrow H^+ + A^{2-}$$

$$HA^- + H_2O \rightleftharpoons H_2A^+ + OH^-$$
$$H_2O \rightleftharpoons H^+ + OH^-$$

质子条件为：$[H_2A] + [H^+] = [A^{2-}] + [OH^-]$

以平衡常数 K_{a_1}、K_{a_2} 代入上式，当满足 $c/K_{a_2} = 0.10 \times 10^{-7.20} > 10K_w$ 和 c/K_{a_1} $0.10/10^{-2.12} = 13.18 > 10$ 两条件时，可得：

$$[H^+] = \sqrt{K_{a_1}K_{a_2}} \tag{1-10}$$

【例 1-6】 计算 0.10mol/L 的 NaH_2PO_4 溶液的 pH 值，已知 H_3PO_4 的 $pK_{a_1} = 2.12$，$pK_{a_2} = 7.20$，$pK_{a_3} = 1.36$。

解： H_3PO_4 作两性物质所涉及的常数是 K_{a_1} 和 K_{a_2}，$c = 0.10 \text{mol/L}$，则 $cK_{a_2} = 0.10 \times 10^{-7.20} > 10K_w$，$c/K_{a_1} = 0.10/10^{-2.12} = 13.18 > 10$

可采用最简式（1-10）计算

$$[H^+] = \sqrt{K_{a_1}K_{a_2}} = \sqrt{10^{-2.12} \times 10^{-7.20}} = 10^{-4.66} \text{mol/L}$$
$$pH = 4.66$$

若计算 Na_2HPO_4 溶液的 $[H^+]$，则涉及 K_{a_2} 和 K_{a_3}，所以在运用公式以及条件判断时，应将相应的 K_{a_1} 和 K_{a_2} 分别改换为 K_{a_2}、K_{a_1} 和 K_{a_3}。

一元弱酸（弱碱）、两性物质溶液的 pH 值的计算是最常用的。其他各种酸（碱）溶液 pH 值计算公式这里不再推导，现将各种酸溶液 pH 值计算的最简式以及使用条件列于表 1-2 中，计算各种碱溶液的 pH 值时，只需将相应的 $[H^+]$ 和 K_a 换成 $[OH^-]$ 和 K_b。

表 1-2　几种酸溶液计算 pH 值的最简式及使用条件

类　别	计算公式	使用条件（允许误差 5%）
强酸	$[H^+] = c$ $[H^+] = \sqrt{K_w}$	$c \geqslant 4.74 \times 10^{-7} \text{mol/L}$ $c \leqslant 1.0 \times 10^{-8} \text{mol/L}$
一元弱酸	$[H^+] = \sqrt{cK_a}$	$c/K_a \geqslant 10^5$ $cK_a \geqslant 10K_w$
二元弱酸	$[H^+] = \sqrt{cK_{a_1}}$	$cK_{a_1} \geqslant 10K_w$ $c/K_{a_1} \geqslant 10^5$ $2cK_{a_2}/[H^+] \leqslant 1$
两性物质	$[H^+] = \sqrt{K_{a_1}K_{a_2}}$	$c/K_{a_2} \geqslant 10^5$ $c/K_{a_1} \geqslant 10$

1.3　缓冲溶液

在分析测定中，有些化学反应需要在一定的酸度范围内进行，将溶液调整到所需要的 pH 值较容易，但若要反应过程中使溶液的 pH 值保持基本不变，则需要使用"缓冲溶液"。缓冲溶液是指能够抵抗外加少量强酸、强碱或稍加稀释，其自身 pH 值不发生显著变化的溶液。缓冲溶液一般是由浓度较大的弱酸（或弱碱）及其共轭碱（或共轭酸）组成，如 $HAc - Ac^-$、$NH_4^+ - NH_3$ 等；也可以由两性物质及其共轭酸碱对组成，如 $H_2PO_4^- -$

HPO_4^{2-}；高浓度的强酸、强碱溶液，因为其 H^+ 或 OH^- 的浓度很大，外加的少量酸或碱不会对溶液的酸度产生太大的影响。在这种情况下，强酸（pH<2）或强碱（pH>12）也可作为缓冲溶液（这类缓冲溶液不具有抗稀释作用。）

1.3.1　缓冲溶液 pH 值计算

由弱酸 HA 与其共轭碱 A^- 组成的缓冲溶液，若用 c_{HA}、c_{A^-} 分别表示 HA、A^- 的浓度，可推出计算该缓冲溶液 pH 值的最简式，其过程如下：

缓冲溶液组成为 HA—NaA，浓度分别为 c_a、c_b

因为　$[H^+]=[A^-]-c_b+[OH^-]$ 或 $[H^+]+[HA]-c_a=[OH^-]$

又因为　$K_a=\dfrac{[A^-][H^+]}{[HA]}$，代入 $[A^-]$ 和 $[HA]$ 得到

$$[H^+]=K_a \cdot \frac{c_a-[H^+]+[OH^-]}{c_b+[H^+]-[OH^-]}$$

当 c_a、c_b 不太小时：$[H^+]=K_a \cdot \dfrac{c_a}{c_b}$

所以 $\qquad\qquad\qquad\qquad pH=pK_a+lg\dfrac{c_b}{c_a}$ (1-11)

【例 1-7】某 HAc—NaAc 缓冲溶液中，HAc 浓度为 0.10mol/L，NaAc 的浓度为 0.15mol/L。求该溶液的 pH 值。

解： 已知 HAc 的 $pK_a=4.74$，根据式（1-11）计算得：

$$pH=4.74+lg\left(\frac{0.15}{0.10}\right)=4.92$$

缓冲溶液的 pH 值与组成缓冲溶液的弱酸的解离常数 pK_a 有关，也与弱酸及其共轭碱的浓度比有关。由于浓度比的对数值相对于 pK_a 来说是一个较小数值，所以缓冲溶液 pH 值主要由 pK_a 决定。对于同一种缓冲溶液，pK_a 为常数，溶液的 pH 值则随溶液的浓度比而改变。因此适当地改变浓度比值，就可以在一定范围内配制不同 pH 值的缓冲溶液。

1.3.2　缓冲容量和缓冲范围

任何缓冲溶液的缓冲能力都是有一定限度的。若加入酸、碱过多或过分稀释，都会失去其缓冲作用。缓冲溶液的缓冲能力以缓冲容量来衡量。缓冲容量是使 1L 缓冲溶液的 pH 值改变 1 个单位所需要加入强酸或强碱物质的量。它指的是缓冲溶液抵御 pH 值变化的能力。显然，缓冲溶液的缓冲容量越大，其缓冲能力越强。

缓冲容量的大小与缓冲溶液组分的总浓度有关，其总浓度越大，缓冲容量越大。此外，还与缓冲溶液中组分的浓度比值有关，若缓冲组分的总浓度一定，缓冲组分的浓度比值为 1:1 时，缓冲容量最大。

缓冲溶液的缓冲作用都有一定的范围，缓冲溶液所能控制的 pH 值范围称为该缓冲溶液的有效作用范围，简称缓冲范围。

对于 HA—A^- 缓冲体系而言，实验表明 $\dfrac{1}{10} \le \dfrac{[A^-]}{[HA]} \le 10$ 时，缓冲溶液有较好的缓冲效果，超出该范围，缓冲能力显著下降。

所以 $\quad pH = pK_a + \lg \dfrac{[A^-]}{[HA]} = pK_a \pm 1$。

即 $HA—A^-$ 体系的缓冲 pH 值范围为 $pK_a \pm 1$。

例如，$HAc—NaAc$ 缓冲溶液，$pK_a = 4.74$ 其缓冲范围为 $pH = 4.74 \pm 1$，即 $pH = 3.74 \sim 5.74$。NH_4Cl-$NH_3 \cdot H_2O$ 缓冲溶液，$pK_a = 9.26$，其缓冲范围为 $pH = 8.26 \sim 10.26$。

1.3.3 缓冲溶液的选择

缓冲溶液的选择首先要考虑其对分析过程应无干扰。另外，还应考虑所需控制的 pH 值应在缓冲溶液的缓冲范围之内，即选择弱酸的 pK_a 接近于所需的 pH 值，缓冲组分的总浓度应大一些（一般在 $0.01 \sim 1mol/L$ 之间），并控制组分的浓度比接近于 $1:1$，以保证足够的缓冲容量。表 1-3 列出了一些常用的缓冲溶液。

表 1-3 一些常用的缓冲溶液

缓冲溶液	酸的存在形态	碱的存在形态	pK_a
氨基乙酸—HCl	$^+NH_3CH_2COOH$	$^+NH_3CH_2COO^-$	2.35
一氯乙酸—NaOH	$CH_2ClCOOH$	CH_2ClCOO^-	2.86
邻苯二甲酸氢钾—HCl	KHC_8O_4	KHC_8O_4	2.95
甲酸—NaOH	$HCOOH$	$HCOO^-$	3.76
HAc—NaAc	HAc	Ac^-	4.74
六亚甲基四胺—HCl	$(CH_2)_6N_4H^+$	$(CH_2)_6N_4$	5.15
$NaH_2PO_4—Na_2HPO$	H_2PO_4	HPO_4^{2-}	7.20
$Na_2B_4O_7—HCl$	H_3BO_3	$H_2BO_3^-$	9.24
$NH_4Cl—NH_3 \cdot H_2O$	NH_4^+	NH_3	9.26
氨基乙酸—NaOH	$^+NH_3CH_2COO^-$	$NH_2CH_2COO^-$	9.60
$NaHCO_3—Na_2CO_3$	HCO_3^-	CO_3^{2-}	10.25
$Na_2HPO_4—NaOH$	HPO_4^{2-}	PO_4^{3-}	12.32

1.3.4 标准缓冲溶液

标准缓冲溶液的 pH 值是在一定温度下经过实验测得的。标准缓冲溶液可用作测量溶液 pH 值的参照溶液，即用来校准 pH 值。常用的标准缓冲溶液及其 pH 值列于表 1-4 中。

表 1-4 常用的标准缓冲溶液及其 pH 值

标准缓冲溶液	pH 值（25℃）	标准缓冲溶液	pH 值（25℃）
饱和酒石酸钾钠（0.034mol/L）	3.56	0.025mol/L KH_2PO_4—0.025mol Na_2PO_4	6.86
0.050mol/L 邻苯二甲酸氢钾	4.01	0.010mol/L 硼砂	9.18

1.4 酸碱指示剂及酸碱滴定曲线

为了正确运用酸碱滴定法进行分析测定，必须了解滴定过程中溶液 pH 值的变化规律，特别是化学计量点附近 pH 值的变化，才有可能选择合适的指示剂，正确地指示滴定终点。表示滴定过程中溶液 pH 值随标准滴定溶液用量变化而改变的曲线称为滴定曲线。下面分别讨论酸碱指示剂和各种类型的滴定及指示剂的选择。

1.4.1　酸碱指示剂

1. 酸碱指示剂的作用原理

酸碱指示剂一般是有机弱酸或弱碱，其酸式和碱式的结构不同，颜色也不同。当溶液的 pH 值改变时，指示剂由于结构的改变而发生颜色的改变。

例如，酚酞是有机弱酸，在溶液中有如下平衡：

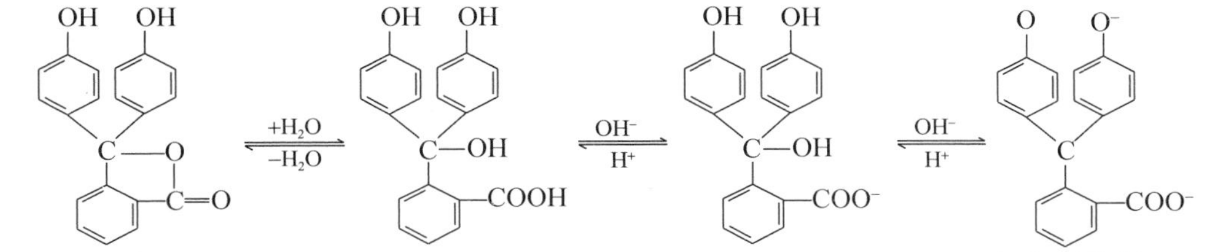

无色（内酯式）　　　　　无色　　　　　　　无色　　　　　红色（醌式）

在酸性溶液中，上述平衡向左移动，酚酞主要以无色的羟式存在；在碱性溶液中，平衡向右移动，酚酞转变为醌式而显红色，但在浓碱溶液中酚酞的醌式结构会转变为无色的羟酸盐结构。

又如，甲基橙是一种有机弱碱，在水溶液中有如下的离解平衡和颜色变化：

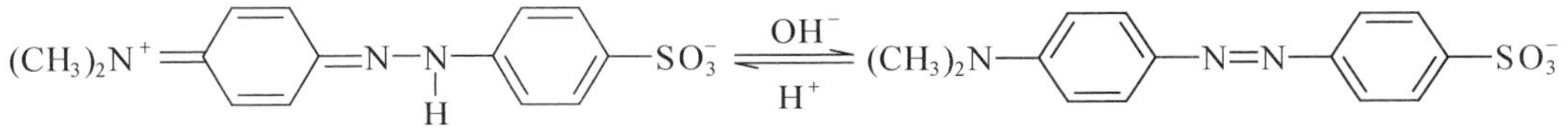

红色（酮式）　　　　　　　　　　　黄色（偶氮式）

增大溶液的酸度，反应向左进行，甲基橙主要以酮式结构存在，溶液呈红色；反之，降低溶液的酸度，反应向右进行，甲基橙主要以偶氮式结构存在，溶液呈黄色。

因此，酸碱指示剂颜色的改变是由于溶液 pH 值的变化而引起指示剂结构发生变化。

2. 指示剂的变色范围

为进一步说明指示剂颜色变化与酸度的关系，现以 HI_n 代表指示剂酸色型，以 I_n^- 代表指示剂碱色型，在溶液中指示剂的离解平衡关系可用下式表示：

$$HI_n \Longrightarrow H^+ + I_n^-$$

$$K_{HI_n} = \frac{[H^+][I_n^-]}{[HI_n]}$$

$$\frac{K_{HI_n}}{[H^+]} = \frac{[I_n^-]}{[HI_n]}$$

式中，K_{HI_n} 为指示剂的解离常数。显然，溶液的颜色决定于指示剂碱色型与酸色型浓度的比值（$[I_n^-]/[HI_n]$），而该比值则与 K_{HI_n} 和 $[H^+]$ 有关。在一定温度下，对于某种指示剂，K_{HI_n} 为常数，因此该比值就只决定于 $[H^+]$。

当人的眼睛对酸色与碱色的敏感程度差别不大时，浓度高出十倍以上的物质颜色就能掩盖低浓度物质的颜色。由此，可以推得以下结论：

当 $\dfrac{[\text{H}^+]}{K_{\text{HI}_n}}=1$，即 $\text{pH}=pK_{\text{HI}_n}$ 时，$\dfrac{[\text{HI}_n]}{[\text{I}_n]}=1$，溶液呈中间色；当 $\dfrac{[\text{H}^+]}{K_{\text{HI}_n}}=1$，即 $\text{pH}=$

$pK_{\text{HI}_n}-1$ 时，$\dfrac{[\text{HI}_n]}{[\text{I}_n]}=1$，溶液呈酸色；当 $\dfrac{[\text{H}^+]}{K_{\text{HI}_n}}<\dfrac{1}{10}$，即 $\text{pH}=pK_{\text{HI}_n}+1$ 时，$\dfrac{[\text{HI}_n]}{[\text{I}_n]}<\dfrac{1}{10}$，

溶液呈碱色。

　　若在一根数轴上以 pH 值为单位，在不同区域标以不同颜色，则酸碱指示剂的理论变色范围可以用图 1-1 表示。

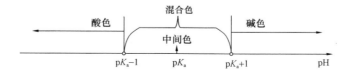

图 1-1　酸碱指示剂的理论变色范围

　　当溶液的 pH 值由 pK_a-1 变到 pK_a+1，就能看到指示剂经过混合色的过渡，由酸色变为碱色。由此可见，指示剂的理论变色范围是：$\text{pH}=pK_a\pm1$。不同的指示剂 pK_a 不同，它们的理论变色范围也各不相同。

　　现将常用酸碱指示剂及其变色范围列于表 1-5。

表 1-5　几种常用的酸碱指示剂

指示剂	变色范围	颜色		变色点	浓　　　度	用量
	pH	酸色	碱色	pH		滴/10mL
百里酚蓝	1.2～2.8	红	黄	1.65	0.1%的20%乙醇溶液	1～2
甲基黄	2.9～4.0	红	黄	3.25	0.1%的90%乙醇溶液	1
甲基橙	3.1～4.4	红	黄	3.4	0.05%的水溶液	1
溴酚蓝	3.0～4.6	黄	紫	4.1	0.1%的20%乙醇或其钠盐水溶液	1
溴甲酚绿	3.8～5.4	黄	蓝	4.9	0.1%的乙醇溶液	1
甲基红	4.4～6.2	红	黄	5.1	0.1%的60%乙醇或其钠盐水溶液	1
溴百里酚蓝	6.2～7.6	黄	蓝	7.3	0.1%的20%乙醇或其钠盐水溶液	1
中性红	6.8～8.0	红	黄橙	7.4	0.1%的60%乙醇溶液	1
酚红	6.7～8.4	黄	红	8.0	0.1%的60%乙醇或其钠盐水溶液	1
酚酞	8.0～10.0	无	红	9.1	0.5%的90%乙醇溶液	1～2
百里酚酞	9.4～10.6	无	蓝	10.0	0.1%的90%乙醇溶液	1～2

　　往往是少于两个 pH 单位，并且变色点时的 pH 值基本不等于 pK_a。这是由于人的眼睛对不同颜色的敏感程度不同，加上两种颜色相互掩盖的结果。例如，甲基橙的 $pK_a=3.4$，那么它的理论变色点应是 $\text{pH}=3.4$，理论变色范围应是 2.4～4.4，但实际变色点是 $\text{pH}=3.75$，实际变色范围是 3.1～4.4。这是因为人眼对红色比对黄色更为敏感，酸色（红色）的浓度只要大于碱色（黄色）的 2 倍，就能观察出酸色（红色）。

3. 混合指示剂

　　在某些酸碱滴定中，需要将滴定终点控制在很窄的 pH 值范围内，以达到一定的准确

度，这时可采用混合指示剂。混合指示剂是利用颜色的互补作用，使指示剂变色范围变窄，颜色变化更敏锐。混合指示剂有两类：一类是由两种或两种以上的指示剂混合而成。例如，溴甲酚绿和甲基红按一定配比混合后，在 pH<5.1 时呈酒红色，pH>5.1 时呈绿色，中间 pH=5.1 时呈灰色，变色十分敏锐。另一类是由一种指示剂和一种惰性染料混合而成。例如，甲基橙和靛蓝磺酸钠组成的混合指示剂，在 pH<3.1 时呈紫色，pH>4.4 时呈绿色，中间 pH=4.1 时呈浅灰色，颜色变化很明显，靛蓝磺酸钠为蓝色染料，对甲基橙颜色起衬托作用。如果把甲基红、溴百里酚蓝、百里酚蓝、酚酞按一定比例混合，溶于乙醇，配成混合指示剂，可随溶液 pH 值的变化而逐渐变色，实验室中使用的 pH 试纸就是基于混合指示剂的原理而制成的。常用混合指示剂如表 1-6 所示。

表 1-6 常用混合指示剂

混合指示剂的组成	变色点 pH	变色情况		备 注
		酸色	碱色	
一份 0.1%甲基黄乙醇溶液 一份 0.1%次甲基蓝乙醇溶液	3.25	蓝紫	绿	pH=3.4 绿色 pH=3.2 蓝紫色
一份 0.1%甲基橙水溶液 一份 0.25%靛蓝二磺酸水溶液	4.1	紫	黄绿	
三份 0.1%溴甲酚绿乙醇溶液 一份 0.2%甲基红乙醇溶液	5.1	酒红	绿	
一份 0.1%溴甲酚绿钠盐水溶液 一份 0.1%氯酚红钠盐水溶液	6.1	黄绿	蓝紫	pH=5.4 蓝绿色，pH=5.8 蓝色， pH=6.0 蓝带紫，pH=6.2 蓝紫
一份 0.1%中性红乙醇溶液 一份 0.1%氯酚红钠盐水溶液	7.0	蓝紫	绿	pH=7.0 紫蓝
一份 0.1%甲酚红钠盐水溶液 三份 0.1%百里酚蓝钠盐水溶液	8.3	黄	紫	pH=8.2 玫瑰色， pH=8.4 清晰紫色
一份 0.1%百里酚蓝 50%乙醇溶液 三份 0.1%酚酞 50%乙醇溶液	9.0	黄	紫	从黄到绿再到紫
二份 0.1%百里酚酞乙醇溶液 一份 0.25%靛蓝二磺酸水溶	10.2	黄	紫	

滴定分析中指示剂的用量应适当。用量太多，会影响变色的敏锐程度，指示剂本身就是有机弱酸或弱碱，也会消耗标准滴定溶液，影响分析结果的准确度。一般来说，指示剂应适当少用，变色会明显些，引入的误差也小一些。另外，温度、溶剂等因素也会影响指示剂的变色范围。

1.4.2 酸碱滴定曲线

1. 强碱滴定强酸或强酸滴定强碱

现以 0.1000mol/L 的 NaOH 溶液滴定 20.00mL 0.1000mol/L 的 HCl 溶液为例讨论强碱滴定强酸过程中溶液 pH 值的变化情况和滴定曲线的形状。

（1）溶液 pH 值的变化情况

① 滴定前

溶液的 pH 值取决于 HCl 溶液的原始浓度。

$$[H^+]=0.1000\text{mol/L}$$
$$pH=-\lg[H^+]=1.00$$

② 滴定开始至化学计量点前

随着 NaOH 溶液的加入，溶液中 H^+ 浓度减小，溶液的 pH 值取决于剩余 HCl 的浓度。例如，当加入 NaOH 溶液 19.98mL 时，则未中和的 HCl 溶液的体积为 0.02mL，此时溶液中

$$[H^+]=\frac{0.1000\times0.02}{20.00+19.98}=1.0\times10^{-5}\text{mol/L}$$
$$pH=5-\lg5=4.30$$

从滴定开始至化学计量点前各点的 pH 值均可按上述方法计算。

③ 化学计量点时

当加入 NaOH 溶液 20.00mL 时，HCl 恰好全部被中和，此时溶液中

$$[H^+]=[OH^-]=1.0\times10^{-7}\text{mol/L}$$
$$pH=7.00$$

④ 化学计量点后

NaOH 溶液过量，溶液的 pH 值取决于过量 NaOH 的浓度。例如，当加入 NaOH 溶液 20.02mL 时，NaOH 溶液过量 0.02mL，此时溶液中

$$pH=\frac{0.1000\times0.02}{20.00+19.98}=5.0\times10^{-5}\text{mol/L}$$
$$pOH=4.30 \quad pH=9.70$$

化学计量点后各点的 pH 值均可按上述方法计算。将上述计算值列于表 1-7 中。

表 1-7　0.1000mol/L NaOH 溶液滴定 20.00mL 0.1000mol/L HCl 溶液

加入 NaOH 溶液		剩余 HCl 溶液的体积（mL）	过量 NaOH 溶液的体积（mL）	$[H^+]$（mol/L）	pH 值
mL	%				
0.00	0	20.00		1.00×10^{-1}	1.00
18.00	90.0	2.00		5.26×10^{-3}	2.28
19.80	99.0	0.20		5.02×10^{-4}	3.30
19.98	99.9	0.02		5.00×10^{-5}	4.30①
20.00	100.0	0.00		1.00×10^{-7}	7.00②
20.02	100.1		0.02	2.00×10^{-10}	9.70③
20.20	101.0		0.20	2.01×10^{-11}	10.70
22.00	110.0		2.00	2.10×10^{-12}	11.68
40.00	200.0		20.00	3.00×10^{-13}	12.52

注：①②③之间出现滴定突跃。

（2）滴定曲线的形状和滴定突跃

以 NaOH 的加入量为横坐标，溶液的 pH 值为纵坐标，绘制滴定曲线，如图 1-2 所示：

从表 1-7 的数据和图 1-2 的滴定曲线可见，滴定开始时溶液的 pH 值变化缓慢，曲线比较平坦，因为此时溶液中的酸量较大，正是强酸缓冲容量最大的区域，加入 18.00mL NaOH 溶液，pH 值仅改变 1.3 个单位。随着滴定的不断进行，pH 值变化开始加快，曲线逐渐倾斜，因为这时溶液中酸量减少，缓冲容量下降，只需加入 1.80mL（甚至 0.18mL）的 NaOH 溶液，pH 值就改变 1 个单位。化学计量点前后，溶液的 pH 值变化极快，曲线呈现一段近似垂直线，滴定从剩余 0.02mL HCl 溶液到过量 0.02mL，NaOH 溶液即从 NaOH 溶液不足

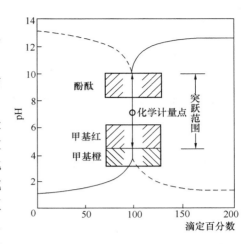

图 1-2　20.00mL 0.1000mol/L NaOH
与 20.00mL 0.1000mol/L HCl 的滴定曲线

0.02mL（相当于−0.1%）到过量 0.02mL（相当于−0.1%），共 0.04mL（约 1 滴），而溶液的 pH 值却从 4.30 急剧升高到 9.70，变化 5.40 个 pH 单位，溶液由酸性变为碱性。此后若继续加入 NaOH 溶液，pH 值变化逐渐缓慢，曲线又比较平坦，进入强碱的缓冲区。

滴定突跃——化学计量点前后±0.1%范围内 pH 值的急剧变化称为"滴定突跃"，其 pH 值变化范围称为滴定突跃范围。滴定突跃具有重要的实际意义，是选择指示剂的依据。

（3）指示剂的选择

在酸碱滴定中，若用指示剂指示终点，则应根据化学计量点附近的滴定突跃来选择指示剂，应使指示剂的变色范围处于或部分处于滴定突跃范围之内，这是正确选择指示剂的原则。在此次滴定中，酚酞、甲基红、甲基橙均适用。如果以甲基橙作指示剂，应滴定到甲基橙由橙色变为黄色时，溶液的 pH 值约为 4.4，才能保证滴定误差不超过 0.1%，符合滴定分析的要求。若用酚酞为指示剂，当酚酞变微红色时 pH 值略大于 8.0 此时滴定误差小于 0.1%也能符合滴定分析的要求。

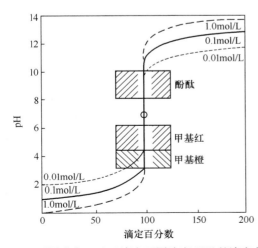

图 1-3　不同浓度 NaOH 滴定不同浓度 HCl 的滴定曲线

必须指出，滴定突跃范围的大小与溶液的浓度有关，溶液越浓，突跃范围越大，溶液越稀，突跃范围越小，如图 1-3 所示。当酸碱浓度增大 10 倍为 1mol/L 时，突跃范围为 3.3～10.7，扩大 2 个 pH 单位。反之，当酸碱浓度降低 10 倍为 0.01mol/L 时，突跃范围为 5.3～8.7，减小 2 个 pH 单位，指示剂的选择将会受到限制，若仍以甲基橙作指示剂，误差将在 1%以上，最好使用甲基红或酚酞。强酸滴定强碱的情况相似，但 pH 值的变化方向相反。若用 0.1000mol/L HCl 滴定 0.1000mol/L NaOH，这时酚酞、甲基红

都可以选为指示剂。如果用甲基橙作指示剂，只能滴至黄色，色调稍有改变，如滴至橙色则 pH 值已低于 4.3，滴定误差将超过 +0.1%。

2. 一元弱酸（碱）的滴定

（1）强碱滴定弱酸

滴定的基本反应为

$$HA + OH^- \rightleftharpoons A^- + H_2O$$

现以 0.1000mol/L 的 NaOH 溶液滴定 20.00mL 0.1000mol/L 的 HAc 溶液为例，计算滴定过程中溶液的 pH 值。已知 HAc 的解离常数 $pK_a = 4.74$。

① 滴定前

溶液是 0.1000mol/L 的 HAc 溶液

$$[H^+] = \sqrt{c_{HAc} K_{HAc}} = \sqrt{0.1000 \times 10^{-4.74}} = 1.0 \times 10^{-2.87} mol/L$$
$$pH = 2.87$$

② 滴定开始至化学计量点前

由于 NaOH 的滴入，溶液中未反应的 HAc 和反应生成的 NaAc 组成缓冲溶液，其 pH 值可按式（1-11）计算。例如，当加入 NaOH 溶液 19.98mL 时，剩余的 HAc 为 0.02mL，则

$$c_{HAc} = \frac{0.1000 \times 0.02}{20.00 + 19.98} = 5.0 \times 10^{-5} mol/L$$

$$c_{Ac^-} = \frac{0.1000 \times 19.98}{20.00 + 19.98} = 5.0 \times 10^{-2} mol/L$$

$$pH = pK_a + \lg \frac{c_{Ac^-}}{c_{HAc}} = -\lg 10^{-4.74} + \lg \frac{5.0 \times 10^{-2}}{5.0 \times 10^{-5}} = 7.74$$

③ 化学计量点时

NaOH 与 HAc 完全中和，生成 NaAc 为一元弱碱

$$c_{Ac^-} = \frac{0.1000 \times 20.00}{20.00 + 20.00} = 5.0 \times 10^{-2} mol/L$$

$$[OH^-] = \sqrt{c_{Ac^-} K_b} = \sqrt{c_{Ac^-} \frac{K_w}{K_a}} = \sqrt{1.8 \times 10^{-5}} = 10^{5.28} mol/L$$

$$pOH = 5.28 \quad pH = 8.72$$

④ 化学计量点后

溶液的组成是 NaOH 和 NaAc，溶液的 pH 值取决于过量 NaOH 的浓度。其计算方法与强碱滴定强酸相同。例如，当加入 NaOH 溶液 20.02mL 时，溶液的 pH 值为 9.70。

上述计算结果列于表 1-8 中，并绘出滴定曲线如图 1-4 的曲线。图中虚线为强碱滴定强酸曲线的前半部分。

表 1-8　0.1000mol/L NaOH 溶液滴定 20.00mL 0.1000mol/L HAc 溶液

加入 NaOH 溶液		剩余 HAc 溶液的体积 V（mL）	过量 NaOH 溶液的体积 V（mL）	pH 值
mL	%			
0.00	0	20.00		2.87
18.00	90.0	2.00		4.74

续表

| 加入 NaOH 溶液 | | 剩余 HAc 溶液的体积 V（mL） | 过量 NaOH 溶液的体积 V（mL） | pH 值 |
mL	%			
19.80	99.0	0.20		5.70
19.98	99.9	0.02		7.74①
20.00	100.0	0.00		8.72②
20.02	100.1		0.02	9.70③
20.20	101.0		0.20	10.70
22.00	110.0		2.00	11.68
40.00	200.0		20.00	12.52

注：①②③之间出现滴定突跃。

将 NaOH 滴定 HAc 的滴定曲线与 NaOH 滴定 HCl 的滴定曲线相比较，可以看出它们有以下不同。

曲线起点的 pH 值较高，因为 HAc 是弱酸，仅部分电离，[H^+] 较小。

滴定开始后 pH 值升高较快，曲线较倾斜，这是由于反应生成的 Ac^- 产生同离子效应，抑制了 HAc 的离解，[H^+] 较快降低所致；继续加入 NaOH 溶液，pH 值升高缓慢，曲线较平坦，是因为不断生成的 NaAc 在溶液中形成 HAc—NaAc 缓冲体系，使 pH 值变化相对缓慢，当 50% 的 HAc 被滴定时，溶液的缓冲容量最大，曲线最为平坦；接近化学计量点时，pH 值升高加快，曲线又较倾斜，因为此时溶液中剩余 HAc 已很少，溶液的缓冲能力显著减弱。

化学计量点附近出现一个较为短小的滴定突跃，其突跃范围的 pH 值为 7.74～9.70，处于碱性范围内，因此在酸性范围内变色的指示剂如甲基橙、甲基红等都不能使用，而只能选择在弱碱性范围内变色的指示剂，如酚酞、百里酚酞等。

化学计量点时溶液不是中性而呈弱碱性，溶液中仅含 NaAc，为碱性物质，pH 值为 8.72。强碱滴定弱酸时，滴定突跃范围的大小与弱酸的强度（K_a）和溶液的浓度有关。如图 1-4 所示，浓度一定，酸越弱（K_a 越小）滴定突跃范围越小。当 $K_a = 10^{-9}$ 时，已无明显突跃，一般酸碱指示剂都不适用。对同一种弱酸，如果浓度越大，滴定突跃范围越大。若要求滴定误差 ≤0.1%，必须使滴定突跃超过 0.3pH 单位，人眼才能辨别出指示剂颜色的变化，滴定就可以直接进行，通常，当 $cK_a \geq 10^{-8}$ 时才能满足该要求。因此，以 $cK_a \geq 10^{-8}$ 为弱酸能被强碱溶液直接目视准确滴定的判据。对于 $cK_a < 10^{-8}$ 的弱酸，不能借助指示剂直接滴定，但可使用仪器检测终点，还可以利用化学反应将弱酸强化或采用非水滴定法测定。

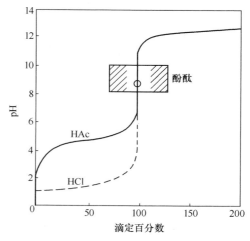

图 1-4　0.1mol/L NaOH 溶液滴定 0.1mol/L HAc 溶液的滴定曲线

（2）强酸滴定弱碱

例如，0.1000mol/L 的 HCl 溶液滴定 20.00mL 0.1000mol/L 的 NH_3 溶液，基本反应为

$$NH_3 + H^+ = NH_4^+$$

表 1-9 及图 1-5 为滴定过程中 pH 值变化数据和滴定曲线。

表 1-9　0.1000mol/L HCl 溶液滴定 20.00mL 0.1000mol/L NH_3 溶液

加入 HCl 溶液		溶液组成	计算式	pH 值
mL	％			
0.00	0			11.13
18.00	90.0			8.30
19.98	99.9			6.26
20.00	100.0			5.28
20.02	100.1			4.30
22.00	110.0			2.32
40.00	200.0			1.48

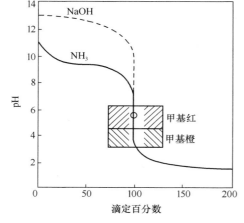

图 1-5　0.1000mol/L HCl 滴定 20.00mL
0.1000mol/L NH_3 的滴定曲线

滴定曲线与强碱滴定弱酸相似，但 pH 值的变化方向是相反的。化学计量点 pH 值为 5.28，滴定突跃范围的 pH 值为 6.26～4.30，都在弱酸性范围内，可选用甲基红、溴甲酚绿为指示剂。如选用甲基橙，滴定至橙色时（pH＝4.0），误差将在 ＋0.2％ 以上。和弱酸的滴定一样，只有当 $cK_a \geq 10^{-8}$ 时，才能直接目视滴定。

3. 多元酸的滴定

多元酸，例如二元酸（H_2A）的滴定，当 $cK_{a_1} \geq 10^{-8}$，$cK_{a_2} \geq 10^{-8}$，其离解的 H^+ 均可被滴定。在此条件下，若 $K_{a_1}/K_{a_2} > 10^4$，可分步滴定，滴定误差在 0.3％ 以内。当 $cK_{a_1} \geq 10^{-8}$，$cK_{a_2} < 10^{-8}$，$K_{a_1}/K_{a_2} \geq 10^4$ 时，只有第一级离解的 H^+ 可被滴定。

二元以上多元酸的滴定可依此类推。例如，用 0.10mol/L NaOH 滴定 $c(H_3PO_4) =$ 0.10mol/L 的 H_3PO_4。H_3PO_4 的 $K_{a_1} = 7.5 \times 10^{-3}$，$K_{a_2} = 6.3 \times 10^{-8}$，$K_{a_3} = 4.4 \times 10^{-13}$，$cK_{a_1} \geq 10^{-8}$，$cK_{a_2} = 0.32 \times 10^{-8}$（第一级离解的 H^+，被滴定后溶液浓度为 0.050mol/L），$K_{a_3} < 10^{-8} cK$；又 $K_{a_1}/K_{a_2} = 10^{5.1}$。由此可看出，一级离解和第二级离解的 H^+ 均可被滴定，且能分步滴定（误差为 0.3％～0.5％）；第三级离解的 H^+ 不能直接滴定。

H_3PO_4 的滴定曲线如图 1-6 所示，其各点的计算比较复杂，通常计算化学计量点的 pH 值便可选择指示剂。第一化学计量点时 H_3PO_4 被滴定成 NaH_2PO_4；

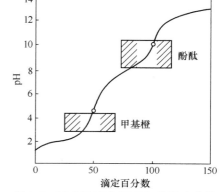

图 1-6　NaOH 滴定 H_3PO_4 的滴定曲线

第二化学计量点时 NaH_2PO_4 被滴定成 Na_2HPO_4，可分别按二酸式盐和一酸式盐溶液 H^+ 浓度的最简式计算。

NaH_2PO_4：

$$\begin{aligned}[H^+]&=\sqrt{K_{a_1}K_{a_2}}\\&=\sqrt{7.5\times10^{-3}\times6.3\times10^{-8}}\\&=10^{-4.66}(mol/L)，pH=4.66\end{aligned}$$

Na_2HPO_4：

$$\begin{aligned}[H^+]&=\sqrt{K_{a_2}K_{a_3}}=\sqrt{6.3\times10^{-8}\times4.4\times10^{-13}}\\&=10^{-9.78}(mol/L)，pH=9.78\end{aligned}$$

确定第一化学计量点时，可选用甲基橙（由橙色→黄色）或甲基红（由红色→橙色）作指示剂。但用甲基橙时终点出现偏早，最好选用溴甲酚绿和甲基橙混合指示剂，其变色点 $pH=4.3$，可较好地指示第一化学计量点的到达。同理，第二化学计量点，可选用酚酞或百里酚酞作指示剂，最好选用酚酞和百里酚酞混合指示剂，因其变色点 $pH=9.9$，在终点时变色明显。

4. 多元碱的滴定

多元碱用强酸滴定时，其情况与多元酸的滴定相似。例如用 $0.10mol/L$ 的 HCl 滴定 $0.10mol/L$ 的 Na_2CO_3，反应分两步进行：

$$CO_3^{2-}+H^+\Longleftrightarrow HCO_3^-$$
$$HCO_3^-+H^+\Longleftrightarrow CO_2+H_2O$$

第一化学计量点按照计算而得 pH 值为 8.31，可选用酚酞作指示剂。但 $K_{a_1}/K_{a_2}\approx10^4$，又有 HCO_3^- 的缓冲作用，突跃不太明显，滴定误差可达 $\pm1\%$，可以用 Na_2CO_3 溶液作参比。若选用酚红与百里酚蓝混合指示剂（$pH=8.2\sim8.4$），准确度可提高，滴定误差为 0.5%；第二化学计量点时，溶液是 CO_2 的饱和溶液，$c_{H_2CO_3}$ 约为 $0.040mol/L$，这时按 $[H^+]=\sqrt{cK_{a_1}}$，pH 值为 3.89，可以选用甲基橙作指示剂。由于溶液中 CO_2 过多，酸度增大，致使终点出现过早。在滴定快到终点时，应剧烈晃动溶液以加快 H_2CO_3 的分解；或加热煮沸赶除 CO_2，冷却后再继续滴定至终点。Na_2CO_3 的滴定曲线如图 1-7 所示。

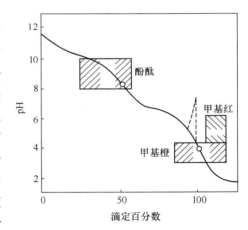

图 1-7　HCl 滴定 Na_2CO_3 的滴定曲线

1.5　非水溶液中的酸碱滴定

1.5.1　非水滴定概述

水是最常见的溶剂，酸碱滴定也一般均在水溶液中进行。但是，以水为介质进行滴定分析时，也会遇到困难，例如：

（1）解离常数小于 10^{-7} 的弱酸（或弱碱），一般不能准确滴定。

（2）许多有机酸在水中的溶解度很小，这使滴定无法进行。

（3）强酸（或强碱）的混合溶液在水溶液中不能分别进行滴定。

由于这些原因，使得在水溶液中进行酸碱滴定受到一定的限制。如果采用各种非水溶剂作为滴定介质，就可以解决上述困难，从而扩大酸碱滴定的应用范围。非水滴定在有机分析中得到了广泛的应用。本节简要介绍在非水溶剂中的酸碱滴定。

1.5.2　溶剂的分类和性质

1. 溶剂的分类

在非水溶液酸碱滴定中，常用的溶剂有甲醇、乙醇、冰醋酸、二甲基甲酰胺、四氯化碳、丙酮和苯等。通常可根据溶剂的酸碱性，定性地将它们分为四大类：

（1）酸性溶剂。这类溶剂给出质子的能力比水强，接受质子的能力比水弱，即酸性比水强，碱性比水弱，故称为酸性溶剂。如甲酸、冰醋酸、硫酸等，主要适用于测定弱碱的含量。

（2）碱性溶剂。这类溶剂接受质子的能力比水强，给出质子的能力比水弱，即碱性比水强，酸性比水弱，故称为碱性溶剂。如乙二胺、丁胺、乙醇胺等，主要适用于测定弱酸的含量。

（3）两性溶剂。这类溶剂的酸碱性与水相近，即它们给出和接受质子的能力相当。属于这类溶剂的主要是醇类，如甲醇、乙醇、乙二醇、丙醇等，主要适用于测定酸碱性不太弱的有机酸或有机碱。

（4）惰性溶剂。这类溶剂几乎没有接受质子的能力，其介电常数通常比较小。在这类溶剂中，溶剂分子之间没有质子自递反应。如苯、氯仿、四氯化碳等。在惰性溶剂中，质子转移反应直接发生在试样和滴定剂之间。

应当指出，溶剂的分类是一个比较复杂的问题，不同作者有不同的分类方法，但都各有其局限性。实际上，各类溶剂之间并无严格的界限。

2. 溶剂的性质

（1）溶剂的酸碱性质。酸和碱通过溶剂才能顺利地给出或接受质子完成离解，故酸和碱在溶剂中表现出它们的酸性和碱性。根据酸碱质子理论，不同物质所表现出的酸性或碱性的强弱，不仅与这种物质本身给出或接受质子的能力大小有关，而且与溶剂的性质有关。即溶剂的碱性（接受质子的能力）越强，则物质的酸性越强；溶剂的酸性（给出质子的能力）越强，则物质的碱性越强。若以 HS^+ 代表任一溶剂，酸 HB 在其中的离解平衡为：

$$HB + HS \Longrightarrow H_2S^+ + B^-$$

H_2S^+ 指溶剂化质子。HB 在水、乙醇和冰醋酸中的离解平衡可分别表示如下：

$$HB + H_2O \Longrightarrow H_3O^+ + B^-$$

$$HB + C_2H_5OH \Longrightarrow C_2H_5OH_2^+ + B^-$$

$$HB + HAc \Longrightarrow H_2Ac^+ + B^-$$

实验证明，$HClO_4$、H_2SO_4、HCl、HNO_3 的强度是有差别的，其强度顺序为：

$$HClO_4 > H_2SO_4 > HCl > HNO_3$$

可是在水溶液中，它们的强度没有什么差别，这是因为它们在水溶液中给出质子的能力都很强，而水的碱性已足够使它充分接受这些酸给出的质子，只要这些酸的浓度不是太大，则它们将定量地与水作用，全部转化为 H_3O^-。

$$HClO_4 + H_2O \Longrightarrow H_3O^+ + ClO_4^-$$

$$H_2SO_4 + H_2O \Longrightarrow H_3O^+ + SO_4^{2-}$$

$$HCl + H_2O \Longrightarrow H_3^+O + Cl^-$$

$$HNO_3 + H_2O \Longrightarrow H_3O^+ + NO_3^-$$

因此，它们的酸的强度在水中全部被拉平到 H_3O^+ 的水平。这种将各种不同强度酸拉平到溶剂化质子水平的效应称为拉平效应。具有拉平效应的溶剂称为拉平性溶剂。在这里，水是 $HClO_4$、H_2SO_4、HCl 和 HNO_3 的拉平性溶剂。很明显，通过水的拉平效应，任何一种比 H_3O^+ 酸性更强的酸，都将被拉平到 H_3O^+ 的水平。

如果是在冰醋酸介质中，由于 H_2Ac^+ 的酸性较水强，因而 HAc 的碱性较水弱。在这种情况下，这四种酸就不能全部将其质子转移给 HAc 了，并且在程度上有差别。不同酸在冰醋酸介质中的离解反应及相应的 pK_a 值如表 1-10 所示。

表 1-10　不同酸在冰醋酸介质中的离解反应及相应的 pK_a 值

名称	解离方程式	pK_a 值
$HClO_4$	$HClO_4 + HAc \Longrightarrow H_2Ac^+ + ClO_4^-$	5.8
H_2SO_4	$H_2SO_4 + HAc \Longrightarrow H_2Ac^+ + SO_4^{2-}$	8.2（pK_{a_1}）
HCl	$HCl + HAc \Longrightarrow H_2Ac^+ + Cl^-$	8.8
HNO_3	$HNO_3 + HAc \Longrightarrow H_2Ac^+ + NO_3^-$	9.4

由表 1-10 可见，在冰醋酸介质中，这四种酸的强度能显示出差别来。这种能区分酸（或碱）的强弱的效应称为分辨效应（又称区分效应）。具有分辨效应的溶剂称为分辨性溶剂。在这里，冰醋酸是 $HClO_4$、H_2SO_4、HCl 和 HNO_3 的分辨性溶剂。同理，在水溶液中最强的碱是 OH^-，更强的碱（如 O_2^-、NH_2^- 等）都被拉平到同一水平 OH^-，只有比 OH^- 更弱的碱（如 NH_3、$HCOO^-$ 等）才能分辨出强弱来。

（2）酸碱中和反应的实质。酸和碱的中和反应，是经过溶剂而发生的质子转移过程。中和反应的产物也不一定是盐和水。中和反应能否发生，全由参加反应的酸、碱以及溶剂的性质决定

例如一个酸与碱的反应过程，首先溶剂对于酸必须具有碱性，才能接受酸给出的质子，否则酸不能离解。其次，碱比溶剂有更强的碱性，即溶剂对于碱是酸，是质子的给予体，将质子传递给碱，从而完成质子由酸经过溶剂向碱的转移过程。

$$HA \Longrightarrow A^- + H^+ \quad（酸在溶剂中离解出质子）$$

$$HS + H^+ \Longrightarrow H_2S^+ \quad（溶剂接受质子形成溶剂合质子）$$

$$H_2S^+ + B \Longrightarrow BH^+ + HS \quad（质子转移至碱上）$$

合并上列三式，得：

$$HA + B \Longrightarrow BH^+ + A^-$$

由此可以看出，酸碱中和反应的实质是质子转移的过程，而酸和碱之间的质子转移是通过溶剂来完成的。故溶剂在酸碱中和反应中起了非常重要的作用。

1.5.3　非水滴定溶剂的选择

在非水滴定中，溶剂的选择至关重要。在选择溶剂时首先要考虑的是溶剂的酸碱性，因为它直接影响到滴定反应的完全程度。例如，吡啶在水中是一个极弱的有机碱（$K_b = 1.4 \times 10^{-9}$），在水溶液中，中和反应很难发生，进行直接滴定非常困难。如果改用冰醋酸作溶剂，由于冰醋酸是酸性溶剂，给出质子的倾向较强，从而增强了吡啶的碱性，这样就可以顺利地用 $HClO_4$ 进行滴定了。其反应如下：

$$HClO_4 \rightleftharpoons H^+ + ClO_4^-$$

$$CH_3COOH + H^+ \rightleftharpoons CH_3COOH_2^+$$

$$CH_3COOH_2^+ + C_5H_5N \rightleftharpoons C_5H_5NH^+ + CH_3COOH$$

三式相加：$C_5H_5N + HClO_4 \rightleftharpoons C_5H_5NH^+ + ClO_4^-$

在这个反应中，冰醋酸的碱性比 ClO_4^- 强，因此它接受 $HClO_4$ 给出的质子，生成溶剂合质子 $CH_3COOH_2^+$，C_5H_5N 接受 $CH_3COOH_2^+$ 给出的质子而生成 $C_5H_5NH^+$。

因此，在非水滴定中，良好的溶剂应具备下列条件：

（1）对试样的溶解度较大，并能提高它的酸度或碱度；

（2）能溶解滴定生成物和过量的滴定剂；

（3）溶剂与样品及滴定剂不发生化学反应；

（4）有合适的终点判断方法（目视指示剂法或电位滴定法）；

（5）易提纯，黏度小，挥发性低，易于回收，价格便宜，使用安全。

惰性溶剂没有明显的酸性和碱性，因此没有拉平效应，这样就使惰性溶剂成为一种很好的分辨性溶剂。

在非水滴定中，利用拉平效应，可以滴定酸或碱的总量。若要分别滴定混合酸或混合碱，必须利用分辨效应，显示其强度差别，从而分别进行滴定。

1.5.4　滴定剂的选择和滴定终点的确定

1. 滴定剂的选择

（1）酸性滴定剂

在非水介质中滴定碱时，常用的溶剂为冰醋酸，用高氯酸的冰醋酸溶液为滴定剂，滴定过程中产生的高氯酸盐具有较大的溶解度，高氯酸的冰醋酸溶液是用含 70%～72% 的高氯酸水溶液配制而成的，其中的水分一般通过加入一定量的醋酸酐除去。

$HClO_4 － HAc$ 滴定剂一般用邻苯二甲酸氢钾作为基准物质进行标定，滴定反应为：

滴定时以甲基紫或结晶紫为指示剂。

（2）碱性滴定剂

常用的碱性滴定剂为醇钠和醇钾。例如甲醇钠，它是由金属钠和甲醇反应制得的。

$$2CH_3OH + 2Na \rightleftharpoons 2CH_3ONa + H_2 \uparrow$$

碱金属氢氧化物和季铵碱（如氢氧化四丁基铵）也可用作滴定剂。季铵碱的优点是碱性强度大，滴定产物易溶于有机溶剂。

碱性滴定剂在储存和使用时，必须注意防水和避免 CO_2 的影响。

2. 滴定终点的确定

非水滴定中，确定滴定终点的方法很多，最常用的有电位法和指示剂法。

电位法一般以玻璃电极或锑电极为指示电极，饱和甘汞电极为参比电极，通过绘制滴定曲线来确定滴定终点。具有颜色的溶液，可采用电位滴定法来判断终点。

用指示剂来确定终点，关键在于选用合适的指示剂。一般来说，非水滴定用的指示剂随溶剂而异。在酸性溶剂中，一般使用结晶紫、甲基紫、α-萘酚等作指示剂。在碱性溶剂中，百里酚蓝可用在苯、吡啶、二甲基甲酰胺或正丁胺中，但不适用于乙二胺溶液；偶氮紫可用于吡啶、二甲基甲酰胺、乙二胺及正丁胺中，但不适于苯或其他烃类溶液；邻硝基苯胺可用于乙二胺或二甲基甲酰胺中，但在醇、苯或正丁胺中，却不适用。

1.5.5　非水滴定的应用

利用非水滴定可以测定一些酸类，如磺酸、羧酸、酚类、酰胺，某些含氮氧化物和含硫化合物；还可以测定一些碱类，如伯（或仲或叔）胺类，环状结构含氮化合物等。此外，在非水滴定中，利用均化效应测定混合酸（碱）的总含量；利用区分效应测定混合酸（碱）各组分的含量。

在水泥熟料煅烧过程中，大部分氧化钙与酸性氧化物反应生成硅酸盐等矿物，但由于生料的细度、煅烧温度等因素的影响，有少量氧化钙仍然以游离态存在，称为游离氧化钙，用 f-CaO 表示。f-CaO 开始水化很慢，在水泥硬化达到一定强度时，继续水化，体积膨胀，使水泥石及其制品强度下降，造成安全隐患。因此，煅烧熟料过程中 f-CaO 的含量是一个非常重要的技术指标。它的测定用的就是非水滴定。

1.6　酸碱标准滴定溶液的配制和标定

酸碱滴定法中常用的标准滴定溶液均由强酸或强碱组成。一般用于配制酸标准滴定溶液的主要有 HCl 和 H_2SO_4，其中最常用的是 HCl 溶液；若需要加热或在较高温度下使用，则用 H_2SO_4 溶液较适宜。一般用来配制碱标准滴定溶液的主要有 NaOH 与 KOH，实际分析中一般多数用 NaOH。酸碱标准滴定溶液通常配成 0.1mol/L，但有时也用到浓度高达 1.0mol/L 和低至 0.01mol/L 的。不过标准滴定溶液的浓度太高会因消耗太多试剂造成不必要的浪费，而浓度太低又会导致滴定突跃太小，不利于终点的判断，从而得不到准确的滴定结果。因此，实际工作中应根据需要配制合适浓度的标准滴定溶液。

1.6.1　HCl 标准滴定溶液的配制和标定

1. 配制

HCl 标准滴定溶液一般用间接法配制，即先用市售的 HCl 试剂（分析纯）配制成接近所需浓度的溶液（其浓度值与所需配制浓度值的误差不得大于 5%），然后再用基准物质标定其准确浓度。由于浓 HCl 具有挥发性，配制时所取 HCl 的量可稍多些。

2. 标定

用于标定 HCl 标准滴定溶液的基准物有无水碳酸钠和硼砂等。

（1）无水碳酸钠（Na$_2$CO$_3$）

Na$_2$CO$_3$ 容易吸收空气中的水分，使用前必须在 270～300℃ 高温炉中灼热至恒量，然后密封于称量瓶内，保存在干燥器中备用。称量时要求动作迅速，以免吸收空气中水分而带入误差。用 Na$_2$CO$_3$ 标定 HCl 溶液的标定反应为：

$$2HCl + Na_2CO_3 == 2NaCl + H_2O + CO_2 \uparrow$$

滴定时用溴甲酚绿—甲基红混合指示剂指示终点。近终点时要煮沸溶液，赶除 CO$_2$ 后继续滴定至暗红色，以避免由于溶液中 CO$_2$ 过饱和而造成假终点。

（2）硼砂（Na$_2$B$_4$O$_7$·10H$_2$O）

硼砂容易提纯，且不易吸水，由于其摩尔质量大（$M = 381.4$g/mol），因此直接称取单份基准物作标定时，称量误差相当小。但硼砂在空气中相对湿度小于 39% 时容易风化失去部分结晶水，因此应把它保存在相对湿度为 60% 的恒湿器中。用硼砂标定 HCl 溶液的标定反应为：

$$Na_2B_4O_7 + 2HCl + 5H_2O == 4H_3BO_3 + 2NaCl$$

滴定时选用甲基红作指示剂，终点时溶液颜色由黄变红，变色较为明显。

1.6.2 NaOH 标准滴定溶液的配制和标定

1. 配制

由于氢氧化钠具有很强的吸湿性，也容易吸收空气中的水分及 CO$_2$，因此 NaOH 标准滴定溶液也不能用直接法配制，同样须先配制成接近所需浓度的溶液，然后再用基准物质标定其准确浓度。

NaOH 溶液吸收空气中的 CO$_2$ 生成 CO$_3^{2-}$。而 CO$_3^{2-}$ 的存在，在滴定弱酸时会带入较大的误差，因此必须配制和使用不含 CO$_3^{2-}$ 的 NaOH 标准滴定溶液。由于 Na$_2$CO$_3$ 在浓的 NaOH 溶液中溶解度很小，因此配制无 CO$_3^{2-}$ 的 NaOH 标准滴定溶液最常用的方法是先配制 NaOH 的饱和溶液（取分析纯 NaOH 约 110g，溶于 100mL 无 CO$_2$ 的蒸馏水中），密闭静置数日，待其中的 Na$_2$CO$_3$ 沉降后取上层清液作贮备液（由于浓碱腐蚀玻璃，因此饱和 NaOH 溶液应当保存在塑胶瓶或内壁涂有石蜡的瓶中），其浓度约为 20mol/L。配制时，根据所需浓度，移取一定体积的 NaOH 饱和溶液，再用无 CO$_2$ 的蒸馏水稀释至所需的体积。

配制成的 NaOH 标准滴定溶液应保存在装有虹吸管及碱石灰管的瓶中，防止吸收空气中的 CO$_2$。放置过久的 NaOH 溶液，其浓度会发生变化，使用时应重新标定。

2. 标定

常用于标定 NaOH 标准滴定溶液浓度的基准物有邻苯二甲酸氢钾与草酸。

（1）邻苯二甲酸氢钾（KHC$_8$O$_4$，缩写 KHP）

邻苯二甲酸氢钾容易用重结晶法制得纯品，不含结晶水，在空气中不吸水，容易保存，且摩尔质量大［$M_{KHP} = 204.2$g/mol］，单份标定时称量误差小，所以它是标定碱标准滴定溶液较好的基准物质。标定前，邻苯二甲酸氢钾应于 100～125℃ 时干燥后备用。干燥温度不宜过高，否则邻苯二甲酸氢钾会脱水而成为邻苯二甲酸酐。由于滴定产物邻苯二甲酸钾钠盐呈弱碱性，故滴定时采用酚酞作指示剂，终点时溶液由无色变至浅红。其标定反应如下：

COOH ⬡ COOK + NaOH ⟶ COONa ⬡ COOK + H_2O

（2）草酸（$H_2C_2O_4 \cdot 2H_2O$）

草酸是二元酸（$pK_{a_1} = 1.25, pK_{a_2} = 4.29$），由于 $\dfrac{K_{a_1}}{K_{a_2}} = 10^5$，故与强碱作用时只能按二元酸一次被滴定到 $C_2O_4^{2-}$，其标定反应如下：

$$H_2C_2O_4 + 2NaOH = Na_2C_2O_4 + H_2O$$

由于草酸的摩尔质量较小 $[M_{H_2C_2O_4 \cdot 2H_2O} = 126.07 g/mol]$，因此为了减小称量误差，标定时宜采用"称大样法"标定。用草酸标定 NaOH 溶液可选用酚酞作指示剂，终点时溶液变色敏锐。

草酸固体比较稳定，但草酸溶液的稳定性却较差（空气中 $H_2C_2O_4$ 易分解），溶液在长期保存后，其浓度逐渐降低。

1.7 酸碱滴定法的应用

1.7.1 工业纯碱中总碱度的测定

工业纯碱的主要成分是碳酸钠，其中含少量 $NaHCO_3$、$NaCl$、$NaSO_4$、$NaOH$ 等杂质。生产中常用 HCl 标准滴定溶液测定总碱度来衡量制品的质量。滴定反应为

$$2HCl + Na_2CO_3 = 2NaCl + H_2O + CO_2 \uparrow$$

化学计量点 $pH = 3.8 \sim 3.9$，可选指示剂为甲基橙。用 HCl 溶液滴定，溶液由黄色变为橙色即为终点。此时，试样中的 $NaHCO_3$ 也被中和。

1.7.2 烧碱的分析

烧碱又称火碱，主成分是 NaOH，在生产和存放过程中，常因吸收空气中的 CO_2 而含有少量杂质 Na_2CO_3。因此，出厂制品要对其纯度进行测定。常用的测定方法是双指示剂法，滴定反应的过程和基本原理如下：

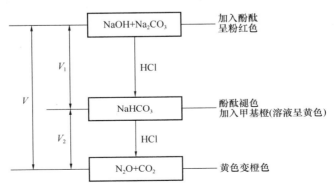

$$NaOH + HCl == NaCl + H_2O$$
$$Na_2CO_3 + HCl == NaCl + NaHCO_3$$
$$NaHCO_3 + HCl == NaCl + CO_2\uparrow + H_2O$$

滴定时，常用酚酞和甲基橙分别指示滴定终点。先加入酚酞，用 HCl 标准溶液滴定至酚酞红色消失，指示 Na_2CO_3 第一个终点到达，此时 Na_2CO_3 全部生成 $NaHCO_3$（只滴定了一半），NaOH 全部被滴定（pH＝8.3），此时 HCl 的体积消耗记为 V_1 mL。然后再加入甲基橙指示剂，用 HCl 标准溶液继续滴定至溶液由黄色变为橙色时，指示 Na_2CO_3 第二个终点的到达，$NaHCO_3$ 全部生成 H_2CO_3（pH＝3.9），此时 HCl 的体积读数为 V_2 mL，则可由 V_1 和 V_2 及 HCl 的浓度分别计算出 NaOH 和 Na_2CO_3 的含量。

1.7.3 工业硫酸的测定

工业硫酸是一种重要的化工产品，也是一种基本的工业原料，广泛应用于化工、轻工、制药及国防科研等部门中，在国民经济中占有非常重要的地位。

纯硫酸是一种无色透明的油状黏稠液体，密度约为 1.84g/mL，其纯度的大小常用硫酸的质量分数来表示。

H_2SO_4 是一种强酸，可用 NaOH 标准溶液滴定，滴定反应为：

$$H_2SO_4 + 2NaOH == Na_2SO_4 + 2H_2O$$

滴定硫酸一般可选用甲基橙、甲基红等指示剂，国家标准 GB/T 534—2002 中规定使用甲基红-亚甲基蓝混合指示剂。

在滴定分析时，由于硫酸具有强腐蚀性，因此使用和称取硫酸试样时，严禁溅出；硫酸稀释时会放出大量的热，使得试样溶液温度变高，需冷却后才能转移至容量瓶中稀释或进行滴定分析；硫酸试样的称取量由硫酸的密度和大致含量及 NaOH 标准滴定溶液的浓度来决定。

另外，水泥生料碳酸钙滴定值的测定、硅酸盐中二氧化硅的测定和陶瓷中硼的测定等也常使用酸碱滴定法。

1.8 硅酸盐制品与原料中 SiO_2 测定方法简介

二氧化硅是硅酸盐制品与原料的主要测定项目之一，进行硅酸盐制品与原料的全分析时也需测定二氧化硅的含量。硅酸盐制品与原料中二氧化硅测定方法较多，通常采用重量法和氟硅酸钾容量法。对硅含量低的试样，可采用硅钼蓝光度法和原子吸收分光光度计法。

1.8.1 氯化铵重量法

其主要原理是，在含硅酸的浓 HCl 溶液中，加入足量固体氯化铵，由于氯化铵的水解，夺取了硅酸颗粒中的水分，加速了脱水过程，促使含水二氧化硅由溶于水的水溶胶变为不溶于水的水凝胶。其反应如下：

$$[HO \cdot SiO_2]^- H^+ + HOSiO_2 \cdot H == [HO \cdot SiO_2 \cdot SiO_2]^- H^+ + H_2O$$
$$NH_4Cl == NH_4^+ + Cl^-$$
$$NH_4^+ + H_2O == NH_3 \cdot H_2O + H^+$$

同时，在酸溶液中硅酸的质点是亲水性很强的胶体，带有负电荷。氯化铵是强电解质，

有带正电荷的 NH_4^+ 存在，在加热蒸发的条件下，正负电荷中和，从而加快了硅酸的凝聚，使之产生沉淀。

用氯化铵法测定二氧化硅的操作条件较宽。对 0.5g 试样来讲，加入 $0.5\sim4g$ 氯化铵，$2\sim5mL$ 浓 HCl，在沸水浴上蒸发至干均可。一般操作时，先将试样预烧，然后加入无水碳酸钠，搅匀、烧结，加入 5mL HCl 溶解后，置于沸水浴中加热蒸发至糊状时，加入 1g 氯化铵充分搅匀，再继续蒸发至干，至无 HCl 气味为止。过滤，将二氧化硅沉淀在 $950\sim1000$℃下灼烧至恒量。沉淀用氢氟酸处理后，再在 $950\sim1000$℃下灼烧至恒量，两次质量之差即为纯二氧化硅量。用硅钼蓝比色法回收漏失在滤液中的可溶性二氧化硅。总二氧化硅量等于纯二氧化硅量与可溶性二氧化硅量之和。

1.8.2 氟硅酸钾容量法

根据硅酸在有过量的氟离子和钾离子存在下的强酸性溶液中，能与氟离子作用生成氟硅酸离子 SiF_6^{2-}，进而与钾离子作用生成氟硅酸钾（K_2SiF_6）沉淀。该沉淀在热水中定量水解生成相应的氢氟酸，因此可以用酚酞作指示剂，用 NaOH 标准滴定溶液来滴定至溶液呈微红色即为终点。

$$SiO_3^{2-}+6F^-+6H^+ \Longrightarrow SiF_6^{2-}+3H_2O$$
$$SiF_6^{2-}+2K^+ \Longrightarrow K_2SiF_6 \downarrow$$
$$K_2SiF_6+3H_2O \Longrightarrow 2KF+H_2SiO_3+4HF$$
$$4HF+NaOH \Longrightarrow NaF+H_2O$$

1.8.3 硅钼蓝光度法

在酸性介质中，硅酸与钼酸铵生成黄色硅钼杂多酸（硅钼黄），在硫酸亚铁、氯化亚锡、抗坏血酸等还原剂作用下，硅钼黄被还原为硅钼蓝。在 660nm 处测定生成物的吸光度，从而求出二氧化硅的含量。此时摩尔吸收系数为 8.3×10^3 L·mol^{-1}·cm^{-1}。其有关反应式如下：

$$H_4SiO_4+12H_2MoO_4 \Longrightarrow H_8[Si(Mo_2O_7)_6]+10H_2O$$
$$H_8[Si(Mo_2O_7)_6]+C_6H_8O_6 \Longrightarrow H_8[SiMo_2O_6(Mo_2O_7)_5]+C_6H_6O_6+H_2O$$

硅钼杂多酸存在的不同形态与溶液的酸度、温度、显色时间和稳定剂的加入等因素有关。酸度对生成黄色硅钼酸的形态的影响最大，用硅钼黄光度法来测定硅，可控制溶液酸度为 $pH=3.0\sim3.8$，用硅钼蓝光度法来测定硅，可控制酸度为 $pH=1.0\sim1.8$；温度对硅钼蓝显色影响较小，温度低时显色反应速率会变慢，一般加入还原剂后，须放置 5min 后测定吸光度。若硅含量较高，或测定液长时间放置时，硅酸容易聚合而不与钼酸铵反应，使测定无法进行。可加入一定量氟化物使聚合硅酸解聚。同时，加入一定量的乙醇可加速硅钼黄的形成，并增加其稳定性。

任务一　HCl 标准滴定溶液的配制与标定

一、实验目的

1. 学习酸碱指示剂颜色变化的观察和滴定终点的判断。

2. 熟悉 HCl 标准滴定溶液配制与标定的基本原理。

3. 掌握用基准物质标定 HCl 标准滴定溶液的方法。

二、实验原理

市售 HCl 试剂密度为 1.19g/mL，含量约 37%，其浓度约为 12mol/L。浓 HCl 易挥发，不能直接配制成准确浓度的 HCl 溶液。因此，常将浓 HCl 稀释成所需近似浓度，然后用基准物质进行标定（考虑到浓 HCl 的挥发性，应适当多取一点）。

标定 HCl 溶液常用的基准物质是无水 Na_2CO_3，反应为

$$Na_2CO_3 + 2HCl = 2NaCl + H_2O + CO_2 \uparrow$$

以甲基橙作指示剂，用 HCl 溶液滴定至溶液显橙色为终点；用甲基红-溴甲酚绿混合指示剂时，终点由绿色变为暗红色。

三、实验试剂

1. 无水碳酸钠（基准物）：在 270～300℃烘至质量恒定，密封保存在干燥器中。

2. HCl（分析纯）。

3. 甲基橙指示剂（2g/L）：0.2g 甲基橙溶于 100mL 水中。

4. 甲基红-溴甲酚绿混合指示剂：甲基红乙醇溶液（2g/L）与溴甲酚绿乙醇溶液（1g/L）按 1＋3 体积比混合。

四、实验过程

1. 0.5mol/L HCl 溶液的配制

用量杯量取 43mL 浓 HCl，倾入预先盛有 200mL 水的试剂瓶中，加水稀释至 1000mL，摇匀，待标定。

2. 标定

① 用甲基橙指示剂指示终点

准确称取已于 130℃预先烘干 2～3h 的基准物质无水碳酸钠约 0.5g（精确至 0.0001g），置于 250mL 锥形瓶中，加 100mL 新煮沸过已冷却的蒸馏水溶解后，再加甲基橙指示剂 2～3 滴，用欲标定的 0.5mol/L HCl 标准滴定溶液进行滴定，直至溶液由黄色转变为橙色时即为终点。读数并记录，平行测定三次，同时作空白。

② 用甲基红-溴甲酚绿混合指示剂指示终点

准确称取已于 130℃预先烘干 2～3h 的基准物质无水碳酸钠约 0.5g（精确至 0.0001g），溶于 50mL 新煮沸过已冷却的蒸馏水中，加 10 滴甲基红-溴甲酚绿混合指示剂，用 HCl 标准滴定溶液滴定至溶液由绿色变为暗红色，煮沸 2min，冷却后继续滴定至溶液呈暗红色，读数并记录，平行测定三次，同时作空白。

计算公式

$$c_{HCl} = \frac{m_{Na_2CO_3} \times 1000}{(V_{HCl} - V_{空白}) M\left(\frac{1}{2}Na_2CO_3\right)}$$

式中　　　　c_{HCl}——HCl 标准滴定溶液的浓度，mol/L；

V_{HCl} ——滴定时消耗 HCl 标准滴定溶液的体积，mL；

$V_{空白}$ ——空白实验滴定时消耗 HCl 标准滴定溶液的体积，mL；

$m_{Na_2CO_3}$ ——Na_2CO_3 基准物的质量，g；

$M\left(\dfrac{1}{2}Na_2CO_3\right)$ ——$\dfrac{1}{2}Na_2CO_3$ 的摩尔质量，g/mol。

五、注释及注意事项

1. 标定一般采用小份标定。在标准滴定溶液浓度较稀、基准物质摩尔质量较小时，为减小称量误差，可采用大份标定。

2. 用无水 Na_2CO_3 标定 HCl 时，反应产生的 H_2CO_3 会使滴定突跃不明显，致使指示剂颜色变化不敏锐。因此，在接近滴定终点前，应剧烈摇动或最好把溶液加热至沸腾，并摇动赶走 CO_2，冷却后再滴定。

任务二　NaOH 标准滴定溶液的配制与标定

一、实验目的

1. 学习酸碱指示剂颜色变化的观察和滴定终点的判断。
2. 熟悉 NaOH 标准滴定溶液配制与标定的基本原理。
3. 掌握用基准物质标定 NaOH 标准滴定溶液的方法。

二、实验原理

NaOH 易吸收 CO_2 和水，不能用直接法配制标准滴定溶液，应先配成近似浓度的溶液，再进行标定。

标定 NaOH 溶液所用基准物质为邻苯二甲酸氢钾，反应如下：

以酚酞作指示剂，由无色变为浅粉红色 30s 不褪色即为终点。

三、实验试剂

1. NaOH 固体（分析纯）。
2. 邻苯二甲酸氢钾（基准物）：于 105～110℃烘至质量恒定。
3. 酚酞指示剂（10g/L）：1g 酚酞溶于 100mL 95％的无水乙醇中。

四、实验过程

1. 0. 25mol/L NaOH 溶液的配制

称取 10g 固体 NaOH，溶于 200mL 水中，转移至试剂瓶中，加水稀释至 1000mL，摇匀，待标定。

2. 标定

准确称取邻苯二甲酸氢钾三份，每份约为 1g（精确至 0.0001g）分别置于三个 300mL 烧杯中，各加约 150mL 新煮沸过并用 NaOH 溶液中和至酚酞呈微红色的冷蒸馏水中，搅拌溶解后，加酚酞指示剂 6～7 滴，用欲标定的 NaOH 溶液滴定，直至溶液由无色变为浅粉色，且 30s 不褪色即为终点。记录滴定时消耗 NaOH 溶液的体积，平行测定三次，同时作空白。

计算公式如下：

$$c_{NaOH} = \frac{m_{KHP} \times 1000}{(V_{NaOH} - V_{空白})M_{KHP}}$$

式中　c_{NaOH} ——NaOH 标准滴定溶液的浓度，mol/L；

　　　V_{NaOH} ——滴定时消耗 NaOH 标准滴定溶液的体积，mL；

　　　$V_{空白}$ ——空白实验滴定时消耗 NaOH 标准滴定溶液的体积，mL；

　　　m_{KHP} ——邻苯二甲酸氢钾基准物的质量，g；

　　　M_{KHP} ——邻苯二甲酸氢钾的摩尔质量，204.3g/mol。

五、注释及注意事项

标定 NaOH 时如果经较长时间终点微红色会慢慢褪去，那是由于溶液吸收了空气中的 CO_2 生成 H_2CO_3 所致。

任务三　水泥熟料中 SiO_2 的测定

一、实验目的

1. 掌握氟硅酸钾容量法测定水泥熟料中 SiO_2 的原理。
2. 掌握氟硅酸钾容量法测定水泥熟料中 SiO_2 的测定条件及测定方法。

二、测定原理

硅酸在有过量氟离子和钾离子存在下的强酸性溶液中，能与氟离子作用生成氟硅酸根离子 SiF_6^{2-}，进而与钾离子作用生成氟硅酸钾（K_2SiF_6）沉淀。该沉淀在热水中定量水解生成相应的氢氟酸，因此可以用酚酞作指示剂，用 NaOH 标准滴定溶液来滴定，当溶液呈微红色即为终点。其反应方程式如下：

$$SiO_3^{2-} + 6F^- + 6H^+ \rightleftharpoons SiF_6^{2-} + 3H_2O$$
$$SiF_6^{2-} + 2K^+ \rightleftharpoons K_2SiF_6 \downarrow$$
$$K_2SiF_6 + 3H_2O \rightleftharpoons 2KF + H_2SiO_3 + 4HF$$
$$4HF + NaOH \rightleftharpoons NaF + H_2O$$

此方法适用范围广，可测定溶液中低至 4mg、高达 100mg 左右的 SiO_2。

三、实验试剂

1. 固体：NaOH、KCl（分析纯）。
2. 浓酸：HCl、HNO_3（分析纯）。

3. HCl（1+5）：将 1 体积浓 HCl 与 5 体积水混合。

4. KF 溶液（150g/L）：称取 150g 氟化钾（$KF·2H_2O$）于放在塑料杯中，加水稀释至 1000mL 水中，贮存于塑料瓶备用。

5. KCl 溶液（50g/L）：将 50g 氯化钾溶于 1L 水中。

6. KCl-乙醇溶液（50g/L）：将 50g 氯化钾溶于 500mL 水中，用 95%（V/V）乙醇稀释至 1L。

7. 酚酞指示剂溶液（10g/L）：将 1g 酚酞溶于 100mL 95%（V/V）乙醇中。

8. NaOH 标准滴定溶液（$c_{NaOH}=0.15mol/L$）的配制与标定。

① 配制：称取 60g 氢氧化钠，溶于 10L 经煮沸过的冷水中，贮存于装有氯化钙干燥管的硬质玻璃瓶或塑料瓶中，充分摇匀。

② 标定：同任务二相关部分。

NaOH 标准滴定溶液浓度按下式计算：

$$c_{NaOH} = \frac{m_{KHP} \times 1000}{(V_{NaOH} - V_{空白})M_{KHP}}$$

NaOH 标准滴定溶液对 SiO_2 滴定度按下式计算：

$$T_{SiO_2} = c_{NaOH} \times \frac{1}{4} \times M_{SiO_2}$$

式中　　T_{SiO_2}——每 1mL NaOH 标准滴定溶液相当于 SiO_2 的质量，mg/mL；

c_{NaOH}——NaOH 标准滴定溶液浓度，mol/L；

M_{SiO_2}——SiO_2 的摩尔质量，60.08g/mL。

四、实验过程

称取水泥熟料 0.2g（精确至 0.0001g）于 300mL 塑料烧杯中，加少量水润湿，将 10～15mL 浓硝酸加入烧杯中，冷却冷至室温后加入 150g/L KF 溶液 10mL，搅拌，然后加入固体 KCl 同时仔细搅拌，直至 KCl 固体饱和析出。放置 15min，用中速定量滤纸过滤，烧杯与沉淀用 50g/L KCl 水溶液洗涤 3 次，将定量滤纸和沉淀取下置于原塑料烧杯中，沿杯壁加入 10mL 50g/L KCl-乙醇溶液及 1mL 10g/L 酚酞指示剂，用 0.15mol/L NaOH 标准滴定溶液中和未洗尽的酸，仔细搅拌定量滤纸及沉淀直至酚酞变红。然后加入 200mL 沸水（用氢氧化钠溶液中和至酚酞变微红），用 0.15mol/L 氢氧化钠标准滴定溶液滴定至微红，且 30s 内不褪色。

二氧化硅的质量分数按下式计算：

$$w_{SiO_2} = \frac{c_{NaOH}V_{NaOH}M_{SiO_2}}{4000 \times m} \times 100\% \quad 或 \quad w_{SiO_2} = \frac{T_{SiO_2}V_{NaOH}}{1000 \times m} \times 100\%$$

式中　　w_{SiO_2}——SiO_2 的质量分数，%；

T_{SiO_2}——每 1mL NaOH 标准滴定溶液相当于 SiO_2 的质量 mg/mL；

c_{NaOH}——NaOH 标准滴定溶液的浓度，mol/L；

V_{NaOH}——滴定时消耗的 NaOH 标准滴定溶液的体积，mL；

M_{SiO_2}——SiO_2 的摩尔质量，60.08g/mol；

m——水泥熟料试样的质量，g。

五、注释及注意事项

1. 溶液中含 HF，会侵蚀玻璃而使结果偏高，所以必须在塑料杯中操作，过滤用的漏斗及量取 KF 的量筒也应为塑料制品和或涂蜡的玻璃制品。

2. 用 KCl 溶液（50g/L）洗涤沉淀要迅速，同时控制洗涤液用量，共 25mL 为宜。

3. 用 NaOH 溶液中和残余酸要迅速，否则 K_2SiF_6 沉淀要水解，使结果偏低。中和时应将定量滤纸充分展开，切忌定量滤纸成团，否则包在定量滤纸内部的残余酸不能中和而使结果偏高。另外中和残余酸时，用去的 NaOH 溶液的量不能太多，否则会因其体积太大，影响下一步水解的温度。所以可采用浓度大一些的 NaOH 溶液来中和。

4. K_2SiF_6 沉淀水解反应是吸热反应，因此水解时体积要大，温度要高，水解才能完全。NaOH 标准滴定溶液滴定时温度不应低于 70℃。滴定速度要快，以防 H_2SiO_3 参与反应使结果偏高。同时沸水要预先用 NaOH 溶液中和至微红色，以消除水质对测定结果的影响。

5. 终点微红色即可，并与 NaOH 标准滴定溶液标定时一致，以减小滴定误差。

6. $T_{SiO_2} = c_{NaOH} \times 15.02$［式中 T_{SiO_2}——氢氧化钠标准滴定溶液对二氧化硅的滴定度，mg/mL；c_{NaOH}——氢氧化钠标准滴定溶液的浓度，mol/L；15.02——$\left(\frac{1}{4}SiO_2\right)$ 的摩尔质量，g/mol）］。

任务四　黏土中 SiO_2 的测定

一、实验目的

1. 掌握熟悉碱熔法溶解试样的方法。
2. 掌握氟硅酸钾容量法测定黏土中 SiO_2 的原理。
3. 掌握氟硅酸钾容量法测定黏土中 SiO_2 的测定条件及方法。

二、实验试剂（参看任务三实验试剂部分）

三、测定原理（参看任务三测定原理部分）

四、实验过程

1. 实验溶液的制备

准确称取 0.5g 试样，精确至 0.0001g，置于银坩埚中，加入 6～7g NaOH，在低于 400℃时放入高温炉中，然后在 650～700℃的高温下熔融 15～20min。取出冷却，将坩埚放入已盛有 100mL 近沸水的烧杯中，盖上表面皿，于电炉上适当加热，待熔块完全浸出后，取出坩埚，用水洗坩埚和盖，在搅拌下一次加入 25mL HCl，再加入 1mL HNO_3。用热 HCl（1+5）洗坩埚和盖，将溶液加热至沸，冷却，然后移入 250mL 容量瓶中，加水稀释至标线，摇匀。此溶液可供测试 Fe_2O_3、Al_2O_3、CaO、MgO、SiO_2 用。

2. SiO_2 的测定

吸取 50mL 实验溶液，放入 300mL 塑料杯中，加入 10～15mL HNO_3，搅拌，冷却至

30℃以下。然后加入固体 KCl，仔细搅拌至饱和且有少量 KCl 晶体析出，再加 2g KCl 及 10mL KF（150g/L）溶液并静置 15～20min，用中速定量滤纸过滤，塑料杯与沉淀用 50g/L KCl 溶液洗涤 3 次，将定量滤纸连同沉淀取下，置于原塑料杯中，沿杯壁加入 10mL 30℃以下的 KCl-乙醇溶液（50g/L）及 1mL 酚酞指示剂，用 NaOH 溶液中和溶液中未洗尽的酸，仔细搅动定量滤纸，并随之擦洗杯壁，直至溶液呈微红色。然后加入 200mL 沸水（煮沸并用 NaOH 溶液中和至微红色），用 0.15mol/L NaOH 标准滴定溶液滴定至溶液呈微红色。

SiO_2 的质量分数按下式计算：

$$w_{SiO_2} = \frac{c_{NaOH} V_{NaOH} M_{SiO_2} \times 5}{4000 \times m} \times 100\% \text{ 或 } w_{SiO_2} = \frac{T_{SiO_2} V_{NaOH} \times 5}{1000 \times m} \times 100\%$$

式中　　w_{SiO_2}——SiO_2 的质量分数，%；

T_{SiO_2}——每 1mL NaOH 标准滴定溶液相当于 SiO_2 的质量，mg/mL；

c_{NaOH}——NaOH 标准滴定溶液的浓度，mol/L；

V_{NaOH}——滴定时消耗的 NaOH 标准滴定溶液的体积，mL；

M_{SiO_2}——SiO_2 的摩尔质量，60.08g/mol；

m——试样的质量，g。

五、注释及注意事项

1～5 同任务三相关部分。

6. 坩埚盖要留有缝隙，同时要在低于 400℃时把坩埚放入高温炉中，以免 NaOH 溢出，损坏高温炉。

7. 清洗坩埚和盖时，要用带橡皮头的玻璃棒，以免损坏银坩埚。

任务五　水泥熟料中 f_{CaO} 的测定——甘油乙醇法

一、实验目的

掌握甘油乙醇法测定水泥熟料中 f_{CaO} 的原理和方法。

二、实验仪器与试剂

1. 仪器设备

（1）测定游离氧化钙的主要装置如图 1-8 所示。

（2）玛瑙研钵、方孔筛、磁铁、干燥器。

（3）酒精灯或盘式电炉。

（4）滴定管等。

2. 试剂

（1）无水乙醇，含量不低于 99.5%。

（2）0.01mol/L 氢氧化纳无水乙醇溶液。

（3）甘油无水乙醇溶液：将 220mL 甘油放入 500mL 烧杯中，在有石棉网的电炉上加热，于不断搅拌下分次加入 30g 硝酸锶，直至溶解。然后在 160～170℃下加热 2～3h（甘油

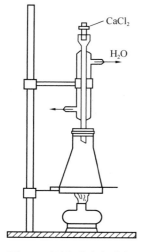

图 1-8　测定游离氧化钙
的主要装置

在加热后易变成微黄色，但对实验无影响），取下，冷却至 60～70℃后将其倒入 1L 无水乙醇中，加 0.05g 酚酞指示剂，混匀，以 0.01mol/L 氢氧化钠无水乙醇溶液中和至微红色。

（4）0.1mol/L 苯甲酸无水乙醇标准滴定溶液。

配制方法：将苯甲酸置于含硅胶的干燥器中干燥 24h 后，称取 12.3g 溶于 1L 无水乙醇中，贮存在带胶塞（装有硅胶干燥器）的玻璃瓶内。

标定方法：准确称取 0.04～0.05g 氧化钙（将高纯试剂碳酸钙在 950～1000℃下灼烧至恒量），置于 150mL 干燥的锥形瓶中，加入 15mL 甘油无水乙醇溶液，装上回流冷凝器，在有石棉网的电炉上加热煮沸，至溶液呈深红色后取下锥形瓶，立即以 0.1mol/L 苯甲酸无水乙醇标准滴定溶液滴定至微红色消失。再将冷凝器装上，继续加热煮沸至微红色出现，再取下滴定。如此反复操作，直至加热 10min 后不出现微红色为止。

苯甲酸无水乙醇标准滴定溶液对氧化钙的滴定度按下式计算：

$$T_{CaO} = \frac{m_1 \times 1000}{V}$$

式中　T_{CaO}——每 1mL 苯甲酸无水乙醇标准滴定溶液相当于氧化钙的质量数，mg/mL；

m_1——氧化钙的质量，g；

V——滴定时消耗 0.10mol/L 苯甲酸无水乙醇标准溶液的体积，mL。

三、测定原理

熟料试样与甘油乙醇溶液混合后，熟料中的 CaO 与甘油化合（MgO 不与甘油发生反应），生成弱碱性的甘油酸钙，并溶于溶液中，酚酞指示剂使溶液呈现红色。用苯甲酸（弱酸）乙醇溶液滴定生成的甘油酸钙至溶液褪色。由苯甲酸的消耗量可求出 CaO 含量。反应式如下：

$$CaO + \begin{matrix} CH_2OH \\ | \\ CHOH \\ | \\ CH_2OH \end{matrix} \xrightarrow{Sr(NO_3)_2\ 催化} \begin{matrix} CH_2O \\ | \\ CHOH \\ | \\ CH_2O \end{matrix} \Big\rangle Ca + H_2O$$

甘油

$$\begin{matrix} CH_2O \\ | \\ CHOH \\ | \\ CH_2O \end{matrix} \Big\rangle CaO + 2C_6H_5COOH \xrightarrow{酚酞指示剂} \begin{matrix} CH_2O \\ | \\ CHOH \\ | \\ CH_2OH \end{matrix} + Ca(C_6H_5COO)_2$$

甘油酸钙　　　　　　苯甲酸　　　　　　　　　甘油　　　　　苯甲酸钙

四、实验过程

1. 制备试样：熟料磨细后，用磁铁吸除样品中的铁屑，分析前，将试样混合均匀，以四分法缩减至 25g，然后取出 5g 左右放在玛瑙研钵中研磨至全部通过 0.080mm 方孔筛，再将样品混合均匀。

2. 测定 f_{CaO}：准确称取约 0.5g 试样，置于 150mL 干燥的锥形瓶中，加入 15mL 甘油无水乙醇溶液，摇匀。装上回流冷凝器，在有石棉网的小电炉上（或酒精灯）加热煮沸 10min 以后，至溶液呈红色时取下锥形瓶，立即以 0.1mol/L 苯甲酸无水乙醇标准溶液滴定至微红色消失。再将冷凝器装上，继续加热煮沸至微红色出现，再取下滴定。如此反复操作，直至加热 10min 后不出现微红色为止。

游离氧化钙含量按下式计算：

$$f_{CaO} = \frac{T_{CaO} \times V}{1000 \times m_2} \times 100\%$$

式中　　f_{CaO}——氧化钙的质量分数，%；

　　　　T_{CaO}——每 1mL 苯甲酸无水乙醇标准滴定溶液相当于氧化钙的质量数，mg/mL；

　　　　m_2——试样的质量，g；

　　　　V——滴定时消耗 0.1mol/L 苯甲酸无水乙醇标准滴定溶液的体积，mL。

五、注意事项

1. 实验所用容器必须干燥，试剂必须是无水的。
2. 分析游离氧化钙的试样必须充分磨细至全部通过 0.080mm 方孔筛。
3. 甘油无水乙醇溶液必须用 0.01mol/L NaOH 溶液中和至微红色，使溶液呈弱碱性，以稳定甘油酸钙。
4. 甘油与游离钙反应较慢，在甘油无水乙醇溶液中加入适量的无水硝酸锶可起催化作用。
5. 沸煮目的是加速反应，加热温度不宜太高，微沸即可，以防试液飞溅。若在锥瓶中放入几粒小玻璃球珠，可减少试液的飞溅。
6. 甘油吸水能力强，沸煮后要抓紧时间进行滴定，防止试剂吸水。沸煮尽可能充分些，尽量减少滴定次数。

任务六　工业纯碱中总碱度测定

一、实验目的

1. 掌握熟悉碱熔法溶解试样的方法。
2. 掌握工业纯碱中总碱度测定的原理。
3. 掌握工业纯碱中总碱度测定的条件及方法。

二、实验原理

工业纯碱的主要成分为碳酸钠，商品名为苏打，其中可能还含有少量 NaCl、Na_2SO_4、NaOH 及 $NaHCO_3$。滴定时，除其中主要组分 Na_2CO_3 被 HCl 中和外，其他碱性杂质 NaOH 或 $NaHCO_3$ 等也都被中和。因此这个结果为总碱量。滴定反应为

$$Na_2CO_3 + HCl =\!=\!= NaCl + NaHCO_3$$

$$Na_2CO_3 + 2HCl = 2NaCl + H_2CO_3$$

反应产物 H_2CO_3 易形成过饱和溶液并分解为 CO_2 逸出，即 $H_2CO_3 = CO_2 \uparrow + H_2O$。化学计量点时溶液 pH 为 3.8～3.9，可选用甲基橙为指示剂，用 HCl 标准溶液滴定，溶液由黄色转变为橙色即为终点。

由于试样易吸收水分和 CO_2，应在 270～300℃ 将试样烘干 2h，以除去吸附水并使 $NaHCO_3$ 全部转化为 Na_2CO_3，工业纯碱的总碱度通常以 w_{Na_2O} 或 $w_{Na_2CO_3}$ 表示，由于试样均匀性较差，应称取较多试样，使其更具代表性。测定的允许误差可适当放宽一点。

三、主要试剂与仪器

1. HCl 溶液（分析纯）。

2. 无水碳酸钠（基准物）：在 270～300℃ 烘至质量恒定，密封保存在干燥器中。

3. 硼砂（$Na_2B_4O_7 \cdot 10H_2O$，基准物）。

4. 甲基橙指示剂（2g/L）：0.2g 甲基橙溶于 100mL 水中。

5. 甲基红指示剂（2g/L）：0.2g 甲基红溶于 100mL 乙醇中。

6. 甲基红-溴甲酚绿混合指示剂：甲基红乙醇溶液（2g/L）与溴甲酚绿乙醇溶液（1g/L）按 1+3 体积比混合。

四、实验步骤

1. 0.1mol/L HCl 溶液的标定

（1）用无水 Na_2CO_3 基准物质标定

用称量瓶准确称取 0.08～0.10g 无水碳酸钠 3 份，分别倒入 100mL 锥形瓶中。称量瓶称样时一定要带盖，以免吸湿。然后加入 10～20mL 水使之溶解，再加入 1～2 滴甲基橙指示剂，用待标定的 HCl 溶液滴定至溶液的黄色恰变为橙色即为终点。计算 HCl 溶液的浓度。

计算公式见任务一相关部分。

（2）用硼砂 $Na_2B_4O_7 \cdot 10H_2O$ 标定

准确称取硼砂 0.2～0.3g 3 份，分别倾入 100mL 锥形瓶中，加水 20mL 使之溶解，加入 2 滴甲基红指示剂，用待标定的 HCl 溶液滴定至溶液由黄色恰变为浅红色即为终点。根据硼砂的质量和滴定时所消耗的 HCl 溶液的体积，计算 HCl 溶液的浓度。

2. 总碱度的测定

准确称取试样约 1g 倾入烧杯中，加少量水使其溶解，必要时可稍加热促进溶解。冷却后，将溶液定量转入 100mL 容量瓶中，加水稀释至刻度，充分摇匀。平行移取试液 10.00mL 3 份于锥形瓶中，加入 1～2 滴甲基橙指示剂，用 HCl 标准溶液滴定至溶液由黄色恰变为橙色即为终点。计算试样中 Na_2O 或 Na_2CO_3 含量，即为总碱度。测定的各次相对偏差应在 ±0.5% 以内。

试样的总碱量按下式计算：

$$w_{Na_2O} = \frac{c_{HCl}(V_{HCl} - V_{空白})M_{Na_2O}}{m \times 2000} \times 100\%$$

式中　V_{HCl}——滴定时消耗 HCl 标准滴定溶液的体积，mL；

$V_{空白}$ ——空白实验滴定时消耗 HCl 标准滴定溶液的体积，mL；

M_{Na_2O} ——Na_2O 摩尔质量，g/mol；

m——试样的质量，g。

五、注意事项

称量时，一定要减少碳酸钠试剂瓶的开盖时间，防止吸潮。取完试剂后，马上盖好并放入保干器中。

学习思考

一、填空题

1. 酚酞的变色范围是 pH ＝ _____。当溶液的 pH 值小于这个范围的下限时呈_____色。当溶液的 pH 值大于这个范围的上限时则呈_____色，当溶液的 pH 值在这个范围之内时呈_____色。

2. 一般用基准物质配制标准滴定溶液的五个主要过程为：① _____、② _____、③ _____、④ _____、⑤ _____。

3. 摩尔质量的基本单位是_____，在化学上常用_____表示，在数值上等于该物质的_____。

4. 37％的浓 HCl，其密度为 1.19g/mL，其物质的量浓度为_____ mol/L。实验室需配制 500mL 0.5mol/L 的稀 HCl，则需用_____（填写仪器名称）量取上述浓 HCl _____ mL。

5. 用已知准确浓度的 HCl 溶液滴定 NaOH 溶液，以甲基橙来指示反应化学计量点的到达。HCl 溶液称为_____溶液，甲基橙称为_____。该滴定化学计量点的 pH 值等于_____，滴定终点的 pH 值范围为_____。

6. 酸碱滴定曲线的变化规律是_____。滴定时酸、碱的浓度越_____，滴定突跃范围越_____。酸碱的强度越_____，则滴定的突跃范围越_____。

7. 滴定分析法是分析化学中重要的一类分析方法，常用于测定含量_____的_____组分。此方法的特点是_____、_____、_____，在生产实际和科学研究中应用非常广泛。

8. 0.01mol/L 的 HCl 溶液其 pH 值为_____，向此溶液中加入几滴甲基橙，溶液显_____色。0.01mol/L 的 NaOH 溶液 pH 值为_____，向此溶液中加入几滴酚酞试液，溶液显_____色。

9. 硅酸盐制品与原料中的 SiO_2 测定方法主要有_____、_____、_____等三种，快速分析水泥熟料中的 SiO_2 用的是_____。

10. 作为基准物质的化学试剂应具备的条件是_____、_____、_____。基准物的用途是_____和_____。

二、选择题

1. 标定 HCl 溶液常用的基准物有：（ ）。

A 无水 Na_2CO_3 B 草酸（$H_2C_2O_4 \cdot 2H_2O$）
C $CaCO_3$ D 邻苯二甲酸氢钾

2. 某基准物质 A 的摩尔质量为 50g/mol，用来标定 0.2mol/L 的 B 溶液，设反应为 A＋2B＝P，则每份基准物的称取量应为（ ）。

A 0.1～0.2g B 0.2～0.4g C 0.4～0.8g D 0.8～1.0g

3. 某弱酸 HA 的 K_a＝1.0×10^{-5}，则其 0.1mol/L 水溶液的 pH 值为（ ）。

A 1.0 B 2.0 C 3.0 D 3.5

4. 物质的量浓度相同的下列物质的水溶液，其 pH 值最高的是（ ）。

A NaAc B Na_2CO_3 C NH_4Cl D NaCl

5. 酸碱滴定中选择指示剂的原则是（ ）。

A K_a＝K_{HIn}

B 指示剂的变色范围与计量点完全重合

C 指示剂的变色范围全部或部分落入滴定的 pH 值突跃范围之内

D 指示剂应在 pH＝7.00 时变色

6. 已知邻苯二甲酸氢钾（$KHC_8H_4O_4$）的摩尔质量为 204.2g/mol，用它来标定 0.1mol/LNaOH 溶液，宜称取邻苯二甲酸氢钾为（ ）。

A 0.25g 左右 B 1g 左右 C 0.1g 左右 D 0.5g 左右

7. 某 25℃的水溶液，其 pH 值为 4.5，则此溶液中的 H^+ 的浓度为（ ）。

A $10^{-4.5}$mol/L B $10^{4.5}$mol/L C $10^{-11.5}$mol/L D $10^{-9.5}$mol/L

8. 0.0095mol/L NaOH 溶液的 pH 值是（ ）。

A 12 B 12.0 C 11.98 D 2.02

9. 在 1L 纯水（25℃）中加入 0.1mL 1mol/L NaOH 溶液，则此溶液的 pH 值为（ ）。

A 1.0 B 4.0 C 10.0 D 13.0

10. NH_3 的共轭酸是（ ）。

A NH^{2-} B NH_2OH C N_2H_4 D NH_4^+

11. 在纯水中加入一些酸，则溶液中（ ）。

A ［H^+］［OH^-］的乘积增大 B ［H^+］［OH^-］的乘积减小

C OH^- 的浓度增大 D H^+ 浓度增大

12. 酸碱滴定突跃范围为 7.0～9.0，最适宜的指示剂为（ ）。

A 甲基红（4.4～6.4） B 酚酞（8.0～10.0）

C 中性红（6.8～8.0） D 甲酚红（7.2～8.8）

13. 某酸碱指示剂的 pK_{HIn}＝5，其理论变色范围是 pH＝（ ）。

A 2～8 B 3～7 C 4～6 D 5～7

14. 酸碱滴定中选择指示剂的原则是（ ）。

A 指示剂的变色范围与化学计量点完全相符

B 指示剂应在 pH＝7.00 时变色

C 指示剂变色范围应全部落在 pH 值突跃范围之内

D 指示剂的变色范围应全部或部分落在 pH 值突跃范围之内

15. 下列标准滴定溶液可用直接法配制的有 （　　）。

A　H_2SO_4　　　　　B　KOH　　　　　C　$Na_2S_2O_3$　　　　　D　$K_2Cr_2O_7$

三、判断题

1. 酸碱指示剂在酸性溶液中呈现酸色，在碱性溶液中呈现碱色。（　　）

2. 无论何种酸或碱，只要其浓度足够大，都可被强碱或强酸溶液定量滴定。（　　）

3. 在滴定分析中，等量点必须与滴定终点完全重合，否则会引起较大的滴定误差。（　　）

4. 对酚酞不显颜色的溶液一定是酸性溶液。（　　）

5. 用 HCl 标准滴定溶液滴定浓度相同的 NaOH 和 $NH_3 \cdot H_2O$ 时，它们化学计量点的 pH 值均为 7。（　　）

6. 能用 HCl 标准滴定溶液准确滴定 0.1mol/L NaCN。已知 HCN 的 $K = 4.9 \times 10^{-10}$。（　　）

7. 各种类型的酸碱滴定，其化学计量点的位置均在突跃范围的中点。（　　）

8. 酸碱指示剂的选择原则是变色敏锐、用量少。（　　）

9. NaOH 标准滴定溶液宜用直接法配制，而 $K_2Cr_2O_7$ 则用间接法。（　　）

10. 酸碱滴定中，化学计量点时溶液的 pH 值与指示剂的理论变色点的 pH 值相等。（　　）

四、综合实验题

1. 在进行 NaOH 标准滴定溶液的配制与标定时，其主要操作过程如下：

称取两份基准物质_____，约 1g，精确至 0.0001g，分别置于 300mL 的烧杯中，标上杯号，加入_____ mL 新煮沸并用 NaOH 溶液中和至酚酞呈_____色的冷蒸馏水中，使其溶解后加入 2～3d _____指示剂，分别用 0.25mol/L 的 NaOH 标准滴定溶液滴定至溶液呈_____色，30s 不褪色即为终点，分别记录滴定所消耗的 NaOH 溶液的体积。

① 为什么要加入新煮沸并用 NaOH 溶液中和至酚酞呈浅红色的冷蒸馏水？

② 标定 NaOH 标准滴定溶液时，终点如何判断？颜色如果过深对结果有无影响，为什么？

③ 如果称取的邻苯二甲酸氢钾的质量为 1.005g，消耗的 NaOH 标准滴定溶液的体积是 19.45mL，试计算 NaOH 标准滴定溶液的浓度。

2. 测定可溶于酸水泥熟料中 SiO_2 的含量，其主要操作步骤如下：

在_____天平上称取 0.2000g 试样，置于 250～300mL _____烧杯中，加水润湿（约 3～5mL），用塑料棒将试样压碎，一次加入 10～15mL _____并充分搅拌，待试样溶解后，冷却至 30℃以下，加入_____ KCl，仔细搅拌并压碎颗粒，直至饱和（此时仍有少量 KCl 颗粒不溶）。再加入 2g 固体 KCl 及 10mL _____KF 溶液，然后_____约 15～20min，用中速定量滤纸过滤，用 50g/L _____KCl 水溶液洗涤_____烧杯二次，再沿定量滤纸边洗涤沉淀一次。

然后将定量滤纸连同沉淀置于原塑料杯中，加 30℃以下 10mL（50g/L）KCl—乙醇溶液，1mL _____指示剂，将定量滤纸展开，用已配好的 0.15g/mol NaOH 标准滴定溶液中和至溶液呈红色，用塑料棒反复压挤定量滤纸，用定量滤纸擦洗杯壁，再将定量滤纸浸入溶液中，如此操作至出现微红色为止。再向杯中加入_____ 200mL，以 0.1500g/mol NaOH 标准滴定溶液滴定至_____，记录消耗的 NaOH 体积为 $V = 18.32$mL。

① 算出 SiO_2 含量。

② 氟硅酸钾法测定 SiO_2 为什么要中和酸？为什么用 HNO_3 比用 HCl 好些？

③ 为什么本实验须在塑料仪器中进行？

3. 水泥熟料中 f_{CaO} 的测定

称取约_____试样，精确至 0.0001g，置于干燥的内装有一根搅拌子的 200mL _____中，加_____ mL 乙二醇，盖紧锥形瓶，用力摇荡，在 65～70℃ 水浴上加热 30min，每隔 5min 摇荡一次。

用安有合适孔隙干定量滤纸的烧结玻璃过滤漏斗抽气过滤。用_____或_____仔细洗涤锥形瓶和沉淀共 3 次，每次用量 10mL。卸下滤液瓶，用 0.1mol/L HCl 标准滴定溶液滴定至溶液颜色由褐色变为橙色。

问题1：为什么整个实验过程中要求仪器必须干燥？

问题2：为什么要装回流冷凝装置？

问题3：怎么避免发生火灾和爆炸？

问题4：在滴定速度上有什么要求，为什么？

五、计算题

1. 试样中含有 Na_2CO_3 和 $NaHCO_3$ 两种物质及惰性杂质，称取试样 0.3065g，用 0.1031mol/L HCl 溶液滴至酚酞终点，耗去酸液 23.10mL，继续用盐酸滴至溴甲酚绿终点，需加盐酸 26.81mL，求各组分质量分数。[M_r（Na_2CO_3）＝105.99g/mol，M_r（$NaHCO_3$）＝84.01g/mol]

2. 将 12.00mmol $NaHCO_3$ 和 8.00mmol NaOH 溶解于水后，定量转移于 250mL 容量瓶中，用水稀至刻度。移取溶液 50.0mL，以酚酞为指示剂，用 0.1000mol/L HCl 滴定至终点时，消耗 HCl 的体积是多少？继续加入甲基橙为指示剂，用 HCl 溶液滴定至终点，又消耗 HCl 溶液多少 mL？

3. 称取基准物质 $Na_2C_2O_4$ 0.8040g，在一定温度下灼烧成 Na_2CO_3 后，用水溶解并稀释至 100.0mL。准确移取 25.00mL 溶液，用甲基橙为指示剂，用 HCl 溶液滴定至终点，消耗 30.00mL。计算 HCl 溶液的浓度。（$M_{Na_2C_2O_4}$＝134.0g/mol）

4. 称取混合碱 0.5895g，用 0.3000mol/L 的 HCl 滴定至酚酞变色时，用去 24.08mL HCl，加入甲基橙后继续滴定，又消耗 12.02mL HCl，计算该试样中各组分的质量分数。

5. 称取混合碱试样 0.9476g，加酚酞指示剂，用 0.2785mol/L HCl 溶液滴定至终点，耗去酸溶液 34.12mL，再加甲基橙指示剂，滴定至终点，又耗去酸 23.66mL。确定试样的组成并求出各组分的质量分数。已知：M_r（Na_2CO_3）＝105.99g/mol，M_r（$NaHCO_3$）＝84.01g/mol，M_r（NaOH）＝40.00g/mol。

6. 将 0.5500g 不纯的 $CaCO_3$ 试样溶于 25.00mL 0.5020mol/L 的 HCl 溶液中，煮沸除去 CO_2，过量的 HCl 用 NaOH 溶液返滴定耗去 4.20mL，若用 NaOH 溶液直接滴定 20.00mL 该 HCl 溶液，消耗 20.67mL。试计算试样中 $CaCO_3$ 的百分率。（M_s＝100.1g/mol）

7. 测定肥料中的铵态氮时，称取试样 0.2471g，加浓 NaOH 溶液蒸馏，产生的 NH_3 用过量的 50.00mL、0.1015mol/L HCl 吸收，然后再用 0.1022mol/L NaOH 返滴过量的 HCl，用去 11.69mL，计算样品中的含氮量。

8. 称纯 $CaCO_3$ 0.5000g，溶于 50.00mL 过量的 HCl 中，多余酸用 NaOH 回滴，用去 6.20mL。9.000mL NaOH 相当于 1.010mL HCl 溶液，求这两种溶液的浓度。

项目二　测定硅酸盐制品与原料中的 CaO、MgO

🔍知识目标

• 掌握 EDTA 配位化合物的特点；准确滴定的判断式；金属指示剂的作用原理及使用条件；提高配位滴定选择性的控制条件及方法。

• 熟悉副反应（酸效应、共存离子效应、配位效应，重点是酸效应）系数的意义及计算；稳定常数及条件稳定常数的概念及计算；酸效应曲线的绘制及应用；几种常用的金属指示剂及其变色原理。

• 熟悉配位滴定曲线的绘制和影响滴定突跃范围的因素。

• 掌握 EDTA 标准滴定溶液的配制与标定的方法和原理。

• 掌握分析硅酸盐制品与原料中 CaO、MgO 的原理和方法。

👍能力目标

• 能计算稳定常数和条件稳定常数。

• 能通过提高配位滴定选择性的方法和正确使用酸效应曲线，分析和解决实际问题。

• 能进行 EDTA 标准滴定溶液的配制与标定。

• 能进行硅酸盐制品与原料中 CaO、MgO 的测定。

• 能准备和使用实验所需的仪器及试剂；能进行实验数据的处理；能进行实验仪器设备的维护和保养。

项目素材

2.1　配位滴定法概述

配位滴定法是以生成配位化合物的反应为基础的滴定分析方法。例如，用 $AgNO_3$ 溶液滴定 CN^- 时，Ag^+ 与 CN^- 发生配位反应，生成配离子 $[Ag(CN)_2]^-$，其反应式如下：

$$Ag^+ + CN^- \Longrightarrow [Ag(CN)_2]^-$$

当滴定到达化学计量点后，稍过量的 Ag^+ 与 $[Ag(CN)_2]^-$ 结合生成 $Ag[Ag(CN)_2]$ 白色沉淀，使溶液变浑浊，指示终点的到达。

能用于配位滴定的配位反应必须具备一定的条件。

（1）反应必须按一定的化学反应式定量进行，且配位比要恒定；

（2）反应生成的配合物必须稳定；

（3）反应必须有足够快的速度；

（4）有适当的指示剂或其他方法确定终点。

配位反应具有极大的普遍性，但不是所有的配位反应及其生成的配合物均可满足上述条件。

2.1.1　无机配位剂与简单配合物

能与金属离子配位的无机配位剂很多，但多数的无机配位剂只有一个配位原子（通常称此类配位剂为单基配位体，如 F^-、Cl^-、CN^-、NH_3 等），与金属离子配位时分级配位，常形成 MLn 型的简单配合物。例如，在 Cd^{2+} 与 CN^- 的配位反应中，分级生成了 $[Cd(CN)]^+$、$[Cd(CN)_2]$、$[Cd(CN)_3]^-$、$[Cd(CN)_4]^{2-}$ 等四种配位化合物。它们的稳定常数分别为：$10^{5.5}$、$10^{5.1}$、$10^{4.7}$、$10^{3.6}$。可见，各级配合物的稳定常数都不大，彼此相差也很小。因此，除个别反应（例如 Ag^+ 与 CN^-、Hg^{2+} 与 Cl^- 等反应）外，无机配位剂大多数不能用于配位滴定，在分析化学中一般多用作掩蔽剂、辅助配位剂和显色剂等。

有机配位剂则可与金属离子形成很稳定而且组成固定的配合物，克服了无机配位剂的缺点，因而在分析化学中的应用得到迅速的发展。目前在配位滴定中应用最多的是氨羧配位剂。

2.1.2　有机配位剂与螯合物

有机配位剂分子中常含有两个以上的配位原子，与金属离子配位时形成低配位比的具有环状结构的螯合物，它比同种配位原子所形成的简单配合物稳定得多。表 2-1 中 Cu^{2+} 与氨、乙二胺、三乙撑四胺所形成的配合物的比较清楚地说明了这一点。

表 2-1　Cu^{2+} 与氨、乙二胺、三乙撑四胺所形成的配位化合物的比较

配合物	配位比	螯环数	$\lg K_稳$
	1∶4	0	12.6
	1∶2	2	19.6
	1∶1	3	20.6

有机配位剂中由于含有多个配位原子，因而减少甚至消除了分级配位现象，特别是生成的螯合物的稳定性好，使这类配位反应有可能用于滴定。

广泛用作配位标准滴定溶液的是氨羧配位剂。其分子中含有氨氮 $\ddot{N}$ 和羧氧 $-\overset{\overset{\displaystyle O}{\|}}{C}-\ddot{O}-$ 配位原子，前者易与 Cu、Ni、Zn、Co、Hg 等金属离子配位，后者则几乎与所有高价金属离子配位。因此氨羧配位剂兼有两者配位的能力，几乎能与所有金属离子配位。

在配位滴定中最常用的氨羧配位剂主要有以下几种：EDTA（乙二胺四乙酸）；DCTA

（环己烷二胺基四乙酸）；EDTP（乙二胺四丙酸）；TTHA（三乙基四胺六乙酸）。氨羧配位剂中 EDTA 是目前应用最广泛的一种，用 EDTA 标准滴定溶液可以滴定几十种金属离子。通常所说的配位滴定法，主要是指 EDTA 滴定法。

2.1.3 乙二胺四乙酸

1. 乙二胺四乙酸及其盐的性质

乙二胺四乙酸（通常用 H_4Y 表示）简称 EDTA，其结构简式如下：

$$\begin{matrix} HOOCCH_2 \\ HOOCCH_2 \end{matrix} > N-CH_2-CH_2-N < \begin{matrix} CH_2COOH \\ CH_2COOH \end{matrix}$$

乙二胺四乙酸为白色无水结晶粉末，室温时溶解度较小（22℃时溶解度为 0.02g/100mL 水），难溶于酸和有机溶剂，易溶于碱或氨水中形成相应的盐。由于乙二胺四乙酸溶解度小，因而不适用作标准滴定溶液。

EDTA 二钠盐（$Na_2H_2Y \cdot 2H_2O$，也简称为 EDTA，相对分子质量为 372.26）为白色结晶粉末，室温下可吸附水分 0.3%，80℃时可烘干除去；在 100～140℃时将失去结晶水而成为无水的 EDTA 二钠盐（相对分子质量为 336.24）。EDTA 二钠盐易溶于水（22℃时溶解度为 11.1g/100mL 水，浓度约 0.3mol/L，pH≈4.4），因此通常使用 EDTA 二钠盐作标准滴定溶液。

乙二胺四乙酸在水溶液中，具有双偶极离子结构

$$\begin{matrix} HOOCH_2C \\ {}^-OOCH_2C \end{matrix} > \underset{+}{N} - CH_2 - CH_2 - \underset{+}{N} < \begin{matrix} H \\ H \end{matrix} \begin{matrix} CH_2COO^- \\ CH_2COOH \end{matrix}$$

因此，当 EDTA 溶解于酸度很高的溶液中时，它的两个羧酸根可再接受两个 H^+ 形成 H_6Y^{2+}，这样就相当于一个六元酸，有六级解离常数，如表 2-2 所示。

表 2-2 EDTA 的六级解离常数

K_{a_1}	K_{a_2}	K_{a_3}	K_{a_4}	K_{a_5}	K_{a_6}
$10^{-0.9}$	$10^{-1.6}$	$10^{-2.0}$	$10^{-2.67}$	$10^{-6.16}$	$10^{-10.26}$

EDTA 在水溶液中总是以 H_6Y^{2+}、H_5Y^+、H_4Y、H_3Y^-、H_2Y^{2-}、HY^{3-} 和 Y^{4-} 等七种型体存在。它们的分布系数 δ 与溶液 pH 值的关系如图 2-1 所示。

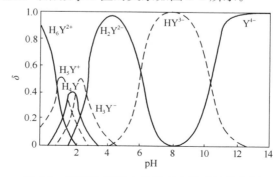

图 2-1 EDTA 溶液中各种存在形式的分布图

由分布曲线图中可以看出，在 pH<1 的强酸溶液中，EDTA 主要以 H_6Y^{2+} 型体存在；在 pH=2.75~6.24 时，主要以 H_2Y^{2-} 型体存在；仅在 pH>10.34 时才主要以 Y^{4-} 型体存在。值得注意的是，在七种型体中只有 Y^{4-}（为了方便，以下均用符号 Y 来表示 Y^{4-}）能与金属离子直接配位。Y 分布系数越大，即 EDTA 的配位能力越强。而 Y 分布系数的大小与溶液的 pH 值密切相关，所以溶液的酸度便成为影响 EDTA 配合物稳定性及滴定终点敏锐性的一个很重要的因素。

2. 乙二胺四乙酸的螯合物

螯合物是一类具有环状结构的配合物。螯合即指成环，只有当一个配位体至少含有两个可配位的原子时才能与中心原子形成环状结构，螯合物中所形成的环状结构常称为螯环。能与金属离子形成螯合物的试剂，称为螯合剂。EDTA 就是一种常用的螯合剂。

EDTA 分子中有六个配位原子，此六个配位原子恰能满足它们的配位数，在空间位置上均能与同一金属离子形成环状化合物，即螯合物。图 2-2 所示的是 EDTA 与 Ca^{2+} 形成的螯合物的立体构型。

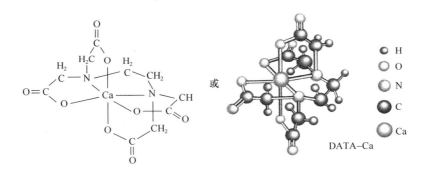

图 2-2　EDTA 与 Ca^{2+} 形成的螯合物

EDTA 与金属离子的配合物有如下特点：

（1）EDTA 具有广泛的配位性能，几乎能与所有金属离子形成配合物，因而配位滴定应用很广泛，但如何提高滴定的选择性便成为配位滴定中的一个重要问题。

（2）EDTA 配合物的配位比简单，多数情况下都形成 1：1 配合物。个别离子如 Mo（V）与 EDTA 配合物 $[(MoO_2)_2Y^{2-}]$ 的配位比为 2：1，因此便于计算。

$$M^{n+} + H_2Y^{2-} \Longrightarrow MY^{(n-4)} + 2H^+$$

（3）EDTA 配合物的稳定性高，能与金属离子形成具有多个五元环结构的螯合物。

（4）EDTA 配合物易溶于水，使配位反应较迅速。

（5）大多数金属-EDTA 配合物无色，这有利于指示剂确定终点。但 EDTA 与有色金属离子配位生成的螯合物颜色则加深。例如：

CuY^{2-}	NiY^{2-}	CoY^{2-}	MnY^{2-}	CrY^-	FeY^-
深蓝	蓝色	紫红	紫红	深紫	黄

因此滴定这些离子时，要控制其浓度勿过大，否则，使用指示剂确定终点将发生困难。表 2-3 为部分金属-EDTA 配合物的 $\lg K_稳$。

表 2-3　部分金属-EDTA 配位化合物 $lgK_稳$

阳离子	lgK_{MY}	阳离子	lgK_{MY}	阳离子	lgK_{MY}
Na^+	1.66	Ce^{4+}	15.98	Cu^{2+}	18.80
Li^+	2.79	Al^{3+}	16.3	Ga^{2+}	20.3
Ag^+	7.32	Co^{2+}	16.31	Ti^{3+}	21.3
Ba^{2+}	7.86	Pt^{2+}	16.31	Hg^{2+}	21.8
Mg^{2+}	8.69	Cd^{2+}	16.49	Sn^{2+}	22.1
Sr^{2+}	8.73	Zn^{2+}	16.50	Th^{4+}	23.2
Be^{2+}	9.20	Pb^{2+}	18.04	Cr^{3+}	23.4
Ca^{2+}	10.69	Y^{3+}	18.09	Fe^{3+}	25.1
Mn^{2+}	13.87	VO^+	18.1	U^{4+}	25.8
Fe^{2+}	14.33	Ni^{2+}	18.60	Bi^{3+}	27.94

2.2　EDTA 配合物的配位平衡及其影响因素

2.2.1　配合物的稳定常数

金属离子与 EDTA 反应大多形成 1∶1 配合物。（为简化计，以下书写均是省去电荷）

$$M+Y \rightleftharpoons MY$$

反应达到平衡时，其平衡常数（稳定常数或形成常数）表示为

$$K_稳 = \frac{[MY]}{[M][Y]} \tag{2-1}$$

在配位反应中，配位化合物的形成和离解，同处于相对的平衡状态中。如逐级配位化合物在溶液中的平衡。（为简化书写，将所有离子的电荷均略去）

$$M+L \rightleftharpoons ML \qquad K_{稳1} = \frac{[ML]}{[M][L]}$$

$$ML+L \rightleftharpoons ML_2 \qquad K_{稳2} = \frac{[ML_2]}{[ML][L]}$$

$$\vdots \qquad\qquad \vdots$$

$$ML_{n-1}+L \rightleftharpoons ML_n \qquad K_{稳n} = \frac{[ML_n]}{[ML_{n-1}][L]}$$

对具有相同配位体数目的配位化合物或配离子，$K_稳$ 值越大，说明配位化合物越稳定。$K_稳$ 不因浓度、酸度及其他配位剂或干扰离子等外界条件的变化而改变。

在许多配位平衡的计算中，为了计算和表述上的方便，常使用逐级累积稳定常数，用符号 β 表示：

第一级累积稳定常数：$\beta_1 = K_{稳1}$

第二级累积稳定常数：$\beta_2 = K_{稳1} \cdot K_{稳2}$

$$\vdots \qquad\qquad \vdots$$

第 n 级累积稳定常数：$\beta_n = K_{稳1} \cdot K_{稳2} \cdots K_{稳n}$

所以 $\quad \beta_n = \prod_{i=1}^{n} K_{稳i} \quad\quad\quad lg\beta_n = \sum_{i=1}^{n} lgK_{稳i}$ (2-2)

最后一级累积稳定常数 β_n 又称总稳定常数。

2.2.2 配位反应的副反应系数与条件稳定常数

1. 副反应系数

配位反应应用于滴定分析法中，其反应能否达到完全是能否进行定量测定的关键。但在配位滴定反应中所涉及的化学反应是较复杂的，除了被测金属离子（M）与配位剂（Y）之间的主反应外，溶液的酸度、缓冲剂、其他辅助配位剂及共存离子等，都可能与 M 或 Y 发生反应，这必然使 M 与 Y 的主反应受到影响，从而使配位反应的完全程度发生变化。除主反应以外其他的反应我们统称它为副反应，其平衡关系如下：

由上面所示可知，反应物（M、Y）发生副反应时，使平衡向左移动，不利于主反应的进行，使主反应的完全程度降低；反应产物（MY）发生副反应时，形成酸式（MHY）配位物或碱式（MOHY）配位物，使平衡向右移动，有利于主反应的进行。M、Y 及 MY 的各种副反应进行的程度，可由其相应的副反应系数表示出来。下面着重讨论滴定剂（Y）和金属离子（M）的副反应。

副反应系数——未参加主反应组分 M 或 Y 的总浓度与平衡浓度 [M] 或 [Y] 的比值，称为副反应系数 α。

下面对配位滴定中几种重要的副反应及副反应系数分别加以讨论。

（1）Y 的副反应系数

在 EDTA 滴定中，配位剂的副反应主要来自溶液的酸度和干扰离子的影响。配位剂是一种碱，易接受质子形成它的共轭酸。因此，当 H^+ 离子浓度较高时，[Y] 的浓度就降低，使主反应受到影响；当干扰离子 N 存在时，有可能与 M 争夺配位剂 Y，从而影响了主反应的完全度。下面主要从这两个方面讨论。

① Y 的酸效应系数 $\alpha_{Y(H)}$

当 M 与 Y 配位反应时，如有 H^+ 存在，会与 Y 结合形成共轭酸，使 [Y] 降低，主反应将受到影响，这种由于 H^+ 存在使配位体参加主反应能力降低的现象称为酸效应。H^+ 引起副反应时的副反应系数称为酸效应系数，用 $\alpha_{Y(H)}$ 表示。

$$\alpha_{Y(H)} = \frac{[Y']}{[Y]}$$ (2-3)

89

式中　$[Y']$——未与 M 配位的 Y 的总浓度；

　　　$[Y]$——Y 的平衡浓度。

α 越大，副反应越严重。若 Y 没有酸效应，$\alpha=1$。很明显 $\alpha_{Y(H)}$ 即六元酸 H_6Y 中 Y 的分布分数的倒数

$$\alpha_{Y(H)} = \frac{1}{\alpha_Y} = \frac{[H]^6 + [H]^5 K_{a_1} + \cdots K_{a_1}K_{a_2}\cdots K_{a_6}}{K_{a_1}K_{a_2}\cdots K_{a_6}}$$

$$= \frac{[H]^6}{K_{a_1}\cdots K_{a_6}} + \frac{[H]^5}{K_{a_2}\cdots K_{a_6}} + \cdots + \frac{[H]}{K_{a_6}} + 1$$

若将 Y 的各种型体看作 Y 与 H^+ 逐级形成的配合物，各步反应及相应的常数是

$$Y + H = HY \qquad K_1^H = \frac{[HY]}{[H][Y]} = \frac{1}{K_{a_6}} \qquad \beta_1^H = K_1^H = \frac{[HY]}{[H][Y]}$$

$$\vdots \qquad\qquad \vdots \qquad\qquad \vdots$$

$$H_5Y + H = H_6Y \qquad K_6^H = \frac{[H_6Y]}{[H][H_5Y]} = \frac{1}{K_{a_1}} \qquad \beta_6^H = K_1^H \cdots K_6^H = \frac{[H_6Y]}{[H]^6[Y]}$$

由此可将 $\alpha_{Y(H)}$ 写为：

$$\alpha_{Y(H)} = \frac{[Y]+[HY]+\cdots+[H_6Y]}{[Y]} = \frac{[Y]+[H][Y]\beta_1^H+\cdots+[H]^6[Y]\beta_6^H}{[Y]}$$

$$= 1 + \beta_1^H[H] + \cdots + \beta_6^H[H]^6 \qquad\qquad (2-4)$$

$\alpha_{Y(H)}$ 仅是 $[H]$ 的函数，酸度越高，$\alpha_{Y(H)}$ 越大，酸效应越严重。由于 $\alpha_{Y(H)}$ 值的变化范围很大，常取其对数使用。表 2-4 列出不同 pH 值的溶液中 EDTA 酸效应系数 $\lg\alpha_{Y(H)}$ 值。

表 2-4　不同 pH 值时的 $\lg\alpha_{Y(H)}$ 表

pH	$\lg\alpha_{Y(H)}$	pH	$\lg\alpha_{Y(H)}$	pH	$\lg\alpha_{Y(H)}$
0.0	23.64	3.8	8.85	7.4	2.88
0.4	21.32	4.0	8.44	7.8	2.47
0.8	19.08	4.4	7.64	8.0	2.27
1.0	18.01	4.8	6.84	8.4	1.87
1.4	16.02	5.0	6.45	8.8	1.48
1.8	14.27	5.4	5.69	9.0	1.28
2.0	13.51	5.8	4.98	9.5	0.83
2.4	12.19	6.0	4.65	10.0	0.45

由该表可以看出：酸度对 $\alpha_{Y(H)}$ 值的影响很大。例如当 pH $=1$，$\alpha_{Y(H)} = 10^{18}$ 时，EDTA 与 H^+ 副反应很严重，溶液中游离的 EDTA 仅为未与 M 配位 EDTA 总浓度的 10^{-18}。$\alpha_{Y(H)}$ 随酸度的降低而减小。

② 共存离子效应系数 $\alpha_{Y(N)}$

若溶液中共存离子 N 也与 Y 反应，可能降低 Y 的平衡浓度。N 引起的副反应称为共存离子效应，其副反应系数称为共存离子效应系数。

$$\alpha_{Y(N)} = \frac{[Y']}{[Y]} = \frac{[NY]+[Y]}{[Y]} = 1 + K_{NY}[N] \qquad\qquad (2-5)$$

式中　K_{NY}——NY 的稳定常数；

　　　$[N]$——游离 N 的浓度。

可见，$\alpha_{Y(N)}$ 只与 K_{NY} 以及 [N] 有关，如果 K_{NY} 越大，N 的游离浓度越大，则 $\alpha_{Y(N)}$ 值越大，表示副反应越严重。

若有多种共存离子 N_1，N_2，$\cdots$，N_n 于同一溶液，则

$$\alpha_{Y(N)} = \frac{[Y']}{[Y]} = \frac{[Y] + [N_1Y] + \cdots + [N_nY]}{[Y]}$$

$$= 1 + K_{N_1Y}[N_1] + \cdots + K_{N_nY}[N_n]$$

$$= 1 + \alpha_{Y(N_1)} + \cdots + \alpha_{Y(N_n)} - n$$

$$= \alpha_{Y(N_1)} + \cdots + \alpha_{Y(N_n)} - (n-1) \tag{2-6}$$

当多种共存离子存在时，$\alpha_{Y(N)}$ 往往只取其中一种或少数几种影响较大的共存离子副反应系数之和，而其他次要项可忽略不计。

实际上，Y 的副反应系数 α_Y 应同时包括共存离子和酸效应两部分，因此

$$\alpha_Y \approx \alpha_{Y(H)} + \alpha_{Y(N)} - 1 \tag{2-7}$$

实际工作中，当 $\alpha_{Y(H)} \gg \alpha_{Y(N)}$ 时，酸效应是主要的；当 $\alpha_{Y(N)} \gg \alpha_{Y(H)}$ 时，共存离子效应是主要的。一般情况下，在滴定剂 Y 的副反应中，酸效应的影响大，因此 $\alpha_{Y(H)}$ 是重要的副反应系数。

【例 2-1】pH＝6.0 时，含 Zn^{2+} 和 Ca^{2+} 的浓度均为 0.010mol/L 的 EDTA 溶液中，$\alpha_{Y(Ca)}$ 及 α_Y 应当是多少？

解：欲求 $\alpha_{Y(Ca)}$ 及 α_Y 值，应将 Zn^{2+} 与 Y 的反应看作主反应，Ca^{2+} 作为共存离子。Ca^{2+} 与 Y 的副反应系数为 $\alpha_{Y(Ca)}$，酸效应系数为 $\alpha_{Y(H)}$，α_Y 值为总副反应系数。

查表 2-3 得 $K_{CaY^{2-}} = 10^{10.69}$；查表 2-4 得 pH＝6.0 时，$\alpha_{Y(H)} = 10^{4.65}$。

代入公式（2-5）得：

$$\alpha_{Y(Ca)} = 1 + K_{CaY}[Ca^{2+}]$$

所以　　　　　　　　$\alpha_{Y(Ca)} = 1 + 10^{10.69} \times 0.010 \approx 10^{8.7}$

因为　　　　　　　　$\alpha_Y = \alpha_{Y(H)} + \alpha_{Y(Ca)} - 1$

所以　　　　　　　　$\alpha_Y = 10^{4.65} + 10^{8.7} - 1 \approx 10^{8.7}$

③ Y 的总副反应系数 α_Y

当溶液中既有共存离子 N，又有酸效应时 Y 的总副反应系数为

$$\alpha_Y = \frac{[Y']}{[Y]} = \frac{[Y] + [HY] + \cdots + [H_6Y] + [NY]}{[Y]}$$

$$= \frac{[Y] + [HY] + \cdots + [H_6Y] + [Y] + [NY] - [Y]}{[Y]}$$

$$= \alpha_{Y(H)} + \alpha_{Y(N)} - 1 \tag{2-8}$$

可见，只要求出各个因素的副反应系数，就很容易求出配位剂的总副反应系数 α_Y，在计算副反应系数时，若 α 值相差约 10^2 倍时，即可将较小的数值忽略。

（2）M 的副反应系数

① 配位效应及配位效应系数

当 M 与 Y 反应时，如有另一配位剂 L 存在，L 能与 M 形成配合物，主反应将受到影响。这种由于其他配位剂存在使 M 参加主反应能力降低的现象称为配位效应。

L 引起副反应的副反应系数称为配位效应系数，用 $\alpha_{M(L)}$ 表示。$\alpha_{M(L)}$ 表示没有参加主反应的金属离子总浓度 $[M']$ 是游离金属离子浓度 $[M]$ 的倍数。

$$\alpha_{M(L)} = \frac{[M']}{[M]} = \frac{[M]+[ML]+\cdots+[ML_n]}{[M]}$$
$$= \frac{[M]+\beta_1[M][L]+\cdots+\beta_n[M][L]^n}{[M]}$$
$$= 1+\beta_1[L]+\cdots+\beta_n[L]^n \tag{2-9}$$

$\alpha_{M(L)}$ 仅是 $[L]$ 的函数，其值越大，表示金属离子与 L 配位越完全，副反应越严重，若 M 没有副反应，$\alpha_{M(L)}=1$。

② M 的总副反应系数 α_M

若溶液中有多种配位剂 $L_1\cdots L_P$，同时与 M 发生副反应，则

$$\alpha_M = \alpha_{M(L_1)}+\cdots+\alpha_{M(L_p)}-(P-1)$$

一般地说，在多种配位剂共存时，只有一种或少数几种配位剂的影响是主要的，由此决定总的副反应系数。

L 可能是滴定所需缓冲剂或为防止金属离子水解所加的辅助配位剂，L 也可能是为消除干扰而加的掩蔽剂。

在高 pH 值下滴定金属离子时，OH^- 与 M 形成氢氧化物，L 就代表 OH^-。有的教材把 $\alpha_{M(OH)}$ 称为水解效应系数。

（3）MY 的副反应系数

配位化合物 MY 副反应的发生，使平衡向右移动，对主反应有利。

① 当溶液的酸度较高时，H^+ 与 MY 发生副反应，形成酸式配位化合物 MHY：

$$MY+H \Longrightarrow MHY, \qquad K_{MHY} = \frac{[MHY]}{[MY][H^+]}$$
$$\alpha_{MY(H)} = \frac{[MY']}{[MY]} = \frac{[MY]+[MHY]}{[MY]} = 1+K_{MHY}[H^+] \tag{2-10}$$

② 当溶液的酸度较低时，OH^- 与 MY 发生副反应，形成碱式配位化合物 MOHY：

$$MY+OH^- \Longrightarrow MOHY, \qquad K_{MOHY} = \frac{[MOHY]}{[MY][OH]}$$
$$\alpha_{MY(OH)} = \frac{[MY']}{[MY]} = \frac{[MY]+[MOHY]}{[MY]} = 1+K_{MOHY}[OH] \tag{2-11}$$

因为酸式或碱式配位化合物只有在 pH 值很低和 pH 值很高的条件下才能生成，而且配位化合物大多数不稳定，一般条件下忽略不计。

2. 配合物的条件稳定常数

在溶液中，金属离子 M 与配位剂 EDTA 反应生成 MY。如果没有副反应发生，当达到平衡时，K_{MY} 是衡量此配位反应进行程度的主要标志。如果有副反应发生，将受到 M、Y 及 MY 的副反应的影响。

设未参加主反应的 M、Y、MY 的总浓度分别为 $[M']$、$[Y']$、$[MY']$，则当达到平衡时，可以得到 $[M']$、$[Y']$、$[MY']$ 表示的配合物的稳定常数——条件稳定常数 K'_{MY}：

$$K'_{MY} = \frac{[MY']}{[M'][Y']} = \frac{\alpha_{MY}[MY]}{\alpha_M[M]\alpha_Y[Y]} = K_{MY}\frac{\alpha_{MY}}{\alpha_M\alpha_Y}$$

所以 $\qquad \lg K'_{MY} = \lg K_{MY} - \lg\alpha_M - \lg\alpha_Y + \lg\alpha_{MY}$ （2-12）

K'_{MY} 表示在有副反应的情况下，配位反应进行的程度，在一定条件下，α_M，α_Y，α_{MY} 为定值，故 K'_{MY} 为常数。

因为多数情况下，MHY 和 MOHY 可忽略。所以：

$$\lg K'_{MY} = \lg K_{MY} - \lg\alpha_M - \lg\alpha_Y$$ （2-13）

如果只有酸效应，式（2-13）又简化成：

$$\lg K'_{MY} = \lg K_{MY} - \lg\alpha_{Y(H)}$$ （2-14）

条件稳定常数是利用副反应系数进行校正后的实际稳定常数，应用它可以判断滴定金属离子滴定的可行性和混合金属离子分别滴定的可行性，以及滴定终点时金属离子的浓度计算等。

【例 2-2】 计算 pH=2.00，pH=5.00 时的 $\lg K'_{ZnY}$。

解： 查表 2-3 得 $\lg K_{ZnY} = 16.5$；查表 2-4 得 pH=2.00 时，$\lg\alpha_{Y(H)} = 13.51$。

按题意，溶液中只存在酸效应，根据式（2-14）

$$\lg K'_{ZnY} = \lg K_{ZnY} - \lg\alpha_{Y(H)}$$

所以 $\qquad \lg K'_{ZnY} = 16.5 - 13.51 = 2.99$

同样，查表 2-4 得 pH=5.00 时，$\lg\alpha_{Y(H)} = 6.45$。

所以 $\qquad \lg K'_{ZnY} = 16.5 - 6.45 = 10.05$

由上例可看出，尽管 $\lg K_{ZnY} = 16.5$，但 pH=2.00 时，$\lg K'_{ZnY}$ 仅为 2.99，此时 ZnY^{2-} 极不稳定，在此条件下 Zn^{2+} 不能被准确滴定；而在 pH=5.00 时，$\lg K'_{ZnY}$ 则为 10.05，ZnY^{2-} 已稳定，配位滴定可以进行。可见配位滴定中控制溶液酸度是十分重要的。

2.3　金属指示剂

配位滴定也和其他滴定方法一样，确定终点的方法有多种，如电化学方法、光化学方法等，但是最常用的还是指示剂的方法，利用金属指示剂判断滴定终点。近三十年来，由于金属指示剂的发展很快，使得配位滴定法成为化学分析中最重要的滴定分析方法之一。

2.3.1　金属指示剂的作用原理

1. 定义

能与金属离子配位，并由于配位和离解作用而产生明显颜色的改变，以指示被滴定的金属离子在计量点附近浓度变化的一种指示剂，称为金属指示剂。

2. 作用原理

以 I_n 代表指示剂，与金属离子（M）形成 1∶1 配位化合物（为简便，略去电荷），用 EDTA 滴定金属离子前，反应过程如下：

滴定前，加入少量的指示剂与溶液中 M 配位，形成一种与指示剂本身颜色不同的配位化合物：

$$M + I_n \Longrightarrow MI_n$$

甲色　　　乙色

滴定开始主计量点前，EDTA 与溶液中 M 配位，形成配位化合物 MY，此时溶液仍呈现乙色的颜色。

$$M + Y \rightleftharpoons MY$$

当滴定主计量点附近，金属离子浓度已很低，EDTA 进而夺取 MI_n 中的 M，将指示剂 I_n 释放出来，此时溶液的颜色由乙色变为甲色，指示终点到达。

$$MI_n + Y \rightleftharpoons MY + I_n$$
$$\quad\text{乙色} \qquad\qquad\qquad \text{甲色}$$

例：EDTA 滴定 Mg^{2+}（$pH \approx 10$），铬黑 T（EBT）作指示剂

$$Mg^{2+} + EBT \rightleftharpoons Mg-EBT$$
$$\quad\text{蓝色} \qquad\qquad \text{鲜红色}$$

$$Mg-EBT + EDTA \rightleftharpoons Mg-EDTA + EBT$$
$$\text{鲜红色} \qquad\qquad\qquad\qquad\qquad\qquad \text{蓝色}$$

3. 必须具备的条件

① 在滴定的 pH 值范围内，游离指示剂本身的颜色与其金属离子配合物的颜色应有显著区别。这样，终点时的颜色变化才明显。

② 指示剂与金属离子的显色反应必须灵敏、迅速，且具有良好的可逆性。

③ "MI_n" 配合物的稳定性要适当。即 MI_n 既要有足够的稳定性，又要比 MY 稳定性小。如果稳定性太低，就会使终点提前，而且颜色变化不敏锐；如果稳定性太高，就会使终点拖后，甚至使 EDTA 不能夺取 MI_n 中的 M，到达计量点时也不改变颜色，看不到滴定终点。通常要求两者的稳定常数之差大于 100，即：$\lg K_{MY} - \lg K'_{MI_n} > 2$。

④ 指示剂应比较稳定，便于贮藏和使用。

此外，生成的 MI_n 应易溶于水，如果生成胶体溶液或沉淀，则会使变色不明显。

2.3.2 金属离子指示剂的选择

1. 指示剂的变色点

$$M + I_n \rightleftharpoons MI_n$$

$$K_{MI_n} = \frac{[MI_n]}{[M][I_n]}$$

$$\lg K_{MI_n} = pM + \lg \frac{[MI_n]}{[I_n]} \tag{2-15}$$

当 $[MI_n] = [I_n]$ 时，溶液呈现混合色，此即指示剂的颜色转变点（理论变色点），若以此转变点来确定滴定终点，则滴定终点时金属离子的浓度（pM_{ep}）：$\lg K_{MI_n} = pM_{ep}$。

2. 指示剂的选择

配位滴定中所用的指示剂一般为有机弱酸，I_n 具有酸效应，若仅考虑指示剂的酸效应，则

$$K'_{MI_n} = \frac{[MI_n]}{[M][I_n]}, \qquad \lg K_{MI_n} = pM + \lg \frac{[MI_n]}{[I_n']} = pM + \lg \frac{[MI_n]}{\alpha \cdot [I_n]}$$

当到达变色点时，$[MI_n] = [I_n']$，$\lg K_{MI_n} = pM$

将上式转化：

$$\lg K'_{MI_n} = \lg K_{MI_n} - \lg \alpha_{I(H)} \tag{2-16}$$

可见，指示剂与金属离子形成的配位化合物的 $\lg K'_{MI_n}$ 将随 pH 值的变化而改变；指示剂变色点的 pM_{ep} 也随 pH 值的变化而改变。因此，金属指示剂不可能像酸碱指示剂那样有一个确定的变色点，在选择金属指示剂时，必须考虑体系的酸度，使 pM_{ep} 与 pM_{sp} 尽量一

致，至少应在化学计量点附近的 pM 突跃范围内，否则误差太大。与酸碱指示剂相似，$\lg K_{MI_b} \pm 1$ 被称为金属指示剂的变色范围。

2.3.3 指示剂的封闭与僵化

1. 指示剂的封闭现象

① 有时某些指示剂与金属离子生成稳定的配合物，这些配合物较 MY 配合物更稳定，以至到达计量点时滴入过量 EDTA，也不能夺取指示剂配合物（MI_n）中的金属离子，指示剂不能释放出来，看不到颜色的变化，这种现象称指示剂的封闭现象。

如以铬黑 T 作指示剂，pH＝10.0 时，EDTA 滴定 Ca^{2+}、Mg^{2+} 时，Al^{3+}、Fe^{3+}、Ni^{2+} 和 Co^{2+} 对铬黑 T 有封闭作用，这时可加入少量三乙酸（掩蔽 Al^{3+} 和 Fe^{3+}）和 KCN（掩蔽 Co^{2+} 和 Ni^{2+}）以消除干扰。

② 由于有色配合物的颜色变化为不可逆反应也会引起封闭现象。这时 MIn 有色配合物的稳定性虽然没有 MY 的稳定性高，但由于其颜色变化为不可逆，有色配合物并不是很快地被 EDTA 破坏，因而对指示剂也产生了封闭。如果封闭现象是被滴定离子本身所引起的，一般可用返滴定法予以消除。

如 Al^{3+} 对二甲酚橙有封闭作用，测定 Al^{3+} 时可先加入过量的 EDTA 标准滴定溶液，于 pH＝3.5 时煮沸，使 Al^{3+} 与 EDTA 完全配位后，再调整溶液 pH 值为 5.0～6.0，加入二甲酚橙，用 Zn^{2+} 或 Pb^{2+} 标准滴定溶液返滴定，即可克服 Al^{3+} 对二甲酚橙的封闭现象。

2. 指示的僵化现象

有些金属指示剂本身与金属离子形成配合物的溶解度很小，使终点的颜色变化不明显；还有些金属指示剂与金属离子所形成的配合物的稳定性稍差于对应的 EDTA 配合物，因而使 EDTA 与 MIn 之间的反应缓慢，使终点拖长，这种现象称指示剂的僵化。这时，可加入适当的有机溶剂或加热，以增大其溶解度。

如用 PAN 作指示剂时，可加入少量甲醇或乙酸；也可以将溶液适当加热，以加快置换速度，使指示剂的变色较明显。用磺基水杨酸作指示剂，以 EDTA 标准滴定溶液滴定 Fe^{3+} 时，可先将溶液加热到 50～70℃ 以后，再进行滴定。

另外，金属指示剂大多数是具有许多双键的有色化合物，易被日光、氧化剂、空气所分解；有些指示剂在水溶液中不稳定，日久会变质。如铬黑 T、钙指示剂的水溶液均易氧化变质，所以常配成固体混合物或用具有还原性的溶液来配制溶液。分解变质的速度与试剂的纯度也有关。一般纯度较高时，保存时间长一些。还有，有些金属离子对指示剂的氧化分解起催化作用。如铬黑 T 在 Mn（IV）或 Ce^{4+} 存在下，仅数秒钟就褪色，为此，在配制铬黑 T 时，应加入 HCl 羟胺等还原剂。

配位滴定指示终点的方法很多，其中最重要的是使用金属离子指示剂指示终点。我们知道，酸碱指示剂是以指示溶液中 H^+ 浓度的变化确定终点，而金属指示剂则是以指示溶液中金属离子浓度的变化确定终点。

3. 指示剂的氧化变质现象

金属指示剂大多为含双键的有色化合物，易被日光、氧化剂、空气所分解，在水溶液中多不稳定，日久会变质。若配成固体混合物则较稳定，保存时间较长。例如铬黑 T 和钙指示剂，常用固体 NaCl 或 KCl 作稀释剂来配制。

2.3.4 常用金属指示剂

1. 铬黑 T (EBT)

铬黑 T 在溶液中有如下平衡：

$$H_2I_n \rightleftharpoons HI_n^{2-} \rightleftharpoons I_n^{3-}$$

紫红　　　　蓝　　　　橙

pH<6.3 时，EBT 在水溶液中呈紫红色；pH>11.6 时 EBT 呈橙色，而 EBT 与二价离子形成的配合物颜色为红色或紫红色，所以只有在 pH 值为 7～11 范围内使用，指示剂才有明显的颜色。实验表明，最适宜的酸度是 pH 值为 9～10.5。

铬黑 T 固体相当稳定，但其水溶液仅能保存几天，这是由于聚合反应的缘故。聚合后的铬黑 T 不能再与金属离子显色。pH<6.5 的溶液中聚合更为严重，加入三乙醇胺可以防止聚合。

铬黑 T 是在弱碱性溶液中滴定 Mg^{2+}、Zn^{2+}、Pb^{2+} 等离子的常用指示剂。

2. 二甲酚橙 (XO)

二甲酚橙为多元酸。在 pH 值为 0～6.0 之间，二甲酚橙呈黄色，它与金属离子形成的配合物为红色，是酸性溶液中许多离子配位滴定所使用的指示剂。常用于锆、铪、钍、钪、铟、钇、铋、铅、锌、镉、汞的直接滴定法中。

铝、镍、钴、铜、镓等离子会封闭二甲酚橙，可采用返滴定法，即在 pH 值为 5.0～5.5（六次甲基四胺缓冲溶液）时，加入过量 EDTA 标准滴定溶液，再用锌或铅标准滴定溶液返滴定。Fe^{3+} 在 pH 值为 2～3 时，以硝酸铋返滴定法测定它。

3. PAN

PAN 与 Cu^{2+} 的显色反应非常灵敏，但很多其他金属离子如 Ni^{2+}、Co^{2+}、Zn^{2+}、Pb^{2+}、Bi^{3+}、Ca^{2+} 等与 PAN 反应慢或显色灵敏度低。所以有时利用 Cu—PAN 作间接指示剂来测定这些金属离子。Cu—PAN 指示剂是 CuY^{2-} 和少量 PAN 的混合液。将此混合液加到含有被测金属离子 M 的试液中时，发生如下置换反应：

$$CuY+PAN+M \rightleftharpoons MY+Cu-PAN$$

黄　　　　　　　　　　　　　紫红

此时溶液呈紫红色。当加入的 EDTA 定量与 M 反应后，在化学计量点附近 EDTA 将夺取 Cu—PAN 中的 Cu^{2+}，从而使 PAN 游离出来：

$$Cu-PAN+Y \rightleftharpoons CuY+PAN$$

紫红　　　　　　　　黄

溶液由紫红变为黄色，指示终点到达。因滴定前加入的 CuY 与最后生成的 CuY 是相等的，故加入的 CuY 并不影响测定结果。

在几种离子的连续滴定中，若分别使用几种指示剂，往往发生颜色干扰。由于 Cu—PAN 可在很宽的 pH 值范围（pH 值为 1.9～12.2）内使用，因而可以在同一溶液中连续指示终点。

4. 其他指示剂

除前面介绍的指示剂外，还有磺基水杨酸、钙指示剂等常用指示剂。磺基水杨酸（无色）在 pH=2 时，与 Fe^{3+} 形成紫红色配合物，因此可用作滴定 Fe^{3+} 的指示剂。钙指示剂（蓝色）在 pH=12.5 时，与 Ca^{2+} 形成紫红色配合物，因此可用作滴定钙的指示剂。

2.4　配位滴定原理

EDTA 能与大多数金属离子形成 1∶1 的配合物，它们之间的定量关系是：EDTA 的物质的量＝金属离子的物质的量或 $C_{EDTA}V_{EDTA}＝C_MV_M$。

2.4.1　配位滴定曲线

1. 配位滴定与酸碱滴定的异同点

（1）相同点

酸碱的电子理论指出，酸碱中和反应是碱的未共用电子对跃迁到酸的空轨道中而形成配位键的反应。在配位反应中，配位剂 EDTA 供给电子对，是碱；中心离子接受电子对，是酸。所以从广义上讲，配位反应也属于酸碱反应的范畴。有关酸碱滴定法中的一些讨论，在 EDTA 滴定中也基本适用。配位滴定中，被测金属离子的浓度也会随 EDTA 的加入，不断减小，到达计量点前后，将发生突变，可利用适当方法去指示。

（2）不同点

① 在配位滴定中 M 有配位效应和水解效应，EDTA 有酸效应和共存离子效应，所以配位滴定比酸碱滴定复杂。

② 酸碱滴定中，K_a、K_b 是不变的；而配位滴定中，K' 是随滴定体系中反应的条件而变化。欲使滴定过程中 K'_{MY} 基本不变，常用酸碱缓冲溶液控制酸度。

在酸碱滴定中，随着滴定剂的加入，溶液中 H^+ 的浓度也在变化，当到达化学计量点时，溶液 pH 值发生突变。配位滴定的情况与酸碱滴定相似。在一定 pH 值条件下，随着配位滴定剂的加入，金属离子不断与配位剂反应生成配合物，其浓度不断减少。当滴定到达化学计量点时，金属离子浓度（pM）发生突变。若将滴定过程各点 pM 与对应的配位剂的加入体积绘成曲线，即可得到配位滴定曲线。配位滴定曲线反映了滴定过程中，配位滴定剂的加入量与待测金属离子浓度之间的变化关系。

2. 滴定曲线的绘制

配位滴定曲线可通过计算来绘制，也可用仪器测量来绘制。现以 pH＝12 时，用 0.01000mol/L 的 EDTA 溶液滴定 20.00mL 0.01000mol/L 的 Ca^{2+} 溶液为例，通过计算滴定过程中的 pM，说明配位滴定过程中配位滴定剂的加入量与待测金属离子浓度之间的变化关系。

由于 Ca^{2+} 既不易水解也不与其他配位剂反应，因此在处理此配位平衡时只需考虑 ED-TA 的酸效应。即在 pH 值为 12.00 条件下，CaY^{2-} 的条件稳定常数为

$$\lg K'_{CaY} = \lg K_{CaY} - \lg\alpha_{Y(H)} ＝10.69-0=10.69$$

（1）滴定前：溶液中只有 Ca^{2+}，$[Ca^{2+}]＝0.01000mol/L$，所以 pCa＝2.00。

（2）化学计量点前：溶液中有剩余的金属离子 Ca^{2+} 和滴定产物 CaY^{2-}。由于 $\lg K'_{CaY}$ 较大，剩余的 Ca^{2+} 对 CaY^{2-} 的离解又有一定的抑制作用，可忽略 CaY^{2-} 的离解，按剩余的金属离子 $[Ca^{2+}]$ 浓度计算 pCa 值。

当滴入的 EDTA 溶液体积为 18.00mL 时：

$$[Ca^{2+}] = \frac{2.00 \times 0.01000}{20.00 + 18.00} mol/L = 5.26 \times 10^{-3}\ mol/L$$

即 $\qquad pCa = -\lg [Ca^{2+}] = 2.28$

当滴入的 EDTA 溶液体积为 19.98mL 时：

$$[Ca^{2+}] = \frac{0.01 \times 0.02}{20.00 + 19.98} mol/L = 5 \times 10^{-6}\ mol/L$$

即 $\qquad pCa = -\lg [Ca^{2+}] = 5.3$

当然在十分接近化学计量点时，剩余的金属离子极少，计算 pCa 时应该考虑 CaY^{2-} 的离解，有关内容这里就不讨论了。在一般要求的计算中，化学计量点之前的 pM 可按此方法计算。

（3）化学计量点时：Ca^{2+} 与 EDTA 几乎全部形成 CaY^{2-} 离子，所以

$$[CaY^{2-}] = 0.01 \times \frac{20.00}{20.00 + 20.00} mol/L = 5 \times 10^{-3}\ mol/L$$

因为 $pH \geqslant 12$，$\lg \alpha_{Y(H)} = 0$，所以 $[Y^{4-}] = [Y]_{总}$；同时，$[Ca^{2+}] = [Y^{4-}]$

则 $\qquad \dfrac{[CaY^{2-}]}{[Ca^{2+}]^2} = K'_{MY}$

因此 $\qquad \dfrac{5 \times 10^{-3}}{[Ca^{2+}]^2} = 10^{10.69}$，$[Ca^{2+}] = 3.2 \times 10^{-7}\ mol/L$

即 $\qquad pCa = 6.5$

（4）化学计量点后：当加入的 EDTA 溶液为 20.02mL 时，过量的 EDTA 溶液为 0.02mL。

此时 $\qquad [Y]_{总} = \dfrac{0.01 \times 0.02}{20.00 + 20.02} mol/L = 5 \times 10^{-6}\ mol/L$

则 $\qquad \dfrac{5 \times 10^{-3}}{[Ca^{2+}] \times 5 \times 10^{-6}} = 10^{10.69}$，$\qquad [Ca^{2+}] = 10^{-7.69}\ mol/L$

即 $\qquad pCa = 7.69$

将所得数据列于表 2-5。

表 2-5　pH＝12 时用 0.01000mol/L EDTA 滴定 20.00mL 0.01000mol/L Ca^{2+} 溶液中 pCa 的变化

EDTA 加入量		Ca^{2+} 被滴定的分数	EDTA 过量的分数	pCa
mL	%	%	%	
0	0			2.0
10.8	90.0	90.0		3.3
19.80	99.0	99.0		4.3
19.98	99.9	99.9		5.3
20.00	100.0	100.0		6.5
20.02	100.1		0.1	7.7
20.20	101.0		1.0	8.7
40.00	200.0		100	10.7

（突跃范围标注：5.3、6.5、7.7）

根据表 2-5 所列数据，以 pCa 值为纵坐标，加入 EDTA 的体积为横坐标作图，得到如图 2-3 的滴定曲线。

从表 2-5 或图 2-3 可以看出，在 pH＝12 时，用 0.01000mol/L EDTA 滴定 0.01000mol/L Ca^{2+}，计量点时的 pCa 为 6.5，滴定突跃的 pCa 为 5.3～7.7。可见滴定突跃较大，可以准确滴定。

由上述计算可知配位滴定比酸碱滴定复杂，不过两者有许多相似之处，酸碱滴定中的一些处理方法也适用于配位滴定。

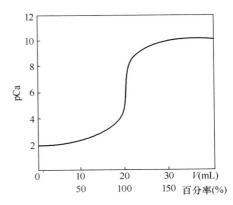

图 2-3　0.01000mol/L EDTA 滴定
0.01000mol/L Ca^{2+} 的滴定曲线

3. 影响滴定突跃大小的因素

配位滴定中滴定突跃越大，就越容易准确地指示终点。上例计算结果表明，配合物的条件稳定常数和被滴定金属离子的浓度是影响突跃范围的主要因素。

（1）配合物的条件稳定常数对滴定突跃的影响

图 2-4 是金属离子浓度一定的情况下，不同 $\lg K'_{MY}$ 时的滴定曲线。由图可看出配合物的条件稳定常数 $\lg K'_{MY}$ 越大，滴定突跃（ΔpM）越大。决定配合物 $\lg K'_{MY}$ 大小的因素，首先是绝对稳定常数 $\lg K_{MY}$（内因），但对某一指定的金属离子来说绝对稳定常数 $\lg K_{MY}$ 是一常数，此时溶液酸度、配位掩蔽剂及其他辅助配位剂的配位作用将起决定作用。

① 酸度：酸度高时，$\lg \alpha_{Y(H)}$ 大，$\lg K'_{MY}$ 变小。因此滴定突跃就减小。

② 其他配位剂的配位作用：滴定过程中加入掩蔽剂、缓冲溶液等辅助配位剂的作用会增大 $\lg \alpha_{M(L)}$ 值，使 $\lg K'_{MY}$ 变小，因而滴定突跃就减小。

（2）浓度对滴定突跃的影响

图 2-5 是用 EDTA 滴定不同浓度 M 时的滴定曲线。由图 2-5 可以看出，金属离子 c_M 越大，滴定曲线起点越低，因此滴定突跃越大。反之则相反。

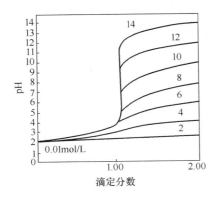

图 2-4　不同 $\lg K'_{MY}$ 的滴定曲线

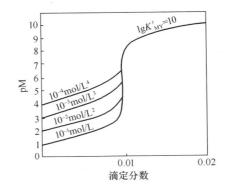

图 2-5　不同浓度 EDTA 与 M 的滴定曲线

2.4.2 单一离子的滴定

1. 单一离子准确滴定的判别式

滴定突跃的大小是准确滴定的重要依据之一。而影响滴定突跃大小的主要因素是 c_M 和 K'_{MY}，那么 c_M、K'_{MY} 值要多大才有可能准确滴定金属离子呢？

金属离子的准确滴定与允许误差和检测终点方法的准确度有关，还与被测金属离子的原始浓度有关。设金属离子的原始浓度为 c_M（对终点体积而言），用等浓度的 EDTA 滴定，滴定分析的允许误差为 E_t，在化学计量点时：

（1）被测定的金属离子几乎全部发生配位反应，即 $[MY] = c_M$。

（2）被测定的金属离子的剩余量应符合准确滴定的要求，即 $c_{M(余)} \leqslant c_M E_t$。

（3）滴定时过量的 EDTA，也符合准确度的要求，即 $c_{EDTA(余)} \leqslant c_{(EDTA)} E_t$。

将这些数值代入条件稳定常数的关系式得：

$$K'_{MY} = \frac{[MY]}{c_{M(余)} \cdot c_{EDTA(余)}}$$

$$K'_{MY} \geqslant \frac{c_M}{c_M E_t \cdot c_{(EDTA)} E_t}$$

由于 $c_M = c_{(EDTA)}$，不等式两边取对数，整理后得

$$\lg c_M K'_{MY} \geqslant -2\lg E_t \tag{2-17}$$

若允许误差 E_t 为 0.1%，得 $\lg c_M K'_{MY} \geqslant 6$。

式（2-17）为单一金属离子准确滴定可行性条件。

在金属离子的原始浓度 c_M 为 0.010mol/L 的特定条件下，则

$$\lg K'_{MY} \geqslant 8 \tag{2-18}$$

式（2-18）是在上述条件下准确滴定 M 时，$\lg K'_{MY}$ 的允许低限。

与酸碱滴定相似，若降低分析准确度的要求，或改变检测终点的准确度，则滴定要求的 $\lg c_M K'_{MY}$ 也会改变，例如：

$E_t = \pm 0.5\%$，$\Delta pM = \pm 0.2$，$\lg c_M K'_{MY} = 5$ 时也可以滴定；

$E_t = \pm 0.3\%$，$\Delta pM = \pm 0.2$，$\lg c_M K'_{MY} = 6$ 时也可以滴定。

【例 2-3】 在 $pH = 2.00$ 和 5.00 的介质中（$\alpha_{Zn} = 1$），能否用 0.010mol/L EDTA 准确滴定 0.010mol/L Zn^{2+}？

解： 查表 2-3 得 $\lg K_{ZnY} = 16.50$；

查表 2-4 得 $pH = 2.00$ 时，$\lg\alpha_{Y(H)} = 13.51$。

按题意 $\lg K'_{MY} = 16.50 - 13.51 = 2.99 < 8$

查表 2-4 得 $pH = 5.00$ 时，$\lg\alpha_{Y(H)} = 6.45$，

则 $\lg K'_{MY} = 16.50 - 6.45 = 10.05 > 8$

所以，当 $pH = 2.00$ 时，Zn^{2+} 是不能被准确滴定的，而 $pH = 5.00$ 时可以被准确滴定。

由此例计算可看出，用 EDTA 滴定金属离子，若要准确滴定必须选择适当的 pH 值。因为酸度是金属离子被准确滴定的重要影响因素。

2. 单一离子滴定的最低酸度（最高 pH 值）与最高酸度（最低 pH 值）

稳定性高的配合物，溶液酸度略为高些亦能准确滴定。而对于稳定性较低的，酸度高于

某一值，就不能被准确滴定了。通常较低的酸度条件对滴定有利，但为了防止一些金属离子在酸度较低的条件下发生羟基化反应甚至生成氢氧化物，必须控制适宜的酸度范围。

（1）最高酸度（最低 pH 值）

若滴定反应中除 EDTA 酸效应外，没有其他副反应，则根据单一离子准确滴定的判别式，在被测金属离子的浓度为 0.01mol/L 时，$\lg K'_{MY} \geqslant 8$。

因此

$$\lg K'_{MY} = \lg K_{MY} - \lg \alpha_{Y(H)} \geqslant 8$$

即

$$\lg \alpha_{Y(H)} \leqslant \lg K_{MY} - 8 \tag{2-19}$$

将各种金属离子的 $\lg K_{MY}$ 代入式（2-19），即可求出对应的最大 $\lg \alpha_{Y(H)}$ 值，再从表 2-4 查得与它对应的最小 pH 值。例如，对于浓度为 0.01mol/L 的 Zn^{2+} 溶液的滴定，以 $\lg K_{ZnY} = 16.50$ 代入式（2-19）得 $\lg \alpha_{Y(H)} \leqslant 8.5$，从表 2-4 可查得 pH$\geqslant 4.0$，即滴定 Zn^{2+} 允许的最小 pH 值为 4.0。

将金属离子的 $\lg K_{MY}$ 值与最小 pH 值（或对应的 $\lg \alpha_{Y(H)}$ 与最小 pH 值）绘成曲线，称为酸效应曲线，如图 2-6 所示。

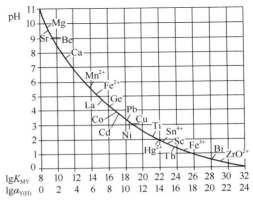

图 2-6　EDTA 酸效应曲线

实际工作中，利用酸效应曲线可查得单独滴定某种金属离子时所允许的最低 pH 值；还可以看出混合离子中哪些离子在一定 pH 值范围内有干扰（这部分内容将在下面讨论）。此外，酸效应曲线还可当 $\lg \alpha_{Y(H)}$ -pH 曲线使用。

必须注意，使用酸效应曲线查单独滴定某种金属离子的最低 pH 值的前提是：金属离子浓度为 0.01mol/L；允许测定的相对误差为 $\pm 0.1\%$；溶液中除 EDTA 酸效应外，金属离子未发生其他副反应。如果前提变化，曲线将发生变化，因此要求的 pH 值也会有所不同。

（2）最低酸度（最高 pH 值）

为了能准确滴定被测金属离子，滴定时酸度一般都大于所允许的最小 pH 值，但溶液的酸度不能过低，因为酸度太低，金属离子将会发生水解形成 $M(OH)_n$ 沉淀。除影响反应速度使终点难以确定之外，还影响反应的计量关系，因此需要考虑滴定时金属离子不水解的最低酸度（最高 pH 值）。

在没有其他配位剂存在下，金属离子不水解的最低酸度可由 $M(OH)_n$ 的溶度积求得。如前例中为防止开始时形成 $Zn(OH)_2$ 的沉淀必须满足下式：

$$[OH] = \sqrt{\frac{K_{SP[Zn(OH)_2]}}{[Zn^{2+}]}} = \sqrt{\frac{10^{-15.3}}{2 \times 10^{-2}}} = 10^{-6.8}$$

即

$$pH = 7.2$$

因此，EDTA 滴定浓度为 0.01mol/L Zn^{2+} 溶液应在 pH 值为 4.0～7.2 范围内，pH 值越近高限，K'_{MY} 就越大，滴定突跃也越大。若加入辅助配位剂（如氨水、酒石酸等），则 pH 值还会更高些。例如在氨性缓冲溶液存在下，可在 pH=10 时滴定 Zn^{2+}。

如若加入酒石酸或氨水，可防止金属离子生成沉淀。但由于辅助配位剂的加入会导致 K'_{MY} 降低，因此必须严格控制其用量，否则将因为 K'_{MY} 太小而无法准确滴定。

3. 用指示剂确定终点时滴定的最佳酸度

以上是从滴定主反应讨论滴定适宜的酸度范围，但实际工作中还需要用指示剂来指示滴定终点，而金属指示剂只能在一定的 pH 值范围内使用，且由于酸效应，指示剂的变色点不是固定的，它随溶液的 pH 值而改变，因此在选择指示剂时必须考虑体系的 pH 值。指示剂变色点与化学计量点最接近时的酸度即为指示剂确定终点时滴定的最佳酸度。当然，是否合适还需要通过实验来检验。

【例 2-4】 计算 0.020mol/L EDTA 滴定 0.020mol/L Cu^{2+} 的适宜酸度范围。

解： 能准确滴定 Cu^{2+} 的条件是 $\lg c_M K'_{MY} \geq 6$，考虑滴定至化学计量点时体积增加至一倍，故 $c_{Cu^{2+}} = 0.010 \text{mol/L}$。

$$\lg K_{CuY} - \lg \alpha_{Y(H)} \geq 8$$

即

$$\lg \alpha_{Y(H)} \leq 18.80 - 8.0 = 10.80$$

查图 2-6，当 $\lg \alpha_{Y(H)} = 10.80$ 时，pH=2.9，此为滴定允许的最高酸度。

滴定 Cu^{2+} 时，允许最低酸度为 Cu^{2+} 不产生水解时的 pH 值：

因为

$$[Cu^{2+}][OH^-]^2 = K_{sp}[Cu(OH)_2] = 10^{-19.66}$$

所以

$$[OH^-] = \sqrt{\frac{10^{-19.66}}{0.02}} = 10^{-8.98}$$

即

$$pH = 5.0$$

所以，用 0.020mol/L EDTA 滴定 0.020mol/L Cu^{2+} 的适宜酸度范围 pH 值为 2.9~5.0。

必须指出，由于配合物的平衡常数，特别是与金属指示剂有关的平衡常数目前还不齐全，有的可靠性还较差，理论处理结果必须由实验来检验。从原则上讲，在配位滴定的适宜酸度范围内滴定，均可获得较准确的结果。

2.4.3 混合离子的选择性滴定

以上讨论的是单一金属离子配位滴定的情况。实际工作中，我们遇到的常为多种离子共存的试样，而 EDTA 又是具有广泛配位性能的配位剂，因此必须提高配位滴定的选择性。提高配位滴定的选择性常用控制酸度和使用掩蔽剂等方法。

1. 控制酸度分别滴定

若溶液中含有能与 EDTA 形成配合物的金属离子 M 和 N，且 $K_{MY} > K_{NY}$，则用 EDTA 滴定时，首先被滴定的是 M。如若 K_{MY} 与 K_{NY} 相差足够大，此时可准确滴定 M 离子（若有合适的指示剂），而 N 离子不干扰。滴定 M 离子后，若 N 离子满足单一离子准确滴定的条件，则又可继续滴定 N 离子，此时称 EDTA 可分别滴定 M 和 N。问题是 K_{MY} 与 K_{NY} 相差多大才能分步滴定？滴定应在何酸度范围内进行？

用 EDTA 滴定含有离子 M 和 N 的溶液，若 M 未发生副反应，溶液中的平衡关系如下：

$$
\begin{array}{ccc}
M & + & Y & \rightleftharpoons & MY \\
& & {}^{H}\diagup{}^{\backslash}N & & \\
& HY & & NY & \\
& & \vdots & & \\
& & H_6Y & &
\end{array}
$$

当 $K_{MY} > K_{NY}$，且 $\alpha_{Y(N)} \gg \alpha_{Y(H)}$ 情况下，可推导出（省略推导）：

$$\lg(c_M K'_{MY}) = \lg K_{MY} - \lg K_{NY} + \lg \frac{c_M}{c_N} \qquad (2\text{-}20)$$

或

$$\lg(c_M K'_{MY}) = \Delta \lg K + \lg(c_M / c_N) \qquad (2\text{-}21)$$

上式说明，两种金属离子配合物的稳定常数相差越大，被测离子浓度（c_M）越大，干扰离子浓度（c_N）越小，则在 N 离子存在下滴定 M 离子的可能性越大。至于两种金属离子配合物的稳定常数要相差多大才能准确滴定 M 离子而 N 离子不干扰，这就决定于所要求的分析准确度和两种金属离子的浓度比 c_M / c_N 及终点和化学计量点 pM 差值（ΔpM）等因素。

（1）分步滴定可能性的判别

由以上讨论可推出，若溶液中只有 M、N 两种离子，当 ΔpM $= \pm 0.2$（目测终点一般有 $\pm 0.2 \sim 0.5 \Delta$pM 的出入），$E_t \leqslant \pm 0.1\%$ 时，要准确滴定 M 离子，而 N 离子不干扰，必须使 $\lg(c_M K'_{MY}) \geqslant 6$，即

$$\Delta \lg K + \lg(c_M / c_N) \geqslant 6 \qquad (2\text{-}22)$$

式（2-20）是判断能否用控制酸度办法准确滴定 M 离子，而 N 离子不干扰的判别式。滴定 M 离子后，若 $\lg c_N K'_{NY} \geqslant 6$，则可继续准确滴定 N 离子。

如果 ΔpM $= \pm 0.2$，$E_t \leqslant \pm 0.5\%$（混合离子滴定通常允许误差 $\leqslant \pm 0.5\%$）时，则可用下式来判别控制酸度分别滴定的可能性。

$$\Delta \lg K + \lg(c_M / c_N) \geqslant 5 \qquad (2\text{-}23)$$

（2）分别滴定的酸度控制

① 最高酸度（最低 pH 值）：选择滴定 M 离子的最高酸度与单一金属离子滴定最高酸度的求法相似。即当 $c_M = 0.01 \text{mol/L}$，$E_t \leqslant \pm 0.5\%$ 时，$\lg \alpha_{Y(H)} \leqslant \lg K_{MY} - 8$，根据 $\lg \alpha_{Y(H)}$ 查出对应的 pH 值即为最高酸度。

② 最低酸度（最高 pH 值）：根据式（4-23）N 离子不干扰 M 离子滴定的条件是：

$$\Delta \lg K + \lg(c_M / c_N) \geqslant 5$$

即

$$\lg c_M K'_{MY} - \lg c_N K'_{NY} \geqslant 5$$

由于准确滴定 M 时，$\lg c_M K'_{MY} \geqslant 6$，因此

$$\lg c_N K'_{NY} \leqslant 1 \qquad (2\text{-}24)$$

当 $c_N = 0.01 \text{mol/L}$ 时，

$$\lg \alpha_{Y(H)} \geqslant \lg K_{NY} - 3$$

根据 $\lg \alpha_{Y(H)}$ 查出对应的 pH 值即为最高 pH 值。

值得注意的是，易发生水解反应的金属离子若在所求的酸度范围内发生水解反应，则适宜酸度范围的最低酸度为形成 $M(OH)_n$ 沉淀时的酸度。

滴定 M 和 N 离子的酸度控制仍使用缓冲溶液，并选择合适的指示剂，以减少滴定误差。如果 $\Delta \lg K + \lg(c_M / c_N) \leqslant 5$，则不能用控制酸度的方法分步滴定。

M 离子滴定后，滴定 N 离子的最高酸度、最低酸度及适宜酸度范围，与单一离子滴定相同。

【例 2-4】溶液中 Pb^{2+} 和 Ca^{2+} 浓度均为 $2.0 \times 10^{-2} \text{mol/L}$。如用相同浓度 EDTA 滴定，要求 $E_t \leqslant \pm 0.5\%$，问能否用控制酸度分步滴定？

解： 由于两种金属离子浓度相同，且要求 $E_t \leqslant \pm 0.5\%$，此时判断能否用控制酸度分步滴定的判别式为：$\Delta \lg K \geqslant 5$。查表得 $\lg K_{PbY} = 18.0$，$\lg K_{CaY} = 10.7$，则

$$\Delta lgK = 18.0 - 10.7 = 7.3 > 5$$

所以可以用控制酸度分步滴定。

【例 2-6】 溶液中含 Ca^{2+}、Mg^{2+}，浓度均为 $1.0 \times 10^{-2} mol/L$，用相同浓度 EDTA 滴定 Ca^{2+} 使溶液 pH 值调到 12，问若要求 $E_t \leqslant \pm 0.1\%$，Mg^{2+} 对滴定有无干扰。

解： pH=12 时，

$$[Mg^{2+}] = \frac{K_{sp,Mg(OH)_2}}{[OH^-]^2} = \frac{1.8 \times 10^{-11}}{10^{-4}} mol/L = 1.8 \times 10^{-7} mol/L$$

查表得 $lgK_{CaY} = 10.69$，$lgK_{MgY} = 8.69$

$$\Delta lgK + lg \frac{c_M}{c_N} = 10.69 - 8.69 + lg \frac{10^{-2}}{1.8 \times 10^{-7}} = 6.74 > 6$$

所以 Mg^{2+} 对 Ca^{2+} 的滴定无干扰。

2. 使用掩蔽剂的选择性滴定

当 $lgK_{MY} - lgK_{NY} < 5$ 时，采用控制酸度分别滴定已不可能，这时可利用加入掩蔽剂来降低干扰离子的浓度以消除干扰。掩蔽方法按掩蔽反应类型的不同分为配位掩蔽法、氧化还原掩蔽法和沉淀掩蔽法等。

（1）配位掩蔽法

配位掩蔽法在化学分析中应用最广泛，它是通过加入能与干扰离子形成更稳定配合物的配位剂（通称掩蔽剂）掩蔽干扰离子，从而能够更准确的滴定待测离子。例如测定 Al^{3+} 和 Zn^{2+} 共存溶液中的 Zn^{2+} 时，可加入 NH_4F 与干扰离子 Al^{3+} 形成十分稳定的 AlF_6^{3-}，因而消除了 Al^{3+} 的干扰。又如测定水中 Ca^{2+}、Mg^{2+} 总量（即水的硬度）时，Fe^{3+}、Al^{3+} 的存在干扰测定，在 pH=10 时加入三乙醇胺，可以掩蔽 Fe^{3+} 和 Al^{3+}，消除其干扰。

采用配位掩蔽法，在选择掩蔽剂时应注意如下几个问题：

① 掩蔽剂与干扰离子形成的配合物应远比待测离子与 EDTA 形成的配合物稳定（即 $1gK'_{NY} \gg 1gK'_{MY}$），而且所形成的配合物应为无色或浅色。

② 掩蔽剂与待测离子不发生配位反应或形成的配合物稳定性要远小于待测离子与 ED-TA 配合物的稳定性。

③ 掩蔽作用与滴定反应的 pH 值条件大致相同。例如，我们已经知道在 pH=10 时测定 Ca^{2+}、Mg^{2+} 总量，少量 Fe^{3+}、Al^{3+} 的干扰可使用三乙醇胺来掩蔽，但若在 pH=1 时测定 Bi^{3+} 就不能再使用三乙醇胺掩蔽。因为 pH=1 时三乙醇胺不具有掩蔽作用。实际工作中常用的配位掩蔽剂如表 2-6 所示。

表 2-6　部分常用的配位掩蔽剂

掩蔽剂	被掩蔽的金属离子	pH
三乙醇胺	Al^{3+}、Fe^{3+}、Sn^{4+}、TiO_2^{2+}	10
氟化物	Al^{3+}、Sn^{4+}、TiO_2^{2+}、Zr^{4+}	>4
乙酰丙酮	Al^{3+}、Fe^{2+}	5～6
邻二氮菲	Cu^{2+}、Co^{2+}、Ni^{2+}、Cd^{2+}、Hg^{2+}	5～6
氰化物	Cu^{2+}、Co^{2+}、Ni^{2+}、Cd^{2+}、Hg^{2+}、Fe^{2+}	10
2，3-二巯基丙醇	Zn^{2+}、Pb^{2+}、Bi^{3+}、Sb^{2+}、Sn^{4+}、Cd^{2+}、Cu^{2+}	
硫脲	Hg^{2+}、Cu^{2+}	
碘化物	Hg^{2+}	

（2）氧化还原掩蔽法

氧化还原掩蔽法是加入一种氧化剂或还原剂，改变干扰离子价态，以消除干扰的一种方法。例如，锆铁矿中锆的滴定，由于 Zr^{4+} 和 Fe^{3+} 与 EDTA 配合物的稳定常数相差不够大（$\Delta lgK = 29.9 - 25.1 = 4.8$），$Fe^{3+}$ 干扰 Zr^{4+} 的滴定。此时可加入抗坏血酸或盐酸羟胺使 Fe^{3+} 还原为 Fe^{2+}，由于 $lgK_{FeY^{2-}} = 14.3$，比 lgK_{FeY} 小得多，因而避免了干扰。又如前面提到，pH=1 时测定 Bi^{3+} 不能使用三乙醇胺掩蔽 Fe^{3+}，此时同样可采用抗坏血酸或盐酸羟胺使 Fe^{3+} 还原为 Fe^{2+} 消除干扰。其他如滴定 Th^{4+}、In^{3+}、Hg^{2+} 时，也可用同样方法消除 Fe^{3+} 干扰。

（3）沉淀掩蔽法

沉淀掩蔽法是加入选择性沉淀剂与干扰离子形成沉淀，从而降低干扰离子的浓度，以消除干扰的一种方法。例如在由 Ca^{2+}、Mg^{2+} 共存溶液中，加入 NaOH 使 pH>12，因而生成 $Mg(OH)_2$ 沉淀，这时 EDTA 就可直接滴定 Ca^{2+} 了。

沉淀掩蔽法要求所生成的沉淀溶解度要小，沉淀的颜色为无色或浅色，沉淀最好是晶形沉淀，吸附作用小。

由于某些沉淀反应进行得不够完全，造成掩蔽效率有时不太高，加上沉淀的吸附现象，既影响滴定准确度又影响终点观察。因此，沉淀掩蔽法不是一种理想的掩蔽方法，在实际工作中应用不多。配位滴定中常用的沉淀掩蔽剂如表 2-7 所示。

表 2-7 部分常用的沉淀掩蔽剂

掩蔽剂	被掩蔽离子	被测离子	pH	指示剂
氢氧化物	Mg^{2+}	Ca^{2+}	12	钙指示剂
KI	Cu^{2+}	Zn^{2+}	5～6	PAN
氟化物	Ba^{2+}、Sr^{2+}、Ca^{2+}、Mg^{2+}	Zn^{2+}、Cd^{2+}、Mn^{2+}	10	EBT
硫酸盐	Ba^{2+}、Sr^{2+}	Ca^{2+}、Mg^{2+}	10	EBT
铜试剂	Bi^{3+}、Cu^{2+}、Cd^{2+}	Ca^{2+}、Mg^{2+}	10	EBT

2.4.4 其他滴定剂的应用

目前除了 EDTA 外，还有其他氨羧配位剂，如 CyDTA、EGTA、DTPA、EDTP 和 TTHA 等，也能与金属离子形成稳定的配合物，但稳定性与 EDTA 配合物的稳定性有时差别较大，故选用这些氨羧配位剂作滴定剂时，有可能提高滴定某些金属离子的选择性。

1. EGTA（乙二醇二乙醚二胺四乙酸）

如果要在大量 Mg^{2+} 存在下滴定 Ba^{2+} 或 Ca^{2+} 时，选用 EGTA，Mg^{2+} 干扰较小。

2. EDTP（乙二胺四丙酸）

控制一定的 pH 值，用 EDTP 滴定 Cu^{2+}、Zn^{2+}、Cd^{2+}、Mn^{2+}、Mg^{2+} 都不干扰。

有 Mn^{2+}、Pb^{2+} 存在时，用三乙撑四胺滴定 Ni^{2+}、Mn^{2+} 的干扰很小，Pb^{2+} 也容易掩蔽。

2.5 配位滴定方式及其应用

配位滴定与一般滴定分析法相同，有直接滴定、返滴定、置换滴定和间接滴定等各种滴定方式。根据被测溶液的性质，采用适宜的滴定方法，可扩大配位滴定的应用范围和提高滴定的选择性。

2.5.1 直接滴定法

1. 定义

这是配位滴定中最基本的方法。这种方法是将被测物质处理成溶液后，调节酸度，加入指示剂（有时还需要加入适当的辅助配位剂及掩蔽剂），直接用 EDTA 标准滴定溶液进行滴定，然后根据消耗的 EDTA 标准滴定溶液的体积，计算试样中欲测组分的百分含量。

2. 要求

（1）被测离子的浓度 c_M 及 K'_{MY} 应满足 $\lg(cK'_{MY}) \geqslant 6$ 的要求；

（2）配位速度应很快；

（3）应有变色敏锐的指示剂，且没有封闭现象；

（4）在选用的滴定条件下，被测离子不发生水解和沉淀反应。

3. 示例

可以直接滴定的金属离子如下：

pH＝1.0 时，Zr^{4+}；

pH＝2.0～3.0 时，Fe^{3+}、Bi^{3+}、Th^{4+}、Ti^{4+}、Hg^{2+}；

pH＝5.0～6.0 时，Zn^{2+}、Pb^{2+}、Cd^{2+}、Cu^{2+} 及稀土元素；

pH＝10.0 时，Mg^{2+}、Co^{2+}、Ni^{2+}、Zn^{2+}、Cd^{2+}、Pb^{2+}；

pH＝12.0 时，Ca^{2+} 等。

2.5.2 返滴定法

1. 定义

在被测定的溶液中先加入一定过量的 EDTA 标准滴定溶液，待被测的离子完全反应后，再用另外一种金属离子的标准滴定溶液滴定剩余的 EDTA，根据两种标准滴定溶液的浓度和用量，即可求得被测物质的含量。

2. 要求

返滴定剂所生成的配位化合物应有足够的稳定性，但不宜超过被测离子配位化合物的稳定性太多，否则在滴定过程中返滴剂会置换出被测离子，引起误差而且终点不敏锐。

3. 适用范围

（1）采用直接滴定法时，缺乏符合要求的指示剂，或者被测离子对指示剂有封闭作用；

（2）被测离子与 EDTA 的配位速度很慢；

（3）被测离子发生水解等副反应，影响测定。

4. 示例

Al^{3+} 的测定：由于以下原因不能采用直接滴定法。

（1）Al^{3+} 与 EDTA 配位速度缓慢，需在过量的 EDTA 存在下，煮沸才能配位完全。

（2）Al^{3+} 易水解，在最高酸度（pH＝4.1）时，水解反应相当明显，并可能形成多核羟基配位化合物，如 $[Al_2(H_2O)_6(OH)_3]^{3+}$，$[Al_3(H_2O)_6(OH)_6]^{3+}$ 等。这些多核配位化合物不仅与 EDTA 配位缓慢，并可能影响 Al 与 EDTA 的配位比，对滴定十分不利。

（3）在酸性介质中，Al^{3+} 对常用的指示剂二甲酚橙有封闭作用。

由于上述原因，Al^{3+} 一般采用返滴定法进行测定：试液中先加入一定量过量的 EDTA 标准滴定溶液，在 pH $\approx$ 3.5 时煮沸 2～3min，使配位完全。冷却至室温，pH＝5～6 在 HAC—NaAc 缓冲溶液中，以二甲酚橙作指示剂，用 Zn^{2+} 标准滴定溶液返滴定。

用返滴定法测定的常见离子还有 Ti^{4+}、Sn^{4+}（易水解且无适宜指示剂）和 Cr^{3+}、Co^{2+}、Ni^{2+}（与 EDTA 配位反应速度慢）。

2.5.3　置换滴定法

1. 定义

利用置换反应，置换出等物质的量的另一种金属离子（或 EDTA），然后滴定，这就是置换滴定法。置换滴定法灵活多样，不仅能扩大配位滴定的应用范围，同时还可以提高配位滴定的选择性。

2. 方式

（1）置换出金属离子

如被测定离子 M 与 EDTA 反应不完全或所形成的配合物不稳定，这时可让 M 置换出另一种配位化合物 NL 中等物质的量的 N，用 EDTA 溶液滴定 N，从而可求得 M 的含量。

$$M+NL \Longrightarrow ML+N, \qquad N+Y \Longrightarrow NY$$

（2）置换出 EDTA

将被测定的金属离子 M 与干扰离子全部用 EDTA 配位，加入选择性高的配位剂 L 以夺取 M，并释放出 EDTA，$MY+L \Longrightarrow ML+Y$ 反应完全后，释放出与 M 等物质的量的 EDTA，然后再用金属盐类标准滴定溶液滴定释放出来的 EDTA，从而即可求得 M 的含量。

另外，利用置换滴定法的原理，还可以改善指示剂指示滴定终点的敏锐性。例：钙镁特（CMG）与 Mg^{2+} 显色很灵敏，但与 Ca^{2+} 显色的灵敏性较差。为此，在 pH＝10.0 的溶液中用 EDTA 滴定 Ca^{2+} 时，常于溶液中先加入少量 MgY，此时发生下列置换反应

$$MgY+Ca^{2+} \Longrightarrow CaY+Mg^{2+}$$

置换出来的 Mg^{2+} 与钙镁特显很深的红色。滴定时，EDTA 先与 Ca^{2+} 配位，当达到滴定终点时，EDTA 夺取 Mg—CMG 中的 Mg^{2+}，形成 MgY，游离出指示剂，显蓝色，颜色变化很明显。由于加入的 MgY 和最后生成的 MgY 的量是相等的，故加入的 MgY 不影响滴定结果。

2.5.4　间接滴定法

1. 适用范围

有些金属离子（如 Li^{+}、Na^{+}、K^{+}、W^{5+} 等）和一些非金属离子（如 SO_4^{2-}、PO_4^{3-} 等），由于不能和 EDTA 配位，或与 EDTA 生成的配位物不稳定，不便于配位滴定，这时可采用间接滴定法进行测定。

2. 示例

PO_4^{3-} 的测定，在一定条件下，可将 PO_4^{3-} 沉淀为 $MgNH_4PO_4$，然后过滤，洗净并将它溶解，调节溶液的 pH＝10.0，用铬黑 T 作指示剂，以 EDTA 标准滴定溶液滴定 Mg^{2+}，从而求得试样中磷的含量。

2.6 硅酸盐制品与原料中 CaO、MgO 测定方法简介

在分析硅酸盐制品与原料中的 CaO、MgO 时，试样中钙和镁通常共存，需同时测定。在快速分析系统中，是在一份溶液中控制不同条件分别测定。常用的方法是配位滴定法和原子吸收分光光度法。

1. EDTA 配位滴定法

在一定条件下，Ca^{2+}、Mg^{2+} 能与 EDTA 形成稳定的 1：1 的配合物，选择适宜的酸度条件和适当的指示剂，可用 EDTA 标准滴定溶液直接滴定测定钙和镁。其测定方法是：调节溶液 pH≥13，使 Mg^{2+} 生成难溶的 $Mg(OH)_2$ 沉淀，用 EDTA 标准滴定溶液滴定测定 CaO 的含量。另取一份溶液，控制其 pH≈10，用 EDTA 滴定测定 Ca^{2+}、Mg^{2+} 的总量，扣除 CaO 的含量，即得 MgO 含量。

2. 原子吸收分光光度法

用原子吸收分光光度法测定钙和镁时，是以氢氟酸-高氯酸分解或用硼酸锂熔融，用 HCl 溶解试样制成溶液。吸取一定量的试液，加入氯化锶消除硅、铝、钛等的干扰，用空气-乙炔火焰，于 422.4nm 和 285.2nm 波长处分别测定钙和镁的吸光度。以 CaO 计，其灵敏度为 $0.084\mu g/mL$。以 MgO 计，其灵敏度为 $0.017\mu g/mL$。

该方法操作简便、选择性和灵敏度高，是钙和镁较理想的分析方法。

任务一 EDTA 标准滴定溶液的配制与标定

一、实验目的

1. 熟悉配位滴定的原理和特点。
2. 掌握 EDTA 标准滴定溶液的配置与标定方法。
3. 掌握 CMP 混合指示剂的使用方法和终点的正确判断。

二、实验试剂

1. 乙二胺四乙酸二钠（A. R）。
2. $CaCO_3$（G. R）。
3. KOH 溶液（200g/L）：将 20g KOH 溶于适量水中，再稀释至 100mL，贮存于塑料瓶中。
4. CMP 混合指示剂：准确称取 1g 钙黄绿素，1g 甲基百里香酚蓝，0.2g 酚酞，与 50g 已在 105～110℃烘干过的硝酸钾混合研细，贮存于磨口瓶中。
5. HCl（1+1）：将 1 体积 HCl 与 1 体积水混合。

三、实验原理

以 CMP 为指示剂，用纯 $CaCO_3$ 为基准物质标定 EDTA 溶液。先用 HCl（1+1）溶解 $CaCO_3$，其反应如下

$$CaCO_3 + 2HCl \!=\!\!=\! CaCl_2 + H_2O + CO_2 \uparrow$$

　　然后把溶液转移到容量瓶中稀释，制成基准溶液。吸取一定量的钙基准溶液，加入 CMP 混合指示剂，用 KOH 调节溶液 pH 值至 13 及以上，此时 CMP 混合指示剂中的钙黄绿素（以 In^{2-} 表示）与 Ca^{2+} 形成较稳定的呈现绿色荧光的配合物

$$Ca^{2+} + I_n{}^{2-} \rightleftharpoons CaI_n$$

红色　　　　　绿色荧光

以 EDTA 标准滴定溶液滴定　　$Ca + Y^{4-} \rightleftharpoons CaY^{2-}$

当滴定至绿色荧光消失转为红色，即为终点。

$$Y^{4-} + CaI_n \rightleftharpoons CaY^{2-} + I_n{}^{2-}$$

绿色荧光　　　　　　　　　红色

四、实验过程

1. 0.015mol/LCaCO$_3$基准溶液的配制

　　准确称取在 $105\sim110℃$ 烘干 2h 的基准 $CaCO_3$ $0.5\sim0.6g$（精确至 0.0001g）于 250mL 烧杯中，加入 100mL 水。盖上表面皿，沿杯口滴加 HCl（1+1）至 $CaCO_3$ 全部溶解后，加热微沸数 min。冷却至室温移入 250mL 容量瓶中，用蒸馏水淋洗杯壁数次，并将洗液一起转入容量瓶中，用水稀释至刻度线，摇匀。

2. 0.015mol/L EDTA 溶液的配制

　　称取 5.6g $Na_2H_2Y·2H_2O$（即 EDTA）置于 250mL 烧杯中，加水微热溶解后，稀释到 1L，转移到聚乙烯塑料瓶中，摇匀。

3. 0.015mol/L EDTA 溶液的标定

　　吸取 25.00mL $CaCO_3$ 基准溶液，放入 300mL 烧杯中，用水稀释至 200mL，加入适量的 CMP 指示剂，在搅拌下滴加 KOH 溶液（200g/L），至出现稳定绿色荧光后，再过量 $1\sim 2$mL，以 0.015mol/L EDTA 标准滴定溶液滴定至绿色荧光消失呈红色即为终点。

　　EDTA 标准滴定溶液浓度按下式计算

$$c_{EDTA} = \frac{m \times 25 \times 1000}{250 \times V \times 100.09} = \frac{m}{V \times 1.0009}$$

式中　　c_{EDTA} ——EDTA 标准滴定溶液的浓度，mol/L；

　　　　V——滴定时 EDTA 标准滴定溶液的体积，mL；

　　　　m——$CaCO_3$ 基准物质量，g；

　　　　100.09——$CaCO_3$ 摩尔质量，g/mol。

4. EDTA 标准溶液与 CuSO$_4$标准溶液体积比的测定

　　从酸式滴定管中缓慢放出 $10\sim15$mL（V_1）EDTA 标准滴定溶液于 400mL 烧杯中，用水稀释至 200mL，加 15mL 乙酸-乙酸钠缓冲溶液（pH＝4.3），加热至沸，取下稍冷，加 $5\sim6$ 滴 2g/L PAN 指示剂溶液，以硫酸铜标准滴定溶液滴定至亮紫色，消耗 V_2mL。EDTA 标准滴定溶液与硫酸铜标准滴定溶液体积比按下式计算

$$K = \frac{V_1}{V_2}$$

五、注意事项

1. EDTA 溶液能使玻璃中金属离子溶出，其浓度即降低，故应保存于密闭的聚乙烯塑料瓶中。

2. 配位滴定中加入固体混合指示剂的量对终点颜色影响很大，此实验中加入 CMP 指示剂不宜过多，应为 20mg 左右（约两个火柴头体积）。过多，终点变色不敏锐。

3. 配位反应速率较慢，特别是终点变色时较慢，因此滴加 EDTA 标准滴定溶液的速度应慢于酸碱滴定法，接近终点时应逐滴加入且充分搅拌。

4. 使用 CMP 作指示剂时，光线应从操作者背后或侧面射入，以利于终点的观测，而不是在光线直接照射下进行滴定。

5. EDTA 标准滴定溶液对 CaO、MgO 的滴定度分别按下式计算

$$T_{CaO} = c_{EDTA} \times 56.08$$

$$T_{MgO} = c_{EDTA} \times 40.31$$

式中　c_{EDTA} ——EDTA 标准滴定溶液的浓度，mol/L；

　　　56.08——CaO 的摩尔质量，g/mol；

　　　40.31——MgO 的摩尔质量，g/mol。

任务二　石灰石（或白云石）中 CaO、MgO 的测定

一、实验目的

1. 练习酸溶法分解试样的方法。
2. 掌握配位滴定法测定石灰石（或白云石中）钙、镁含量的方法和原理。
3. 学习使用三乙醇胺掩蔽剂消除干扰离子的方法和条件。
4. 掌握配位滴定法终点颜色的正确判断。

二、实验试剂

1. HCl(1+1)：见任务一相关部分。

2. KOH 溶液(200g/L)：将 200g 氢氧化钾溶于 1L 水中。

3. KF 溶液(20g/L)：将 20g 氟化钾(KF·2H$_2$O)溶于 1L 水中，贮存于塑料瓶中。

4. CMP 混合指示剂：准确称取 1g 钙黄绿素，1g 甲基百里香酚蓝，0.2g 酚酞，与 50g 已在 105～110℃烘干过的硝酸钾混合研细，贮存于磨口瓶中。

5. K-B 混合指示剂：称取 1g 酸性铬蓝 K，2.5g 萘酚绿 B，与 50g 已在 105～110℃烘干过的硝酸钾混合研细，贮存于磨口瓶中。

6. 三乙醇胺(1+2)：将 1 体积三乙醇胺与 2 体积水混合。

7. 酒石酸钾钠溶液(100g/L)：将 10g 酒石酸钾钠溶于水中，加水稀释至 100mL。

8. 氨-氯化铵缓冲溶液(pH=10)：将 67.5g 氯化铵溶于水中，加 570mL 氨水，然后用水稀释至 1L。

9. 0.015mol/L EDTA 标准滴定溶液：见任务一相关部分。

三、实验原理

白云石的主要成分是 $CaCO_3$ 和 $MgCO_3$ 以及少量 Fe、Al、Si 等杂质，采用掩蔽剂即可消除共存离子的干扰，故通常不需分离，直接滴定即可。

试样用 HCl 分解后，钙镁等以 Ca^{2+}、Mg^{2+} 离子进入溶液，试样中含有少量铁铝等干扰杂质，滴定前在酸性条件下加入三乙醇胺掩蔽，再调至碱性测定。

1. CaO 的测定原理

预先在酸性溶液中加入适量 KF（20g/L）溶液，以抑制硅酸的干扰。然后在 $pH \geqslant 13$ 的强碱性溶液中，以 CMP 为指示剂，用三乙醇胺为掩蔽剂掩蔽铁和铝，用 EDTA 标准滴定溶液滴定。

有关反应式如下：

显色反应：
$$Ca^{2+} + CMP \Longrightarrow Ca—CMP$$
$$\qquad\qquad\quad \text{红色} \qquad\qquad \text{绿色荧光}$$

滴定反应：
$$Ca^{2+} + H_2Y^{2-} \Longrightarrow CaY^{2-} + 2H^+$$

终点反应：
$$Ca—CMP + H_2Y^{2-} \Longrightarrow CaY^{2-} + CMP + 2H^+$$
$$\quad \text{绿色荧光} \qquad\qquad\qquad\qquad\qquad\quad \text{红色}$$

2. MgO 的测定原理

在 $pH = 10$ 的溶液中，以 K-B 为指示剂，用酒石酸钾钠与三乙醇胺联合掩蔽铁、铝、钛的干扰，测得钙镁总量，然后扣除 CaO 的含量即 MgO 的量。

有关反应式如下：

显色反应：
$$\left.\begin{array}{l} Mg^{2+} + HJ^{2-} \Longrightarrow CaJ^- \\ Ca^{2+} + HJ^{2-} \Longrightarrow MgJ^- \end{array}\right\}\text{酒红色}$$

滴定反应：
$$Mg^{2+} + H_2Y^{2-} \Longrightarrow MgY^- + 2H^+$$
$$Ca^{2+} + H_2Y^{2-} \Longrightarrow CaY^- + 2H^+$$

终点反应：
$$\text{酒红色}\left\{\begin{array}{l} MgJ^- + H_2Y^{2-} \Longrightarrow MgY^- + HJ^{2-} + H^+ \\ CaJ^- + H_2Y^{2-} \Longrightarrow CaY^- + HJ^{2-} + H^+ \end{array}\right\}\text{纯蓝色}$$

四、实验过程

1. 试样溶液的制备

准确称取 0.5g 试样，精确至 0.0001g，置于 250mL 烧杯中，加少量水润湿，盖上表面皿，将 10mL HCl（1+1）分数次加入。于电炉上微热 5min。冷却至室温移入 250mL 容量瓶中，用蒸馏水淋洗杯壁数次，并将洗液一起转入容量瓶中，用水稀释至刻度线，摇匀。

2. CaO 的测定

吸取 25.00mL 试样溶液，放入 300mL 烧瓶中，加入 5mL KF 溶液（20g/L），搅拌并放置 2min 以上，加水稀释至约 200mL。加 5mL 三乙醇胺（1+2）及少许的 CMP 混合剂，在搅拌下加入 KOH 溶液（200g/L）至出现绿色荧光后再过量 5~8mL（此时溶液 pH 值在 13 以上），用 0.015mol/L EDTA 标准滴定溶液滴定至绿色荧光消失并呈现红色。

CaO 的质量分数按下式计算

$$w_{CaO} = \frac{T_{CaO} \times V_1 \times 10}{m \times 1000} \times 100\%$$

式中　　w_{CaO}——CaO 的质量分数，%；

　　　　T_{CaO}——每 1mL EDTA 标准滴定溶液相当于 CaO 的质量，mg/mL；

　　　　V_1——滴定时消耗 EDTA 标准滴定溶液的体积，mL；

　　　　10——全部实验溶液与所分取实验溶液体积比；

　　　　m——试样的质量，g。

3. MgO 的测定

吸取 25.00mL 实验溶液，放入 300mL 烧杯中，稀释至约 200mL，加 1mL 酒石酸钾钠溶液（100g/L）和 5mL 三乙醇胺溶液（1+2），搅拌，然后加入 25mL 氨-氯化铵缓冲溶液（pH=10）及少许 K-B 指示剂，用 EDTA 标准滴定溶液（0.015mol/L）滴定，滴定溶液至纯蓝色。

MgO 的质量分数按下式计算

$$w_{MgO} = \frac{T_{MgO} \times (V_2 - V_1) \times 10}{m \times 1000} \times 100\%$$

式中　　w_{MgO}——MgO 的质量分数，%；

　　　　T_{MgO}——每 1mL EDTA 标准滴定溶液相当于 MgO 的质量，g/mL；

　　　　V_2——滴定钙、镁总量时消耗 EDTA 标准滴定溶液的体积，mL；

　　　　V_1——测定氧化钙时消耗 EDTA 标准滴定溶液的体积，mL；

　　　　10——全部实验溶液与所分取实验溶液体积比；

　　　　m——试样的质量，g。

五、注意事项

1. 如果试样分解不完全，残渣为酸不溶物（晶质石英），不影响测定，可不考虑。

2. 加入 KF 溶液的目的是消除硅的干扰。因为 SiO_3^{2-} 会与 Ca^{2+} 形成 $CaSiO_3$，使结果偏低。

3. 因白云石中镁量较高，$Mg(OH)_2$ 沉淀量大吸附钙，使钙结果偏低，镁结果偏高，可加入蔗糖、糊精等分散剂保护胶体，消除吸附。

4. 配位反应速率较慢，特别是终点变色时较慢，因此滴加 EDTA 标准滴定溶液的速度应慢于酸碱滴定法，接近终点时应逐滴加入且充分搅拌。

任务三　水泥熟料中 CaO、MgO 的测定

一、实验目的

1. 练习熔融法分解试样的方法。

2. 掌握用 EDTA 法快速测定水泥熟料中 CaO、MgO 的原理和方法。

3. 掌握使用沉淀掩蔽法、配位掩蔽法等消除干扰离子的条件和方法。

二、实验试剂

1. 浓 HCl(A. R)。

2. 浓 HNO₃(A. R)。

3. HCl(1+5)：1 体积的浓氨水与 5 体积水混合。

4. KOH 溶液(200g/L)：将 200g 氢氧化钾溶于 1L 水中。

5. KF 溶液(20g/L)：将 20g 氟化钾(KF·2H₂O)溶于 1L 水中，贮存于塑料瓶中。

6. CMP 混合指示剂：准确称取 1g 钙黄绿素，1g 甲基百里香酚蓝，0.2g 酚酞，与 50g 已在 105~110℃烘干过的硝酸钾混合研细，贮存于磨口瓶中。

7. K-B 混合指示剂：称取 1g 酸性铬蓝 K，2.5g 萘酚绿 B，与 50g 已在 105~110℃烘干过的硝酸钾混合研细，贮存于磨口瓶中。

8. 三乙醇胺(1+2)：将 1 体积三乙醇胺与 2 体积水混合。

9. 酒石酸钾钠溶液(100g/L)：将 10g 酒石酸钾钠溶于水中，加水稀释至 100mL。

10. 氨-氯化铵缓冲溶液(pH=10)：将 67.5g 氯化铵溶于水中，加 570mL 氨水，然后用水稀释至 1L。

11. 0.015mol/L EDTA 标准滴定溶液：见任务一相关部分。

三、实验原理

试样中加入熔剂氢氧化钠于 650℃左右，在高温炉中熔融一段时间，取出，冷却，经沸水与酸液洗脱后，配成试样溶液。该溶液可用于测定铁、铝、钙、镁和硅等。

1. CaO 的测定原理

预先在酸性溶液中加入适量 KF（20g/L）溶液，以抑制硅酸的干扰。然后在 pH≥13 的强碱性溶液中，以 CMP 为指示剂，用三乙醇胺为掩蔽剂掩蔽铁和铝，用 EDTA 标准滴定溶液滴定。

有关反应式如下：

显色反应：
$$Ca^{2+} + CMP \rightleftharpoons Ca\text{—}CMP$$

红色　　　　　　绿色荧光

滴定反应：
$$Ca^{2+} + H_2Y^{2-} \rightleftharpoons CaY^{2-} + 2H^+$$

终点反应：
$$Ca\text{—}CMP + H_2Y^{2-} \rightleftharpoons CaY^{2-} + CMP + 2H^+$$

绿色荧光　　　　　　　　　　红色

2. MgO 的测定原理

在 pH=10 的溶液中，以 K-B 为指示剂，用酒石酸钾钠与三乙醇胺联合掩蔽铁、铝、钛的干扰，测得钙镁总量，然后扣除 CaO 的含量即 MgO 的量。

有关反应式如下：

显色反应：
$$Mg^{2+} + HJ^{2-} \rightleftharpoons CaJ^-$$
$$Ca^{2+} + HJ^{2-} \rightleftharpoons MgJ^-$$
　　　　　　　　　　　酒红色

滴定反应：
$$Mg^{2+} + H_2Y^{2-} \rightleftharpoons MgY^- + 2H^+$$
$$Ca^{2+} + H_2Y^{2-} \rightleftharpoons CaY^- + 2H^+$$

113

终点反应： 酒红色 $\begin{cases} MgJ^- + H_2Y^{2-} \rightleftharpoons MgY^- + HJ^{2-} + H^+ \\ CaJ^- + H_2Y^{2-} \rightleftharpoons CaY^- + HJ^{2-} + H^+ \end{cases}$ 纯蓝色

四、实验过程

1. 试样溶液的制备

称取约 0.5g 试样（精确至 0.0001g），置于银坩埚中，加入 6～7g NaOH，盖上坩埚盖，在 650℃ 左右的高温炉中熔融 15～20min，取出冷却，将坩埚放入已盛有 100mL 近沸水的烧杯中，盖上表面皿，于电炉上适当加热。待熔块完全浸出后，取出坩埚，用热 HCl（1+5）溶液与水洗净坩埚和盖，在搅拌下依次加入 25mL HCl，再加入 1mL HNO$_3$，将溶液加热至沸腾，冷却，然后移入 250mL 容量瓶中，用水稀释至标线，摇匀。

注意事项：

（1）熔样需在带有温度控制器的高温炉中进行，以便控制熔融温度。

（2）熔块提取后，经酸化、煮沸，一般能获得澄清溶液，但有时在底部也会出现海绵状沉淀，或在冷却、稀释过程中变浑。这对以下各成分分析无影响。

（3）熔块以水浸出后，呈强碱性，久放会对玻璃烧杯有一定腐蚀，因此需要及时酸化。

2. CaO 的测定

吸取 25.00mL 实验溶液（用氟硅酸钾容量法测硅时制备的实验溶液，即有硅存在的实验溶液），放入 300mL 烧杯中，加入 7mL KF 溶液（20g/L），搅拌并放置 2min 以上，加水稀释至约 200mL。加 5mL 三乙醇胺（1+2）及少许的 CMP 混合剂，在搅拌下加入 KOH 溶液（200g/L）至出现绿色荧光后再过量 5～8mL（此时溶液 pH 值在 13 以上），用 0.015mol/L EDTA 标准滴定溶液滴定至绿色荧光消失并呈现红色。

CaO 的质量分数按下式计算

$$w_{CaO} = \frac{T_{CaO} \times V_1 \times 10}{m \times 1000} \times 100\%$$

式中 w_{CaO} ——CaO 的质量分数，%；

       T_{CaO} ——每 1mL EDTA 标准滴定溶液相当于 CaO 的质量，mg/mL；

       V_1 ——滴定时消耗 EDTA 标准滴定溶液的体积，mL；

       10——全部实验溶液与所分取实验溶液体积比；

       m ——试样的质量，g。

注意事项：

（1）指示剂的加入量要合适，加入过多则底色加深，影响终点观测；加入过少，终点时颜色变化不明显。

（2）滴定时溶液的体积以 200mL 为宜。这样可减少 Mg(OH)$_2$ 对 Ca^{2+} 的吸附以及降低其他干扰离子的浓度。

（3）滴定至终点时应充分搅拌，使被 Mg(OH)$_2$ 吸附的 Ca^{2+} 释放出来，能与 EDTA 充分反应，然后再缓慢滴定至终点。

（4）在带硅的实验溶液中滴定钙时应注意：

① 由于 pH>12 时，硅酸与 Ca^{2+} 作用生成 CaSiO$_3$ 沉淀，影响钙的测定，因此在酸性溶

液中加入适量的 KF 溶液,并搅拌,放置 2min 以上使之发生如下反应:

$$H_2SiO_3 + 6H^+ + 6F^- \Longrightarrow H_2SiF_6 + 3H_2O$$

以消除干扰。

② 用 KOH 溶液调节 pH≥13 后,应立即滴定。因为碱化后发生如下反应:

$$H_2SiF_6 + 6OH^- \Longrightarrow H_2SiO_3^+ + 6F^- + 3H_2O$$

反应生成的硅酸为单分子硅酸,不与 Ca^{2+} 作用;如果放置时间超过 30min,则硅酸又逐渐聚合,又会与 Ca^{2+} 作用生成 $CaSiO_3$ 沉淀。

③ KF 溶液加入量要合适,量少了不能完全消除硅酸的干扰;过多则会生成 CaF_2 沉淀,同样影响钙的测定。

3. MgO 的测定

吸取 25.00mL 实验溶液,放入 300mL 烧杯中,稀释至约 200mL,加 1mL 酒石酸钾钠溶液(100g/L)和 5mL 三乙醇胺溶液(1+2),搅拌,然后加入 25mL 氨-氯化铵缓冲溶液(pH=10)及少许 K-B 指示剂,用 EDTA 标准滴定溶液(0.015mol/L)滴定,滴定溶液至纯蓝色。

MgO 的质量分数按下式计算

$$w_{MgO} = \frac{T_{MgO} \times (V_2 - V_1) \times 10}{m \times 1000} \times 100\%$$

式中 w_{MgO} ——MgO 的质量分数,%;

  T_{MgO} ——每 1mL EDTA 标准滴定溶液相当于 MgO 的质量,g/mL;

  V_2 ——滴定钙、镁总量时消耗 EDTA 标准滴定溶液的体积,mL;

  V_1 ——测定氧化钙时消耗 EDTA 标准滴定溶液的体积,mL;

  10——全部实验溶液与所分取实验溶液体积比;

  m ——试样的质量,g。

注意事项:

(1) 应严格控制溶液 pH 值,当 pH>11 时,Mg^{2+} 转化成 $Mg(OH)_2$ 沉淀;当 pH<9.5 时,Mg^{2+} 与 EDTA 的配位反应不易进行完全。如果实验溶液中有大量铵盐存在将使溶液的 pH 值有所下降,所以应先以氨水(1+1)调整 pH≈10,然后再加入缓冲溶液。

(2) 用酒石酸钾钠溶液和三乙醇胺溶液联合掩蔽 Fe^{3+}、Al^{3+}、TiO^{2+} 的干扰比单独使用三乙醇胺好,使用时在酸性条件下必须先加酒石酸钾钠溶液,再加三乙醇胺溶液。

(3) 接近终点时,滴定速度应缓慢,并充分搅拌均匀。因终点颜色变化迟钝,如果太快易过量,引起镁含量偏高。

(4) 所用 K-B 指示剂的配比要合适,萘酚绿 B 的比例过大终点会提前;反之则延后且变色不明显。每新用一种试剂,应根据试剂的质量,经用标准滴定溶液实验后确定其合适比例。

(5) 带硅的实验溶液测钙、镁含量时,再加入缓冲溶液后应及时滴定,放置时间过长,硅酸也会影响滴定。

任务四　黏土中 CaO、MgO 的测定

一、实验目的

1. 练习熔溶法分解试样的方法。
2. 掌握用 EDTA 法快速测定黏土中 CaO、MgO 的原理和方法。
3. 掌握使用沉淀掩蔽法、配位掩蔽法等消除干扰离子的条件和方法。

二、实验试剂（见任务二"实验试剂"）

三、实验原理（见任务二"实验原理"）

四、实验过程

1. 试样溶液的制备

称取 0.5g 试样（精确至 0.0001g），置于 30mL 银坩埚中，加 6～7gNaOH，盖上坩埚盖，放入 650～700℃的高温炉中熔融 30～40min。取出冷却，将坩埚放入已盛有 100mL 近沸水的 300mL 烧杯中，盖上表面皿，加热，待熔块完全浸出后，取出坩埚，用热 HCl (1+5) 和水洗净坩埚和盖，在搅拌下一次加入 25mL HCl 和 1mL HNO₃，将溶液加热至沸腾，冷却至室温，然后移入 250mL 容量瓶中，加水稀释至刻度，摇匀。

2. CaO 的测定

吸取 25.00mL 实验溶液（用氟硅酸钾容量法测硅时制备的实验溶液，即有硅存在的实验溶液），放入 400mL 烧瓶中，加入 15mL KF 溶液（20g/L），搅拌并放置 2min 以上，加水稀释至约 200mL。加 5mL 三乙醇胺（1+2）及少许的 CMP 混合剂，在搅拌下加入 KOH 溶液（200g/L）至出现绿色荧光后再过量 5～8mL（此时溶液 pH 值在 13 以上），用 0.015mol/L EDTA 标准滴定溶液滴定至绿色荧光消失并呈现红色。

CaO 的质量分数按下式计算

$$w_{CaO} = \frac{T_{CaO} \times V_1 \times 10}{m \times 1000} \times 100\%$$

式中　w_{CaO}——CaO 的质量分数，%；

　　　　T_{CaO}——每 1mL EDTA 标准滴定溶液相当于 CaO 的质量，mg/mL；

　　　　V_1——滴定时消耗 EDTA 标准滴定溶液的体积，mL；

　　　　10——全部实验溶液与所分取实验溶液体积比；

　　　　m——试样的质量，g。

3. MgO 的测定

吸取 25.00mL 实验溶液，放入 400mL 烧杯中，加入 15mL KF 溶液（20g/L），搅拌并放置 2min 以上，加水稀释至约 200mL。加 1mL 酒石酸钾钠溶液（100g/L）和 5mL 三乙醇胺溶液（1+2），搅拌，然后加入 25mL 氨水-氯化铵缓冲溶液（pH=10）及少许 K-B 指示剂，用 EDTA 标准滴定溶液（0.015mol/L）滴定，滴定溶液至纯蓝色。

MgO 的质量分数按下式计算

$$w_{CaO} = \frac{T_{CaO} \times (V_2 - V_1) \times 10}{m \times 1000} \times 100\%$$

式中　w_{MgO} ——MgO 的质量分数，%；

T_{MgO} ——每 1mL EDTA 标准滴定溶液相当于 MgO 的质量，g/mL；

V_2 ——滴定钙、镁总量时消耗 EDTA 标准滴定溶液的体积，mL；

V_1 ——测定氧化钙时消耗 EDTA 标准滴定溶液的体积，mL；

10——全部实验溶液与所分取实验溶液体积比；

m ——试样的质量，g。

学习思考

一、填空题

1. EDTA 是_____的简称，它与金属离子形成螯合物时，其螯合比一般为_____。当在强酸性溶液中（pH<1），EDTA 为六元酸，这是因为_____。

2. 在配位滴定中一般不使用 EDTA，而用 EDTA 二钠盐（Na_2H_2Y），这是由于 EDTA _____，而 Na_2H_2Y _____；EDTA 钠盐（Na_2H_2Y）水溶液的 pH 值约等于_____；当溶液的 pH=1.6 时，其主要存在形式是_____；当溶液的 pH>12 时，主要存在形式是_____。

3. 溶液的 pH 值越大，则 EDTA 的 $lgY_{(H)}$ 越_____，若只考虑酸效应，则金属离子与 EDTA 配合物的条件稳定常数_____。

4. 配位化合物 $[Pt(NH_3)_4Cl_2][HgI_4]$ 的名称是_____，配位化合物碳酸·一氯·一羟基·四氨合铂(Ⅳ)的化学式是_____。

5. 配位化合物 $[Co(NO_2)(NH_3)_5]^{2+}[Pt(CN)_6]^{2-}$ 的名称是_____，配阳离子中的配位原子是_____，中心离子配位数为_____。

6. 形成螯合物的条件是_____。螯合物的稳定性与螯合环的结构、数目和大小有关，通常情况下，螯合剂与中心离子形成的_____的环数_____，生成的螯合物越稳定，若螯合环中有双键，则双键增加，所形成的螯合物稳定性_____。

7. EDTA 滴定中，终点时溶液呈_____颜色，为使准确指示终点，要求：① 在滴定 pH 值条件下，指示剂的_____与_____有明显差别；② 指示剂金属离子配合物的_____；③ 指示剂金属离子配合物应_____。

8. 用 EDTA 测定共存金属离子时，要解决的主要问题是_____，常用的消除干扰方法有控制_____法、_____法、_____法和_____法。

9. EDTA 配位滴定中，为了使滴定突跃范围增大，pH 值应较大，但也不能太大，还需要同时考虑被测金属离子的_____和_____的配位作用，所以在配位滴定时要有一个合适的 pH 值范围。

10. 配位滴定法中使用的金属指示剂应具备的主要条件是 _____、_____、_____和比较稳定等四点。

二、选择题

1. EDTA 与金属离子配位时，一分子的 EDTA 可提供的配位原子数是（　　）。

A　2　　　　　　　　　B　4　　　　　　　　　C　6　　　　　　　　　D　8

2. 下列表达式中，正确的是（　　）。

A　$K'_{MY} = \dfrac{c_{MY}}{c_M c_Y}$

B　$K'_{MY} = \dfrac{[MY]}{[M][Y]}$

C　$K_{MY} = \dfrac{[MY]}{[M][Y]}$

D　$K_{MY} = \dfrac{[M][Y]}{[MY]}$

3. 以 EDTA 作为标准滴定溶液时，下列叙述中错误的是（　　）。

A　在酸度高的溶液中，可能形成酸式配合物 MHY

B　在碱度高的溶液中，可能形成碱式配合物 MOHY

C　不论形成酸式配合物或碱式配合物均有利于配位滴定反应

D　不论溶液 pH 值的大小，在任何情况下只形成 MY 一种形式的配合物

4. 下列叙述中结论错误的是（　　）。

A　EDTA 的酸效应使配合物的稳定性降低

B　金属离子的水解效应使配合物的稳定性降低

C　辅助配位效应使配合物的稳定性降低

D　各种副反应均使配合物的稳定性降低

5. EDTA 的酸效应曲线正确的是（　　）。

A　$Y_{(H)}$－pH 曲线

B　$lgY_{(H)}$－pH 曲线

C　lgK'_{MY}－pH 曲线

D　pM－pH 曲线

6. 在 pH 值为 10.0 的氨性溶液中，已知 $lgK_{ZnY} = 16.5$、$\alpha_{Zn(NH_3)} = 10^{4.7}$、$lg\alpha_{Zn(OH)} = 2.4$、$lg\alpha_{Y(H)} = 0.5$，则在此条件下 lgK'_{ZnY} 为（　　）。

A　8.9　　　　　　　　B　11.3　　　　　　　　C　11.8　　　　　　　　D　14.3

7. 在一定酸度下，用 EDTA 滴定金属离子 M。若溶液中存在干扰离子 N 时，则影响 EDTA 配位的总副反应系数大小的因素是（　　）。

A　酸效应系数 $Y_{(H)}$

B　共存离子副反应系数 $Y_{(N)}$

C　酸效应系数 $Y_{(H)}$ 和共存离子副反应系数 $Y_{(N)}$

D　配合物稳定常数 K_{MY} 和 K_{NY} 之比值

8. EDTA 滴定金属离子时，准确滴定的条件是（　　）。

A　$lgK_{MY} \geqslant 6.0$

B　$lgK'_{MY} \geqslant 6.0$

C　$lg(c_{计}K_{MY}) \geqslant 6.0$

D　$lg(c_{计}K'_{MY}) \geqslant 6.0$

9. EDTA 滴定金属离子时，若仅浓度均增大 10 倍，pM 突跃改变（　　）。

A　1 个单位　　　　　B　2 个单位　　　　　C　10 个单位　　　　　D　不变化

10. 用 EDTA 直接滴定有色金属离子，终点所呈现的颜色是（　　）。

A　EDTA—金属离子配合物的颜色

B　指示剂—金属离子配合物的颜色

C　游离指示剂的颜色

D　上述 A 与 C 的混合颜色

11. 下列表述正确的是（　　）。

A　铬黑 T 指示剂只适用于酸性溶液

B　铬黑 T 指示剂适用于弱碱性溶液

C　二甲酚橙指示剂只适于 pH＞6 时使用

D　二甲酚橙既可适用于酸性也适用于弱碱性溶液

12. EDTA 配位滴定中 Fe^{3+}、Al^{3+} 对铬黑 T 有（　　）。

A　封闭作用　　　　B　僵化作用　　　　　C　沉淀作用　　　　　D　氧化作用

13. $lgK_{CaY}=10.69$，当 pH＝9.0 时，$lg\alpha_{Y(H)}=1.29$，则 lgK'_{CaY} 等于（　　）。

A　1.29　　　　　B　11.98　　　　　C　10.69　　　　　　　D　9.40

14. 下列关于螯合物的叙述中，不正确的是（　　）。

A　有两个以上配位原子的配位体均生成螯合物

B　螯合物通常比具有相同配位原子的非螯合配合物稳定得多

C　形成螯环的数目越大，螯合物的稳定性不一定越好

D　起螯合作用的配位体一般为多齿配为体，称螯合剂

三、判断题

1. 配合物由内界和外界组成。（　　）

2. 配位数是中心离子（或原子）接受配位体的数目。（　　）

3. 配位化合物 $K_3[Fe(CN)_5CO]$ 的名称是五氰根·一氧化碳和铁（Ⅱ）酸钾。（　　）

4. 配合物中由于存在配位键，所以配合物都是弱电解质。（　　）

5. 同一种中心离子与有机配位体形成的配合物往往要比与无机配合体形成的配合物更稳定。（　　）

6. 在螯合物中没有离子键。（　　）

7. EDTA 滴定法，目前之所以能够广泛被应用的主要原因是由于它能与绝大多数金属离子形成 1∶1 的配合物。（　　）

8. 能形成无机配合物的反应虽然很多，但由于大多数无机配合物的稳定性不高，而且还存在分步配位的缺点，因此能用于配位滴定的并不多。（　　）

9. 金属指示剂与金属离子生成的配合物越稳定，测定准确度越高。（　　）

10. 配位滴定中，酸效应系数越小，生成的配合物稳定性越高。（　　）

11. 酸效应和其他组分的副反应是影响配位平衡的主要因素。（　　）

12. EDTA 滴定某种金属离子的最高 pH 值可以在酸效应曲线上方便地查出。（　　）

13. EDTA 滴定中，消除共存离子干扰的通用方法是控制溶液的酸度。（　　）

14. 若是两种金属离子与 EDTA 形成的配合物的 lgK_{MY} 值相差不大，也可以利用控制溶液酸度的方法达到分步滴定的目的。（　　）

15. 滴定 Ca^{2+}、Mg^{2+} 总量时要控制 pH≈10，而滴定 Ca^{2+} 分量时要控制 pH 值为 12～13，若 pH＞13，测 Ca^{2+} 则无法确定终点。（　　）

四、综合实验题

1. 根据 EDTA 配置和标定实验，回答以下问题：

① 此实验中指示剂变色原理，用相关离子方程式表示。

Ⅰ 滴定前：＿＿＿＿＿＿＿＿＿＿＿；

Ⅱ 滴定开始：＿＿＿＿＿＿＿＿＿＿＿；

Ⅲ 滴定终点：＿＿＿＿＿＿＿＿＿＿＿。

② EDTA 配制：（0.015mol/L）

用＿＿＿称取 5.6g EDTA 于 250mL ＿＿＿中，加＿＿＿溶解后，稀释到 1L，转入＿＿＿瓶中，摇匀。

③ EDTA 标定：

用＿＿＿移取 25.00mL 基准液，放入 400mL ＿＿＿中，用水稀释至 200mL，加入少许的＿＿＿指示剂，在搅拌下滴 200g/L 的＿＿＿溶液，至出现＿＿＿色后，再过量 1～2mL，用配制好的＿＿＿标准滴定溶液标定至＿＿＿色为终点。

④ 滴定前为什么要加入适量的 KOH 溶液？

⑤ 计算：

用纯 $CaCO_3$ 标定 EDTA 溶液，称取 0.1005g 纯 $CaCO_3$，溶解后用容量瓶配成 100.00mL 溶液，吸取 25.00mL，在 pH＝13 时，用待标的 EDTA 溶液滴定至终点用去 24.50mL，计算此标准滴定溶液的浓度。

2. 水泥熟料中 CaO、MgO 的测定。

① 制备试液

称取已在 105～110℃温度下烘干的试样约＿＿＿ g，精确至 0.0001g，置于＿＿＿中，加入 7～8g ＿＿＿，盖上坩埚盖（留有缝隙），在 700℃的高温熔融（若生料以铁矿石配料，则以 750℃熔融），保持 20～25min。取出冷却，将坩埚放入已盛有＿＿＿ mL 近沸水的烧杯中，盖上表面皿，于电炉上适当加热，待熔块完全浸出后，取出坩埚，用水冲洗坩埚和盖，在搅拌下依次加入 25mL ＿＿＿，再加入 1mL ＿＿＿。用热 HCl（1＋5）洗净坩埚盖，将溶液加热至沸腾，冷却，然后移入 250mL 容量瓶中，用水稀释至标线，摇匀。

② CaO 的测定

从实验溶液中吸取＿＿＿ mL 放入 300mL 烧瓶中，加水稀释至约至＿＿＿ mL，加＿＿＿ mL 三乙醇胺（1＋2）及少许的 CMP 混合剂，在搅拌下加入＿＿＿溶液（200g/L）至出现绿色荧光后在过量＿＿＿ mL，此时溶液 pH≥13，用 0.015mol/L EDTA 标准滴定溶液滴定至绿色荧光消失并呈出现红色。

问题1：为什么加入三乙醇胺？

问题2：为什么加入氢氧化钾（200g/L）溶液？

问题3：怎么正确调绿色荧光？

③ MgO 的测定

从实验溶液中吸取＿＿＿ mL 溶液，放入 300mL 烧杯中，加水约＿＿＿ mL，加 1mL ＿＿＿（100g/L）和 5mL ＿＿＿（1＋2），搅拌，然后加入 pH＝10 的氨性缓冲溶液及少许 K-B 混合指示剂，用 0.015mol/L EDTA 标准滴定溶液滴定，近终点时应缓慢滴定至纯蓝。

问题 1：为什么加入三乙醇胺和酒石酸钾钠溶液？

问题 2：加入指示剂后应是什么颜色，怎么调？

3. 黏土中 CaO、MgO 的测定。

① 实验溶液的制备

称取已在 105～110℃烘干过 2h 的试样____ g(精确至 0.0001g)，置于 30mL ____中，加 6～7g ____(一部分铺在试样底部，一部分盖在试样顶上)，盖上坩埚盖，放入 650～700℃ 的高温炉中熔融 15～20min。取出冷却，将坩埚放入已盛有 100mL 近沸水的 300mL 烧杯中，盖上表面皿，于电炉上适当加热，待熔块完全浸出后，取出坩埚，用热 HCl(1＋5)和水冲洗坩埚和盖，在搅拌下一次加入 25～30mL ____，再加入 1mL ____，将溶液加热至沸腾，冷却至室温，然后移入 250mL 容量瓶中，加水稀释至刻度，摇匀。

② CaO 的测定

从实验溶液中吸取____ mL 放入 300mL 烧瓶中，加水稀释至约至____ mL，加 5mL ____(1＋2)及少许的____混合剂，在搅拌下加入____溶液(200g/L)至出现绿色荧光后在过量____ mL，此时溶液 pH≥13，用 0.015mol/L EDTA 标准滴定溶液滴定至绿色荧光消失并呈出现红色。

问题 1：为什么加入三乙醇胺？

问题 2：为什么加入氢氧化钾（200g/L）溶液？

问题 3：怎么正确调绿色荧光？

③ MgO 的测定

从实验溶液中吸取____ mL 溶液，放入 300mL 烧杯中，加水约____ mL，加 1mL ____(100g/L) 和 5mL ____ (1＋2)，搅拌，然后加入 pH＝10 的氨性缓冲溶液及少许 K-B 混合指示剂，用 0.015mol/L EDTA 标准滴定溶液滴定，近终点时应缓慢滴定至纯蓝。

问题 1：为什么加入三乙醇胺和酒石酸钾钠溶液？

问题 2：加入指示剂后应是什么颜色，怎么调？

五、计算题

1. 计算 pH＝5.0 时 EDTA 的酸效应系数 $\alpha_{Y(H)}$。若此时 EDTA 各种存在形式的总浓度为 0.0200mol/L，则[Y^{4-}]为多少？

2. pH＝5.0 时，锌和 EDTA 配合物的条件稳定常数是多少？假设 Zn^{2+} 和 EDTA 的浓度皆为 10^{-2}mol·L（不考虑羟基配位等副反应）。pH ＝ 5.0 时，能否用 EDTA 标准溶液滴定 Zn^{2+}？

3. 称取 0.1005g 纯 $CaCO_3$ 溶解后，用容量瓶配成 100.0mL 溶液。吸取 25.00mL，在 pH＞12 时，用钙指示剂指示终点，用 EDTA 标准溶液滴定，用去 24.90mL。试计算：

(1) EDTA 溶液的浓度；

(2) 每毫升 EDTA 溶液相当于多少克 ZnO 和 Fe_2O_3。

4. 称取含 Fe_2O_3 和 Al_2O_3 试样 0.2015g，溶解后，在 pH＝2.0 时以磺基水杨酸为指示剂，加热至 50℃左右，以 0.02008mol/L 的 EDTA 滴定至红色消失，消耗 EDTA 15.20mL。然后加入上述 EDTA 标准溶液 25.00mL，加热煮沸，调节 pH＝4.5，以 PAN 为指示剂，趁热用 0.02112mol/L Cu^{2+} 标准溶液返滴定，用去 8.16mL。计算试样中 Fe_2O_3 和 Al_2O_3 的质量分数。

5. 用 0.01060mol/L EDTA 标准溶液滴定水中钙和镁的含量，取 100.0mL 水样，以铬黑 T 为指示剂，在 pH＝10 时滴定，消耗 EDTA 31.30mL。另取一份 100.0mL 水样，加 NaOH 使呈强碱性，使 Mg^{2+} 成 $Mg(OH)_2$ 沉淀，用钙指示剂指示终点，继续用 EDTA 滴定，消耗 19.20mL。试计算：

（1）水的总硬度（以 $CaCO_3$ mg/L 表示）；

（2）水中钙和镁的含量（以 $CaCO_3$ mg/L 和 $MgCO_3$ mg/L 表示）。

项目三　测定硅酸盐制品与原料中的 Fe_2O_3、Al_2O_3

• 掌握高锰酸钾法、重铬酸钾法及碘量法的原理、滴定条件和应用范围；氧化还原滴定分析结果的计算。

• 熟悉条件电极电位的计算、影响因素及其应用；影响氧化还原反应速度的因素；氧化还原滴定曲线及影响电位突跃范围的因素。

• 掌握 EDTA、$K_2Cr_2O_4$ 标准滴定溶液的配制与标定的方法和原理。

• 掌握分析硅酸盐制品与原料中的 Fe_2O_3、Al_2O_3 的原理和方法。

能力目标

• 能计算氧化还原滴定分析结果。

• 能通过条件电极电位的计算结果，分析和解决实际问题。

• 能进行 EDTA、$K_2Cr_2O_4$ 标准滴定溶液的配制与标定。

• 能进行硅酸盐制品与原料中 Fe_2O_3、Al_2O_3 的测定。

• 能准备和使用实验所需的仪器及试剂；能进行实验数据的处理；能进行实验仪器设备的维护和保养。

项目素材

3.1　氧化还原反应的基本概念

氧化还原的概念在历史上有个演变过程。人们最早把与氧结合的过程称为氧化，后来产生的定义是，失去电子的过程称为氧化。在引入氧化数的概念之后，对氧化还原及有关的概念将给以新的表述。

3.1.1　氧化数

氧化数是指元素一个原子的表观电荷数，这种表观电荷数由假设把每个键中的电子指定给电负性较大的原子求得。例如：在氯化钠中，Cl 的一个电子转移给 Na，氯的氧化数为 -1，钠为 $+1$；PCl_3 分子中，P 分别与三个 Cl 形成三个共价键，将共用电子对划归电负性较大的 Cl 原子，P 的氧化数为 $+3$，Cl 为 -1。

这种方法确定原子的氧化数有时会遇到困难，我们可以按如下规则确定一般元素原子的氧化数：

① 在单质中，元素的氧化数皆为零。

② 在正常氧化物中，氧的氧化数为 -2，但在过氧化物、超氧化物和 OF_2 中，氧的氧化

数分别为 -1、$-\frac{1}{2}$ 和 $+2$。

③ 氢除了在活泼金属氢化物中氧化数为 -1 外，在一般氢化物中氧化数为 $+1$。

④ 碱金属和碱土金属在化合物中氧化数分别为 $+1$ 和 $+2$。

⑤ 单原子离子的氧化数等于它所带的电荷数；多原子离子中所有原子的氧化数的代数和等于该离子所带的电荷数；中性分子中，各原子氧化数的代数和为零。

【例 3-1】通过计算确定下列化合物中 S 原子的氧化数。

H_2SO_4、$Na_2S_2O_3$、$K_2S_2O_8$、SO_3^{2-}、$S_4O_6^{2-}$。

解：设所给化合物中 S 的氧化数分别为 x_1、x_2、x_3、x_4 和 x_5，根据上述有关规则可得：

$$2\times(+1) + 1x_1 + 4\times(-2) = 0 \qquad x_1 = +6$$
$$2\times(+1) + 2x_2 + 3\times(-2) = 0 \qquad x_2 = +2$$
$$2\times(+1) + 2x_3 + 8\times(-2) = 0 \qquad x_3 = +7$$
$$1x_4 + 3\times(-2) = -2 \qquad x_4 = +4$$
$$1x_5 + 6\times(-2) = -2 \qquad x_5 = +2.5$$

3.1.2 氧化还原反应

根据氧化数的概念，我们可以定义：反应前后元素的氧化数发生变化的反应为氧化还原反应。氧化数降低的过程称为还原，氧化数升高的过程称为氧化。

1. 氧化剂与还原剂

氧化还原反应中，元素的氧化数变化，实质是反应物之间发生电子的得失或电子对的偏移，失去电子的元素氧化数升高，得到电子的元素氧化数降低。也就是说，一个氧化还原反应必然包括氧化和还原两个同时发生的过程。例如 CuO 与氢气反应

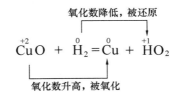

氧化数降低的物质是氧化剂，发生还原反应，得到还原产物；氧化数升高的物质是还原剂，发生氧化反应，得到氧化产物。

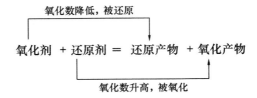

如果氧化数的升高和降低都发生在同一化合物中，这种氧化还原反应称为自氧化还原反应。例如：$2KClO_3 \xlongequal{\quad} 2KCl + 3O_2\uparrow$

如果氧化数的升降都发生在同一物质的同一元素上，则这种氧化还原反应称为歧化反应。例如：$Cl_2 + H_2O \xlongequal{\quad} HClO + HCl$

2. 氧化还原半反应和氧化还原电对

在氧化还原反应中，氧化剂发生还原反应，还原剂发生氧化反应，它们各自与自己的反应产物构成一个半反应。如：$Cu^{2+} + Zn \rightleftharpoons Cu + Zn^{2+}$

氧化反应：$Zn - 2e^- \rightleftharpoons Zn^{2+}$

还原反应：$Cu^{2+} + 2e^- \rightleftharpoons Cu$

氧化还原半反应式中，同一元素的两个不同氧化数的物种组成了一个氧化还原电对，其中氧化数较高的物质称为氧化型物质，氧化数较低的物质称为还原型物质。电对常用"氧化型/还原型"表示，如 Cu^{2+}/Cu 电对，Zn^{2+}/Zn 电对。

氧化还原电对中存在如下的共轭关系：氧化型$+ne^- \rightleftharpoons$还原型

或者记作：$Ox + ne^- \rightleftharpoons Re$

这种共轭关系与酸碱共轭相似，如果氧化型物质的氧化能力越强，则其共轭还原型物质的还原能力越弱；同样，若还原型物质的还原能力越强，则其共轭氧化型物质的氧化能力越弱。

氧化还原反应实质上就是电子在两对电对 Ox_1/Re_1 和 Ox_2/Re_2 之间发生交换：

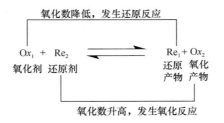

3.2　电极电势

3.2.1　电极电势的产生

当我们把金属插入含有该金属盐的溶液中时，金属晶体中的金属离子受到极性水分子的作用，有可能脱离金属晶格以水合离子的状态进入溶液，而把电子留在金属上，这是金属溶解的趋势，金属越活泼或者溶液中金属离子浓度越小，金属溶解的趋势就越大；同时溶液中的金属离子也有可能从金属表面获得电子而沉积在金属表面，这是金属沉积的趋势，金属越不活泼或溶液中金属离子浓度越大，金属沉积的趋势越大。在一定条件下，这两种相反的倾向可达到动态平衡

$$M(s) \rightleftharpoons Mn(aq)^+ + n^{e^-}$$

如果溶解倾向大于沉积倾向，达到平衡后金属表面将有一部分金属离子进入溶液，使金属表面带负电，由于这些负电荷的静电引力的作用，使金属附近的溶液带正电 ［图 3-1 （a）］。反之，如果沉积倾向大于溶解倾向，达到平衡后金属表面带正电，而金属附近的溶液带负电 ［图 3-1 （b）］。

图 3-1　金属的电极电势

不论是上述哪一种情况，金属与其盐溶液界面之间会因带相反电荷而形成双电层结构，这种由于双电层的作用在金属及其盐溶液之间产生的电位差称为金属的电极电势。

3.2.2 电极电势的测定

1. 原电池

氧化还原反应在发生过程中，会涉及电子的转移。例如在硫酸铜溶液中放入锌片，将发生 $Zn+Cu^{2+} \rightleftharpoons Zn^{2+}+Cu$ 反应。这是一个自发的氧化还原反应，由于反应中锌片和 $CuSO_4$ 溶液接触，所以电子直接从 Zn 转移给 Cu^{2+}，反应释放出的化学能转变成了热能。铜锌原电池示意图如图 3-2 所示。

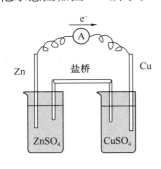

图 3-2　铜锌原电池

在一个盛有 $CuSO_4$ 溶液的烧杯中插入 Cu 片，组成铜电极，在另一个盛有 $ZnSO_4$ 溶液的烧杯中插入 Zn 片，组成锌电极，把两个烧杯中溶液用一个倒置的 U 型管（盐桥）连接起来。当用导线把铜电极和锌电极连接起来时，检流计指针就会发生偏转。从指针的偏转方向我们可以看出，导线中有电流从 Cu 极流向 Zn 极。

我们把这类利用自发氧化还原反应产生电流的装置称为原电池。

原电池是由盐桥沟通两个半电池组成的。每个半电池由元素的氧化态和还原态组成，常称为电对。电对可以由金属和金属离子组成，也可以由同一金属的不同氧化态的离子组成，或由非金属与相应的离子组成，如 Zn^{2+}/Zn、Fe^{3+}/Fe^{2+}、Cl_2/Cl^-、O_2/OH^-。每个半电池中有一个电极，有的电极只起导电作用，有些电极也参加氧化还原反应（例如铜锌电池中的锌电极）。盐桥由饱和氯化钾溶液和琼脂装入 U 型管中制得。当电池反应发生后，锌半电池溶液中，由于 Zn^{2+} 增加，正电荷过剩；铜半电池溶液中由于 Cu^{2+} 减少，负电荷过剩。这样会阻碍电子从 Zn 极流向 Cu 极而使电流中断。通过盐桥，离子运动的方向总是氯离子向锌半电池运动，钾离子向铜半电池运动，从而使锌盐和铜盐溶液维持着电中性，使得锌的溶解和铜的析出得以继续进行，电流得以继续流通。

原电池的结构可以用简单的电池符号表示出来，以 Cu-Zn 原电池为例，其电池符号为

$$(-)Zn \mid Zn^{2+}(c_2) \parallel Cu^{2+}(c_2) \mid Cu(+)$$

在书写电池符号时，一般把负极写在左边，正极写在右边；以化学式表示电池中物质的组成，注明物质的状态，气体物质要注明压力，溶液要注明浓度（严格地讲应该用活度，若溶液的浓度很小，也可用体积摩尔浓度代替活度）。其中单垂线"｜"表示不同物相的界面，双垂线"‖"表示盐桥。

在原电池中有电流的产生，说明组成原电池的两个电极的电极电势大小不同，由于电流是从电势高的地方流向电势低的地方，可知在铜锌原电池中，接受电子的铜电极电势比较高。

我们定义电势高的电极为正极，正极接受电子，发生还原反应；电势低的电极为负极，负极流出电子，发生氧化反应。原电池的电动势表示电池正负极之间的电势差，即

$$E_{电池} = E_正 - E_负 \tag{3-1}$$

2. 标准氢电极

金属的电极电势的大小可以反映金属在水溶液中的失电子能力的大小。如果能确定电极电势的绝对值，就可以定量地比较金属在溶液中的活泼性。迄今为止电极电势的绝对值仍无法测量，我们采用比较的方法确定出其相对值。通常所说的"电极电势"就是相对电极电势。为了获得各种电极的电极电势，必须选择一个通用的标准电极，正如测量某山的高度选用海洋的平均高度为零一样，测量电极电势时选用标准氢电极作为比较的标准。标准氢电极的构造如图 3-3 所示。

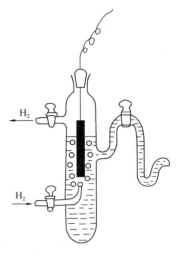

将镀有铂黑的铂片置于 H^+ 浓度为 1mol/L 的硫酸溶液中，不断通入压力为 $10^5\,Pa$ 的纯氢气，使铂黑吸附氢气达到饱和，这时产生的用标准压力的氢气所饱和了的铂片与氢离子浓度为 1mol/L 的溶液间的电势差，就是标准氢电极的电极电势，并规定标准氢电极电极电势为零，即：E^θ（H^+/H_2）$=0$，右上角的符号"θ"代表标准状态。

图 3-3　标准氢电极构造

3. 标准电极电势的测定

当电对处于标准状态时的电极电势称为标准电极电势，以 E^θ 表示。

测量电极的标准电极电势，可以将处在标准态下的该电极与标准氢电极组成一个原电池（图 3-4），测定该原电池的电动势，由电流方向判断出正负极，根据 $E_{电池}=E_{正}-E_{负}$ 式求出被测电极的标准电极电势。

例如：测定 Zn/Zn^{2+} 电对的标准电极电势，是将纯净的 Zn 片放在 1mol/L 的硫酸锌溶液中，把它和标准氢电极用盐桥连接起来，组成一个原电池（图 3-4）。用电流表测定可知，电流从氢电极流向锌电极，即在原电池中，氢电极为正极，锌电极为负极。

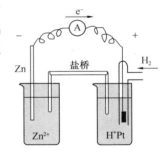

测出原电池的电动势：$E^\theta_{电池}=0.763V$

因为：$E^\theta_{电池}=E^\theta_{正}-E^\theta_{负}=E^\theta_{H^+/H_2}-E^\theta_{Zn^{2+}/Zn}=0.763V$

可以求出锌电极的电极电势：

$$E^\theta_{Zn^{2+}/Zn}=E^\theta_{电池}-E^\theta_{H^+/H_2}=-0.763V$$

同样，也可由铜氢电池的电动势求出铜电极的电极电势：

图 3-4　电极电势的测定

$$E^\theta_{电池}=E^\theta_{正}-E^\theta_{负}=E^\theta_{Cu^{2+}/Cu}-E^\theta_{H^+/H_2}=0.337V$$

$$E^\theta_{Cu^{2+}/Cu}=E^\theta_{电池}+E^\theta_{H^+/H_2}=0.337V$$

利用这种方法可以测定大多数电对的电极电势，对于一些与水剧烈反应而不能直接测定的电极（如 Na^{2+}/Na、F_2/F^- 等）和不能直接组成可测定电动势的原电池的电极，可通过热力学数据间接计算出其电极的电极电势。

由于标准氢电极为气体电极，使用起来极不方便，通常采用甘汞电极或氯化银电极作为参比电极，这些电极使用方便，工作稳定。

4. 标准电极电势及其应用

将测定和计算所得电极的标准电极电势排列成表，即为标准电极电势表。使用标准电极电势表需注意下列问题：

（1）标准电极电势表中的 E^θ 值的大小，反映了电对中的氧化型（或还原型）物质在标准状态时的氧化能力（或还原能力）的相对强弱。E^θ 值越大，表示在标准状态时该电对中氧化型物质的氧化能力越强，或其共轭还原型的还原能力越弱。相反，E^θ 值越小，表明电对中还原型物质的还原能力越强，或其共轭氧化型物质的氧化能力越弱。如 Cu^{2+} 离子的氧化能力比 Zn^{2+} 强，而还原能力 Zn 比 Cu 强。

（2）E^θ 值的大小是衡量氧化剂氧化能力或还原剂还原能力强弱的标度，它取决于物质的本性，而与物质的量的多少无关，与反应方程式中的计量系数无关。如：

$$Cl_2 + 2e^- \rightleftharpoons 2Cl^- \qquad E^\theta = 1.358V$$

$$\frac{1}{2}Cl_2 + e^- \rightleftharpoons Cl^- \qquad E^\theta = 1.358V$$

（3）同一物质在不同的电对中，可以是氧化型，也可以是还原型。例如，在电对 Fe^{3+}/Fe^{2+} 中 Fe^{2+} 是还原型，而在电对 Fe^{2+}/Fe 中 Fe^{2+} 是氧化型。当判断一个物质的还原能力时，应查该物质作为还原态的电对。例如，判断 MnO_4^- 在标准状态下能否氧化 Fe^{2+} 离子时，应查 E^θ (Fe^{3+}/Fe^{2+})。

（4）物质的氧化还原能力会受到介质的影响，所以在查表时需要注意反应的介质。通常情况，在电极反应中，H^+ 不论在反应物中还是在产物中出现，皆查酸表；OH^- 离子无论在反应物中还是在产物中出现，皆查碱表。如果电极反应中没有 H^+ 和 OH^- 出现时，可以从物质的存在状态来考虑，例如 E^θ (Fe^{3+}/Fe^{2+})，因为 Fe^{3+} 和 Fe^{2+} 只能在酸性溶液中存在，所以该电极电势只能查酸表。若溶液的酸碱度对电极反应没有影响，一般查酸表。

（5）E^θ 值是在标准状态时的水溶液中测出（或计算出的），对非水溶液，高温、固相反应均不适用。

3.2.3 影响电极电势的因素

影响电极电势的因素除了电极的本性，浓度、温度和压力等外因也会影响电极电势的大小，上面我们对内因做了讨论，下列内容主要讨论外因的影响。

1. 能斯特方程

对于任一个电极反应： b 氧化型 $+ ne^- \rightleftharpoons a$ 还原型 $\qquad$ (3-2)

电极电势与浓度和温度的关系可用下式来表示：

$$E = E^\theta - \frac{RT}{zF} \ln \frac{\{a(\text{还原型})\}^a}{\{a(\text{氧化型})\}^b} \qquad (3-3)$$

忽略离子强度和副反应的影响，则：

$$E = E^\theta - \frac{RT}{zF} \ln \frac{\{c(\text{还原型})/c^\theta\}^a}{\{c(\text{氧化型})/c^\theta\}^b} \qquad (3-4)$$

这个关系式称为能斯特方程。式中 E 是氧化型物质和还原型物质为任意浓度时电对的电极电势；E^θ 是电对的标准电极电势；R 是气体常数，等于 $8.314J/(mol \cdot K)$；z 是电极反应得失的电子数；F 是法拉第常数。

298K 时，将各常数代入上式，并将自然对数换算成常用对数，即得：

$$E = E^\theta - \frac{0.0592}{z} \lg \frac{\{c(\text{还原型})/c^\theta\}^a}{\{c(\text{氧化型})/c^\theta\}^b} \qquad (298K) \qquad (3-5)$$

在应用电极电势时应注意以下几点：

① 能斯特方程中氧化型和还原型并非专指氧化数有变化的物质的浓度，而是包括参加电极反应的所有物质的浓度，而且浓度的幂次应等于它们在电极反应中的系数。

例如，电极反应：$MnO_4^- + 8H^+ + 5e^- \rightleftharpoons Mn^{2+} + 4H_2O$

$$E(MnO_4^-/Mn^{2+}) = E^{\theta}(MnO_4^-/Mn^{2+}) - \frac{0.0592}{2}\lg\frac{\{c(Mn^{2+})/c^{\theta}\}}{\{c(MnO_4^-)/c^{\theta}\} \cdot \{c(H^+)/c^{\theta}\}^8}$$

② 纯固体、纯液体和 H_2O（1）的浓度为常数，认为是 1。

③ 若电极反应中有气体参加，则气体代入的是分压与标准压力的比值（即相对分压）。

例如，电极反应：O_2（g）$+ 4H^+ + 4e^- \rightleftharpoons 2H_2O$

$$E(O_2/H_2O) = E^{\theta}(O_2/H_2O) - \frac{0.0592}{2}\lg\frac{1}{\{p(O_2)/p^{\theta}\} \cdot \{c(H^+)/c^{\theta}\}^4}$$

④ z 代表电极反应中电子的转移数，与电极反应方程式的系数有关。

例如，在 $H^+ + e^- \rightleftharpoons \frac{1}{2}H_2$ 中，$z=1$；在 $2H^+ + 2e^- \rightleftharpoons H_2$ 中，$z=2$。

2. 浓度对电极电势的影响

【例 3-2】计算 298K 时电对 Fe^{3+}/Fe^{2+} 在下列情况下的电极电势（忽略离子强度和副反应的影响）：（1）$c(Fe^{3+})=0.1mol/L$，$c(Fe^{2+})=1mol/L$；（2）$c(Fe^{3+})=1mol/L$，$c(Fe^{2+})=0.1mol/L$。

解：电对 Fe^{3+}/Fe^{2+} 的电极反应为：$Fe^{3+} + e^- \rightleftharpoons Fe^{2+}$，根据能斯特方程，电对的电极电势为：

$$E(Fe^{3+}/Fe^{2+}) = E^{\theta}(Fe^{3+}/Fe^{2+}) - 0.0592\lg\frac{c(Fe^{2+})/c^{\theta}}{c(Fe^{3+})/c^{\theta}}$$

$$E(Fe^{3+}/Fe^{2+}) = 0.771 - 0.0592\lg\frac{1}{0.1} = 0.712V$$

$$E(Fe^{3+}/Fe^{2+}) = 0.771 - 0.0592\lg\frac{0.1}{1} = 0.830V$$

计算结果表明，如果降低电对中氧化型物质的浓度，电极电势数值减小，即电对中氧化型物质的氧化能力减弱或还原型物质的还原能力增强；反之，若降低电对中还原型物质的浓度，电极电势数值增大，电对中氧化型物质的氧化能力增强或还原型物质的还原能力减弱。

3. 酸度对电极电势的影响

如果电极反应中包含氢离子或氢氧根离子，则酸度会对电极电势产生影响。

【例 3-3】重铬酸钾是一种常用的氧化剂，已知 $CrO_7^{2-} + 14H^+ + 6e^- \rightleftharpoons 2Cr^{3+} + 7H_2O$，$E^{\theta}=+1.232V$。计算当 CrO_7^{2-} 和 Cr^{3+} 离子浓度为 1mol/L，而 H^+ 浓度分别为 10^{-6}、10^{-3} mol/L 时的 E 值（忽略离子强度和副反应的影响）。

解：$E = E^{\theta} - \dfrac{0.0592}{6}\lg\dfrac{\{c(Cr^{3+})/c^{\theta}\}^2}{\{c(Cr_2O_7^{2-})/c^{\theta}\}\{c(H^+)/c^{\theta}\}^{14}}$

当 $c(H^+)=10^{-6}mol/L$ 时，$E = 1.232 - \dfrac{0.0592}{6}\lg\dfrac{1}{(10^{-6})^{14}} = 0.405V$

当 $c(H^+)=10^{-3}mol/L$ 时，$E = 1.232 - \dfrac{0.0592}{6}\lg\dfrac{1}{(10^{-3})^{14}} = 0.818V$

由计算可见，CrO_4^{2-} 的氧化能力随着酸度的降低而明显减弱。事实上大多数的含氧酸盐作为氧化剂时存在同样的情况，因此，当含氧酸及其盐或氧化物作氧化剂时，为了增强其氧化能力，常常在较强的酸性溶液中使用。

凡是有 H^+ 或 OH^- 离子参加的电极反应，若 H^+ 或 OH^- 离子是在电极反应中与氧化型在同侧，则其浓度变化与氧化型物质浓度变化对 E 的影响相同；反之若 H^+ 或 OH^- 离子是在电极反应中与还原型在同侧，则其浓度变化与还原型物质浓度变化对 E 的影响相同。

4. 生成沉淀对电极电势的影响

在一些电极反应中，如果加入某种沉淀剂，使氧化型物质或还原型物质产生沉淀而浓度降低，也会导致电极电势的变化。

【例 3-4】 已知电极反应 $Ag^+ + e^- \rightleftharpoons Ag$，$E^\theta = +0.799V$。若往该体系中加入 NaCl 使 Ag^+ 产生 AgCl 沉淀，当达到平衡时，使 Cl^- 的浓度为 $1mol/L$，求此时 Ag^+/Ag 电极的电极电势（忽略离子强度和副反应的影响）。

解： 当 Ag^+ 与 Cl^- 离子生成 AgCl 沉淀并达到平衡时，体系中 Ag^+ 离子浓度受 AgCl 的 K_{sp}^θ 和 Cl^- 离子浓度的控制。已知 $c(Cl^-) = 1mol/L$，则：

$$c(Ag^+) = \frac{K_{sp}^\theta}{c(Cl^-)} = \frac{1.6 \times 10^{-10}}{1} = 1.6 \times 10^{-10} mol/L$$

$$E = E^\theta - 0.0592 \lg \frac{1}{1.6 \times 10^{-6}} = 0.221V$$

该计算结果也是电极 $AgCl + e^- \rightleftharpoons Ag + Cl^-$ 的标准电极电势。

如果沉淀剂与氧化型物质作用，电极电势减小；相反，沉淀剂与还原型物质作用，电极电势增大。生成的沉淀溶度积越小，影响越显著。

5. 配合物的生成对电极电势的影响

配合物的生成对电极电势也有影响。例如电极 Cu^{2+}/Cu，如果往含有 Cu^{2+} 溶液中加入适量氨水，Cu^{2+} 会和氨水生成 $[Cu(NH_3)_4]^{2+}$ 配离子而使 Cu^{2+} 离子的浓度降低，从而导致 Cu^{2+}/Cu 电极的电极电势减小。

与沉淀的生成对电极电势的影响一样，配位体与氧化型物质生成配合物时，电极电势减小；配位体与还原型物质生成配合物时，电极电势增加。而且，生成的配合物越稳定，影响越显著。

3.3 氧化还原滴定法

3.3.1 氧化还原滴定法概述

氧化还原滴定法是以氧化还原反应为基础的滴定分析法，应用范围比较广泛，它能直接测定许多具有氧化性或还原性的物质，也可以间接测定某些不具有氧化还原性的物质，例如土壤有机质、水中耗氧量、溶液中钙离子含量等。

应用于氧化还原滴定的反应必须满足如下要求：① 滴定剂与被滴物反应进行程度要完全。② 滴定反应能迅速完成。③ 能有适当的方法或指示剂指示反应的终点。

1. 影响氧化还原反应速率的因素

（1）反应物浓度对反应速度的影响

一般来讲，增加反应物浓度都能加快反应速度。对于有 H^+ 参加的反应，提高酸度也能加快反应速度。

例如，在酸性溶液中 $K_2Cr_2O_7$ 与 KI 的反应：$Cr_2O_7^{2-} + 6I^- + 14H^+ \rightleftharpoons 2Cr^{3+} + 3I_2 + 7H_2O$

此反应的速度较慢，通常采用增加 H^+ 和 I^- 浓度加快反应速度。实验证明：$c(H^+)$ 保持在 $0.2 \sim 0.4$ mol/L，KI 过量 5 倍，放置 5min，反应可进行完全。

（2）温度对反应速度的影响

温度升高可以使反应速度加快，尤其对于速度较慢的氧化还原反应来说，温度的影响不能忽略。例如，当用 $KMnO_4$ 溶液滴定 $H_2C_2O_4$ 溶液时，由于室温下 MnO_4^{2-} 与 $C_2O_4^{2-}$ 的反应速度很慢，必须将溶液加热到 $75 \sim 85℃$。

但是，对于易挥发物质（如 I_2），不能采用升高温度的方法加快反应速度。比如用重铬酸钾法标定硫代硫酸钠，因为碘分子易挥发，用重铬酸钾氧化碘离子的过程不能加热，只能通过增加反应时间，来确保反应定量完成。

（3）催化剂对反应速率的影响

为了使反应符合滴定反应的要求，有时会使用催化剂加快反应速度，如 Ce^{4+} 氧化 AsO_2^- 的反应速率很慢，如加入少量的 KI 作为催化剂，则反应可以迅速进行。

有一类反应，例如高锰酸钾与草酸的反应，初反应即使在强酸溶液中加热至 $80℃$，反应速率仍相当慢，一旦反应发生，生成的 Mn^{2+} 就会起催化作用，使反应速度变快，这种由反应产物起催化作用的现象称为自催化现象。

（4）诱导反应

在氧化还原反应中，一种反应（主反应）的进行，能够诱发原本反应速度极慢或不能进行的另一种反应的现象，称为诱导作用。后一反应（副反应）称为被诱导的反应（简称诱导反应）。

例如，$KMnO_4$ 氧化 Cl^- 的速度极慢，但是当溶液中同时存在有 Fe^{2+} 时，由于

$$MnO_4^- + 5Fe^{2+} + 8H^+ \rightleftharpoons Mn^{2+} + 5Fe^{3+} + 4H_2O(初级反应或主反应)$$

$$2MnO_4^- + 10Cl^- + 16H^+ \rightleftharpoons 2Mn^{2+} + 5Cl_2 + 8H_2O(诱导反应)$$

受到 MnO_4^- 与 Fe^{2+} 反应的诱导，MnO_4^- 与 Cl^- 发生反应。其中 MnO_4^- 称为作用体，Fe^{2+} 称为诱导体，Cl^- 称为受诱体。

诱导与催化不同，催化剂参加反应后，恢复至原来的状态，而在诱导反应中，诱导体参加反应后，变为其他物质，诱导反应增加了作用体高锰酸钾的消耗量而使分析结果产生误差，不利于滴定分析。但利用诱导效应很大的反应，有可能进行选择性的分离和鉴定，如二价铅被 SnO_2^{2-} 还原为金属铅的反应很慢，但只要有少量的三价铋存在，便可立即还原，利用这一诱导反应鉴定三价铋，较之直接用 Na_2SnO_2 还原法鉴定三价铋要灵敏 250 倍。

2. 氧化还原滴定曲线

氧化还原滴定过程中被测试液的电极电势随着滴定剂的加入而变化，将两者关系绘制成图，即得氧化还原滴定曲线。因为氧化还原电对分为可逆电对和不可逆电对两大类。可逆电

对在反应的任一瞬间能迅速地建立起氧化还原平衡（如 Fe^{3+}/Fe^{2+}，I_2/I^- 等），其实际电势与理论结果相差很小，可以根据理论计算结果绘制滴定曲线。不可逆电对在反应的瞬间不能建立氧化还原平衡（如 MnO_4^{2-}/Mn^{2+}，$Cr_2O_7^{2-}/Cr^{3+}$ 等），其实际电势与理论结果相差颇大，滴定曲线只能由实验数据来绘制。

现以 $0.1000mol/L\ Ce(SO_4)_2$ 滴定 $20.00mL\ 0.1000mol/LFe^{2+}$ 溶液为例，说明滴定过程中的滴定曲线。设溶液的酸度为 $1mol/L\ H_2SO_4$ 时，$E^{\theta'}_{Fe^{3+}/Fe^{2+}} = 0.68V$；$E^{\theta'}_{Ce^{4+}/Ce^{3+}} = 1.44V$；

Ce^{4+} 滴定 Fe^{2+} 的反应式为：$Ce^{4+} + Fe^{2+} \rightleftharpoons Fe^{3+} + Ce^{3+}$

滴定过程中电位的变化可计算如下：

（1）滴定前

滴定前虽是 $0.1000mol/L$ 的 Fe^{2+} 溶液，但是由于空气的氧化作用，不可避免地会有痕量 Fe^{3+} 存在，组成 Fe^{3+}/Fe^{2+} 电对。但由于 Fe^{3+} 的浓度不定，所以此时的电位也就无法计算。

（2）计量点前溶液中电极电位的计算

在化学计量点前，溶液中存在有 Fe^{3+}/Fe^{2+} 和 Ce^{4+}/Ce^{3+} 两个电对，由于溶液中 Ce^{4+} 浓度很小，很难直接求得，故此时可利用 Fe^{3+}/Fe^{2+} 电对计算 E 值。

当滴定了 99.9% 的 Fe^{2+} 时

$$E = E^{\theta'}_{(Fe^{3+}/Fe^{2+})} - 0.059\log\frac{c(Fe^{2+})}{c(Fe^{3+})}$$
$$= 0.68 - 0.059\log 10^{-3}$$
$$= 0.86V$$

（3）化学计量点时，溶液电极电位的计算

化学计量点时，已加入 $20.00mL\ 0.1000mol/LCe^{4+}$ 标液，此时 Ce^{4+} 和 Fe^{3+} 的浓度均很小不能直接求得，但两电对的电位相等，即

$$E(Ce^{4+}/Ce^{3+}) = E(Fe^{3+}/Fe^{2+}) = E_{sp}$$
$$E_{sp} = \frac{E(Ce^{4+}/Ce^{3+}) + E(Fe^{3+}/Fe^{2+})}{2}$$
$$= \frac{E^{\theta'}(Ce^{4+}/Ce^{3+}) + E^{\theta'}(Fe^{3+}/Fe^{2+})}{2}$$
$$= 1.06V$$

对于一般的氧化还原反应

$$n_2Ox_1 + n_1Red_2 \rightleftharpoons n_1Ox_2 + n_2Red_1 \tag{3-6}$$

$$E_{sp} = \frac{n_1E^{\theta'}(Ox_1/Red_1) + n_2E^{\theta'}(Ox_2/Red_2)}{n_1 + n_2} \tag{3-7}$$

（4）化学计量点后溶液电极电位的计算

此时溶液中 Ce^{4+}、Ce^{3+} 浓度均容易求得，而 Fe^{2+} 则不易直接求出，故此时根据 Ce^{4+}/Ce^{3+} 电对计算 E 值比较方便。

$$E = 1.44 + 0.059\log\frac{c(Ce^{4+})}{c(Ce^{3+})}$$

例如：当 Ce^{4+} 有 0.1% 过量（即加入 $20.02mL$）时，则

$$E = 1.44 + 0.059\log\frac{0.1}{100} = 1.26V$$

同样可计算加入不同量的 Ce^{4+} 溶液时的电位值，将计算的结果绘制成滴定曲线，如图 3-5 所示。

滴定曲线上滴定百分数由 99.9% 到 100.1% 之间的电势的变化量称为滴定突跃，突跃范围越大，滴定时准确度越高。电势滴定突跃范围是选择氧化还原指示剂的依据。借助指示剂目测化学计量点时，通常要求有 0.2V 以上的电势突跃。

由滴定曲线的计算过程可知，滴定过程的电势突跃与两个电对的条件电极电势有关，差值越大，突跃越大。

图 3-6 为 0.1000mol/L Ce^{4+} 标准溶液滴定不同条件电势的 4 种还原剂溶液的滴定曲线（n 值均为 1，浓度为 0.1000mol/L，体积均为 50.00cm³）。因此，若要使滴定突跃明显，可设法降低还原剂电对的电极电势，如加入配位剂，可使生成稳定的配离子，以使电对的浓度比值降低，从而增大突跃。

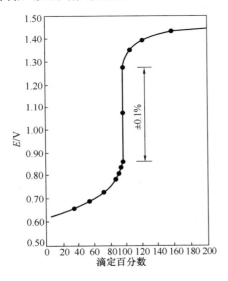

图 3-5　在 0.1000mol/L H_2SO_4 溶液中用
0.1000mol/L Ce^{4+} 标准溶液滴定
20.00mL 0.1000mol/L Fe^{2+} 的滴定曲线

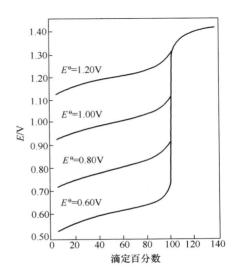

图 3-6　0.1000mol/L Ce^{4+} 标准溶液滴定
不同条件电势的 4 种还原剂溶液的
滴定曲线

此外，电势突跃还与滴定剂和被滴定剂的浓度有关，滴定剂和被滴定剂的浓度越大，滴定突跃越大。

3.3.2　氧化还原指示剂

在氧化还原滴定中，除了用电位法确定终点外，通常是用指示剂法来指示滴定终点。常用的指示剂有三种。

1. 自身指示剂

有些滴定剂本身或被测物本身有颜色，其滴定产物无色或颜色很浅，这样滴定到出现颜色说明到终点，利用本身的颜色变化起指示剂的作用称自身指示剂。如高锰酸钾滴定还原性物质时，只要过量的高锰酸钾达到 $2×10^{-6}$ mol/L，溶液就呈粉红色。

2. 显色指示剂

有些物质本身不具氧化还原性，但能与滴定剂或被滴定物作用产生颜色指示终点。如淀粉遇碘生成蓝色配合物（碘的浓度可小至 $2\times10^{-6}mol/L$），当碘分子被还原为碘离子，蓝色消失。蓝色的出现或消失表示终点，因此在碘量法中，可用淀粉溶液作指示剂。在室温下，用淀粉可检出约 $10^{-5}mol/L$ 的碘溶液。温度升高，灵敏度降低。

3. 氧化还原指示剂

氧化还原指示剂是一些复杂的有机化合物，它们本身具有氧化还原性质，其氧化型与还原型具有不同的颜色。在滴定过程中，随溶液电极电势的变化，指示剂氧化型和还原型的浓度比逐渐改变，使溶液颜色变化。

表 3-1 列出的是常用氧化还原指示剂。在氧化还原滴定中，要选择变色点的电极电势应处于滴定体系的电极电势突跃范围内的指示剂。

表 3-1　常用的氧化还原指示剂

指示剂	颜色变化		变色点条件电势 $c(H^+)=1mol/L$
	还原态	氧化态	
次甲基蓝	无色	蓝色	$+0.53$
二苯胺	无色	紫色	$+0.76$
二苯胺磺酸钠	无色	紫红色	$+0.85$
邻苯氨基苯甲酸	无色	紫红色	$+0.89$
邻二氮菲-亚铁	无色	淡蓝色	$+1.06$

3.4　重要的氧化还原滴定法

氧化还原滴定法是重要的滴定分析方法，尤其对有机物测定来说应用广泛。氧化还原反应较酸碱反应、配位反应复杂，不仅存在氧化还原平衡，还受反应速度制约，所以这里要特别注意控制反应条件，另外，实际样品分析时，还需要被测组分呈一定价态，所以滴定之前的预处理也必须要掌握。下面把它结合在具体的测定方法里介绍。

3.4.1　高锰酸钾法

（1）概述

高锰酸钾是一种强氧化剂，在不同酸度条件下，其氧化能力不同。

强酸性：$MnO_4^- + 8H^+ + 5e^- \Longrightarrow Mn^{2+} + 4H_2O$，$E^\theta = 1.49V$

中　性：$MnO_4^- + 2H_2O + 3e^- \Longrightarrow MnO_2 + 4OH^-$，$E^\theta = 0.59V$

一般控制溶液的 H^+ 约为 $1\sim2mol/L$。酸度过高会导致 $KMnO_4$ 分解，酸度过低会产生 MnO_2 沉淀。调节酸度时用硫酸调节，因为硝酸具有氧化性，会消耗还原剂；盐酸具有还原性，会被 $KMnO_4$ 氧化。

高锰酸钾法的优点是氧化能力强，可直接间接测定多种无机物和有机物，而且本身可作为指示剂。缺点是高锰酸钾标准溶液不够稳定，滴定的选择性较差。

（2）高锰酸钾的配制和标定

市售 $KMnO_4$ 常含有二氧化锰及其他杂质，纯度一般为99％～99.5％，达不到基准物质的要求。同时，蒸馏水中也常含有少量的还原性物质，$KMnO_4$ 会与之逐渐反应生成氢氧化锰，从而促使 $KMnO_4$ 溶液进一步分解，因此 $KMnO_4$ 标准溶液多采用间接法配制。

$KMnO_4$ 标准溶液配制方法如下：称取稍多于理论量的 $KMnO_4$ 溶于一定体积的蒸馏水中，加热至沸，保持微沸约1h，使溶液中可能存在的还原性物质完全氧化，放置2～3d，用微孔玻璃漏斗或玻璃棉滤去二氧化锰沉淀，滤液储于棕色瓶中，暗处保存。然后用基准物质标定溶液。

标定 $KMnO_4$ 的基准物质有：$Fe(NH_4)_2(SO_4)_2 \cdot 6H_2O$、$As_2O_3$、$Na_2C_2O_4$、$H_2C_2O_4 \cdot H_2O$ 等，其中草酸钠因不含结晶水，没有吸湿性，受热稳定，易于纯制，最为常用。草酸钠标定高锰酸钾反应如下：

$$2MnO_4^- + 5C_2O_4^{2-} + 16H^+ \Longrightarrow 2Mn^{2+} + 10CO_2 + 8H_2O$$

为使标定准确，需注意以下滴定条件。

① 温度

此反应在室温下反应速度极慢，需加热至75～85℃，但若超过90℃，$H_2C_2O_4$ 会分解（$H_2C_2O_4 \Longrightarrow CO_2 \uparrow + CO \uparrow + H_2O$），滴定结束时，温度不应低于60℃。

② 酸度

酸度过低，MnO_4^- 会部分分解生成 MnO_2；酸度过高，会促使草酸分解。一般滴定开始时，最佳酸度为1mol/L。为防止 MnO_4^- 氧化 Cl^- 的反应发生，应在硫酸介质中进行。

③ 滴定速度

若开始滴定速度太快，加入的 $KMnO_4$ 来不及与 $C_2O_4^{2-}$ 反应，而发生分解反应（$4MnO_4^- + 4H^+ \Longrightarrow 4MnO_2 \downarrow + 3O_2 \uparrow + 2H_2O$）使标定结果偏低，且生成 MnO_2 棕色沉淀影响终点观察。只有滴入的高锰酸钾反应生成二价锰离子作为催化剂后，滴定才可逐渐加快，或者事先加入少量 Mn^{2+} 加速反应。当滴定至出现淡红色且在30s不褪就是终点，若放久，由于空气中的还原性气体和灰尘都能与高锰酸根作用而使红色消失。

（3）高锰酸钾法的应用示例

① 直接法测定 H_2O_2

在酸性溶液中 H_2O_2 被 $KMnO_4$ 定量氧化，其反应为：

$2MnO_4^- + 5H_2O_2 + 6H^+ \Longrightarrow 2Mn^{2+} + 5O_2 + 8H_2O$，可加少量 Mn^{2+} 催化反应。

市售过氧化氢为30％的水溶液，浓度过大，必须经过适当稀释后方可滴定。H_2O_2 样品还时常加有少量乙酰苯胺、尿素或丙乙酰胺等作稳定剂，这些物质也有还原性，能使终点滞后，造成误差。在这种情况下，应采用碘量法测定为宜。

其他还原性物质，如亚铁盐、亚砷酸盐、亚硝酸盐、过氧化物及草酸盐等也可用 $KMnO_4$ 直接滴定法来测定。

② 返滴定法测定 MnO_2 等

在含有 MnO_2 试液中加入过量计量的 $C_2O_4^{2-}$，在酸性介质中发生反应

$$MnO_2 + C_2O_4^{2-} + 4H^+ \Longrightarrow Mn^{2+} + 2CO_2 + 2H_2O$$

待反应完全后，用 $KMnO_4$ 标准溶液返滴定剩余的 $C_2O_4^{2-}$，可求得 MnO_2 的含量。采用返滴定法，还可以测定例如：MnO_4^-、PbO_2、CrO_4^-、$S_2O_8^{2-}$、ClO_3^-、BrO_3^- 和 IO_3^- 等一些强氧化剂。

③ 间接法测定 Ca^{2+}

先用 $C_2O_4^{2-}$ 将 Ca^{2+} 全部沉淀为 CaC_2O_4，沉淀经过滤、洗涤后溶于稀硫酸，然后用 $KMnO_4$ 标准溶液滴定生成的 $H_2C_2O_4$，间接测得 Ca^{2+} 的含量。此外 Ba^{2+}、Zn^{2+} 和 Cd^{2+} 等金属盐，都可以用间接滴定法来测定含量。

④ 碱性溶液中测定具有还原性的有机物

以测定甘油为例。将一定量的碱性（2mol/L NaOH） $KMnO_4$ 标准溶液与含有甘油的试液反应

$$H_2C\!-\!CH\!-\!CH_2 + 14MnO_4^- + 20OH^- \Longrightarrow 3CO_3^{2-} + 14MnO_4^{2-} + 14H_2O$$
$$\underset{OH\,OH\quad\ \ OH}{|\quad\ |\qquad\ |}$$

待反应完全后，将溶液酸化 MnO_4^{2-} 岐化成 MnO_4^- 和 MnO_2，加入过量计量的还原剂标准溶液，使所有的锰还原为 Mn^{2+}，再用 $KMnO_4$ 标准溶液滴定剩余的还原剂。计算出甘油的含量。甲醇、甲醛、甲酸、甘油、乙醇酸、酒石酸、柠檬酸、水杨酸、葡萄糖等均可用此法测定含量。

3.4.2　重铬酸钾法

（1）概述

$K_2Cr_2O_7$ 是一种常用的氧化剂，在酸性介质中的半反应为

$$Cr_2O_7^{2-} + 6I^- + 14H^+ \Longrightarrow 2Cr^{3+} + 3I_2 + 7H_2O$$

$K_2Cr_2O_7$ 法与 $KMnO_4$ 法相比有如下特点：① $K_2Cr_2O_7$ 易提纯，较稳定，在 140~150℃ 干燥后，可作为基准物质直接配制标准溶液。② $K_2Cr_2O_7$ 标准溶液非常稳定，可以长期保存在密闭容器内，溶液浓度不变。③ 室温 $K_2Cr_2O_7$ 下不与 Cl^- 作用，故可以在 HCl 介质中作滴定剂。④ $K_2Cr_2O_7$ 本身不能作为指示剂，需外加指示剂。常用二苯胺磺酸钠或邻苯氨基甲酸。

$K_2Cr_2O_7$ 法最大缺点是：六价铬是致癌物，废水会污染环境，应对实验产生的废水加以处理，不能直接排放。

（2） $K_2Cr_2O_7$ 法应用示例

重铬酸钾法有直接、间接法，对有机试样，常在其硫酸溶液中加入过量的重铬酸钾标准溶液，加热至一定温度，冷后稀释，再用硫酸亚铁铵标液返滴定，如测电镀液中的有机物，二苯胺磺酸钠作指示剂。

① 铁矿中全铁的测定

试样加热分解，先用氯化亚锡在热浓 HCl 中将三价铁还原为二价铁，冷却后用氯化汞氧化过量的氯化亚锡；加硫酸、磷酸混合酸，以二苯胺磺酸钠为指示剂，重铬酸钾溶液滴定试液，终点为溶液由浅绿变为紫红色。

其中加入硫酸的目的是保证足够酸度。加入磷酸的目的是与滴定过程中生成的三价铁作用，生成 $[Fe(PO_4)_2]^{3-}$（无色）络离子，消除三价铁的黄色，有利观察终点；并且可以降低铁电对的电极电位，使二苯磺酸钠变色点的电位落在滴定的突跃范围内。

这是测铁的经典方法，简便、快速、准确，但汞有毒，环境污染严重。

现介绍氯化亚锡-三氯化钛联合还原剂测定法：试样用硫酸-磷酸混合酸溶解后，先用氯化亚锡把大部分三价铁变为二价铁，然后以钨酸钠作指示剂，用三氯化钛还原剩余的三价铁，当过量一滴三氯化钛时，出现蓝色，30s 不褪即可。加水稀释后，以二价铜为催化剂，稍过量的三价钛被水中溶解氧氧化为四价钛：$4Ti^{3+} + O_2 + 2H_2O \rightleftharpoons 4TiO_2^+ + 4H^+$，钨蓝也受氧化，蓝色褪去，或直接添加重铬酸钾至蓝色褪去，预还原步骤完成，此时应立即用重铬酸价标准溶液滴定，以免空气中氧气氧化二价铁而引起误差。当变成紫红色时为终点。为不使终点提前，须在磷硫混合酸介质中进行测定。

② 土壤中腐殖质含量的测定

腐殖质是土壤中复杂的有机物质，其含量大小反映了土壤的肥力。测定方法是将土壤试样在浓硫酸存在下与已知过量的 $K_2Cr_2O_7$ 溶液共热，使其中的碳被氧化，然后以邻二氮菲-亚铁作为指示剂，用 Fe^{2+} 标准溶液滴定剩余的 $K_2Cr_2O_7$。最后通过计算有机碳的含量，再换算成腐殖质的含量。

测定工业废水、污水 COD 方法也大体相似：水样与过量重铬酸钾在硫酸介质中及硫酸银催化下，加热回流 2h，冷却后用硫酸亚铁铵标准溶液回滴剩余的重铬酸钾，试亚铁灵为指示剂进行滴定，换算成 COD 值。

3.4.3 碘量法

（1）概述

碘量法是以 I_2 作为氧化剂或以 I^- 作为还原剂进行测定的分析方法。由于固体碘分子在水中的溶解度很小且易挥发，常把碘分子溶于过量 KI 溶液中，以 I_2 以 I_3^- 的形式存在，其半反应为 $I_3^- + 2e^- \rightleftharpoons 3I^-$，为简化并强调化学计量关系，一般仍简写成 I_2。

由于 I_3^-/I^- 电对的 $E^\theta = 0.545V$，I_3^- 是较弱的氧化剂，I^- 是中等强度的还原剂。用碘标准溶液直接滴定 SO_3^{2-}、As（Ⅲ）、$S_2O_3^{2-}$、维生素 C 等较强的还原剂，这种方法称为直接碘量法或碘滴定法。而利用 I^- 的还原性，使它与许多氧化性物质如 $Cr_2O_7^{2-}$、MnO_4^-、BrO_3^-、H_2O_2 等反应，定量地析出 I_2，然后用 $Na_2S_2O_3$ 溶液滴定 I_2，以间接地测定这些氧化性物质，这种方法称间接碘量法或滴定碘法。

碘量法 I_3^-/I^- 电对的可逆性好，其电极电势在很宽的 pH 范围内不受溶液酸度及其他配位剂的影响；且副反应少。碘量法采用的淀粉指示剂，灵敏度比较高。这些优点使得碘量法的应用非常广泛。

碘法的两个主要误差来源是：碘分子易挥发及在酸性溶液中 I^- 容易被空气氧化。为了减少碘分子的挥发和碘离子与空气的接触，滴定最好在碘量瓶中进行，且置于暗处；滴定时不要剧烈摇荡。为了防止 I^- 被氧化，一般反应后应立即滴定，且滴定是在中性或弱酸性溶液中进行。

（2）标准溶液的配制和标定

碘量法中使用的标准溶液是硫代硫酸钠溶液和碘液。

① 碘标准溶液的配制

市售碘不纯，用升华法可得到纯碘分子，用它可直接配成标准溶液，但由于碘分子的挥发性及对分析天平的腐蚀性，一般将市售碘配制成近似浓度，再标定。

配制方法：将一定量碘分子与 KI 一起置于研钵中，加少量水研磨，使碘分子全部溶解，再用水稀释至一定体积，放入棕色瓶保存，避免碘液与橡皮等有机物接触，否则碘易与有机物作用，会使碘溶液浓度改变。

碘的浓度可用三氧化二砷（砒霜）作基准物来标定，砒霜难溶于水，用氢氧化钠溶解，再加入足够的 HCl 使呈弱酸性，然后加入碳酸氢钠保持溶液的 pH 值约为 8，淀粉为指示剂进行滴定，溶液中出现蓝色时为终点。

碘的浓度也可用标定好的硫代硫酸钠溶液作为二极基准来标定。

② 硫代硫酸钠的配制和标定

硫代硫酸钠带 5 个结晶水，易风化，并含少量 S、Na_2CO_3、Na_2SO_4、Na_2SO_3、NaCl 等杂质，不能作为基准物质，只能采用间接法配制，配制好的硫代硫酸钠也不稳定，因为水中溶有 CO_2 呈弱酸性，而硫代硫酸钠在酸性溶液中会缓慢分解，水中微生物会消耗硫代硫酸钠中的 S，空气会氧化还原性较强的硫代硫酸钠。

硫代硫酸钠溶液的配制方法：使用新煮沸并冷却了的蒸馏水，煮沸的目的是除去水中溶解的 CO_2、O_2，并杀死细菌，同时加入少量碳酸钠使溶液呈弱酸性，以抑制细菌生长，配好的溶液置于棕色瓶中以防光照分解，一段时间后应重新标定，如发现有浑浊（S 沉淀），应重配或过滤再标定。

标定硫代硫酸钠可用重铬酸钾、碘酸钾等基准物质，常用重铬酸钾。

（3）碘量法滴定方式及应用

① 直接碘量法

凡是能被碘直接氧化的物质，只要反应速率足够快，就可以采用直接碘量法进行测定。比如说硫化物、亚硫酸盐、亚砷酸盐、亚锡酸盐、亚锑酸盐、安乃近、维生素 C 等。

例如维生素 C 的测定：维生素 C 中的烯二醇具有还原性，能被 I_2 定量地氧化成二酮基。

$$\underset{O}{\overset{}{C}}-\underset{OH}{\overset{O}{C}}=\underset{OH}{\overset{}{C}}-\underset{H}{\overset{}{C}}-\underset{OH}{\overset{H}{C}}-\underset{H}{\overset{OH}{CH}}+I_2 \Longrightarrow \underset{O}{\overset{}{C}}-\underset{O}{\overset{O}{C}}-\underset{O}{\overset{}{C}}-\underset{H}{\overset{}{C}}-\underset{OH}{\overset{H}{C}}-\underset{H}{\overset{OH}{CH}}+2HI$$

由于维生素 C 的还原性很强，碱性条件下很容易被空气氧化，所以滴定时加入一些醋酸，以淀粉为指示剂，用碘标准溶液进行滴定。

② 返滴定碘量法

为了使被测定的物质与 I_2 充分作用并达到完全，先加入过量 I_2 溶液，然后再用硫代硫酸钠标准溶液返滴定剩余的 I_2。例如甘汞、甲醛、焦亚硫酸钠、蛋氨酸、葡萄糖等具有还原性的物质，都可用本法进行测定。此外，像安替比林、酚酞等能和过量 I_2 溶液产生取代反应的物质，以及制剂中的咖啡因等能和过量 I_2 溶液生成络合物沉淀的物质，也可用本法测定含量。

应用本法时，一般都在条件完全相同的情况下做一空白滴定（不加样品，加入定量的 I_2 溶液，用硫代硫酸钠标准溶液滴定），这样既可以免除一些仪器、试剂及用水误差，又可从空白滴定与回滴的差数求出被测物质的含量，而无须标定 I_2 标准溶液。

③ 间接碘量法

利用碘离子的还原性测定氧化性物质的方法。先使氧化性物质与过量 KI 反应定量析出碘分子，然后用硫代硫酸钠滴定 I_2，求得待测组分含量。

利用这一方法可以测定很多氧化性物质，如 ClO_3^-、ClO^-、CrO_4^{2-}、IO_3^-、BrO_3^- 等，以及能与 CrO_4^{2-} 生成沉淀的阳离子如 Pb^{2+}、Ba^{2+} 等，所以滴定 I_2 法应用相当广泛。

④ 水的测定——卡尔费休法

卡尔费休法测定微量水是碘量法在非水滴定中的一种应用。卡尔费休法的滴定剂为碘、二氧化硫和吡啶按一定比例溶于无水甲醇的混合溶液。滴定剂与水的总反应可表示为

$$I_2 + SO_2 + 3C_5H_5N + CH_3OH + H_2O \Longrightarrow 2C_5H_5N\begin{matrix} H \\ I \end{matrix} + C_5H_5N\begin{matrix} H \\ SO_4CH_3 \end{matrix}$$

卡尔费休法可测无机物中的水，也可测定有机物中的水，是药物中水分测定的常用方法。根据反应中生成或消耗的水量，可以间接测定某些有机物的官能团。需要注意的是，凡是与卡尔费休法滴定剂溶液中所含组分产生反应的物质，如氧化剂、还原剂、碱性氧化物、氢氧化钠等都干扰测定。

3.5　氧化还原滴定法计算示例

氧化还原反应较为复杂，往往同一物质在不同条件下反应，会得到不同的产物。因此，在计算氧化还原滴定结果时，首先应当把有关的氧化还原反应搞清楚，根据反应式确定化学计量系数。然后进行计算。

【例 3-5】 称取软锰矿 0.3216g，分析纯的 $Na_2C_2O_4$ 0.3685g，共置于同一烧杯中，加入 H_2SO_4，并加热；待反应完全后，用 0.02400mol/L $KMnO_4$ 溶液滴定剩余的 $Na_2C_2O_4$，消耗 $KMnO_4$ 溶液 11.26mL。计算软锰矿中 MnO_2 的质量分数。

解： $MnO_2 + C_2O_4^{2-}$（过量）$+ 4H^+ \Longrightarrow Mn^{2+} + 2CO_2 + 2H_2O$

$$w(MnO_2) = \frac{\dfrac{2m(Na_2C_2O_4)}{M(Na_2C_2O_4)} - 5c(KMnO_4) \cdot V(KMnO_4)M\left(\frac{1}{2}MnO_2\right)}{m_s} \times 100\%$$

$$= \frac{\left(\dfrac{2 \times 0.3685}{134.0} - 5 \times 0.02400 \times 11.26 \times 10^{-3}\right) \times \dfrac{86.94}{2}}{0.3216} \times 100\%$$

$$= 56.08\%$$

【例 3-6】 为测定试样中的 K^+，可将其沉淀为 $K_2NaCo(NO_2)_6$，溶解后用 $KMnO_4$ 滴定（$NO_2^- \to NO_3^-$，$Co^{3+} \to Co^{2+}$），计算 K^+ 与 MnO_4^- 的物质的量之比，即 $n(K) : n(KMnO_4)$。

解： $2K_2NaCo(NO_2)_6 \longrightarrow 4K^+ + 2Na^+ + 2Co^{2+} + NO_3^- + 11NO_2^-$

$4K^+ \sim 11NO_2^- \sim 11 \times \dfrac{2}{5}KMnO_4$，$n(K) : n(KMnO_4) = 1 : 1.1$

3.6 硅酸盐制品与原料中 Fe_2O_3、Al_2O_3 测定方法简介

3.6.1 Fe_2O_3 的测定

在硅酸盐的分析中，铁含量的测定方法较多。铁含量较高时，采用 EDTA 滴定法；铁含量较低时，可采用磺基水杨酸、邻菲咯啉等吸光光度法；对于高含量的亚铁的测定，采用重铬酸钾滴定法。

1. 重铬酸钾滴定法

重铬酸钾滴定法是测定硅酸盐岩产品及原料中铁含量的经典方法，具有简单、快速、准确和稳定等优点，在实际工作中应用较广。在测定试样中的全铁、高价铁时，首先要将制备溶液中的高价铁还原为低价铁，然后再用重铬酸钾标准滴定溶液滴定。根据所用还原剂的不同，有不同的测定体系，其中常用的是铝-重铬酸钾滴定法、氯化亚锡还原-重铬酸钾滴定法、三氯化钛还原-重铬酸钾滴定法、硼氢化钾还原-重铬酸钾滴定法等。

2. 氯化亚重铬酸钾锡还原-重铬酸钾滴定法

在热盐酸介质中，以氯化亚锡为还原剂，将溶液中的 Fe^{3+} 还原为 Fe^{2+}，过量的氯化亚锡用 $HgCl_2$ 除去，在硫酸-磷酸混合酸的存在下，以二苯胺磺酸钠为指示剂，用 $K_2Cr_2O_7$ 标准滴定溶液滴定 Fe^{2+} 直到溶液呈现稳定的紫色为终点。

3. 无汞盐-重铬酸钾滴定法

由于汞盐剧毒，污染环境，又提出了改进的还原方法，避免使用汞盐的重铬酸钾法。目前用得最多的是铝还原重铬酸钾法。即在热盐酸介质中，以铝为还原剂，将溶液中的 Fe^{3+} 还原为 Fe^{2+}，在硫酸-磷酸混合酸的存在下，以二苯胺磺酸钠为指示剂，用 $K_2Cr_2O_7$ 标准滴定溶液滴定 Fe^{2+} 直到溶液呈现稳定的紫色为终点。

4. EDTA 滴定法（相关理论参考项目二）

在酸性介质中，Fe^{3+} 与 EDTA 能形成稳定的配合物。控制 pH=1.6～1.8，以磺基水杨酸为指示剂，用 EDTA 标准滴定溶液直接滴定溶液中的三价铁。由于在该酸度下 Fe^{2+} 不能与 EDTA 形成稳定的配合物而不能被滴定，所以测定总铁时，应先将溶液中的 Fe^{2+} 氧化成 Fe^{3+}。

5. 磺基水杨酸光度法*

在不同的 pH 值条件下，Fe^{2+} 与磺基水杨酸形成的配合物的组成和颜色不同。在 pH=1.6～2.5 的溶液中，形成 1:1 红紫色的配合物；在 pH=4～8 时，形成 1:2 褐色的配合物；在 pH=3～11.5 的氨性溶液中，形成 1:3 黄色的配合物，该黄色配合物最稳定。因此，可在 pH=8～11.5 的氨性溶液中用磺基水杨酸光度法测定铁，其最大吸收波长为 420nm。

6. 邻菲咯啉光度法*

Fe^{2+} 与邻菲咯啉在 pH=2～8 的条件下，生成 1:3 螯合物，该螯合物呈红色，在 500～510nm 处有一吸收峰，其摩尔吸收系数为 $9.6×10^3 L·mol^{-1}·cm^{-1}$。红色螯合物的生成在室温条件下约 30min 即可显色完全，并可稳定 16h 以上，方法简便快捷，条件易控制，稳定性和重显性好。

---

* 表示选学内容。

邻菲咯啉只与 Fe^{2+} 起反应。在显色体系中加入抗坏血酸，可将试液中的 Fe^{3+} 还原为 Fe^{2+}。因此，邻菲咯啉光度法不仅可以测定亚铁，而且可以连续测定试液中的亚铁和高铁，或者测定它们的总量。

3.6.2 Al_2O_3 的测定

铝的测定方法很多，有重量法、滴定法、光度法、原子吸收分光光度法和等离子体发射光谱法等。滴定法有酸碱滴定法、EDTA 配位滴定法等；分光光度法有铝试剂法、铬天青 S 法等。目前常采用的是 EDTA 配位滴定法和铬天青 S 分光光度法。

1. EDTA 配位滴定法（相关理论参考项目二）

铝能与 EDTA 形成中等强度的配合物（$lgK_{MY}=16.13$），故可用配位滴定法测定铝。但铝与 EDTA 的反应较慢，且铝对二甲酚橙、铬黑 T 等指示剂有封闭作用，故不能用 EDTA 直接滴定测定铝，而用返滴定法或置换滴定法测定铝。

2. 铬天青 S 分光光度法*

铝与三苯甲烷类显色剂普遍有显色反应，且大多在 pH＝3.5～6.0 的酸度下进行显色。在 pH 为 4.5～5.4 的条件下，铝与铬天青 S 进行显色反应生成 1：2 的有色配合物，且反应迅速完成，可稳定约 1h。在 pH＝4 或 5 时，有色配合物的最大吸收波长为 545nm，其摩尔吸收系数为 $4×10^4 L·mol^{-1}·cm^{-1}$。该体系可用于测定试样中低含量的铝。

在铝-铬天青 S 法中，引入阳离子或非离子表面活性剂，其灵敏度和稳定性都显著提高。配合物迅速生成，能稳定 4h 以上。

任务一 水泥生料中氧化铁含量的测定
（铝还原 $K_2Cr_2O_7$ 法）

一、实验目的

1. 掌握水泥生料中氧化铁含量的测定方法和原理。
2. 了解氧化还原法测定铁含量的原理及影响测定结果准确性的因素。
3. 掌握用氧化还原滴定法测定水泥生料中氧化铁含量的操作过程。

二、实验试剂

1. 磷酸（$\rho=1.70g/cm^3$）、盐酸（1＋1）、$KMnO_4$ 溶液（50g/L）。
2. 铝箔（纯度 99.9％以上）。
3. 二苯胺磺酸钠溶液（5g/L）：称取 0.5g 二苯胺磺酸钠溶于 100mL 水中，摇匀。
4. $K_2Cr_2O_7$ 标准滴定溶液（$c_{\frac{1}{6}K_2Cr_2O_7}=0.02500mol/L$）：称取 0.6g $K_2Cr_2O_7$ 基准试剂，精确至 0.0001g，置于 300mL 烧杯中，加少量水溶解后，定量转移至 1000mL 容量瓶中，加水稀释至刻度线，摇匀即可。$K_2Cr_2O_7$ 标准滴定溶液对 Fe_2O_3 的滴定度计算公式如下：

＊表示选学内容。

$$T_{Fe_2O_3} = \frac{c_{\frac{1}{6}K_2Cr_2O_7} \times M_{\frac{1}{2}Fe_2O_3}}{1000}$$

式中　$c_{\frac{1}{6}K_2Cr_2O_7}$——$K_2Cr_2O_7$ 标准滴定溶液的浓度，mol/L；

　　　$T_{Fe_2O_3}$——每 1mL $K_2Cr_2O_7$ 标准滴定溶液相当于 Fe_2O_3 的质量，mg/mL；

　　　$M_{\frac{1}{2}Fe_2O_3}$——$\frac{1}{2}Fe_2O_3$ 的摩尔质量，g/mol。

三、实验原理

水泥生料试样用 H_3PO_4 于 $250\sim300℃$ 温度下分解，加入适量盐酸溶液，使无色 $[Fe(PO_4)_2]^{3-}$ 变成黄色氯化铁，再加入铝箔将 Fe^{3+} 还原为 Fe^{2+}，然后以二苯胺磺酸钠溶液为指示剂，用 $K_2Cr_2O_7$ 标准溶液滴定到溶液显紫色为终点，根据 $K_2Cr_2O_7$ 标准滴定溶液的浓度和消耗体积，计算 Fe_2O_3 的含量。主要化学反应如下：

试样溶解：$Fe_2O_3 + 6H^+ \Longrightarrow 2Fe^{3+} + 3H_2O$

还原反应：$3Fe^{3+} + Al \Longrightarrow 3Fe^{2+} + Al^{3+}$

滴定反应：$Cr_2O_7^{2-} + 6Fe^{2+} + 14H^+ \Longrightarrow 2Cr^{3+} + 6Fe^{3+} + 7H_2O$

四、实验过程

准确称取 0.5g 水泥生料，精确至 0.0001g，置于 250mL 锥形瓶中，用少量水润湿。加入 $KMnO_4$ 溶液(50g/L)10mL(如为白生料则加约 10 滴)，边摇动锥形瓶、边滴加磷酸 10mL(否则水泥生料容易结块黏附于瓶底)，放在电炉上加热至白烟出现(此时溶液紫色，呈现糊状)，再加热 $1\sim2min$。取下稍冷，沿瓶口缓慢加入 20mL 盐酸(1+1)，在不断摇动下煮沸，以除去生成的氯气。此时体系为淡黄色，加入 $0.1\sim0.13g$ 铝箔，继续加热微沸，至铝箔全部溶解，此时溶液为淡黄绿色。取下冷却，用蒸馏水冲洗瓶壁，并稀释至 $100\sim150mL$，加入二苯胺磺酸钠溶液(5g/L)$2\sim3$ 滴，溶液几乎无色。用 $K_2Cr_2O_7$ 标准溶液滴定到溶液显紫色，30s 内不褪色为止。

氧化铁质量分数按下式计算

$$w_{Fe_2O_3} = \frac{T_{Fe_2O_3} \times V}{m} \times 100\%$$

式中　$T_{Fe_2O_3}$——每毫升 $K_2Cr_2O_7$ 标准滴定溶液相当于 Fe_2O_3 的质量，mg/mL；

　　　V——消耗 $K_2Cr_2O_7$ 标准滴定溶液的体积，mL；

　　　m——试样的质量，g。

任务二　水泥熟料中 Fe_2O_3、Al_2O_3 的测定

一、实验目的

1. 学习用 EDTA 快速测定水泥熟料中 Fe_2O_3、Al_2O_3 的方法。

2. 学习使用控制酸度进行连续滴定的方法和条件。

3. 掌握 EDTA 标准滴定溶液与 $CuSO_4$ 标准滴定溶液体积比的测定。

二、实验试剂

1. $NH_3 \cdot H_2O$(1+1)：1 体积的氨水与 1 体积水混合。

2. HCl(1+1)：1 体积的盐酸与 1 体积水混合。

3. 磺基水杨酸钠指示剂(100g/L)：将 10g 磺基水杨酸钠溶于 100mL 水中。

4. PAN 指示剂(2g/L)：将 0.2g PAN 溶于 100mL 乙醇中。

5. pH=4.3 的缓冲溶液：将 24.3g 无水乙酸钠溶于水中，加入 80mL 冰乙酸，然后加水稀释至 1L。

6. 苦杏仁酸溶液(50g/L)：将 50g 苦杏仁酸溶于 1L 热水中，用氨水调节 pH 值至约 4。

7. 0.015mol/L EDTA 标准滴定溶液：称取 5.6g EDTA 置于烧杯中，加约 200mL 水，加热溶解，用水稀释至 1L，摇匀(EDTA 标准滴定溶液的标定见项目二相关部分)。

$$T_{Fe_2O_3} = c_{EDTA} \times 79.84$$

$$T_{Al_2O_3} = c_{EDTA} \times 50.98$$

式中　79.84——$\frac{1}{2}Fe_2O_3$ 的摩尔质量，g/mol；

　　　50.98——$\frac{1}{2}Al_2O_3$ 的摩尔质量，g/mol。

8. 0.015mol/L 硫酸铜标准滴定溶液：称取 3.7g 硫酸铜溶于水中，加 4~5 滴硫酸(1+1)，用水稀释至 1L，摇匀。

9. EDTA 标准滴定溶液与 $CuSO_4$ 标准滴定溶液体积比的测定：从酸式滴定管中缓慢放出 10~15mL(V_1)EDTA(0.015mol/L)标准滴定溶液于 300mL 烧杯中，加水稀释至约 150mL，加 15 mL 乙酸-乙酸钠缓冲溶液(pH=4.3)，加热至沸，取下稍冷，加 4~5 滴 PAN 指示剂溶液(2g/L)，以硫酸铜标准滴定溶液滴定至亮紫色，消耗 V_2 硫酸铜标准滴定溶液。

EDTA 标准滴定溶液与硫酸铜标准滴定溶液体积比按下式计算

$$K = \frac{V_1}{V_2}$$

式中　K——每 1mL $CuSO_4$ 标准滴定溶液相当于 EDTA 标准滴定溶液的体积；

　　　V_1——加入 EDTA 标准滴定溶液的体积，mL；

　　　V_2——滴定时消耗 $CuSO_4$ 标准滴定溶液的体积，mL。

三、实验原理

1. Fe_2O_3 的测定原理

在 pH=1.8~2.0 的酸性溶液中，Fe^{3+} 能与 EDTA 生成稳定的 FeY^- 配合物，并定量配位。在此酸度下，由于酸效应避免了许多杂质的干扰，铝基本上也不影响，常温下由于反应较慢，为了加速铁的配位，溶液应加热至 60~70℃。常用的指示剂为磺基水杨酸钠。

有关反应式如下：

显色反应：
$$Fe^{3+} + HI_n^- \Longrightarrow FeI_n^+ + H^+$$
$$\qquad\qquad 无色 \qquad 紫红色$$

滴定反应：
$$Fe^{3+} + H_2Y^{2-} \Longrightarrow FeY^- + 2H^+$$

终点反应：
$$FeI_n^+ + H_2Y^{2-} \rightleftharpoons FeY^- + HI_n^- + H^+$$

紫红色 $\qquad\qquad$ 黄色 $\quad$ 无色

终点颜色随溶液中铁含量的多少而不同。铁含量很少时为无色，铁含量在 10mg 以内可滴至亮黄色。

2. Al_2O_3 的测定原理

在滴定 Fe^{3+} 后的溶液中，加入过量 EDTA 标准滴定溶液，加热至 70～80℃，调 pH＝3.8～4.0，煮沸，此时溶液中 Al^{3+} 与它配位。

$$Al^{3+} + H_2Y^{2-}（过量） \rightleftharpoons AlY^- + 2H^+$$

过量的 EDTA 以 PAN 为指示剂，用 $CuSO_4$ 标准滴定溶液返滴定。

$$Cu^{2+} + H_2Y^{2-}（剩余） \rightleftharpoons CuY^{2-} + 2H^+$$

蓝色

终点时，稍过量的 Cu^{2+} 与 PAN 指示剂生成紫红色配合物。 $\qquad$ 亮紫色或紫红色

$$Cu^{2+} + PAN \rightleftharpoons Cu\text{-}PAN$$

黄色 $\qquad$ 紫红色

当溶液由黄色→黄绿色→亮紫色即为终点。

四、实验过程

1. 试样溶液的制备

称取约 0.5g 试样（精确至 0.0001g），置于银坩埚中，加入 6～7g NaOH，盖上坩埚盖（留有缝隙），在 650～700℃ 的高温熔融（若生料以铁矿石配料，则以 750℃ 熔融，保持20～25min）。取出冷却，将坩埚放入已盛有 100mL 近沸水的烧杯中，盖上表面皿，于电热板上适当加热，待熔块完全浸出后，取出坩埚，用水冲洗坩埚和盖，在搅拌下依次加入 25mL HCl，再加入 1mL HNO_3。用热 HCl（1＋5）洗净坩埚盖，将溶液加热至沸腾，冷却，然后移入 250mL 容量瓶中，用水稀释至标线，摇匀。

（1）熔样需在带有温度控制器的高温炉中进行，以便控制熔融温度。

（2）熔块提取后，经酸化、煮沸，一般能获得澄清溶液，但有时在底部也会出现海绵状沉淀，或在冷却、稀释过程中变浑。这对以下各成分分析无影响。

（3）熔块以水浸出后，呈强碱性，久放会对玻璃烧杯有一定腐蚀，因此需要及时酸化。

2. Fe_2O_3 的测定

吸取实验溶液 50.00mL，放入 300mL 烧杯中，加水稀释至约 100mL，用 $NH_3 \cdot H_2O$（1＋1）和 HCl（1＋1）调节溶液 pH 值在 1.8～2.0 之间（用精密 pH 试纸检验）。将溶液加热至 70℃，加 10 滴磺基水杨酸钠指示剂溶液，用 0.015mol/L EDTA 标准滴定溶液缓慢滴定至亮黄色（终点时溶液温度不低于 60℃）。保留此溶液供测定 Al_2O_3 用。

Fe_2O_3 的质量分数按下式计算

$$w_{Fe_2O_3} = \frac{T_{Fe_2O_3} \times V \times 5}{m \times 1000} \times 100\%$$

式中 $\quad w_{Fe_2O_3}$——Fe_2O_3 的质量分数，％；

$\qquad T_{Fe_2O_3}$——每 1mL EDTA 标准滴定溶液相当于 Fe_2O_3 的质量，mg/mL；

$\qquad V$——滴定时消耗 EDTA 标准滴定溶液的体积，mL；

　　5——全部试样与移取试样的体积比；

　　　m——试样的质量，g。

注意事项：

（1）用磺基水杨酸钠作指示剂，终点时将有少量铁残留于溶液中，但对低含量铁的测定影响不大，且这一方法已沿用多年，快速、简易，除了可用在水泥、生料、熟料中，还可用在黏土类样品分析中。但如铁矿石一类样品，应用铋盐返滴定法。

（2）滴定终点颜色随着铁含量的增加，亮黄色逐渐加深。滴定速度要慢，慢滴快搅。

（3）滴定终点时被测溶液温度要高于 60℃。温度降低时应加热后再滴定。

3. Al_2O_3 的测定

在滴定铁后的溶液中，加入 EDTA 标准滴定溶液（0.015mol/L）至过量 10～15mL（V，对铝+钛而言），加热至 60～70℃，用 $NH_3 \cdot H_2O$（1+1）调节溶液 pH 值至 3～3.5，加入 15mL 乙酸-乙酸钠缓冲溶液（pH=4.3），煮沸 1～2min，取下稍冷，加入 4～5 滴 PAN 指示剂溶液（2g/L），用 $CuSO_4$ 标准滴定溶液（0.015mol/L）滴定至溶液呈亮紫色，记下消耗 $CuSO_4$ 标准滴定溶液的体积（V_1）。后加入 10mL 苦杏仁酸溶液（100g/L）。继续煮沸 1min，补加 1 滴 PAN 指示剂溶液（2g/L），用 0.015mol/L $CuSO_4$ 标准滴定溶液滴定至溶液呈亮紫色，记下消耗的 $CuSO_4$ 标准滴定溶液的体积（V_2）。

Al_2O_3 的质量分数按下式计算

$$w_{Al_2O_3} = \frac{T_{Al_2O_3} \times [V - (V_1 + V_2) \times K] \times 5}{m \times 1000} \times 100\%$$

式中　$w_{Al_2O_3}$——Al_2O_3 的质量分数，%；

　　　$T_{Al_2O_3}$——每 1mL EDTA 标准滴定溶液相当于 Al_2O_3 的质量，mg/mL；

　　　　　K——每 1mL $CuSO_4$ 标准滴定溶液相当于 EDTA 标准滴定溶液的 mL 数；

　　　　　V——加入 EDTA 标准滴定溶液的体积，mL；

　　　　　V_1——消耗的 $CuSO_4$ 标准滴定溶液的体积，mL；

　　　　　V_2——苦杏仁酸置换后，消耗的 $CuSO_4$ 标准滴定溶液的体积，mL；

　　　　　m——试样的质量，g；

　　　　　5——全部实验溶液与所分取实验溶液的体积比。

注意事项：

（1）以铜盐溶液返滴时，终点颜色与 EDTA 及指示剂的量有关，因此需作适当调整，以最后突变为亮紫色为宜。EDTA 标准滴定溶液过量 10～15mL 为宜，即返滴定时消耗的 $CuSO_4$ 标准滴定溶液大于 10mL。

（2）苦杏仁酸置换钛，以钛含量不大于 2mg 为宜。

（3）当钛含量较低，生产中又不需要测定钛时，可不用苦杏仁酸置换，全以铝量计算也可。

任务三　黏土中 Fe_2O_3、Al_2O_3 的测定

一、实验目的

1. 学习用 EDTA 快速测定黏土中 Fe_2O_3、Al_2O_3 的方法。

2. 学习使用控制酸度进行连续滴定的方法和条件。

二、实验试剂（见任务二"实验试剂"）

三、实验原理（见任务二"实验原理"）

四、实验过程

1. 试样溶液的制备

称取约 0.5g 试样（精确至 0.0001g），置于 250mL 烧杯中，加入 6～7g NaOH，盖上坩埚盖，在 650℃左右的高温炉中熔融 15～20min，取出冷却，将坩埚放入已盛有 100mL 近沸水的烧杯中，盖上表面皿，于电炉上适当加热。待熔块完全浸出后，取出坩埚，用热 HCl（1＋5）溶液与水洗净坩埚和盖，在搅拌下依次加入 25mL HCl，再加入 1mL HNO₃。将溶液加热至沸腾，冷却，然后移入 250mL 容量瓶中，用水稀释至标线，摇匀。

2. Fe₂O₃ 的测定

吸取 25.00mL 实验溶液，放入 300mL 烧杯中，加水稀释约 100mL，用 NH₃·H₂O（1＋1）和 HCl（1＋1）调节溶液 pH 值在 1.8～2.0 之间（用精密试纸检验）。将溶液加热至 70℃，加入 10 滴磺基水杨酸钠指示剂溶液（100g/L），然后用 EDTA（0.015 mol/L）标准滴定溶液缓慢滴定至无色或亮黄色（终点溶液温度不应低于 60℃），记录体积读数 V_1。保留此溶液供测 Al₂O₃ 用。

Fe₂O₃ 的质量分数按下式计算

$$w_{\text{Fe}_2\text{O}_3} = \frac{T_{\text{Fe}_2\text{O}_3} \times V \times 10}{m \times 1000} \times 100\%$$

式中　$w_{\text{Fe}_2\text{O}_3}$——Fe₂O₃ 的质量分数，%；

$T_{\text{Fe}_2\text{O}_3}$——每 1mL EDTA 标准滴定溶液相当于 Fe₂O₃ 的质量，mg/mL；

V——滴定时消耗 EDTA 标准滴定溶液的体积，mL；

10——全部试样与移取试样的体积比；

m——试样的质量，g。

3. Al₂O₃ 的测定

在滴定铁后的溶液中，加入 EDTA 标准滴定溶液（0.015mol/L）至过量 10～15mL（V_1，对铝＋钛而言），用水稀释至 150～200mL。将溶液加热至 70～80℃，用 NH₃·H₂O（1＋1）调节溶液 pH 值至 3～3.5，加入 15mL 乙酸-乙酸钠缓冲溶液（pH＝4.3），煮沸 1～2min，取下稍冷，加入 4～5 滴 PAN 指示剂溶液（2g/L），用 CuSO₄ 标准滴定溶液（0.015mol/L）滴定至溶液呈亮紫色，记下消耗 CuSO₄ 标准滴定溶液的体积（V_2）。

Al₂O₃ 的质量分数按下式计算

$$w_{\text{Al}_2\text{O}_3} = \frac{T_{\text{Al}_2\text{O}_3} \times (V_1 - K \times V_2) \times 10}{m \times 1000} \times 100\%$$

式中　$w_{\text{Al}_2\text{O}_3}$——Al₂O₃ 的质量分数，%；

$T_{\text{Al}_2\text{O}_3}$——每 1mL EDTA 标准滴定溶液相当于 Al₂O₃ 的质量，mg/mL；

K——每 1mL CuSO₄ 标准滴定溶液相当于 EDTA 标准滴定溶液的 mL 数；

V_1——加入 EDTA 标准滴定溶液的体积，mL；

V_2——消耗的 $CuSO_4$ 标准滴定溶液的体积，mL；

m——试样的质量，g；

10——全部实验溶液与所分取实验溶液的体积比。

学习思考

一、填空题

1. 碘滴定法常用的标准溶液是_____溶液。滴定碘法常用的标准溶液是_____溶液。

2. 标定 $KMnO_4$ 溶液时，溶液温度应保持在 75～85℃，温度过高会使_____部分分解，酸度太低会产生_____，使反应及计量关系不准，在热的酸性溶液中 $KMnO_4$ 滴定过快，会使_____发生分解。

3. 用 $KMnO_4$ 溶液滴定至终点后，溶液中出现的粉红色不能持久，是由于空气中的气体和灰尘都能与 MnO_4^- 缓慢作用，使溶液的粉红色消失。

4. 配制 I_2 标准溶液时，必须加入 KI，其目的是_____和_____。

5. 用重酸钾法测 Fe^{2+} 时，常以二苯磺酸钠为指示剂，在 H_2SO_4-H_3PO_4 混合酸介质中进行，其中加入 H_3PO_4 的作用有两个，一是_____，二是_____。

6. 氧化还原指示剂是一类可以参与氧化还原反应，本身具有_____性质的物质，它们的氧化态和还原态具有_____的颜色。

7. 用 $K_2Cr_2O_7$ 为基准物标定 $Na_2S_2O_3$ 时，标定反应式为_____和_____，这种滴定方法称为_____（直接或间接）滴定法，滴定中用_____做指示剂。

8. 根据标准溶液所用的氧化剂不同，氧化还原滴定法通常主要有_____法、_____法_____和_____法。

9. 碘量法分析中所用的标准溶液为 I_2 和 $Na_2S_2O_3$。配制 I_2 液时，为了防止 I_2 的挥发，通常需加入_____使其生成_____。而配制 $Na_2S_2O_3$ 时需加入少量_____。

10. 有的物质本身并不具备氧化还原性，但它能与滴定剂或反应生成物形成特别的有色化合物，从而指示滴定终点，这种指示剂称为_____指示剂。

11. 草酸钠标定高锰酸钾的实验条件是：用_____调节溶液的酸度，用_____作催化剂，溶液温度控制在_____℃，指示剂是_____，终点时溶液由_____色变为_____色。

12. $K_2Cr_2O_7$ 标准溶液宜用_____（直接或间接）法配制，而 NaOH 则宜用_____（直接或间接）法配制。

二、选择题

1. 碘量法测定胆矾中的铜时，加入硫氰酸盐的主要作用是（　　）。

A　作还原剂　　　　　　　　　　B　作配位剂

C　防止 Fe^{3+} 的干扰　　　　　　D　减少 CuI 沉淀对 I_2 的吸附

2. 在酸性介质中，用 $KMnO_4$ 溶液滴定草酸钠时，滴定速度（　　）。

A　像酸碱滴定那样快速　　　　　B　始终缓慢

C　开始快然后慢　　　　　　　　D　开始慢中间逐渐加快最后慢

3. $K_2Cr_2O_7$ 法测定铁时，不是加入 H_2SO_4-H_3PO_4 的作用有（　　）。

A　提供必要的酸度　　　　　　　　B　掩蔽 Fe^{3+}

C　提高 $E(Fe^{3+}/Fe^{2+})$　　　　　　D　降低 $E(Fe^{3+}/Fe^{2+})$

4. 间接碘量法滴至终点 30s 内，若蓝色又出现，则说明（　　）。

A　基准物 $K_2Cr_2O_7$ 与 KI 的反应不完全　　B　空气中的氧氧化了 I^-

C　$Na_2S_2O_3$ 还原 I_2 不完全　　D　$K_2Cr_2O_7$ 和 $Na_2S_2O_3$ 两者发生了反应

5. 用间接碘量法测定物质含量时，淀粉指示剂应在（　　）加入。

A　滴定前　　　　　　B　滴定开始时　　　　　C　接近等量点时　　　　D　达到等量点时

6. 配制 $Na_2S_2O_3$ 溶液时，应当用新煮沸并冷却的纯水，其原因是（　　）。

A　使水中杂质都被破坏　　　　　　B　杀死细菌

C　除去 CO_2 和 O_2　　　　　　　　D　B 和 C

7. $K_2Cr_2O_7$ 法测铁矿石中 Fe 含量时，加入 H_3PO_4 的主要目的之一是（　　）。

A　加快反应的速度　　　　　　　　B　防止出现 $Fe(OH)_3$ 沉淀

C　使 Fe^{3+} 转化为无色配离子　　　　D　沉淀 Cr^{3+}

8. 用草酸钠标定高锰酸钾溶液，可选用的指示剂是（　　）。

A　铬黑 T　　　　　　B　淀粉　　　　　　C　自身　　　　　　D　苯胺

9. 某氧化还原指示剂 ，$\varphi^{\theta}=0.84V$，对应的半反应为 $O_x+2e^-\rightleftharpoons Red$，则其理论变色范围为（　　）。

A　0.87～0.81V　　　　　　　　　B　0.74～0.94V

C　0.90～0.78V　　　　　　　　　D　1.84～0.16V

10. 大苏打与碘反应的产物之一是（　　）。

A　Na_2SO_4　　　　　　　　　　　B　$Na_2S_2O_4$

C　$Na_2S_4O_6$　　　　　　　　　　D　Na_2SO_3

11. 在含有少量 Sn^{2+} 离子的 Fe^{2+} 溶液中，用 $K_2Cr_2O_7$ 法测定 Fe^{2+}，应先消除 Sn^{2+} 离子的干扰，宜采用（　　）。

A　控制酸度法　　　　　　　　　　B　配位掩蔽法

C　氧化还原掩蔽法　　　　　　　　D　离子交换法

12. 用同一 $KMnO_4$ 标准溶液分别滴定体积相等的 $FeSO_4$ 和 $H_2C_2O_4$ 溶液，消耗的 $KMnO_4$ 量相等，则两溶液浓度关系为（　　）。

A　$c(FeSO_4)=c(H_4CO_4)$　　　　　B　$3c(FeSO_4)=c(H_2C_2O_4)$

C　$2c(FeSO_4)=c(H_4C_2O_4)$　　　　D　$c(FeSO_4)=2c(H_2C_2O_4)$

13. 在间接碘量法的测定中，淀粉指示剂应在（　　）加入。

A　滴定开始前　　　　　　　　　　B　溶液中的红棕色完全退尽呈无色时

C　滴定近终点或溶液呈亮黄色时　　D　滴定进行到 50% 时

14. 下列物质都是分析纯试剂，可以用直接法配制成标准溶液的物质是（　　）。

A　NaOH　　　　　　B　$KMnO_4$　　　　　C　$K_2Cr_2O_7$　　　　　D　$Na_2S_2O_3$

15. 用标准的 $KMnO_4$ 溶液测定一定体积溶液中 H_2O_2 的含量时，反应需要在强酸性介质中进行，应该选用的酸是（　　）。

A　稀盐酸　　　　　　B　浓盐酸　　　　　　C　稀硝酸　　　　　　D　稀硫酸

16. 条件电极电位是指（　　）。

A　标准电极电位

B　电对的氧化型和还原型的浓度都等于 1mol/L 时的电极电位

C　在特定条件下，氧化型和还原型的总浓度均为 1mol/L 时，校正了各种外界因素的影响后的实际电极电位

D　电对的氧化型和还原型的浓度比率等于 1 时的电极电位

17. 下列配制溶液的方法正确的是（　　）。

A　在溶解 $Na_2S_2O_3$ 的水中加入少量 Na_2CO_3 溶液

B　为抑制 $Na_2S_2O_3$ 水解，在 $Na_2S_2O_3$ 溶液中加少量稀 H_2SO_4

C　将 $SnCl_2 \cdot 2H_2O$ 用水溶解即得到 $SnCl_2$ 溶液

D　用分析天平准确称取 NaOH 固体，加水溶解后，用容量瓶稀释到所要求的体积

18. 用 $Na_2C_2O_4$ 基准物标定 $KMnO_4$ 溶液，应掌握的条件有（　　）。

A　终点时，粉红色应保持 30s 内不褪色　　　　B　温度在 20～30℃

C　需加入 Mn^{2+} 催化剂　　　　D　滴定速度开始要快

19. 间接碘量法常用的基准物是（　　）。

A　$H_2C_2O_4 \cdot 2H_2O$　　B　$KMnO_4$　　　　C　$K_2Cr_2O_7$　　　　D　$Na_2C_2O_4$

20. 标定 $Na_2S_2O_3$ 溶液中，可选用的基准物质是（　　）。

A　$KMnO_4$　　　　B　纯 Fe　　　　C　$K_2Cr_2O_7$　　　　D　Vc

三、判断题

1. 氧化还原滴定中，影响电势突跃范围大小的主要因素是电对的电势差，而与溶液的浓度几乎无关。（　　）

2. 在硫酸-磷酸介质中，用 0.1mol/L $K_2Cr_2O_7$ 溶液滴定 0.1mol/L Fe^{2+} 溶液，其计量点电位为 0.86V，对此滴定最适宜的指示剂是二苯胺磺酸钠（$E^{\theta} = 0.84V$）。（　　）

3. 在选择氧化还原指示剂时，指示剂变色的电势范围应落在滴定的突跃范围内，至少也要部分重合。（　　）

4. 间接碘量法常用的基准物是 $K_2Cr_2O_7$。（　　）

5. $CuSO_4$ 溶液与 KI 的反应中，I^- 既是还原剂又是沉淀剂。（　　）

6. 间接碘量法滴至终点 30s 后，若蓝色又出现，则说明基准物 $K_2Cr_2O_7$ 与 KI 的反应不完全。（　　）

7. 条件电位的大小反映了氧化还原电对实际氧化还原能力。（　　）

8. 应用高锰酸钾法和重铬酸钾法测定铁矿石中的铁时，磷酸加入的目的是一样的。（　　）

四、综合实验题

1. 水泥熟料中 Fe_2O_3、Al_2O_3 测定的过程如下：

① 试样溶液的制备

称取约____试样（精确至 0.0001g），置于____中，加入____ g NaOH，盖上坩埚盖（留有缝隙），在____的高温熔融（若生料以铁矿石配料，则以 750℃ 熔融，保持____ min。取出冷

却，将坩埚放入已盛有 100mL 近沸水的烧杯中，盖上表面皿，于电热板上适当加热，待熔块完全浸出后，取出坩埚，用水冲洗坩埚和盖，在搅拌下依次加入 25mL ＿＿＿，再加入 1mL ＿＿＿。用热＿＿＿洗净坩埚盖，将溶液加热至沸腾，冷却，然后移入 250mL 容量瓶中，用水稀释至标线，摇匀。

问题 1：如何正确把 NaOH 加入到坩埚中？

问题 2：什么温度下把坩埚放进高温炉中，为什么？

问题 3：如何正确浸取清洗熔块？

② Fe_2O_3 的测定

从试样溶液中，吸取＿＿＿ mL 溶液放入 300mL ＿＿＿中，加水稀释至约＿＿＿ mL，用＿＿＿和＿＿＿调节溶液 pH 值在＿＿＿之间（用精密 pH 试纸检验）。溶液加热至 70℃，加 10 滴磺基水杨酸钠指示剂溶液，用 0.015mol/L EDTA 标准溶液滴定至＿＿＿（终点时溶液温度不低于＿＿＿℃）。保留此溶液供测定 Al_2O_3 之用。

问题 1：如何正确调节溶液的 pH 值？

问题 2：如何正确控制溶液温度？

③ Al_2O_3 的测定

在滴定铁后的溶液中，加入 0.015mol/L EDTA 标准溶液至过量＿＿＿ mL，加热至＿＿＿℃，用 $NH_3 \cdot H_2O$(1+1)调节 pH 值至＿＿＿，加入＿＿＿ mL 酸性缓冲溶液，煮沸 1～2min，取下稍冷，加入 4～5 滴＿＿＿指示剂溶液，用 0.015mol/L $CuSO_4$ 标准溶液滴定至溶液呈亮紫色，记下消耗 $CuSO_4$ 标准溶液的体积(V_1)。后加入 10ml 苦杏仁酸溶液（100g/L）。继续煮沸 1min，补加 1 滴 PAN 指示剂溶液，用 0.015mol/L $CuSO_4$ 标准定溶液滴定至溶液呈亮紫色，记下消耗的 $CuSO_4$ 标准溶液的体积(V_2)。

问题：有时终点颜色是紫红色，这是为什么？

2. 黏土中 Fe_2O_3、Al_2O_3 的测定

① 试样溶液的制备

称取已在 105～110℃烘干过 2h 的试样＿＿＿ g（精确至 0.0001g），置于 30mL ＿＿＿中，加＿＿＿ g NaOH，盖上坩埚盖，放入 650～700℃的马弗炉中熔融 15～20min。取出冷却，将坩埚放入已盛有 100mL 近沸水的 300mL 烧杯中，盖上表面皿，于电热板上适当加热，待熔块完全浸出后，取出坩埚，用热＿＿＿和水冲洗坩埚和盖，在搅拌下一次加入＿＿＿ mL 盐酸，再加入 1mL ＿＿＿，将溶液加热至沸，冷却至室温，然后移入 250mL 容量瓶中，加水稀释至刻度，摇匀。

问题 1：如何正确把 NaOH 加入到坩埚中？

问题 2：什么温度下把坩埚放进高温炉中，为什么？

问题 3：如何正确浸取清洗熔块？

② Fe_2O_3 的测定

吸取 50mL 试液于 300mL 烧杯中，加水稀释约 100 mL，用＿＿＿和＿＿＿调节溶液 pH 值在＿＿＿之间（用精密试纸测试），将溶液加热至＿＿＿℃（手感觉烫，但不能煮沸），加入 10 滴磺基水杨酸指示剂溶液使溶液呈深紫红色，然后用 0.015mol/L EDTA 标准溶液缓慢滴定至无色或亮黄色（终点溶液温度不应低于 60℃），记录体积读数 V_1。保留此溶液供测 Al_2O_3 用。

问题 1：如何正确调节溶液的 pH 值？

问题 2：如何正确控制溶液温度？

③ Al_2O_3、TiO_2（EDTA-苦杏仁酸置换-铜盐回滴法）的测定

在测定过 Fe_2O_3 的试液中，用滴定管准确加入____ mL 0.015mol/L EDTA 溶液，记下 V_1（对铝、钛离子过量 10～15mL）。用水稀释至 150～200mL。将溶液加热至 70～80℃后，加数滴 $NH_3\cdot H_2O$(1+1)使溶液 pH 值在____之间（用精密试纸测试），加____ mL pH＝4.3 HAC～NaAC 缓冲溶液，煮沸 1～2min，取下稍冷，加 4～5 滴____指示剂溶液，用 0.015mol/L $CuSO_4$ 滴定至溶液呈亮紫色，记录 $CuSO_4$ 标准溶液消耗体积 V_2。（滴定至终点时，温度不低于 80℃。）然后向溶液中加入 15mL 苦杏仁酸（50g/L）溶液，并加热煮沸 1～2min 取下，冷至 50℃ 左右，加入 5mL 95% 乙醇，2 滴 2g/L PAN 指示剂溶液，以 0.015mol/L $CuSO_4$ 标准滴定溶液滴定至亮紫色，记下读数 V_3。

问题：有时终点颜色是蓝色，这是为什么？

五、计算题

1. 向 100cm^3 $Cu(IO_3)_2$ 的饱和溶液中加入足量的 KI 溶液，立即生成 I_2，然后用 $Na_2S_2O_3$ 溶液滴定生成的 I_2，问需 0.11mol/dm^2 的 $Na_2S_2O_3$ 溶液多少？〔已知 $Cu(IO_3)_2$ 的 $K_{sp}＝1.1\times10^{-7}$〕

2. 取一定量的 MnO_2 固体，加入过量浓 HCl，将反应生成的 Cl_2 通入 KI 溶液，游离出 I_2，用 0.1000mol/L $Na_2S_2O_3$ 滴定，耗去 20.00mL，求 MnO_2 质量。

3. 准确称取 0.1517g $K_2Cr_2O_7$ 基准物质，溶于水后酸化，再加入过量的 KI，用 $Na_2S_2O_3$ 标准溶液滴定至终点，共用去 30.02 mL $Na_2S_2O_3$。计算 $Na_2S_2O_3$ 标准溶液的物质的量浓度。已知：$M_r(K_2Cr_2O_7 K)＝294.2$g/mol。

4. 现有石灰石试样 0.2530g，将其溶于稀酸中，加入$(NH_4)_2C_2O_4$ 并控制溶液的 pH 值，使 Ca^{2+} 均匀、定量地沉淀为 CaC_2O_4，过滤洗涤后将沉淀溶于稀硫酸中，用 0.0432mol/L 的 $KMnO_4$ 标准溶液滴定至终点，耗液 25.20mL，计算该试样中 CaO 的含量。（已知 $M_{CaO}＝56.08$g/mol）。

5. 试剂厂生产的试剂 $FeCl_3\cdot6H_2O$，国家规定其二级产品含量不少于 99.0%，三级产品含量不少于 98.0%。为了检查质量，称取 0.5000g 试样，溶于水，加浓 HCl 溶液 3mL 和 KI 2g，最后用 0.1000 mol/L $Na_2S_2O_3$ 标准溶液 18.12 mL 滴定至终点，该试样属于哪一级？已知：$M_r(FeCl_3\cdot6H_2O)＝270.30$g/mol。

6. 准确称取 0.2015g $K_2Cr_2O_7$ 基准物质，溶于水后酸化，再加入过量的 KI，用 $Na_2S_2O_3$ 标准溶液滴定至终点，共用去 35.02mL $Na_2S_2O_3$。计算 $Na_2S_2O_3$ 标准溶液的物质的量浓度[$M(K_2Cr_2O_7 K)＝294.2$ mol]。

7. 称取含苯酚的试样 0.6000g，经碱溶解后定容称 250mL，取 25.00mL 试样溶液，加入溴酸钾-溴化钾溶液 25.00mL 并酸化，使苯酚转化为三溴苯酚；加入过量的碘化钾，使未反应的溴还原并析出等物质量的碘，然后用 0.1000mol/L 的 $Na_2S_2O_3$ 标准溶液滴定，用去 18.00mL，另取 25.00mL 试样溶液，加入溴酸钾-溴化钾溶液 25.00mL，酸化后加入过量的碘化钾，然后用 0.1000mol/L 的 $Na_2S_2O_3$ 标准溶液滴定，用去 42.00mL，计算试样中苯酚的含量。

8. 测定某样品中 $CaCO_3$ 含量时，称取试样 0.2303g，溶于酸后加入过量 $(NH_4)_2C_2O_4$ 使 Ca^{2+} 离子沉淀为 CaC_2O_4，过滤洗涤后用硫酸溶解，再用 0.04024mol/L $KMnO_4$ 溶液 22.30mL 完成滴定，计算试样中 $CaCO_3$ 的质量分数。

9. 测定钢样中铬的含量。称取 0.1650g 不锈钢样，溶解并将其中的铬氧化成 $Cr_2O_7^{2-}$，然后加入 $c(Fe^{2+})＝0.1050mol/L$ 的 $FeSO_4$ 标准溶液 40.00mL，过量的 Fe^{2+} 在酸性溶液中用 $c(KMnO_4)＝0.02004mol/L$ 的 $KMnO_4$ 溶液滴定，用去 25.10mL，计算试样中铬的含量。

项目四 测定硅酸盐制品与原料中的 SO₃ 和 Cl

🔍 知识目标

• 掌握沉淀溶解度及其影响因素，沉淀的完全程度及其影响因素，溶度积与溶解度，条件溶度积及其计算；重量分析法结果的计算；银量法中三种确定滴定终点方法的基本原理、滴定条件和应用范围。

• 熟悉银量法滴定曲线、标准溶液的配制和标定；沉淀重量分析法对沉淀形式和称量形式的要求，晶形沉淀和无定形沉淀的沉淀条件。

• 掌握 $AgNO_3$ 标准滴定溶液的配制与标定的方法和原理。

• 掌握分析硅酸盐制品与原料中 SO_3 和 Cl^- 的原理和方法。

👍 能力目标

• 能进行 $AgNO_3$ 标准滴定溶液的配制与标定。

• 能熟练进行沉淀的制备、过滤、洗涤、灰化和灼烧。

• 能进行硅酸盐制品与原料中 SO_3 和 Cl^- 的测定。

• 能准备和使用实验所需的仪器及试剂；能进行实验数据的处理；能进行实验仪器设备的维护和保养。

项目素材

4.1 重量分析法概述

4.1.1 重量分析法的分类和特点

重量分析法是用适当的方法先将试样中被测组分与其他组分分离，然后用称量的方法测定该组分的含量。根据分离方法的不同，重量分析法常分为三类。

1. 沉淀法

沉淀法是重量分析法中的主要方法，这种方法是利用试剂与被测组分生成溶解度很小的沉淀，经过滤、洗涤、烘干或灼烧成为组成一定的物质，然后称其质量，再计算被测组分的含量。例如，测定试样中 SO_4^{2-} 含量时，在试液中加入过量 $BaCl_2$ 溶液，使 SO_4^{2-} 完全生成难溶的 $BaSO_4$ 沉淀，经过滤、洗涤、烘干、灼烧后，称量 $BaSO_4$ 的质量，再计算试样中 SO_4^{2-} 的含量。

2. 气化法（又称挥发法）

利用物质的挥发性质，通过加热或其他方法使试样中的被测组分挥发逸出，然后根据试样质量的减少，计算该组分的含量；或者用吸收剂吸收逸出的组分，根据吸收剂质量的增加计算该组分的含量。例如，测定氯化钡晶体（$BaCl_2 \cdot 2H_2O$）中结晶水的含量，可将一定质

153

量的氯化钡试样加热，使水分逸出，根据氯化钡质量的减轻称出试样中水分的含量。也可以用吸湿剂（高氯酸镁）吸收逸出的水分，根据吸湿剂质量的增加来计算水分的含量。

3. 电解法

利用电解的方法使待测金属离子在电极上还原析出，然后称量，根据电极增加的质量，求得其含量。

重量分析法是经典的化学分析法，它通过直接称量得到分析结果，不需要从容量器皿中引入许多数据，也不需要标准试样或基准物质作比较。对高含量组分的测定，重量分析比较准确，一般测定的相对误差不大于 0.1%。对高含量的硅、磷、钨、镍、稀土元素等试样的精确分析，至今仍常使用重量分析方法。但重量分析法的不足之处是操作较繁琐，耗时多，不适于生产中的控制分析；对低含量组分的测定误差较大。

4.1.2 沉淀法对沉淀形式、称量形式和沉淀剂的要求

利用沉淀重量法进行分析时，首先将试样分解为试液，然后加入适当的沉淀剂使其与被测组分发生沉淀反应，并以"沉淀形式"沉淀出来。沉淀经过过滤、洗涤，在适当的温度下烘干或灼烧，转化为"称量形式"，再进行称量。根据称量形式的化学式计算被测组分在试样中的含量。"沉淀形式"和"称量形式"可能相同，也可能不同，例如

$$Ba^{2+} \longrightarrow BaSO_4 \longrightarrow BaSO_4$$

被测组分　　　沉淀形式　　　称量形式

$$Fe^{3+} \longrightarrow Fe(OH)_3 \longrightarrow Fe_2O_3$$

被测组分　　　沉淀形式　　　称量形式

在重量分析法中，为获得准确的分析结果，沉淀形式和称量形式必须满足以下要求。

1. 对沉淀形式的要求

（1）沉淀要完全，沉淀的溶解度要小，要求测定过程中沉淀的溶解损失不应超过分析天平的称量误差。一般要求溶解损失应小于 0.1mg。例如，测定 Ca^{2+} 时，以形成 $CaSO_4$ 和 CaC_2O_4 两种沉淀形式作比较，$CaSO_4$ 的溶解度较大（$K_{sp}=2.45\times10^{-5}$），CaC_2O_4 的溶解度小（$K_{sp}=1.78\times10^{-9}$）。显然，用 $(NH_4)_2C_2O_4$ 作沉淀剂比用硫酸作沉淀剂沉淀的更完全。

（2）沉淀必须纯净，并易于过滤和洗涤。沉淀纯净是获得准确分析结果的重要因素之一。颗粒较大的晶体沉淀（如 $MgNH_4PO_4 \cdot 6H_2O$）其表面积较小，吸附杂质的机会较少，因此沉淀较纯净，易于过滤和洗涤。颗粒细小的晶形沉淀（如 CaC_2O_4、$BaSO_4$），由于某种原因其比表面积大，吸附杂质多，洗涤次数也相应增多。非晶形沉淀如 $Al(OH)_3$、$Fe(OH)_3$ 等，体积庞大疏松、吸附杂质较多，过滤费时且不易洗净。对于这类沉淀，必须选择适当的沉淀条件以满足对沉淀形式的要求。

（3）沉淀形式应易于转化为称量形式。沉淀经烘干、灼烧时，应易于转化为称量形式。例如 Al^{3+} 的测定，若沉淀为 8-羟基喹啉铝 [$Al(C_9H_6NO)_3$]，在 130℃ 烘干后即可称量；而沉淀为 $Al(OH)_3$，则必须在 1200℃ 灼烧才能转变为无吸湿性的 Al_2O_3 后，方可称量。因此，测定 Al^{3+} 时选用前法比后法好。

2. 对称量形式的要求

（1）称量形式的组成必须与化学式相符，这是定量计算的基本依据。例如测定 PO_4^{3-}，可以形成磷钼酸铵沉淀，但组成不固定，无法利用它作为测定 PO_4^{3-} 的称量形式。若采用磷

钼酸喹啉法测定 PO_4^{3-}，则可得到组成与化学式相符的称量形式。

（2）称量形式要有足够的稳定性，不易吸收空气中的 CO_2、H_2O。例如测定 Ca^{2+} 时，若将 Ca^{2+} 沉淀为 $CaC_2O_4 \cdot H_2O$，灼烧后得到 CaO，易吸收空气中 H_2O 和 CO_2，因此，CaO 不宜作为称量形式。

（3）称量形式的摩尔质量尽可能大，这样可增大称量形式的质量，以减小称量误差。例如在铝的测定中，分别用 Al_2O_3 和 8-羟基喹啉铝 $[Al(C_9H_6NO)_3]$ 两种称量形式进行测定，若被测组分 Al 的质量为 0.1000g，则可分别得到 0.1888g Al_2O_3 和 1.7040g $Al(C_9H_6NO)_3$。两种称量形式由称量误差所引起的相对误差分别为 $\pm 1\%$ 和 $\pm 0.1\%$。显然，以 $Al(C_9H_6NO)_3$ 作为称量形式比用 Al_2O_3 作为称量形式测定铝的准确度高。

3. 沉淀剂的选择

根据上述对沉淀形式和称量形式的要求，选择沉淀剂时应考虑如下几点：

（1）选用具有较好选择性的沉淀剂

所选的沉淀剂只能和被测组分生成沉淀，而与试液中的其他组分不起作用。例如：丁二酮肟和 H_2S 都可以沉淀 Ni^{2+}，但在测定 Ni^{2+} 时常选用前者。又如沉淀锆离子时，选用在 HCl 溶液中与锆有特效反应的苦杏仁酸作沉淀剂，这时即使有钛、铁、钡、铝、铬等十几种离子存在，也不发生干扰。

（2）选用能与被测离子生成溶解度最小的沉淀的沉淀剂

所选的沉淀剂应能使被测组分沉淀完全。例如：生成难溶的钡的化合物有 $BaCO_3$、$BaCrO_4$、BaC_2O_4 和 $BaSO_4$。根据其溶解度可知，$BaSO_4$ 溶解度最小。因此以 $BaSO_4$ 的形式沉淀 Ba^{2+} 比生成其他难溶化合物好。

（3）尽可能选用易挥发或经灼烧易除去的沉淀剂

这样沉淀中带有的沉淀剂即便未洗净，也可以借烘干或灼烧而除去。一些铵盐和有机沉淀剂都能满足这项要求。例如：用氯化物沉淀 Fe^{3+} 时，选用氨水而不用 NaOH 作沉淀剂。

（4）选用溶解度较大的沉淀剂

用此类沉淀剂可以减少沉淀对沉淀剂的吸附作用。例如：利用生成难溶钡化合物沉淀 SO_4^{2-} 时，应选 $BaCl_2$ 作沉淀剂，而不用 $Ba(NO_3)_2$。因为 $Ba(NO_3)_2$ 的溶解度比 $BaCl_2$ 小，$BaSO_4$ 吸附 $Ba(NO_3)_2$ 比吸附 $BaCl_2$ 严重。

4.2 影响沉淀溶解度的因素

4.2.1 溶解度与固有溶解度、溶度积与条件溶度积

1. 溶解度与固有溶解度

当水中存在 1:1 型微溶化合物 MA 时，MA 溶解并达到饱和状态后，有下列平衡关系
$$MA（固）\Longrightarrow MA（水）\Longrightarrow M^+ + A^-$$

在水溶液中，除了 M^+、A^- 外，还有未离解的分子状态的 MA。例如：AgCl 溶于水中。
$$AgCl（固）\Longrightarrow AgCl（水）\Longrightarrow Ag^+ + Cl^-$$

对于有些物质可能是离子化合物（M^+A^-），如 $CaSO_4$ 溶于水中。

$$CaSO_4(固) \rightleftharpoons Ca^{2+} SO_4^{2-}(水) \rightleftharpoons Ca^{2+} + SO_4^{2-}$$

根据 MA（固）和 MA（水）之间的溶解平衡可得

$$\frac{a_{MA(水)}}{a_{MA(固)}} = K'（平衡常数）$$

因固体物质的活度等于 1，若用 s^0 表示 K'，则

$$a_{MA(水)} = s^0 \qquad (4-1)$$

s^0 称为 MA 固有溶解度，当温度一定时，s^0 为常数。

若溶液中不存在其他副反应，微溶化合物 MA 的溶解度 s 等于固有溶解度 s^0 和 M^+（或 A^-）离子浓度之和，即

$$s = s^0 + [M^+] = s^0 + [A^-] \qquad (4-2)$$

如果 MA（水）几乎完全离解或 $s^0 \ll [M^+]$ 时（大多数的电解质属此类情况），则 s^0 可以忽略不计，则

$$s = [M^+] = [A^-] \qquad (4-3)$$

对于 $M_m A_n$ 型微溶化合物的溶解度 s 可按下式计算：

$$s = s^0 + \frac{[M^{n+}]}{m} = s^0 + \frac{[A^{m-}]}{n} \qquad (4-4)$$

或

$$s = \frac{[M^{n+}]}{m} = \frac{[A^{m-}]}{n} \qquad (4-5)$$

2. 溶度积与条件溶度积

（1）活度积与溶度积

当微溶化合物 MA 溶解于水中，如果除简单的水合离子外，其他各种形式的化合物均可忽略，则根据 MA 在水溶液中的平衡关系，得到

$$\frac{a_{M^+} \cdot a_{A^-}}{a_{MA(水)}} = K$$

中性分子的活度系数视为 1，则根据式（4-1），故

$$a_{M^+} \cdot a_{A^-} = Ks^0 = K_{sp}^{\theta} \qquad (4-6)$$

K_{sp}^{θ} 为离子的活度积常数（简称活度积）。K_{sp}^{θ} 仅随温度变化。若引入活度系数，则由式（4-6）可得

$$a_{M^+} \cdot a_{A^-} = \gamma_{M^+}[M^+] \cdot \gamma_{A^-}[A^-] = K_{sp}^{\theta}$$

即

$$[M^+][A^-] = \frac{K_{sp}^{\theta}}{\gamma_{M^+}\gamma_{A^-}} = K_{sp} \qquad (4-7)$$

式中 K_{sp} 为溶度积常数（简称溶度积），它是微溶化合物饱和溶液中，各种离子浓度的乘积。K_{sp} 的大小不仅与温度有关，而且与溶液的离子强度大小有关。在重量分析中大多是加入过量沉淀剂，一般离子强度较大，引用溶度积计算比较符合实际，仅在计算水中的溶解度时，才用活度积。

对于 $M_m A_n$ 型微溶化合物，其溶解平衡如下：

$$M_m A_n(固) \rightleftharpoons mM^{n+} + nA^{m-}$$

因此其溶度积表达式为：

$$K_{sp} = [M^{n+}]^m [A^{m-}]^n \qquad (4-8)$$

（2）条件溶度积

在沉淀溶解平衡中，除了主反应外，还可能存在多种副反应。例如对于 1∶1 型沉淀 MA，除了溶解为 M^+ 和 A^- 这个主反应外，阳离子 M^+ 还可能与溶液中的配位剂 L 形成配合物 ML、ML_2…（略去电荷，下同），也可能与 OH^- 生成各级羟基配合物；阴离子 A^- 还可能与 H^+ 形成 HA、H_2A…等，可表示为

主反应　　MA(固) $\rightleftharpoons$ M　　　　A

$\qquad\qquad\qquad\qquad$ $+L$ $\diagdown$ $\diagup$ $+OH^-$ $\qquad$ $\uparrow$

副反应　　　　　ML　　　MOH　　　HA

$\qquad\qquad\qquad\vdots\qquad\qquad\vdots\qquad\qquad\vdots$

$\qquad\qquad\qquad ML_n\qquad M(OH)_n\qquad H_nA$

此时，溶液中金属离子总浓度 $[M']$ 和沉淀剂总浓度 $[A']$ 分别为：

$$[M'] = [M] + [ML] + [ML_2] + \cdots + [MOH] + [M(OH)_2] + \cdots$$

$$[A'] = [A] + [HA] + [H_2A] + \cdots$$

同配位平衡的副反应计算相似，引入相应的副反应系数 α_M、α_A，则

$$K_{sp} = [M][A] = \frac{[M'][A']}{\alpha_M \cdot \alpha_A} = \frac{K'_{sp}}{\alpha_M \cdot \alpha_A}$$

即 $\qquad\qquad\qquad\qquad K'_{sp} = [M'][A'] = K_{sp} \cdot \alpha_M \cdot \alpha_A \qquad\qquad\qquad\qquad (4\text{-}9)$

K'_{sp} 只有在温度、离子强度、酸度、配位剂浓度等一定时才是常数，即 K'_{sp} 只有在反应条件一定时才是常数，故称为条件溶度积常数，简称条件溶度积。因为 $\alpha_M > 1$，$\alpha_A > 1$，所以 $K'_{sp} > K_{sp}$，即副反应的发生使溶度积常数增大。

对于 $m∶n$ 型的沉淀 M_mA_n，则：

$$K'_{sp} = K_{sp} \cdot \alpha_M^m \cdot \alpha_A^n \qquad\qquad\qquad\qquad (4\text{-}10)$$

由于条件溶度积 K'_{sp} 的引入，使得在有副反应发生时的溶解度计算大为简化。

4.2.2　影响沉淀溶解度的因素

影响沉淀溶解度的因素很多，如同离子效应、盐效应、酸效应、配位效应等。此外，温度、介质、沉淀结构和颗粒大小等对沉淀的溶解度也有影响。现分别进行讨论。

1. 同离子效应

组成沉淀晶体的离子称为构晶离子。当沉淀反应达到平衡后，如果向溶液中加入适当过量的含有某一构晶离子的试剂或溶液，则沉淀的溶解度减小，这种现象称为同离子效应。

例如：25℃时，$BaSO_4$ 在水中的溶解度为

$$s = [Ba^{2+}] = [SO_4^{2-}] = \sqrt{K_{sp}} = \sqrt{6 \times 10^{-10}} = 2.4 \times 10^{-5} \text{mol/L}$$

如果使溶液中的 $[SO_4^{2-}]$ 增至 0.10mol/L，此时 $BaSO_4$ 的溶解度为

$$s = [Ba^{2+}] = K_{sp}/[SO_4^{2-}] = (6 \times 10^{-10}/0.10) \text{mol/L} = 6 \times 10^{-9} \text{mol/L}$$

即 $BaSO_4$ 的溶解度减少至万分之一。

因此，在实际分析中，常加入过量沉淀剂，利用同离子效应，使被测组分沉淀完全。但沉淀剂过量太多，可能引起盐效应、酸效应及配位效应等副反应，反而使沉淀的溶解度增

大。一般情况下，沉淀剂过量 50％～100％是合适的，如果沉淀剂是不易挥发的，则以过量 20％～30％为宜。

2. 盐效应

沉淀反应达到平衡时，由于强电解质的存在或加入其他强电解质，使沉淀的溶解度增大，这种现象称为盐效应。例如：$AgCl$、$BaSO_4$ 在 KNO_3 溶液中的溶解度比在纯水中大，而且溶解度随 KNO_3 浓度增大而增大。

产生盐效应的原因是由于离子的活度系数 γ 与溶液中加入的强电解质的浓度有关，当强电解质的浓度增大到一定程度时，离子强度增大因而使离子活度系数明显减小。而在一定温度下 K_{sp} 为一常数，因而 $[M^+][A^-]$ 必然要增大，致使沉淀的溶解度增大。因此，利用同离子效应降低沉淀的溶解度时，应考虑盐效应的影响，即沉淀剂不能过量太多。

应该指出，如果沉淀本身的溶解度很小，一般来讲，盐效应的影响很小，可以不予考虑。只有当沉淀的溶解度比较大，而且溶液的离子强度很高时，才考虑盐效应的影响。

3. 酸效应

溶液酸度对沉淀溶解度的影响，称为酸效应。酸效应的发生主要是由于溶液中 H^+ 浓度的大小对弱酸、多元酸或难溶酸离解平衡的影响。因此，酸效应对于不同类型沉淀的影响情况不一样，若沉淀是强酸盐（如 $BaSO_4$、$AgCl$ 等）其溶解度受酸度影响不大，但对弱酸盐如 CaC_2O_4 则酸效应影响就很显著。如 CaC_2O_4 沉淀在溶液中有下列平衡：

$$CaC_2O_4 \Longrightarrow Ca^{2+} + C_2O_4^{2-}$$

$$-H^+ \big\Updownarrow +H^+$$

$$HC_2O_4^- \underset{-H^+}{\overset{+H^+}{\Longrightarrow}} H_2C_2O_4$$

当酸度较高时，沉淀溶解平衡向右移动，从而增加了沉淀溶解度。若知平衡时溶液的 pH 值，就可以计算酸效应系数，得到条件溶度积，从而计算溶解度。

【例 4-1】 计算沉淀在 pH＝5 和 pH＝2 溶液中的溶解度。

已知 $H_2C_2O_4$ 的 $K_{a_1}=5.9\times10^{-2}$，$K_{a_2}=6.4\times10^{-5}$，$K_{sp,CaC_2O_4}=2.0\times10^{-9}$

解： pH＝5 时，$H_2C_2O_4$ 的酸效应系数为

$$\alpha_{C_2O_4(H)} = 1 + \frac{[H]}{K_2} + \frac{[H]^2}{K_{a_1}K_{a_2}}$$

$$= 1 + 1.0\times10^{-5}/(6.4\times10^{-5}) + (1.0\times10^{-5})^2/(6.4\times10^{-5}\times5.9\times10^{-2})$$

$$= 1.16$$

根据式（4-9）得

$$K'_{sp,CaC_2O_4} = K_{sp,CaC_2O_4} \cdot \alpha_{C_2O_4(H)} = 1.6\times10^{-8}\times1.16$$

因此

$$s = [Ca^{2+}] = [C_2O_4^{2-}] = \sqrt{K'_{sp}}$$

$$s = \sqrt{1.6\times10^{-8}\times1.16}\,mol/L = 4.8\times10^{-5}\,mol/L$$

同理可求出 pH＝2 时，CaC_2O_4 的溶解度为 6.1×10^{-4} mol/L。

由上述计算可知 CaC_2O_4 在 pH＝2 的溶液中的溶解度比 pH＝5 的溶液中的溶解约大 13 倍。

为了防止沉淀溶解损失，对于弱酸盐沉淀，如碳酸盐、草酸盐、磷酸盐等，通常应在较低的酸度下进行沉淀。如果沉淀本身是弱酸，如硅酸（$SiO_2 \cdot nH_2O$）、钨酸（$WO_3 \cdot nH_2O$）等，易溶于碱，则应在强酸性介质中进行沉淀。如果沉淀是强酸盐如 AgCl 等，在酸性溶液中进行沉淀时，溶液的酸度对沉淀的溶解度影响不大。对于硫酸盐沉淀，例如 $BaSO_4$、$SrSO_4$ 等，由于 H_2SO_4 的 K_{a_2} 不大，当溶液的酸度太高时，沉淀的溶解度也随之增大。

4. 配位效应

进行沉淀反应时，若溶液中存在能与构晶离子生成可溶性配合物的配位剂，则可使沉淀溶解度增大，这种现象称为配位效应。

配位剂主要来自两方面，一是沉淀剂本身就是配位剂，二是加入的其他试剂。

例如用 Cl^- 沉淀 Ag^+ 时，得到 AgCl 白色沉淀，若向此溶液中加入氨水，则因 NH_3 配位形成 $[Ag(NH_3)_2]^+$，使 AgCl 的溶解度增大，甚至全部溶解。如果在沉淀 Ag^+ 时，加入过量的 Cl^-，则 Cl^- 能与 AgCl 沉淀进一步形成 $AgCl_2^-$ 和 $AgCl_3^{2-}$ 等配离子，也使 AgCl 沉淀逐渐溶解。这时 Cl^- 沉淀剂本身就是配位剂。由此可见，在用沉淀剂进行沉淀时，应严格控制沉淀剂的用量，同时注意外加试剂的影响。

配位效应使沉淀的溶解度增大的程度与沉淀的溶度积、配位剂的浓度和形成配合物的稳定常数有关。沉淀的溶度积越大，配位剂的浓度越大，形成的配合物越稳定，沉淀就越容易溶解。

综上所述，在实际工作中应根据具体情况来考虑哪种效应是主要的。对无配位反应的强酸盐沉淀，主要考虑同离子效应和盐效应，对弱酸盐或难溶盐的沉淀，多数情况主要考虑酸效应。对于有配位反应且沉淀的溶度积又较大，易形成稳定配合物时，应主要考虑配位效应。

5. 其他影响因素

除上述因素外，温度和其他溶剂的存在，沉淀颗粒大小和结构等，都对沉淀的溶解度有影响。

（1）温度的影响

沉淀的溶解一般是吸热过程，其溶解度随温度升高而增大。因此，对于一些在热溶液中溶解度较大的沉淀，在过滤洗涤时必须在室温下进行，如 $MgNH_4PO_4$、CaC_2O_4 等。对于一些溶解度小，冷时又较难过滤和洗涤的沉淀，则采用趁热过滤，并用热的洗涤液进行洗涤，如 $Fe(OH)_3$、$Al(OH)_3$ 等。

（2）溶剂的影响

无机物沉淀大部分是离子型晶体，它们在有机溶剂中的溶解度一般比在纯水中要小。例如 $PbSO_4$ 沉淀在 100mL 水中的溶解度为 1.5×10^{-4} mol/L，而在 100mL 的乙醇溶液（$\varphi_{乙醇} = 50\%$，体积分数）中的溶解度为 7.6×10^{-6} mol/L。

（3）沉淀颗粒大小和结构的影响

同一种沉淀，在质量相同时，颗粒越小，其总表面积越大，溶解度越大。由于小晶体比大晶体有更多的角、边和表面，处于这些位置的离子受晶体内离子的吸引力小，又受到溶剂分子的作用，容易进入溶液中。因此，小颗粒沉淀的溶解度比大颗粒沉淀的溶解度大。所以，在实际分析中，要尽量创造条件以利于形成大颗粒晶体。

4.3　影响沉淀纯净度的因素

研究沉淀的类型和沉淀的形成过程，主要是为了选择适宜的沉淀条件，以获得纯净且易于分离和洗涤的沉淀。

4.3.1　沉淀的类型

按照沉淀颗粒的大小，沉淀可粗略地分为三种类型：晶形沉淀、凝乳状沉淀和无定形沉淀。

1. 晶形沉淀

晶形沉淀是具有一定形状的晶体，其内部排列规则有序，颗粒直径约为 $0.1\sim1\mu m$，是颗粒最大的。其特点是：结构紧密，具有明显的晶面，沉淀所占体积小、沾污少、易沉降、易过滤和洗涤。例如：$MgNH_4PO_4$、$BaSO_4$ 等典型的晶形沉淀。

2. 无定形沉淀

无定形沉淀是无晶体结构特征的一类沉淀。其颗粒最小，直径大约在 $0.02\mu m$ 以下。无定型沉淀是由许多聚集在一起的微小颗粒（直径小于 $0.02\mu m$）组成的，内部排列杂乱无章、结构疏松、体积庞大、吸附杂质多，不能很好地沉降，无明显的晶面，难于过滤和洗涤。它与晶型沉淀的主要差别在于颗粒大小不同。例如：$Fe_2O_3 \cdot nH_2O$，$P_2O_3 \cdot nH_2O$ 等是典型的无定型沉淀。

3. 凝乳状沉淀

沉淀颗粒大小介于晶形沉淀与无定形沉淀之间，其直径大约在 $0.02\sim1\mu m$ 之间，因此它的性质也介于两者之间，属于两者之间的过渡形。比如，$AgCl$ 就属于凝乳状沉淀。

生成的沉淀究竟属于哪种类型，首先取决于构成沉淀的物质本身的性质，这是内因。但是沉淀形成时的条件以及沉淀以后的处理情况对沉淀的类型也有一定影响，这是外因。有必要从内因和外因这两个方面来探讨一般沉淀的形成过程及对沉淀类型的影响。

4.3.2　沉淀的形成过程

沉淀形成的微观过程是极其复杂的，影响沉淀形成的因素也是多方面的而不是单一的。一般认为，沉淀的形成可以大致分为三个阶段：晶核形成（成核）、晶核成长和沉淀微粒的堆积。可示意为

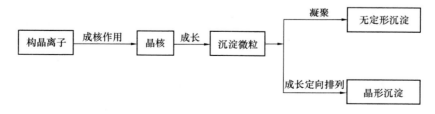

1. 晶核的形成

将沉淀剂加入被测组分的试液中，溶液是过饱和状态时，构晶离子由于静电作用而形成微小的晶核。晶核的形成可以分为均相成核和异相成核。

均相成核是指过饱和溶液中构晶离子通过缔合作用，自发地形成晶核的过程。不同的沉淀，组成晶核的离子数目不同。例如：$BaSO_4$ 的晶核由 8 个构晶离子组成，Ag_2CrO_4 的晶核由 6 个构晶离子组成。

异相成核是指在过饱和溶液中，构晶离子在外来固体微粒的诱导下，聚合在固体微粒周围形成晶核的过程。溶液中的"晶核"数目取决于溶液中混入固体微粒的数目。随着构晶离子浓度的增加，晶体将成长的大一些。

当溶液的相对过饱和程度较大时，异相成核与均相成核同时作用，形成的晶核数目多，沉淀颗粒小。

2. 晶形沉淀和无定形沉淀的生成

晶核形成时，溶液中的构晶离子向晶核表面扩散，并沉积在晶核上，晶核逐渐长大形成沉淀微粒。在沉淀过程中，由构晶离子聚集成晶核的速度称为聚集速度；构晶离子按一定晶格定向排列的速度称为定向速度。如果定向速度大于聚集速度较多，溶液中最初生成的晶核不很多，有更多的离子以晶核为中心，并有足够的时间依次定向排列长大，形成颗粒较大的晶形沉淀。反之聚集速度大于定向速度，则很多离子聚集成大量晶核，溶液中没有更多的离子定向排列到晶核上，于是沉淀就迅速聚集成许多微小的颗粒，因而得到无定形沉淀。

定向速度主要取决于沉淀物质的本性，极性较强的物质，如 $BaSO_4$、$MgNH_4PO_4$ 和 CaC_2O_4 等，一般具有较大的定向速度，易形成晶形沉淀。AgCl 的极性较弱，逐步生成凝乳状沉淀。氢氧化物，特别是高价金属离子的氢氧化物，如 $Fe(OH)_3$、$Al(OH)_3$ 等，由于含有大量水分子，阻碍离子的定向排列，一般生成无定形胶状沉淀。

聚集速度不仅与物质的性质有关，同时主要由沉淀的条件决定，其中最重要的是溶液中生成沉淀时的相对过饱和度。聚集速度与溶液的相对过饱和度成正比，溶液相对过饱和度越大，聚集速度越大，晶核生成多，易形成无定型沉淀。反之，溶液相对过饱和度小，聚集速度小，晶核生成少，有利于生成颗粒较大的晶形沉淀。因此，通过控制溶液的相对过饱和度，可以改变形成沉淀颗粒的大小，有可能改变沉淀的类型。

4.3.3　影响沉淀纯净度的因素

在重量分析中，要求获得的沉淀是纯净的。但是，沉淀从溶液中析出时，总会或多或少地夹杂溶液中的其他组分。因此必须了解影响沉淀纯度的各种因素，找出减少杂质混入的方法，以获得符合重量分析要求的沉淀。

影响沉淀纯度的主要因素有共沉淀现象和继沉淀现象。

1. 共沉淀

当沉淀从溶液中析出时，溶液中的某些可溶性组分也同时沉淀下来的现象称为共沉淀。共沉淀是引起沉淀不纯的主要原因，也是重量分析误差的主要来源之一。共沉淀现象主要有以下三类。

（1）表面吸附

由于沉淀表面离子电荷的作用力未达到平衡，因而产生自由静电力场。由于沉淀表面静电引力作用吸引了溶液中带相反电荷的离子，使沉淀微粒带有电荷，形成吸附层。带电荷的微粒又吸引溶液中带相反电荷的离子，构成电中性的分子。因此，沉淀表面吸附了杂质分子。例如：加过量 $BaCl_2$ 到 H_2SO_4 的溶液中，生成 $BaSO_4$ 晶体沉淀。沉淀表面上的 SO_4^{2-}

由于静电引力强烈地吸引溶液中的 Ba^{2+}，形成第一吸附层，使沉淀表面带正电荷。然后它又吸引溶液中带负电荷的离子，如 Cl^- 离子，构成电中性的双电层，如图 4-1 所示。双电层能随颗粒一起下沉，因而使沉淀被污染。

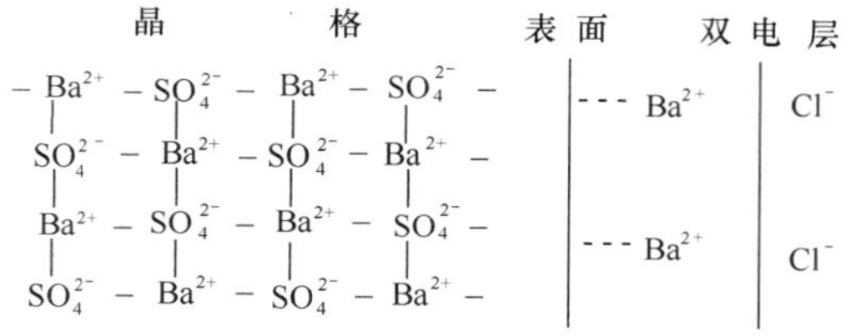

图 4-1　晶体表面吸附示意图

显然，沉淀的总表面积越大，吸附杂质就越多；溶液中杂质离子的浓度越高，价态越高，越易被吸附。由于吸附作用是一个放热反应，所以升高溶液的温度，可减少杂质的吸附。

（2）吸留和包藏

吸留是被吸附的杂质机械地嵌入沉淀中。包藏常指母液机械地包藏在沉淀中。这些现象的发生，是由于沉淀剂加入太快，使沉淀急速生长，沉淀表面吸附的杂质来不及离开就被随后生成的沉淀所覆盖，使杂质离子或母液被吸留或包藏在沉淀内部。这类共沉淀不能用洗涤的方法将杂质除去，可以借改变沉淀条件或重结晶的方法来减免。

（3）混晶

当溶液杂质离子与构晶离子半径相近，晶体结构相同时，杂质离子将进入晶核排列中形成混晶。例如 Pb^{2+} 和 Ba^{2+} 半径相近，电荷相同，在用 H_2SO_4 沉淀 Ba^{2+} 时，Pb^{2+} 能够取代 $BaSO_4$ 中的 Ba^{2+} 进入晶核形成 $PbSO_4$ 与 $BaSO_4$ 的混晶共沉淀。又如 $AgCl$ 和 $AgBr$、$MgNH_4PO_4 \cdot 6H_2O$ 和 $MgNH_4AsO_4$ 等都易形成混晶。为了减免混晶的生成，最好在沉淀前先将杂质分离出去。

2. 后沉淀

在沉淀析出后，当沉淀与母液一起放置时，溶液中某些杂质离子可能慢慢地沉积到原沉淀上，放置时间越长，杂质析出的量越多，这种现象称为后沉淀。例如：Mg^{2+} 存在时以 $(NH_4)_2C_2O_4$ 沉淀 Ca^{2+}，Mg^{2+} 易形成稳定的草酸盐过饱和溶液而不立即析出。如果把形成的 CaC_2O_4 沉淀过滤，则发现沉淀表面上吸附有少量镁。若将含有 Mg^{2+} 的母液与 CaC_2O_4 沉淀一起放置一段时间，则 MgC_2O_4 沉淀的量将会增多。

4.3.4　减少沉淀玷污的方法

为了提高沉淀的纯度，可采用下列措施。

1. 采用适当的分析程序

当试液中含有几种组分时，首先应沉淀低含量组分，再沉淀高含量组分。反之，由于大量沉淀析出，会使部分低含量组分掺入沉淀，产生测定误差。

2. 降低易被吸附杂质离子的浓度

对于易被吸附的杂质离子，可采用适当的掩蔽方法或改变杂质离子价态来降低其浓度。例如：将 SO_4^{2-} 沉淀为 $BaSO_4$ 时，Fe^{3+} 易被吸附，可把 Fe^{3+} 还原为不易被吸附的 Fe^{2+} 或加酒石酸、EDTA 等，使 Fe^{3+} 生成稳定的配离子，以减小沉淀对 Fe^{3+} 的吸附。

3. 选择沉淀条件

沉淀条件包括溶液浓度、温度、试剂的加入次序和速度、陈化与否等，对不同类型的沉淀，应选用不同的沉淀条件，以获得符合重量分析要求的沉淀。

4. 再沉淀

必要时将沉淀过滤、洗涤、溶解后，再进行一次沉淀。再沉淀时，溶液中杂质的量大为降低，共沉淀和继沉淀现象自然减小。

5. 选择适当的洗涤液洗涤沉淀

吸附作用是可逆过程，用适当的洗涤液通过洗涤交换的方法，可洗去沉淀表面吸附的杂质离子。例如：$Fe(OH)_3$ 吸附 Mg^{2+}，用 NH_4NO_3 稀溶液洗涤时，被吸附在表面的 Mg^{2+} 与洗涤液的 NH_4^+ 发生交换，吸附在沉淀表面的 NH_4^+，可在燃烧沉淀时分解除去。为了提高洗涤沉淀的效率，同体积的洗涤液应尽可能分多次洗涤，通常称为"少量多次"的洗涤原则。

6. 选择合适的沉淀剂

无机沉淀剂选择性差，易形成胶状沉淀，吸附杂质多，难于过滤和洗涤。有机沉淀剂选择性高，常能形成结构较好的晶形沉淀，吸附杂质少，易于过滤和洗涤。因此，在可能的情况下，尽量选择有机试剂做沉淀剂。

4.4　沉淀的条件和称量形式的获得

4.4.1　沉淀的条件

在重量分析中，为了获得准确的分析结果，要求沉淀完全、纯净、易于过滤和洗涤，并减小沉淀的溶解损失。因此，对于不同类型的沉淀，应当选用不同的沉淀条件。

1. 晶形沉淀

为了形成颗粒较大的晶形沉淀，采取以下沉淀条件。

（1）在适当稀、热溶液中进行

在稀、热溶液中进行沉淀，可使溶液中相对过饱和度保持较低，以利于生成晶形沉淀。同时也有利于得到纯净的沉淀。对于溶解度较大的沉淀，溶液不能太稀，否则沉淀溶解损失较多，影响结果的准确度。在沉淀完全后，应将溶液冷却后再进行过滤。

（2）快搅慢加

在不断搅拌的同时缓慢滴加沉淀剂，可使沉淀剂迅速扩散，防止局部相对过饱和度过大而产生大量小晶粒。

（3）陈化

陈化是指沉淀完全后，将沉淀连同母液放置一段时间，使小晶粒变为大晶粒，不纯净的沉淀转变为纯净沉淀的过程。因为在同样条件下，小晶粒的溶解度比大晶粒大。在同一溶液中，对大晶粒为饱和溶液时，对小晶粒则为未饱和，小晶粒就要溶解。这样，溶液中的构晶离子就在大晶粒上沉积，直至达到饱和。这时，小晶粒又为未饱和，又要溶解。如此反复进行，小晶粒逐渐消失，大晶粒不断长大。陈化过程不仅能使晶粒变大，而且能使沉淀变得更纯净。加热和搅拌可以缩短陈化时间。但是陈化作用对伴随有混晶共沉淀的沉淀，不一定能提高纯度，对伴随有继沉淀的沉淀，不仅不能提高纯度，有时反而会降低纯度。

2. 无定形沉淀

无定形沉淀的特点是结构疏松，比表面大，吸附杂质多，溶解度小，易形成胶体，不易过滤和洗涤。对于这类沉淀关键问题是创造适宜的沉淀条件来改善沉淀的结构，使之不致形成胶体，并且有较紧密的结构，便于过滤和减小杂质吸附。因此，无定形沉淀的沉淀条件是：

（1）在较浓的溶液中进行沉淀

在浓溶液中进行沉淀，离子水化程度小，结构较紧密，体积较小，容易过滤和洗涤。但在浓溶液中，杂质的浓度也比较高，沉淀吸附杂质的量也较多。因此，在沉淀完毕后，应立即加入热水稀释搅拌，使被吸附的杂质离子转移到溶液中。

（2）在热溶液中及电解质存在下进行沉淀

在热溶液中进行沉淀可防止生成胶体，并减少杂质的吸附。电解质的存在，可促使带电荷的胶体粒子相互凝聚沉降，加快沉降速度，因此，电解质一般选用易挥发性的铵盐如 NH_4NO_3 或 NH_4Cl 等，它们在灼烧时均可挥发除去。有时在溶液中加入与胶体带相反电荷的另一种胶体来代替电解质，可使被测组分沉淀完全。例如测定 SiO_2 时，加入带正电荷的动物胶与带负电荷的硅酸胶体凝聚而沉降下来。

（3）趁热过滤洗涤，不需陈化

沉淀完毕后，趁热过滤，不要陈化，因为沉淀放置后逐渐失去水分，聚集得更为紧密，使吸附的杂质更难洗去。

洗涤无定形沉淀时，一般选用热、稀的电解质溶液作洗涤液，主要是防止沉淀重新变为胶体难于过滤和洗涤，常用的洗涤液有 NH_4NO_3、NH_4Cl 或氨水。

无定形沉淀吸附杂质较严重，一次沉淀很难保证纯净，必要时进行再沉淀。

3. 均匀沉淀法

为改善沉淀条件，避免因加入沉淀剂所引起的溶液局部相对过饱和的现象发生，采用均匀沉淀法。这种方法是通过某一化学反应，使沉淀剂从溶液中缓慢地、均匀地产生出来，使沉淀在整个溶液中缓慢地、均匀地析出，获得颗粒较大、结构紧密、纯净、易于过滤和洗涤的沉淀。例如：沉淀 Ca^{2+} 时，如果直接加入 $(NH_4)_2C_2O_4$，尽管按晶形沉淀条件进行沉淀，仍得到颗粒细小的 CaC_2O_4 沉淀。若在含有 Ca^{2+} 的溶液中，以 HCl 酸化后，加入 $(NH_4)_2C_2O_4$，溶液中主要存在的是 $HC_2O_4^-$ 和 $H_2C_2O_4$，此时，向溶液中加入尿素并加热至使 $90℃$，尿素逐渐水解产生 NH_3。

$$CO(NH_2)_2 + H_2O == 2NH_3 + CO_2 \uparrow$$

水解产生的 NH_3 均匀地分布在溶液的各个部分，溶液的酸度逐渐降低，$C_2O_4^{2-}$ 浓度渐渐增大，CaC_2O_4 则均匀而缓慢地析出形成颗粒较大的晶形沉淀。

均匀沉淀法还可以利用有机化合物的水解（如酯类水解）、配合物的分解、氧化还原反应等方式进行，如表 4-1 所示。

表 4-1　某些均匀沉淀法的应用

沉淀剂	加入试剂	反　　　应	被测组分
OH^-	尿素	$CO(NH_2)_2 + H_2O == CO_2 + 2NH_3$	Al^{3+}、Fe^{3+}、Bi^{3+}
OH^-	六次甲基四胺	$(CH_2)_6N_4 + 6H_2O == 6HCHO + 4NH_3$	Th^{4+}
PO_4^{3-}	磷酸三甲酯	$(CH_3)_3PO_4 + 3H_2O == 3CH_3OH + H_3PO_4$	Zr^{4+}、Hf^{4+}
S^{2-}	硫代乙酰胺	$CH_3CSNH_2 + H_2O == CH_3CONH_2 + H_2S$	金属离子
SO_4^{2-}	硫酸二甲酯	$(CH_3)_2SO_4 + 2H_2O == 2CH_3OH + SO_4^{2-} + 2H^+$	Ba^{2+}、Sr^{2+}、Pb^{2+}
$C_2O_4^{2-}$	草酸二甲酯	$(CH_3)_2C_2O_4 + 2H_2O == 2CH_3OH + H_2C_2O_4$	Ca^{2+}、Th^{4+}、稀土
Ba^{2+}	Ba-EDTA	$BaY^{2-} + 4H^+ == H_4Y + Ba^{2+}$	SO_4^{2-}

4.4.2 称量形式的获得

沉淀完毕后,还需经过滤、洗涤、烘干或灼烧,最后得到符合要求的称量形式。

1. 沉淀的过滤和洗涤

沉淀常用定量定量滤纸(又称无灰定量滤纸)或玻璃砂芯坩埚过滤。对于需要灼烧的沉淀,应根据沉淀的性状选用紧密程度不同的定量滤纸。一般无定形沉淀如 $Al(OH)_3$、$Fe(OH)_3$ 等,选用疏松的快速定量滤纸,粗粒的晶形沉淀如 $MgNH_4PO_4 \cdot 6H_2O$ 等选用较紧密的中速定量滤纸,颗粒较小的晶形沉淀如 $BaSO_4$ 等,选用紧密的慢速定量滤纸。对于只需烘干即可作为称量形式的沉淀,应选用玻璃砂芯坩埚过滤。

洗涤沉淀是为了洗去沉淀表面吸附的杂质和混杂在沉淀中的母液。洗涤时要尽量减小沉淀的溶解损失和避免形成胶体。因此,需选择合适的洗液。选择洗涤液的原则是:对于溶解度很小,又不易形成胶体的沉淀,可用蒸馏水洗涤。对于溶解度较大的晶形沉淀,可用沉淀剂的稀溶液洗涤,但沉淀剂必须在烘干或灼烧时易挥发或易分解除去,例如用 $(NH_4)_2C_2O_4$ 稀溶液洗涤 CaC_2O_4 沉淀。对于溶解度较小而又能形成胶体的沉淀,应用易挥发的电解质稀溶液洗涤,例如用 NH_4NO_3 稀溶液洗涤 $Fe(OH)_3$ 沉淀。

用热洗涤液洗涤,则过滤较快,且能防止形成胶体,但溶解度随温度升高而增大较快的沉淀不能用热洗涤液洗涤。

洗涤必须连续进行,一次完成,不能将沉淀放置太久,尤其是一些非晶形沉淀,放置凝聚后,不易洗净。

洗涤沉淀时,既要将沉淀洗净,又不能增加沉淀的溶解损失。同体积的洗涤液,采用"少量多次"、"尽量沥干"的洗涤原则,用适当少的洗涤液,分多次洗涤,每次加洗涤液前,使前次洗涤液尽量流尽,这样可以提高洗涤效果。

在沉淀的过滤和洗涤操作中,为缩短分析时间和提高洗涤效率,都应采用倾泻法。

2. 沉淀的烘干和灼烧

沉淀的烘干或灼烧是为了除去沉淀中的水分和挥发性物质,并转化为组成固定的称量形式。烘干或灼烧的温度和时间,随沉淀的性质而定。

灼烧温度一般在 $800℃$ 以上,常用瓷坩埚盛放沉淀。若需用氢氟酸处理沉淀,则应用铂坩埚。灼烧沉淀前,应用定量滤纸包好沉淀,放入已灼烧至质量恒定的瓷坩埚中,先加热烘干、炭化后再进行灼烧。

沉淀经烘干或灼烧至质量恒定后,由其质量即可计算测定结果。

4.5 有机沉淀剂

4.5.1 有机沉淀剂的特点

有机沉淀剂较无机沉淀剂具有下列优点:

1. 选择性高

有机沉淀剂在一定条件下,一般只与少数离子起沉淀反应。

2. 沉淀的溶解度小

由于有机沉淀的疏水性强，所以溶解度较小，有利于沉淀完全。

3. 沉淀吸附杂质少

因为沉淀表面不带电荷，所以吸附杂质离子少，易获得纯净的沉淀。

4. 沉淀的摩尔质量大

被测组分在称量形式中占的百分比小，有利于提高分析结果的准确度。

5. 多数有机沉淀物组成恒定，经烘干后即可称重，简化了重量分析的操作

但是，有机沉淀剂一般在水中的溶解度较小，有些沉淀的组成不恒定，这些缺点，还有待于今后继续改进。

4.5.2　有机沉淀剂的分类

有机沉淀剂和金属离子通常生成微溶性的螯合物或离子缔合物。因此，有机沉淀剂也可分为生成螯合物的沉淀剂和生成离子缔合物的沉淀剂两类。

1. 生成螯合物的沉淀剂

作为沉淀剂的螯合剂，绝大部分是 HL 型或 H_2L 型（H_3L 型的较少）。能形成螯合物沉淀的有机沉淀剂，它们至少应有下列两种官能团：一种是酸性官能团，如—COOH、—OH、=NOH、—SH、—SO$_3$H 等，这些官能团中的 H^+ 可被金属离子置换；另一种是碱性官能团，如—NH$_2$、—NH=、=C=O 及 =C=S 等，这些官能团具有未被共用的电子对，可以与金属离子形成配位键而成为配位化合物。金属离子与有机螯合物沉淀剂反应，通过酸性基团和碱性基团的共同作用，生成微溶性的螯合物，例如 8-羟基喹啉与 Al^{3+} 配位时，酸性基团—OH 的氢被 Al^{3+} 置换，同时 Al^{3+} 又与碱性基团=N—以配位键相结合，形成五元环结构的微溶性螯合物，生成的 8-羟基喹啉铝不带电荷，所以不易吸附其他离子，沉淀比较纯净，而且溶解度很小（$K_{sp}=1.0\times10^{-29}$）。

2. 生成离子缔合物沉淀剂

有些摩尔质量较大的有机试剂，在水溶液中以阳离子和阴离子形式存在，它们与带相反电荷的离子反应后，可能生成微溶性的离子缔合物（或称为正盐沉淀）。

例如，四苯硼酸钠 $NaB(C_6H_5)_4$ 与 K^+ 有下列沉淀反应

$$B(C_6H_5)_4^- + K^+ \Longrightarrow KB(C_6H_5)_4 \downarrow$$

$KB(C_6H_5)_4$ 的溶解度小，组成恒定，烘干后即可直接称量，所以四苯硼酸钠是测定 K^+ 的较好沉淀剂。

4.5.3　有机沉淀剂应用示例

1. 丁二酮

$$CH_3—C=NOH$$
$$|$$
$$CH_3—C=NOH$$

白色粉末，微溶于水，通常使用它的乙醇溶液或氢氧化钠溶液。丁二酮肟是选择性较高的生成螯合物的沉淀剂，在金属离子中，只有 Ni^{2+}、Pd^{2+}、Pt^{2+}、Fe^{2+} 能与它生成沉淀。

在氨性溶液中，丁二酮肟与 Ni^{2+} 生成鲜红色的螯合物沉淀，沉淀组成恒定，可烘干后

直接称量，常用于重量法测定镍。Fe^{3+}、Al^{3+}、Cr^{3+} 等在氨性溶液中能生成水合氧化物沉淀干扰测定，可加入柠檬酸或酒石酸进行掩蔽。

2. 8-羟基喹啉

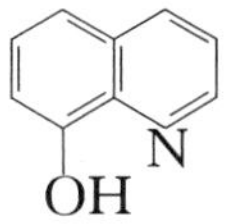

白色针状晶体，微溶于水，一般使用它的乙醇溶液或丙酮溶液，是生成螯合物的沉淀剂，在弱酸性或碱性溶液中（pH＝3～9），8-羟基喹啉与许多金属离子发生沉淀反应，例如 Al^{3+} 与 8-羟基喹啉反应

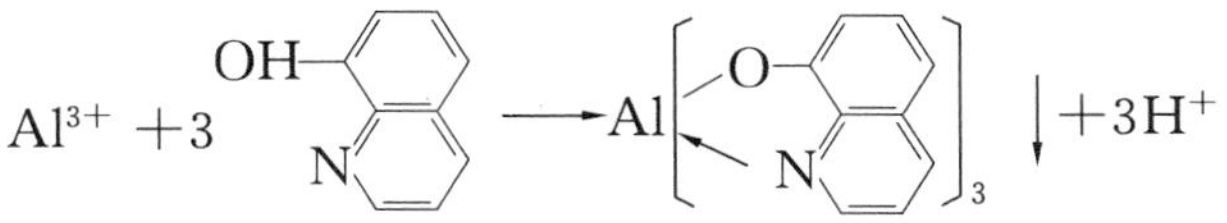

生成的沉淀恒定，可烘干后直接称重。8-羟基喹啉的最大缺点是选择性较差，采用适当的掩蔽剂，可以提高反应的选择性。例如，用 KCN、EDTA 掩蔽 Cu^{2+}、Fe^{3+} 等离子后，可在氨性溶液中沉淀 Al^{3+}，并用于重量法。

目前已经合成了一些选择性较高的 8-羟基喹啉衍生物，如：2-甲基-8-羟基喹啉，在 pH ＝5.5 时沉淀 Zn^{2+}，pH＝9 时沉淀 Mg^{2+}，而不与 Al^{3+} 发生沉淀反应。

3. 四苯硼酸钠

白色粉末状结晶，易溶于水，是生成离子缔合物的沉淀剂。试剂能与 K^+、NH^+、Rb^+、Cs^+、TI^+、Ag^+ 等生成离子缔合物沉淀。试剂易溶于水，是测 K^+ 的良好沉淀剂。由于一般试样中 Rb^+、Cs^+、TI^+、Ag^+ 的含量极微，故此试剂常用于 K^+ 的测定。沉淀组成恒定，可烘干后直接称重。

有机沉淀剂的应用实例不胜枚举，可参考有关专著。

4.6　重量分析结果计算

4.6.1　重量分析中的换算因数

重量分析中，当最后称量形式与被测组分形式一致时，计算其分析结果就比较简单了。例如，测定要求计算 SiO_2 的含量，重量分析最后称量形式也是 SiO_2，其分析结果按下式计算：

$$w_{SiO_2} = \frac{m_{SiO_2}}{m} \times 100\%$$

式中　w_{SiO_2}——SiO_2 的质量分数；

　　　m_{SiO_2}——SiO_2 沉淀质量，g；

　　　m——试样质量，g。

如果最后称量形式与被测组分形式不一致时，分析结果就要进行适当的换算。例如测定钡时，得到 $BaSO_4$ 沉淀 0.5051g，可按下列方法换算成被测组分钡的质量。

$$BaSO_4 \qquad\qquad Ba$$

$$233.4 \qquad\qquad 137.4$$

$$0.5051g \qquad\qquad m_{Ba}g$$

$$m_{Ba} = (0.5051 \times 137.4/233.4)g = 0.2973g$$

即

$$m_{Ba} = m_{BaSO_4} \frac{M(Ba)}{M(BaSO_4)}$$

式中 m_{BaSO_4} 为称量形式 $BaSO_4$ 的质量，g；$\dfrac{M(Ba)}{M(BaSO_4)}$ 是将 $BaSO_4$ 的质量换算成 Ba 的质量的分式，此分式是一个常数，与试样质量无关。这一比值通常称为换算因数或化学因数（即欲测组分的摩尔质量与称量形式的摩尔质量之比，常用 F 表示）。将称量形式的质量换算成所要测定组分的质量后，即可按前面计算 SiO_2 分析结果的方法进行计算。分析化学手册中可查到常见物质的换算因数。表 4-2 列出了几种常见物质的换算因数。

表 4-2　几种常见物质的换算因数

被测组分	沉淀形	称量形	换算因数
Fe	$Fe_2O_3 \cdot nH_2O$	Fe_2O_3	$2M(Fe)/M(Fe_2O_3) = 0.6994$
Fe_3O_4	$Fe_2O_3 \cdot nH_2O$	Fe_2O_3	$2M(Fe_3O_4)/3M(Fe_2O_3) = 0.9666$
P	$MgNH_4PO_4 \cdot 6H_2O$	$Mg_2P_2O_7$	$2M(P)/M(MgP_2O_7) = 0.2783$
P_2O_5	$MgNH_4PO_4 \cdot 6H_2O$	$Mg_2P_2O_7$	$P_2O_5/Mg_2P_2O_7 = 0.6377$
MgO	$MgNH_4PO_4 \cdot 6H_2O$	$Mg_2P_2O_7$	$2MgO/Mg_2P_2O_7 = 0.3621$
S	$BaSO_4$	$BaSO_4$	$S/BaSO_4 = 0.1374$

求算换算因数时，一定要注意使分子和分母所含被测组分的原子或分子数目相等，所以在被测组分的摩尔质量和称量形式摩尔质量之前有时需要乘以适当的系数。

4.6.2　结果计算示例

【例 4-2】用 $BaSO_4$ 重量法测定黄铁矿中硫的含量时，称取试样 0.1819g，最后得到 $BaSO_4$ 沉淀 0.4821g，计算试样中硫的质量分数。

解：沉淀形式为 $BaSO_4$，称量形式也是 $BaSO_4$，但被测组分是 S，所以必须把称量组分利用换算因数换算为被测组分，才能算出被测组分的含量。已知 $BaSO_4$ 相对分子质量为 233.4；S 相对原子质量为 32.06。

因为

$$w_S = \frac{m_S}{m_s} \times 100 = \frac{m_{BaSO_4} \dfrac{M(S)}{M(BaSO_4)}}{m_s} \times 100$$

所以

$$w_S = \frac{0.4821 \times 32.06/233.4}{0.1819} \times 100 = 36.41$$

【例 4-3】测定磁铁矿（不纯的 Fe_3O_4）中铁的含量时，称取试样 0.1666g，经溶解、氧化，使 Fe^{3+} 离子沉淀为 $Fe(OH)_3$，灼烧后得 Fe_2O_3 质量为 0.1370g。计算试样中：① Fe 的质量分数；② Fe_3O_4 的质量分数。

解：① 已知：$M(Fe)=55.85g/mol$；$M(Fe_3O_4)=231.5g/mol$；$M(Fe_2O_3)=159.7g/mol$

因为

$$w_{Fe}=\frac{m_{Fe}}{m_s}\times 100=\frac{m_{Fe_2O_3}\dfrac{2M(Fe)}{M(Fe_2O_3)}}{m_s}\times 100$$

所以

$$w_{Fe}=\frac{0.1370\times 2\times 55.85/159.7}{0.1666}\times 100=57.52$$

② 按题意

因为

$$w_{Fe_3O_4}=\frac{m_{Fe_3O_4}}{m_s}\times 100=\frac{m_{Fe_2O_3}\dfrac{2M(Fe_3O_4)}{3M(Fe_2O_3)}}{m_s}\times 100$$

所以

$$w_{Fe_3O_4}=\frac{0.1370\times 2\times 231.5/3\times 159.7}{0.1666}\times 100=79.47$$

【例 4-4】分析某一化学纯 $AlPO_4$ 的试样，得到 $0.1126g$ $Mg_2P_2O_7$，问可以得到多少 Al_2O_3？

解：已知 $M(Mg_2P_2O_7)=222.6g/mol$；$M(Al_2O_3)=102.0g/mol$

按题意：

$$Mg_2P_2O_7\sim 2P\sim 2Al\sim Al_2O_3$$

因为

$$m_{Al_2O_3}=m_{Mg_2P_2O_7}\frac{M(Al_2O_3)}{M(MgP_2O_7)}$$

所以

$$m_{Al_2O_3}=(0.1126\times 102.0/222.6)g=0.05160g$$

【例 4-5】铵离子可用 H_2PtCl_6 沉淀为 $(NH_4)_2PtCl_6$，再灼烧为金属 Pt 后称量，反应式如下：$(NH_4)_2PtCl_6=Pt+2NH_4Cl+2Cl_2\uparrow$ 若分析得到 $0.1032g$ Pt，求试样中含 NH_3 的质量（g）？

解：已知 $M(NH_3)=17.03g/mol$；$M(Pt)=195.1g/mol$

按题意：

$$(NH_4)_2PtCl_6\sim Pt\sim 2NH_3$$

所以

$$m_{NH_3}=m_{Pt}\frac{2M(NH_3)}{M(Pt)}$$

所以

$$m_{NH_3}=(0.1032\times 2\times 17.03/195.1)g=0.01802g$$

4.7　重量分析的基本操作

重量分析法一般是先将被测组分从试样中分离出来，转化成一定量的称量形式，然后，用称量的方法测定该组分的质量，从而计算出被测组分含量的方法。由于试样中被测组分性质不同，采用的分离方法也不同。按其分离的方法不同，重量分析可分为沉淀法、挥发法和萃取法。

用沉淀法进行重量分析的主要操作有：样品的溶解、沉淀、过滤，沉淀的洗涤，沉淀的烘干、炭化、灰化、灼烧，沉淀的称量等。分别介绍如下。

4.7.1　溶解样品

根据被测试样的性质，选用不同的溶（熔）解试剂，以确保被测组分全部溶解，且不使被测组分发生氧化还原反应造成损失，加入的试剂应不影响测定。所用的玻璃仪器内壁（与溶液接触面）不能有划痕，玻璃棒两头应烧圆，以防黏附沉淀物。

溶解试样操作如下：

试样溶解时不产生气体的溶解方法：称取样品放入烧杯中，盖上表面皿，溶解时，取下表面皿，凸面向上放置，试剂沿下端紧靠杯内壁的玻棒慢慢加入，加完后将表面皿盖在烧杯上。

试样溶解时产生气体的溶解方法：称取样品放入烧杯中，先用少量水将样品润湿，表面皿凹面向上盖在烧杯上，用滴管滴加，或沿玻棒将试剂自烧杯嘴与表面皿之间的孔隙缓慢加入，以防猛烈产生气体，加完试剂后，用水吹洗表面皿的凸面，流下来的水应沿烧杯内壁流入烧杯中，用洗瓶吹洗烧杯内壁。

试样溶解需加热或蒸发时，应在水浴锅内进行，烧杯上必须盖上表面皿，以防溶液剧烈爆沸或迸溅，加热、蒸发停止时，用洗瓶洗表面皿或烧杯内壁。

溶解时需用玻棒搅拌的，此玻棒再不能作为他用。

4.7.2 沉淀

重量分析对沉淀的要求是尽可能地完全和纯净，为了达到这个要求，应该按照沉淀的不同类型选择不同的沉淀条件，如沉淀时溶液的体积、温度、加入沉淀剂的浓度、数量、加入速度、搅拌速度、放置时间等。因此，必须按照规定的操作手续进行。

一般进行沉淀操作时，左手拿滴管，滴加沉淀剂，右手持玻璃棒不断搅动溶液，搅动时玻璃棒不要碰烧杯壁或烧杯底，以免划损烧杯，速度不宜快，以免溶液溅出。溶液需要加热，一般在水浴或电炉上进行，不得使溶液沸腾，否则会引起水溅或产生泡沫飞散造成被测物的损失。沉淀完后，应检查沉淀是否完全，方法是将沉淀溶液静止一段时间，让沉淀下沉，上层溶液澄清后，滴加一滴沉淀剂，观察交接面是否混浊，如混浊，表明沉淀未完全，还需加入沉淀剂；反之，如清亮则沉淀完全。沉淀完全后，盖上表面皿，放置一段时间或在水浴上保温静置 1h 左右，让沉淀的小晶体生成大晶体，不完整的晶体转为完整的晶体。

4.7.3 过滤和洗涤

过滤和洗涤的目的在于将沉淀从母液中分离出来，使其与过量的沉淀剂及其他杂质组分分开，并通过洗涤将沉淀转化成一纯净的单组分。

对于需要灼烧的沉淀物，常在玻璃漏斗中用定量滤纸进行过滤和洗涤，对只需烘干即可称重的沉淀，则在古氏坩埚中进行过滤、洗涤。

过滤和洗涤必须一次完成，不能间断。在操作过程中，不得造成沉淀的损失。

1. 用定量滤纸过滤

（1）定量滤纸的选择

定量滤纸分定性定量滤纸和定量定量滤纸两种，重量分析中常用定量定量滤纸（或称无灰定量滤纸）进行过滤。定量定量滤纸灼烧后灰分极少，其重量可忽略不计，如果灰分较重，应扣除空白。定量定量滤纸一般为圆形，按直径分有 11cm、9cm、7cm 等几种；按定量滤纸孔隙大小分有"快速"、"中速"和"慢速"3 种。根据沉淀的性质选择合适的定量滤纸，如 $BaSO_4$、$CaC_2O_4 \cdot 2H_2O$ 等细晶形沉淀，应选用"慢速"定量滤纸过滤；$Fe_2O_3 \cdot nH_2O$ 为胶状沉淀，应选用"快速"定量滤纸过滤；$MgNH_4PO_4$ 等粗晶形沉淀，应选用

"中速"定量滤纸过滤。根据沉淀量的多少，选择定量滤纸的大小。表 4-3 是常用国产定量定量滤纸的灰分质量，表 4-4 是国产定量定量滤纸的类型。

表 4-3　国产定量定量滤纸的灰分质量

直径(cm)	7	9	11	12.5
灰分（g/张）	3.5×10^{-5}	5.5×10^{-5}	8.5×10^{-5}	1.0×10^{-4}

表 4-4　国产定量定量滤纸的类型

类型	定量滤纸盒上色带标志	滤速(s/100mL)	适用范围
快速	蓝色	60～100	无定形沉淀，如 $Fe(OH)_3$
中速	白色	100～160	中等粒度沉淀，如 $MgNH_4PO_4$
慢速	红色	160～200	细粒状沉淀，如 $BaSO_4$、$CaC_2O_4 \cdot 2H_2O$

（2）漏斗的选择

用于重量分析的漏斗应该是长颈漏斗，颈长为 15～20cm，漏斗锥体角应为 $60°$，颈的直径要小些，一般为 3～5mm，以便在颈内容易保留水柱，出口处磨成 $45°$ 角，如图 4-2 所示。漏斗在使用前应洗净。

（3）定量滤纸的折叠

折叠定量滤纸的手要洗净擦干。定量滤纸的折叠如图 4-3 所示。

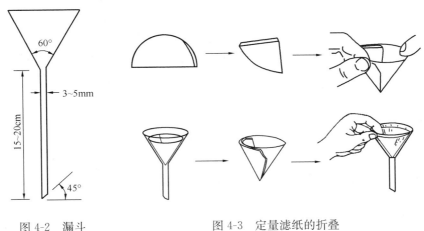

图 4-2　漏斗　　　　　　　图 4-3　定量滤纸的折叠

先把定量滤纸对折并按紧一半，然后再对折但不要按紧，把折成圆锥形的定量滤纸放入漏斗中。定量滤纸的大小应低于漏斗边缘 0.5～1cm，若高出漏斗边缘，可剪去一圈。观察折好的定量滤纸是否能与漏斗内壁紧密贴合，若未贴合紧密可以适当改变定量滤纸折叠角度，直至与漏斗贴紧后把第二次的折边折紧。取出圆锥形定量滤纸，将半边为三层定量滤纸的外层折角撕下一块，这样可以使内层定量滤纸紧密贴在漏斗内壁上，撕下来的那一小块定量滤纸保留作擦拭烧杯内残留的沉淀用。

（4）做水柱

定量滤纸放入漏斗后，用手按紧使之密合，然后用洗瓶加水润湿全部定量滤纸。用手指轻压定量滤纸赶去定量滤纸与漏斗壁间的气泡，然后加水至定量滤纸边缘，此时漏斗颈内应全部充满水，形成水柱。定量滤纸上的水已全部流尽后，漏斗颈内的水柱应仍能保住，这样，由于液体的重力可起抽滤作用，加快过滤速度。

若水柱做不成，可用手指堵住漏斗下口，稍掀起定量滤纸的一边，用洗瓶向定量滤纸和漏斗间的空隙内加水，直到漏斗颈及锥体的一部分被水充满，然后边按紧定量滤纸边慢慢松开下面堵住出口的手指，此时水柱应该形成。如仍不能形成水柱，或水柱不能保持，而漏斗颈又确已洗净，则是因为漏斗颈太大。实践证明，漏斗颈太大的漏斗，是做不出水柱的，应更换漏斗。

做好水柱的漏斗应放在漏斗架上，下面用一个洁净的烧杯承接滤液，滤液可用做其他组分的测定。滤液有时是不需要的，但考虑到过滤过程中，可能有沉淀渗漏，或定量滤纸意外破裂，需要重滤，所以要用洗净的烧杯来承接滤液。为了防止滤液外溅，一般都将漏斗颈出口斜口长的一侧贴紧烧杯内壁。漏斗位置的高低，以过滤过程中漏斗颈的出口不接触滤液为度。

（5）倾泻法过滤和初步洗涤

首先要强调，过滤和洗涤一定要一次完成，因此必须事先计划好时间，不能间断，特别是过滤胶状沉淀。

过滤一般分3个阶段进行：第一阶段采用倾泻法把尽可能多的清液先过滤过去，并将烧杯中的沉淀作初步洗涤；第二阶段把沉淀转移到漏斗上；第三阶段清洗烧杯和洗涤漏斗上的沉淀。

过滤时，为了避免沉淀堵塞定量滤纸的空隙，影响过滤速度，一般多采用倾泻法过滤，即倾斜静置烧杯，待沉淀下降后，先将上层清液倾入漏斗中，而不是一开始过滤就将沉淀和溶液搅混后过滤。

过滤操作如图4-4所示，将烧杯移到漏斗上方，轻轻提取玻璃棒，将玻璃棒下端轻碰一下烧杯壁使悬挂的液滴流回烧杯中，将烧杯嘴与玻璃棒贴紧，玻璃棒直立，下端接近三层定量滤纸的一边，慢慢倾斜烧杯，使上层清液沿玻璃棒流入漏斗中，漏斗中的液面不要超过定量滤纸高度的2/3，或使液面离定量滤纸上边缘约5mm，以免少量沉淀因毛细管作用越过定量滤纸上缘，造成损失。

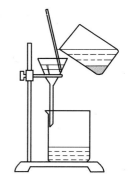

图4-4　倾泻法过滤

暂停倾注时，应沿玻璃棒将烧杯嘴往上提，逐渐使烧杯直立，等玻璃棒和烧杯由相互垂直变为几乎平行时，将玻璃棒离开烧杯嘴而移入烧杯中。这样才能避免留在棒端及烧杯嘴上的液体流到烧杯外壁上去。玻璃棒放回原烧杯时，勿将清液搅混，也不要靠在烧杯嘴处，因嘴处沾有少量沉淀，如此重复操作，直至上层清液倾完为止。当烧杯内的液体较少而不便倾出时，可将玻璃棒稍向左倾斜，使烧杯倾斜角度更大些。

在上层清液倾注完以后，在烧杯中作初步洗涤。选用什么洗涤液洗沉淀，应根据沉淀的类型而定。

① 晶形沉淀：可用冷的稀的沉淀剂进行洗涤，由于同离子效应，可以减少沉淀的溶解损失。但是如沉淀剂为不挥发的物质，就不能用作洗涤液，此时可改用蒸馏水或其他合适的溶液洗涤沉淀。

② 无定形沉淀：用热的电解质溶液作洗涤剂，以防产生胶溶现象，大多采用易挥发的铵盐溶液作洗涤剂。

③ 对于溶解度较大的沉淀，采用沉淀剂加有机溶剂洗涤沉淀，可降低其溶解度。

洗涤时，沿烧杯内壁四周注入少量洗涤液，每次约 20mL，充分搅拌，静置，待沉淀沉降后，按上法倾注过滤，如此洗涤沉淀 4～5 次，每次应尽可能把洗涤液倾倒尽，再加第二份洗涤液。随时检查滤液是否透明不含沉淀颗粒，否则应重新过滤，或重作实验。

（6）沉淀的转移

沉淀用倾泻法洗涤后，在盛有沉淀的烧杯中加入少量洗涤液，搅拌混合，全部倾入漏斗中。如此重复 2～3 次，然后将玻璃棒横放在烧杯口上，玻璃棒下端比烧杯口长出 2～3cm，左手食指按住玻璃棒，大拇指在前，其余手指在后，拿起烧杯，放在漏斗上方，倾斜烧杯使玻璃棒仍指向三层定量滤纸的一边，用洗瓶冲洗烧杯壁上附着的沉淀，使之全部转移入漏斗中，如图 4-5 所示。最后用保存的小块定量滤纸擦拭玻璃棒，再放入烧杯中，用玻璃棒压住定量滤纸进行擦拭。擦拭后的定量滤纸块，用玻璃棒拨入漏斗中，用洗涤液再冲洗烧杯将残存的沉淀全部转入漏斗中。有时也可用淀帚（图 4-6），擦洗烧杯上的沉淀，然后洗净淀帚。淀帚一般可自制，剪一段乳胶管，一端套在玻璃棒上，另一端用橡胶胶水粘合，用夹子夹扁晾干即成。

（7）洗涤

沉淀全部转移到定量滤纸上后，再在定量滤纸上进行最后的洗涤。这时要用洗瓶由定量滤纸边缘稍下一些地方螺旋形向下移动冲洗沉淀，如图 4-7 所示。这样可使沉淀集中到定量滤纸锥体的底部，不可将洗涤液直接冲到定量滤纸中央沉淀上，以免沉淀外溅。

采用"少量多次"的方法洗涤沉淀，即每次加少量洗涤液，洗后尽量沥干，再加第二次洗涤液，这样可提高洗涤效率。洗涤次数一般都有规定，例如洗涤 8～10 次，或规定洗至流出液无 Cl^- 为止等。如果要求洗至无 Cl^- 为止，则洗几次以后，用小试管或小表皿接取少量滤液，用硝酸酸化的 $AgNO_3$ 溶液检查滤液中是否还有 Cl^-，若无白色浑浊，即可认为已洗涤完毕，否则需进一步洗涤。

图 4-5　最后少量沉淀的冲洗　　　　图 4-6　淀帚　　　　图 4-7　洗涤沉淀

2. 用微孔玻璃坩埚（漏斗）过滤

有些沉淀不能与定量滤纸一起灼烧，因其易被还原，如 AgCl 沉淀。有些沉淀不需灼

微孔玻璃坩埚　　　微孔玻璃漏斗

图 4-8　微孔玻璃坩埚和漏斗

烧，只需烘干即可称量，如丁二肟镍沉淀、磷铝酸喹啉沉淀等；但也不能用定量滤纸过滤，因为定量滤纸烘干后，重量改变很多。这种情况下，应该用微孔玻璃坩埚（或微孔玻璃漏斗）过滤，如图 4-8 所示。这种滤器的滤板是用玻璃粉末在高温下熔结而成的。这类滤器的分级和牌号如表 4-5 所示。

滤器的牌号规定以每级孔径的上限值前置以字母"P"表示，上述牌号是我国 1990 年开始实施的新标准，过去玻璃滤器一般分为 6 种型号，现将过去使用的玻璃滤器的旧牌号及孔径列于表 4-6。

表 4-5　滤器的分级和牌号

牌号	孔径分级（μm）		牌号	孔径分级（μm）	
	>	≤		>	≤
$P_{1.6}$	—	1.6	P_{40}	16	40
P_4	1.6	4	P_{100}	40	100
P_{10}	4	10	P_{160}	100	160
P_{16}	10	16	P_{250}	160	250

表 4-6　滤器的旧牌号及孔径范围

旧牌号	G_1	G_2	G_3	G_4	G_5	G_6
滤板孔径（μm）	80～120	40～80	15～40	5～15	2～5	<2

分析实验中常用 P_{40}（G_3）和 P_{16}（G_4）号玻璃滤器，例如，过滤金属汞用 P_{40} 号、过滤 $KMnO_4$ 溶液用 P_{16} 号漏斗式滤器，重量法测 Ni 用 P_{16} 号坩埚式滤器。P_4～$P_{1.6}$ 号常用于过滤微生物，所以这种滤器又称为细菌漏斗。

这种滤器在使用前，先用强酸（HCl 或 HNO_3）处理，然后再用水洗净。洗涤时通常采用抽滤法。如图 4-9 所示，在抽滤瓶瓶口配一块稍厚的橡皮垫，垫上挖一个圆孔，将微孔玻璃坩埚（或漏斗）插入圆孔中（市场上有这种橡皮垫出售），抽滤瓶的支管与水流泵（俗称水抽子）相连接。先将强酸倒入微孔玻璃坩埚（或漏斗）中，然后开水流泵抽滤，当结束抽滤时，应先拔掉抽滤瓶支管（图 4-9 抽滤装置上的胶管），再关闭水流泵，否则水流泵中的水会倒吸入抽滤瓶中。

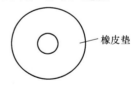

橡皮垫

这种滤器耐酸不耐碱，因此，不可用强碱处理，也不适于过滤强碱溶液。将已洗净、烘干、且恒量的微孔玻璃坩埚（或漏斗）置于干燥器中备用。过滤时，所用装置和上述洗涤时装置相同，在开动水流泵抽滤下，用倾泻法进行过滤，其操作与上述用定量滤纸过滤相同，不同之处是在抽滤下进行。

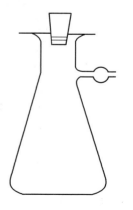

图 4-9　抽滤装置

4.7.4　干燥和灼烧

沉淀的干燥和灼烧是在一个预先灼烧至质量恒定的坩埚中进行，因此，在沉淀的干燥和灼烧前，必须预先准备好坩埚。

1. 干燥器的准备和使用

首先将干燥器擦干净，烘干多孔瓷板后，将干燥剂通过一纸筒装入干燥器的底部，应避免干燥剂沾污内壁的上部，然后盖上瓷板，再在磨口上涂上凡士林油，盖上干燥器盖。装干燥剂的方法如图 4-10（a）所示。

干燥剂一般选用变色硅胶。此外还可以用无水 $CaCl_2$ 等。由于各种干燥剂吸收水分的能力都是有一定限度的，因此干燥器中的空气并不是绝对干燥，而只是湿度相对降低而已。所以灼烧和干燥后的坩埚和沉淀，如在干燥器中放置过久，可能会吸收少量水分而使质量增加，这点需要注意。

开启干燥器时，左手按住干燥器的下部，右手按住盖子上的圆顶，向左前方推开干燥器盖，如图 4-10（b）所示。盖子取下后应拿在右手中，用左手放入（或取出）坩埚（或称量瓶），及时盖上干燥器盖。盖子取下后，也可放在桌上安全的地方（注意要磨口向上，圆顶朝下）。加盖时，也应当拿住盖上圆顶，推着盖好。

若将坩埚等热的容器放入干燥器后，应连续推开干燥器盖 1~2 次。搬动或挪动干燥器时，应该用两手的拇指同时按住盖，防止滑落打碎，如图 4-10（c）所示。

（1）干燥剂不宜放得过多，以免沾污坩埚底部。

（2）搬干燥器时，要用双手拿着，用大拇指紧紧按住盖子。

（3）打开干燥器时，不能往上掀盖子，左手按住干燥器，右手小心把盖子稍微推开，等冷空气徐徐进入后，才能完全推开，盖子必须仰放在桌上。

（4）不可将太热的物品放入干燥器中。

（5）有较热的物品放入干燥器中后，空气受热膨胀会把盖子顶起来，为防止盖子被打翻，应用手按住，不时把盖子稍微推开再合上，以放出热空气。

（6）灼烧或烘干后的坩埚或沉淀，在干燥器中不易存放过久，否则会因吸收水分而使质量略有增加。

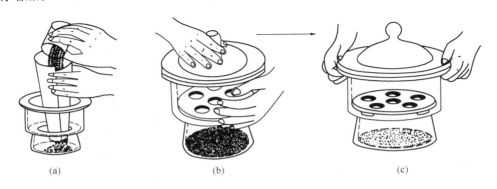

图 4-10　干燥的使用

（a）装干燥剂的方法；（b）干燥器的开启方法；（c）干燥器的搬动方法

（7）变色硅胶干燥时为蓝色，受潮后变为粉红色。可在120℃烘至蓝色反复使用，直至破碎不能用为止。

2. 坩埚的准备

先将瓷坩埚洗净，小火烤干或烘干，编号（可用含Fe^{3+}或Co^{2+}的蓝墨水在坩埚外壁上编号），然后在所需温度下，加热灼烧。灼烧可在高温电炉中进行。由于温度骤升或骤降常使坩埚破裂，最好将坩埚放入冷的炉膛中逐渐升高温度，或者将坩埚在已升至较高温度的炉膛口预热一下，再放进炉膛中。一般在800～950℃下灼烧0.5h（新坩埚需灼烧1h）。从高温炉中取出坩埚时，应先使高温炉降温，然后将坩埚移入干燥器中，将干燥器连同坩埚一起移至天平室，冷却至室温（约需30min），取出称量。随后进行第二次灼烧，约15～20min，冷却和称量。如果前后两次称量结果之差不大于0.2mg，即可认为坩埚已达质量恒定，否则还需再灼烧，直至质量恒定为止。灼烧空坩埚的温度必须与以后灼烧沉淀的温度一致。

坩埚的灼烧也可以在煤气灯上进行。事先将坩埚洗净晾干，将其直立在泥三角上，盖上坩埚盖，但不要盖严，需留一小缝。用煤气灯逐渐升温，最后在氧化焰中高温灼烧，灼烧的时间和在高温电炉中相同，直至质量恒定。

3. 沉淀的干燥和灼烧

坩埚准备好后即可开始沉淀的干燥和灼烧。利用玻璃棒把定量滤纸和沉淀从漏斗中取出，按图4-11所示，折卷成小包，把沉淀包卷在里面。此时应特别注意，勿使沉淀有任何损失。如果漏斗上沾有些微沉淀，可用定量滤纸碎片擦下，与沉淀包卷在一起。

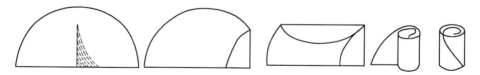

图4-11　过滤后定量滤纸的折卷

将定量滤纸包装放进已质量恒定的坩埚内，使定量滤纸层较多的一边向上，可使定量滤纸灰化较易。按图4-12所示，斜坩埚于泥三角上，盖上坩埚盖，然后如图4-13所示，将定量滤纸烘干并炭化，在此过程中必须防止定量滤纸着火，否则会使沉淀飞散而损失。若已着火，应立刻移开煤气灯，并将坩埚盖盖上，让火焰自熄。

图4-12　坩埚侧放泥三角上

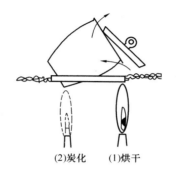

（2）炭化　（1）烘干

图4-13　烘干和炭化

当定量滤纸炭化后，可逐渐提高温度，并随时用坩埚钳转动坩埚，把坩埚内壁上的黑炭完全烧去，将炭烧成 CO_2 而除去的过程称灰化。待定量滤纸灰化后，将坩埚垂直地放在泥三角上，盖上坩埚盖（留一小孔隙），于指定温度下灼烧沉淀，或者将坩埚放在高温电炉中灼烧。一般第一次灼烧时间为 $30\sim45min$，第二次灼烧 $15\sim20min$。每次灼烧完毕从炉内取出后，都需要在空气中稍冷，再移入干燥器中。沉淀冷却到室温后称量，然后再灼烧、冷却、称量，直至质量恒定。

微孔玻璃坩埚（或漏斗）只需烘干即可称量，一般将微孔玻璃坩埚（或漏斗）连同沉淀放在表面皿上，然后放入烘箱中，根据沉淀性质确定烘干温度。一般第一次烘干时间要长些，约 $2h$，第二次烘干时间可短些，约 $45min$ 到 $1h$，根据沉淀的性质具体处理。沉淀烘干后，取出坩埚（或漏斗），置干燥器中冷却至室温后称量。反复烘干、称量，直至质量恒定为止。

4.8　水泥中 SO_3 测定方法简介

水泥中的三氧化硫以 $CaSO_4$ 形态存在，它主要由煤带入。而水泥中 SO_3 除熟料带入外，主要由作为缓凝剂的石膏带入。适量的 SO_3 可调节水泥的凝结时间，并可增加水泥的强度，制造膨胀水泥时，石膏还是一种膨胀组分，赋予水泥膨胀性能。但石膏量过多，会导致水泥安定性不良。因此，水泥中三氧化硫含量是水泥重要的质量指标。

由于水泥中石膏的存在形态及其性质不同，测定水泥中三氧化硫的方法有很多种，有硫酸钡重量法、离子交换法、磷酸溶样—氯化亚锡还原-碘量滴定法、燃烧法、分光光度法、离子交换分离-EDTA 配位滴定法等。目前多采用硫酸钡重量法、离子交换法、磷酸溶样—氯化亚锡还原-碘量滴定法进行测定。

1. 硫酸钡称量分析法

在酸性溶液中，用氯化钡溶液沉淀硫酸盐，经过滤灼烧后，以硫酸钡形式称量。测定结果以三氧化硫的质量分数表示。

2. 碘量法

试样经磷酸处理后，将硫化物分解除去。加入氯化亚锡—磷酸溶液并加热，将硫酸盐中的硫还原成等物质的量的硫化氢，收集于氨性硫化锌溶液中，然后用碘量法测定。

试样中除硫化物（S^{2-}）和硫酸外，还有其他状态的硫存在时，将给测定造成误差。

3. 离子交换法

在水介质中，用氢型阳离子交换树脂对试样中的硫酸钙进行两次静态交换，生成等物质的量的氢离子，以酚酞为指示剂，用氢氧化钠标准滴定溶液滴定。

本方法只适用于掺加天然石膏并且不含有氟、氯、磷的水泥中三氧化硫的测定。

4. 库仑滴定法

试样经甲酸处理，将硫化物分解除去。在催化剂的作用下，于空气流中燃烧分解，试样中硫生成二氧化硫并被碘化钾吸收，以电解碘化钾溶液所产生的碘进行滴定。

试样中除硫化物（S^{2-}）和硫酸外，还有其他状态的硫存在时，将给测定造成误差。

5. 铬酸钡分光光度法

试样经盐酸分解，在 pH 值等于 2 的溶液中，加入过量铬酸钡生成与铬酸根等物质的量的铬酸根离子。在微碱性条件下，使过量的铬酸钡重新析出。在过滤后于波长 420nm 处测定游离铬酸根离子的吸光度。

试样中除硫化物（S^{2-}）和硫酸外，还有其他状态的硫存在时，将给测定造成误差。

4.9　沉淀滴定法概述

沉淀滴定法是以沉淀反应为基础的一种滴定分析方法。虽然沉淀反应很多，但是能用于滴定分析的沉淀反应必须符合下列几个条件：

1. 沉淀反应必须迅速，并按一定的化学计量关系进行。
2. 生成的沉淀应具有恒定的组成，而且溶解度必须很小。
3. 有确定化学计量点的简单方法。
4. 沉淀的吸附现象不影响滴定终点的确定。

由于上述条件的限制，能用于沉淀滴定法的反应并不多，目前有实用价值的主要是形成难溶性银盐的反应，例如：

$$Ag^+ + Cl^- = AgCl\downarrow（白色），Ag^+ + SCN^- = AgSCN\downarrow（白色）$$

这种利用生成难溶银盐反应进行沉淀滴定的方法称为银量法。银量法主要用于测定 Cl^-、Br^-、I^-、Ag^+、CN^-、SCN^- 等离子及含卤素的有机化合物。

除银量法外，沉淀滴定法中还有利用其他沉淀反应的方法，例如：$K_4[Fe(CN)_6]$ 与 Zn^{2+}、四苯硼酸钠与 K^+ 形成沉淀的反应，都可用于沉淀滴定法。

$$2K_4[Fe(CN)_6] + 3Zn^{2+} = K_2Zn_3[Fe(CN)_6]_2\downarrow + 6K^+$$
$$NaB(C_6H_5)_4 + K^+ = KB(C_6H_5)_4\downarrow + Na^+$$

下面主要讨论银量法。根据滴定方式的不同，银量法可分为直接法和间接法。直接法是用 $AgNO_3$ 标准滴定溶液直接滴定待测组分的方法。间接法是先于待测试液中加入一定量的 $AgNO_3$ 标准滴定溶液，再用 NH_4SCN 标准滴定溶液来滴定剩余的 $AgNO_3$ 溶液的方法。

根据确定滴定终点所采用的指示剂不同，银量法分为莫尔法、佛尔哈德法和法扬司法。

4.9.1　莫尔法——铬酸钾作指示剂法

莫尔法是以 K_2CrO_4 为指示剂，在中性或弱碱性介质中用 $AgNO_3$ 标准溶液测定卤素混合物含量的方法。

1. 指示剂的作用原理

以测定 Cl^- 为例，K_2CrO_4 作指示剂，用 $AgNO_3$ 标准溶液滴定，其反应为

$$Ag^+ + Cl^- = AgCl\downarrow\ 白色$$
$$2Ag^+ + CrO_4^{2-} = Ag_2CrO_4\downarrow\ 砖红色$$

这个方法的依据是多级沉淀原理，由于 AgCl 的溶解度比 Ag_2CrO_4 的溶解度小，因此在用 $AgNO_3$ 标准溶液滴定时，AgCl 先析出沉淀，当滴定剂 Ag^+ 与 Cl^- 达到化学计量点时，微过量的 Ag^+ 与 CrO_4^{2-} 反应析出砖红色的 Ag_2CrO_4 沉淀，指示滴定终点的到达。

2. 滴定条件

（1）指示剂作用量

用 $AgNO_3$ 标准溶液滴定 Cl^-，指示剂 K_2CrO_4 的用量对于终点指示有较大的影响，CrO_4^{2-} 浓度过高或过低，Ag_2CrO_4 沉淀的析出就会过早或过迟，就会产生一定的终点误差。因此要求 Ag_2CrO_4 沉淀应该恰好在滴定反应的化学计量点时出现。化学计量点时 $[Ag^+]$ 为

$$[Ag^+] = [Cl^-] = \sqrt{K_{sp, AgCl}} = \sqrt{3.2 \times 10^{-10}} \text{ mol/L} = 1.8 \times 10^{-5} \text{ mol/L}$$

若此时恰有 Ag_2CrO_4 沉淀，则

$$[CrO_4^{2-}] = \frac{K_{sp, Ag_2CrO_4}}{[Ag^+]^2} = 5.0 \times 10^{-12}/(1.8 \times 10^{-5})^2 \text{ mol/L} = 1.5 \times 10^{-2} \text{ mol/L}$$

在滴定时，由于 K_2CrO_4 显黄色，当其浓度较高时颜色较深，不易判断砖红色的出现。为了能观察到明显的终点，指示剂的浓度以略低一些为好。实验证明，滴定溶液中 $c(K_2CrO_4)$ 为 5×10^{-3} mol/L 是确定滴定终点的适宜浓度。

显然，K_2CrO_4 浓度降低后，要使 Ag_2CrO_4 析出沉淀，必须多加些 $AgNO_3$ 标准溶液，这时滴定剂就过量了，终点将在化学计量点后出现，但由于产生的终点误差一般都小于 0.1%，不会影响分析结果的准确度。但是如果溶液较稀，如用 0.01000 mol/L $AgNO_3$ 标准溶液滴定 0.01000 mol/L Cl^- 溶液，滴定误差可达 0.6%，影响分析结果的准确度，应做指示剂空白实验进行校正。

（2）滴定时的酸度

在酸性溶液中，CrO_4^{2-} 有如下反应

$$2CrO_4^{2-} + 2H^+ \longrightarrow 2HCrO_4^- \longrightarrow Cr_2O_7^{2-} + H_2O$$

因而降低了 CrO_4^{2-} 的浓度，使 Ag_2CrO_4 沉淀出现过迟，甚至不会沉淀。

在强碱性溶液中，会有棕黑色 Ag_2O 沉淀析出

$$2Ag^+ + 2OH^- \longrightarrow Ag_2O\downarrow + H_2O$$

因此，莫尔法只能在中性或弱碱性（pH＝$6.5\sim10.5$）溶液中进行。若溶液酸性太强，可用 $Na_2B_4O_7 \cdot 10H_2O$ 或 $NaHCO_3$ 中和；若溶液碱性太强，可用稀 HNO_3 溶液中和；而在有 NH_4^+ 存在时，滴定的 pH 值范围应控制在 $6.5\sim7.2$ 之间。

3. 应用范围

莫尔法主要用于测定 Cl^-、Br^- 和 Ag^+，如氯化物、溴化物纯度测定以及水泥和天然水中氯含量的测定。当试样中 Cl^- 和 Br^- 共存时，测得的结果是它们的总量。若测定 Ag^+，应采用返滴定法，即向 Ag^+ 的试液中加入过量的 $NaCl$ 标准溶液，然后再用 $AgNO_3$ 标准溶液滴定剩余的 Cl^-（若直接滴定，先生成的 Ag_2CrO_4 转化为 $AgCl$ 的速度缓慢，滴定终点难以确定）。莫尔法不宜测定 I^- 和 SCN^-，因为滴定生成的 AgI 和 $AgSCN$ 沉淀表面会强烈吸附 I^- 和 SCN^-，使滴定终点过早出现，造成较大的滴定误差。

莫尔法的选择性较差，凡能与 CrO_4^{2-} 或 Ag^+ 生成沉淀的阳、阴离子均干扰滴定。前者如 Ba^{2+}、Pb^{2+}、Hg^{2+} 等；后者如 SO_3^{2-}、PO_4^{3-}、AsO_4^{3-}、S^{2-}、$C_2O_4^{2-}$ 等。

4.9.2　佛尔哈德法——铁铵矾作指示剂

佛尔哈德法是在酸性介质中，以铁铵矾 $[NH_4Fe(SO_4)_2 \cdot 12H_2O]$ 作指示剂来确定滴定终点的一种银量法。根据滴定方式的不同，佛尔哈德法分为直接滴定法和返滴定法两种。

1. 直接滴定法测定 Ag$^+$

在含有 Ag$^+$ 的 HNO$_3$ 介质中，以铁铵矾作指示剂，用 NH$_4$SCN 标准溶液直接滴定，当滴定到化学计量点时，微过量的 SCN$^-$ 与 Fe^{3+} 结合生成红色的 [FeSCN]$^{2+}$ 即为滴定终点。其反应是

$$Ag^+ + SCN^- \rightleftharpoons AgSCN\downarrow(白色), K_{sp,AgSCN} = 2.0 \times 10^{-12}$$

$$Fe^{3+} + SCN^- \rightleftharpoons [FeSCN]^{2+}(红色)$$

由于指示剂中的 Fe^{3+} 在中性或碱性溶液中将形成 Fe(OH)$^{2+}$、Fe(OH)$_2^+$……等深色配合物，碱度再大，还会产生 Fe(OH)$_3$ 沉淀，因此滴定应在酸性（0.3～1mol/L）溶液中进行。

用 NH$_4$SCN 溶液滴定 Ag$^+$ 溶液时，生成的 AgSCN 沉淀能吸附溶液中的 Ag$^+$，使 Ag$^+$ 浓度降低，以致红色的出现略早于化学计量点。因此在滴定过程中需剧烈摇动，使被吸附的 Ag$^+$ 释放出来。

此法的优点在于可用来直接测定 Ag$^+$，并可在酸性溶液中进行滴定。

2. 返滴定法测定卤素离子

佛尔哈德法测定卤素离子（如 Cl$^-$、Br$^-$、I$^-$ 和 SCN）时应采用返滴定法。即在酸性（HNO$_3$ 介质）待测溶液中，先加入已知过量的 AgNO$_3$ 标准溶液，再用铁铵矾作指示剂，用 NH$_4$SCN 标准溶液回滴剩余的 Ag$^+$（HNO$_3$ 介质）。反应如下：

$$Ag^+（过量）+ Cl^- \rightleftharpoons AgCl\downarrow(白色)$$

$$Ag^+（剩余量）+ SCN^- \rightleftharpoons AgSCN\downarrow(白色)$$

终点指示反应：$\quad Fe^{3+} + SCN^- \rightleftharpoons [FeSCN]^{2+}(红色)$

用佛尔哈德法测定 Cl$^-$，滴定到临近终点时，经摇动后形成的红色会褪去，这是因为 AgSCN 的溶解度小于 AgCl 的溶解度，加入的 NH$_4$SCN 将与 AgCl 发生沉淀转化反应

$$AgCl + SCN^- \rightleftharpoons AgSCN\downarrow + Cl^-$$

沉淀的转化速率较慢，滴加 NH$_4$SCN 形成的红色随着溶液的摇动而消失。这种转化作用将继续进行到 Cl$^-$ 与 SCN$^-$ 浓度之间建立一定的平衡关系，才会出现持久的红色，无疑滴定已多消耗了 NH$_4$SCN 标准滴定溶液。为了避免上述现象的发生，通常采用以下措施：

（1）试液中加入一定过量的 AgNO$_3$ 标准溶液之后，将溶液煮沸，使 AgCl 沉淀凝聚，以减少 AgCl 沉淀对 Ag$^+$ 的吸附。滤去沉淀，并用稀 HNO$_3$ 充分洗涤沉淀，然后用 NH$_4$SCN 标准滴定溶液回滴滤液中的过量 Ag$^+$。

（2）在滴入 NH$_4$SCN 标准溶液之前，加入有机溶剂硝基苯或邻苯二甲酸二丁酯或 1,2-二氯乙烷。用力摇动后，有机溶剂将 AgCl 沉淀包住，使 AgCl 沉淀与外部溶液隔离，阻止 AgCl 沉淀与 NH$_4$SCN 发生转化反应。此法方便，但硝基苯有毒。

（3）提高 Fe^{3+} 的浓度以减小终点时 SCN$^-$ 的浓度，从而减小上述误差［实验证明，一般溶液中 $c(Fe^{3+})=0.2$mol/L 时，终点误差将小于 0.1%］。

佛尔哈德法在测定 Br$^-$、I$^-$ 和 SCN$^-$ 时，滴定终点十分明显，不会发生沉淀转化，因此不必采取上述措施。但是在测定碘化物时，必须加入过量 AgNO$_3$ 溶液之后再加入铁铵矾指示剂，以免 I$^-$ 对 Fe^{3+} 的还原作用而造成误差。强氧化剂和氮的氧化物以及铜盐、汞盐都与 SCN$^-$ 作用，因而干扰测定，必须预先除去。

4.9.3　法扬司法——吸附指示剂法

法扬司法是以吸附指示剂确定滴定终点的一种银量法。

1. 吸附指示剂的作用原理

吸附指示剂是一类有机染料，它的阴离子在溶液中易被带正电荷的胶状沉淀吸附，吸附后结构改变，从而引起颜色的变化，指示滴定终点的到达。

现以 $AgNO_3$ 标准溶液滴定 Cl^- 为例，说明指示剂荧光黄的作用原理。

荧光黄是一种有机弱酸，用 HFI 表示，在水溶液中可离解为荧光黄阴离子 FI^-，呈黄绿色：

$$HFI \Longrightarrow FI^- + H^+$$

在化学计量点前，生成的 AgCl 沉淀在过量的 Cl^- 溶液中，AgCl 沉淀吸附 Cl^- 而带负电荷，形成的 $(AgCl) \cdot Cl^-$ 不吸附指示剂阴离子 FI^-，溶液呈黄绿色。达化学计量点时，微过量的 $AgNO_3$ 可使 AgCl 沉淀吸附 Ag^+ 形成 $(AgCl) \cdot Ag^+$ 而带正电荷，此带正电荷的 $(AgCl) \cdot Ag^+$ 吸附荧光黄阴离子 FI^-，结构发生变化呈现粉红色，使整个溶液由黄绿色变成粉红色，指示终点的到达。

$$(AgCl) \cdot Ag^+ + FI^- \xrightarrow{\text{吸附}} (AgCl) \cdot Ag \cdot FI$$
$$\text{(黄绿色)} \qquad\qquad \text{(粉红色)}$$

2. 使用吸附指示剂的注意事项

为了使终点变色敏锐，应用吸附指示剂时需要注意以下几点。

（1）保持沉淀呈胶体状态

由于吸附指示剂的颜色变化发生在沉淀微粒表面上，因此，应尽可能使卤化银沉淀呈胶体状态，具有较大的表面积。为此，在滴定前应将溶液稀释，并加糊精或淀粉等高分子化合物作为保护剂，以防止卤化银沉淀凝聚。

（2）控制溶液酸度

常用的吸附指示剂大多是有机弱酸，而起指示剂作用的是它们的阴离子。酸度大时，H^+ 与指示剂阴离子结合成不被吸附的指示剂分子，无法指示终点。酸度的大小与指示剂的解离常数有关，解离常数大，酸度可以大些。例如荧光黄其 $pK_a \approx 7$，适用于 pH＝7～10 的条件下进行滴定，若 pH＜7，荧光黄主要以 HFI 形式存在，不被吸附。

（3）避免强光照射

卤化银沉淀对光敏感，易分解析出银使沉淀变为灰黑色，影响滴定终点的观察，因此在滴定过程中应避免强光照射。

（4）吸附指示剂的选择

沉淀胶体微粒对指示剂离子的吸附能力，应略小于对待测离子的吸附能力，否则指示剂将在化学计量点前变色。但不能太小，否则终点出现过迟。卤化银对卤化物和几种吸附指示剂的吸附能力的次序如下：

$$I^- > SCN^- > Br^- > 曙红 > Cl^- > 荧光黄$$

因此，滴定 Cl^- 不能选曙红，而应选荧光黄。表 4-7 中列出了几种常用的吸附指示剂及其应用。

表 4-7　常用吸附指示剂

指示剂	被测离子	滴定剂	滴定条件	终点颜色变化
荧光黄	Cl^-、Br^-、I^-	$AgNO_3$	pH 7~10	黄绿→粉红
二氯荧光黄	Cl^-、Br^-、I^-	$AgNO_3$	pH 4~10	黄绿→红
曙红	Br^-、SCN^-、I^-	$AgNO_3$	pH 2~10	橙黄→红紫
溴酚蓝	生物碱盐类	$AgNO_3$	弱酸性	黄绿→灰紫
甲基紫	Ag^+	NaCl	酸性溶液	黄红→红紫

3. 应用范围

法扬司法可用于测定 Cl^-、Br^-、I^- 和 SCN^- 及生物碱盐类等。测定 Cl^- 常用荧光黄或二氯荧光黄作指示剂，而测定 Br^-、I^- 和 SCN^- 常用曙红作指示剂。此法终点明显，方法简便，但反应条件要求较严，应注意溶液的酸度、浓度及胶体的保护等。

4.10　氯的测定

在一般的水泥及原（燃）料中，氯化物的含量均很低，通常都不进行测定。近年来，随着我国水泥工业的不断发展，尤其是水泥煅烧窑外分解技术的广泛应用，对水泥生料、熟料及其原（燃）料中的氯含量提出了严格的要求，原（燃）料、燃料中氯的含量不得高于 0.02%。此外，在混凝土的施工过程中，有时加入少量氯化物作为促凝剂或早强剂。因此，对氯的测定成为水泥化学分析中的一项内容。

对常量氯的测定常用硫氰酸盐容量法。其方法原理是，在含有 Cl^- 的硝酸溶液中，加入过量的硝酸银标准滴定溶液，使 Cl^- 生成氯化银沉淀，剩余的 Ag^+ 以铁铵钒作指示剂，用硫氰酸铵标准滴定溶液进行滴定。其反应式如下：

$$Ag^+（过量）+ Cl^- \Longrightarrow AgCl\downarrow$$

$$Ag^+（剩余）+ CNS^- \Longrightarrow AgCNS\downarrow$$

终点时：
$$Fe^{3+} + CNS^- \Longrightarrow Fe(CNS)^{2+}$$

$$\text{（无色）} \qquad \text{（红色）}$$

对微量氯的测定有硫氰酸汞比色法（常用于水中氯的测定）、离子选择性电极法、氯化银比浊法及蒸馏分离-汞盐滴定法等。其中蒸馏分离-汞盐滴定法已列为我国建材行业标准，其特点是速度快，适用于水泥原（燃）料中微量氯化物的测定。

蒸馏分离-汞盐滴定法原理是，在用规定的蒸馏装置（采用快速蒸馏测氯装置）在 170~280℃温度下，以磷酸和过氧化氢分解试样，以净化空气做载体，进行蒸馏，氯化物以氯化氢形式蒸出，用 0.1 mol/L 硝酸吸收。蒸馏结束后，在 75%(V/V) 乙醇介质中（增大指示剂的溶解度），在 pH＝3.5 左右，以二苯偶氮碳酰肼为指示剂，用硝酸汞标准滴定溶液滴定至桃红色。

此外还可以用 Cl^- 选择性电极测定氯的含量。

任务一　水泥中 SO_3 的测定（离子交换法）

一、实验目的

1. 学习氢型阳离子交换树脂的准备与使用；
2. 学习离子交换法测石膏中 SO_3 的原理和方法。

二、实验原理

在水介质中，用氢型阳离子交换树脂对石膏中的 $CaSO_4$ 进行静态交换，生成等物质的量的 H^+，以酚酞为指示剂，用 NaOH 标准滴定溶液滴定。反应式如下：

$$CaSO_4 + 2R-SO_3H \Longrightarrow Ca(R-SO_3)_2 + H_2SO_4$$
$$2NaOH + H_2SO_4 \Longrightarrow Na_2SO_4 + 2H_2O$$

三、试剂与仪器

1. H 型 732 苯乙烯强酸性阳离子交换树脂的处理：将 250g 钠型 732 苯乙烯强酸性阳离子交换树脂(1×12)用 250mL 95% 乙醇浸泡过夜，然后倾出乙醇，再用水浸泡 6~8h。将树脂装入离子交换柱（直径约 5cm，长约 70cm）中，用 1500mL HCl($1+3$)以 5mL/min 的流速进行淋洗。然后再用蒸馏水逆洗交换柱中的树脂，直至流出液中无 Cl^-（$AgNO_3$ 溶液检验）。将树脂倒出，用布氏漏斗以抽气泵抽滤，然后储存于广口瓶中备用（树脂久放后使用时应用水倾洗数次）。

2. H 型 732 苯乙烯强酸性阳离子交换树脂的再生：用过的树脂应浸泡在稀酸中当积至一定数量后，倾出其中夹带的不溶残渣，然后再用上述方法进行再生。

3. 磁力搅拌器。

4. $AgNO_3$ 溶液（5g/L）：将 1g 硝酸银溶于 90mL 水中，加入 510mL 硝酸，贮存于棕色瓶中。

5. 酚酞指示剂溶液（10g/L）：将 1g 酚酞溶于 100mL 乙醇中。

6. NaOH 标准滴定溶液（0.06mol/L）：将 24g 氢氧化钠溶于 10L 水中，充分摇匀后贮存于带胶塞的硬质玻璃瓶中或塑料瓶中。称取 0.3g 邻苯二甲酸氢钾（精确至 0.0001g），置于 300mL 烧杯中，其余按项目一中氢氧化钠标准滴定溶液标定的方法进行操作。

NaOH 标准滴定溶液对 SO_3 的滴定度按下式计算

$$T_{SO_3} = \frac{1}{2} c_{NaOH} M_{SO_3}$$

式中　T_{SO_3}——1mL NaOH 标准滴定溶液相当于 SO_3 的质量，mg；

c_{NaOH}——NaOH 标准滴定溶液的浓度，mol/L；

M_{SO_3}——SO_3 的摩尔质量，80.06g/mol。

四、测定方法

称取约 0.2g 试样，精确至 0.0001g，置于已盛有 5g 树脂、一根搅拌子及 10mL 热水的

150mL 烧杯中，摇动烧杯使其分散，向烧杯中加入 40mL 沸水，置于磁力搅拌器上，加热搅拌 10min，取下，以快速定量滤纸过滤，并用热水洗涤烧杯与定量滤纸上的树脂 4～5 次，滤液及洗液收集于另一装有 2g 树脂及一根搅拌子的 150mL 烧杯中（此时溶液体积在 100mL 左右）。再将烧杯置于磁力搅拌器上搅拌 3min，用快速定量滤纸过滤，以热水洗涤烧杯与定量滤纸上的树脂 5～6 次，滤液及洗液收集于 300mL 烧杯中。保存用过的树脂以备再生。

向溶液中加入 5～6 滴酚酞指示剂溶液，用 0.06mol/L NaOH 标准滴定溶液滴定至微红色。

SO_3 的质量分数按下式计算：

$$w_{SO_3} = \frac{T_{SO_3} V}{1000m} \times 100\%$$

式中　　w_{SO_3} ——SO_3 的质量分数，%；

T_{SO_3} ——1m LNaOH 标准滴定溶液相当于 SO_3 的质量，mg/mL；

V ——滴定时消耗 NaOH 标准滴定溶液的体积，mL；

m ——试样的质量，g。

五、注意事项

1. 本方法适用于掺有二水石膏及硬石膏的水泥。

2. 在进行离子交换时，溶液体积适当大一些，有利于离子交换反应进行。

3. 含有氟、氯、磷的水泥中三氧化硫的测定，不适合此法。但可以将交换后的溶液用硫酸钡重量法测定。

任务二　水泥中 SO_3 的测定（$BaSO_4$ 重量法）

一、实验目的

1. 掌握沉淀制备与处理的基本操作；

2. 掌握沉淀法测水泥中 SO_3 的原理和方法。

二、实验原理

其测定原理是将一定质量的水泥试样，用 HCl 分解，控制溶液酸度在 0.2～0.4mol/L 的条件下，用 $BaCl_2$ 沉淀 SO_4^{2-}，生成 $BaSO_4$ 沉淀。此沉淀的溶解度很小（其 $K_{SP} = 1.1 \times 10^{-10}$），化学性质非常稳定，灼烧后所得的称量形式 $BaSO_4$ 符合重量分析的要求。

反应式为　$Ba^{2+} + SO_4^{2-} \Longrightarrow BaSO_4 \downarrow$

三、试剂与仪器

1. 试剂：HCl（1+1）、$BaCl_2$ 溶液（100g/L）、$AgNO_3$（10g/L）。

2. 仪器：高温炉、干燥器、分析天平、瓷坩埚。

四、实验过程

称取约 0.5g 试样，精确至 0.0001g，置于 200mL 烧杯中，加入 30～40mL 水使其分散。加 10mL HCl（1+1），用平头玻璃棒压碎块状物，将溶液加热并保持微沸 5min。用中速定量滤纸过滤，用热水洗涤 10～12 次，滤液及洗液收集于 400mL 烧杯中。调整滤液约为 250mL，煮沸，在搅拌下滴加 10mL $BaCl_2$ 溶液（100g/L），继续煮沸 3min，然后在常温下静置 12～14h 或温热处静置至少 4h（仲裁分析必须在常温下静置 12～14h），此时溶液体积应保持在约 200mL。用慢速定量滤纸过滤，用温水洗涤，直至 Cl^- 检出为止。

将沉淀及定量滤纸一并移入已灼烧至恒量的瓷坩埚中，灰化，在 800～950℃ 的高温炉内灼烧 30min。取出坩埚，置于干燥器中冷却至室温，称量，反复灼烧，直至恒量。

SO_3 的质量分数按下式计算：

$$w_{SO_3} = \frac{0.343 m_1}{m} \times 100\%$$

式中　　w_{SO_3}——SO_3 的质量分数，%；

　　　　m_1——灼烧后沉淀的质量，g；

　　　　m——试样的质量，g；

　　　　0.343——$BaSO_4$ 对 SO_3 的换算因数。

五、注意事项

1. 称取的水泥试料应置入干燥的烧杯中，或加少量水用玻璃棒预先将试样分散。

2. 在沉淀或沉淀的放置过程中，应控制盐酸溶液的浓度为 0.2～0.4mol/L。

3. 必须在稀热溶液中沉淀，沉淀完毕后要静置陈化。

4. 灼烧沉淀时，应先充分灰化。

5. 灼烧的温度、冷却时间应保持一致，反复灼烧时间每次约为 15min 即可。称量时应用坩埚钳从天平中取、放坩埚及盖。

任务三　水泥中氯的测定（硫氰酸铵容量法）

一、实验目的

掌握硫氰酸铵容量法测定水泥中氯含量的方法和原理。

二、实验试剂

1. 硝酸银标准滴定溶液（0.05mol/L）：准确称取 8.4940g 已于（150±5）℃烘过 2h 的硝酸银，精确至 0.0001g，加水溶解，移入 1000mL 容量瓶中，加水稀释至标线，摇匀。贮存于干燥试剂瓶中，避光保存。

2. 硫氰酸铵标准滴定溶液（0.05mol/L）：称取 3.8g 硫氰酸铵溶于水，稀释至 1L。

3. 硫酸铁铵指示剂：将 10mL 硝酸（1+10）加入到 100mL 冷的硫酸铁（Ⅲ）铵饱和水溶液中。

4. 定量滤纸浆：将定量定量滤纸撕成小块，放入烧杯中，没入水中，在搅拌下加热煮沸 10min 以上，冷却后放入广口瓶中备用。

三、实验原理

试样用硝酸进行分解，同时消除硫化物的干扰。加入已知量的硝酸银标准滴定溶液使氯离子以氯化银的形式沉淀。煮沸、过滤后，将滤液和洗涤液冷却至 25℃ 以下。以铁（Ⅲ）盐为指示剂，用硫氰酸铵标准滴定溶液滴定过量的硝酸银。其反应式如下：

$$Ag^+（过量）+Cl^- \Longrightarrow AgCl \downarrow$$

$$Ag^+（剩余）+CNS^- \Longrightarrow AgCNS \downarrow$$

终点时：
$$Fe^{3+}+CNS^- \Longrightarrow Fe（CNS）^{2+}$$

$$（无色）\quad\quad（红色）$$

四、测定步骤

称取约 5g 试样，精确至 0.0001g，置于 400mL 烧杯中，加入 50mL 水。在搅拌下加入 50mL 硝酸（1＋2），加热煮沸。准确移取 5mL 硝酸银标准滴定溶液（0.05mol/L）于溶液中，煮沸 1～2min，加入少许定量滤纸浆。用预先用硝酸溶液（1＋100）洗涤过的慢速定量滤纸抽气过滤或玻璃砂芯漏斗抽气过滤，滤液收集于 250mL 锥形瓶中。滤液和洗液总体积达到约 200mL，溶液在弱光线或暗处冷却至 25℃ 以下。

加入 5mL 硫酸铁铵指示剂溶液，用硫氰酸铵标准滴定溶液（0.05mol/L）滴定至产生的红棕色在摇动下不消失为止。当硫氰酸铵标准滴定溶液消耗体积小于 0.5mL 时，要用减少一半的试样质量进行重新实验。

水泥中氯含量按下式计算：

$$w_{Cl} = 0.08865 \frac{V}{m}$$

式中　　w_{Cl}——氯的质量分数；

　　　　V——消耗硫氰酸铵标准滴定溶液的体积，mL；

　　　　m——试样的质量，g。

学习思考

一、填空题

1. 滴定法与重量法相比，_____的准确度高。

2. 恒量是指连续两次干燥，其质量差应在_____以下。

3. 在重量分析法中，为了使测量的相对误差小于 0.1%，则称样量必须大于_____。

4. 影响沉淀溶解度的主要因素有_____、_____、_____、_____。

5. 根据沉淀的物理性质，可将沉淀分为_____沉淀和_____沉淀，生成的沉淀属于何种类型，除取决于_____外，还与_____有关。

6. 在沉淀的形成过程中，存在两种速度：_____和_____。当_____大时，将形成晶形沉淀。

7. 产生共沉淀现象的原因有_____、_____和_____。

8. _____是沉淀发生吸附现象的根本原因。_____是减少吸附杂质的有效方法之一。

9. 陈化的作用有二：_____和_____。

10. 重量分析是根据_____的质量来计算被测组分的含量。

11. 试分析下列效应对沉淀溶解度的影响（增大，减少，无影响）：① 同离子效应_____沉淀的溶解度；② 盐效应_____沉淀的溶解度；③ 配位效应_____沉淀的溶解度。

12. 在沉淀反应中，沉淀的颗粒越_____，沉淀吸附杂质越_____。

13. 由于定量滤纸的致密程度不同，一般非晶形沉淀如氢氧化铁等应选用_____定量滤纸过滤；粗晶形沉淀应选用_____定量滤纸过滤；较细小的晶形沉淀应选用_____定量滤纸过滤。

二、选择题

1. 下述（　　）说法是正确的。

A　称量形式和沉淀形式应该相同

B　称量形式和沉淀形式必须不同

C　称量形式和沉淀形式可以不同

D　称量形式和沉淀形式中都不能含有水分子

2. 盐效应使沉淀的溶解度（　　），同离子效应使沉淀的溶解度（　　）。一般来说，后一种效应较前一种效应（　　）。

A　增大，减小，小得多　　　　　　　B　增大，减小，大得多

C　减小，减小，差不多　　　　　　　D　增大，减小，差不多

3. 氯化银在 1mol/L 的 HCl 中比在水中较易溶解是因为（　　）。

A　酸效应　　　　B　盐效应　　　　C　同离子效应　　　　D　配位效应

4. CaF_2 沉淀在 pH＝2 的溶液中的溶解度较在 pH＝5 的溶液中的溶解度（　　）。

A　大　　　　B　相等　　　　C　小　　　　D　难以判断

5. 如果被吸附的杂质和沉淀具有相同的晶格，就可能形成（　　）。

A　表面吸附　　　B　机械吸留　　　C　包藏　　　D　混晶

6. 用洗涤的方法能有效地提高沉淀纯度的是（　　）。

A　混晶共沉淀　　　　　　　　　　　B　吸附共沉淀

C　包藏共沉淀　　　　　　　　　　　D　后沉淀

7. 若 $BaCl_2$ 中含有 NaCl、KCl、$CaCl_2$ 等杂质，用 H_2SO_4 沉淀 Ba^{2+} 时，生成的 $BaSO_4$ 最容易吸附（　　）离子。

A　Na^+　　　　B　K^+　　　　C　Ca^{2+}　　　　D　H^+

8. 晶形沉淀的沉淀条件是（　　）。

A　稀、热、快、搅、陈　　　　　　　B　浓、热、快、搅、陈

C　稀、冷、慢、搅、陈　　　　　　　D　稀、热、慢、搅、陈

9. 被测组分为 MgO，沉淀形式为 $MgNH_4PO_4 \cdot 6H_2O$，称量形式为 $Mg_2P_2O_7$，换算因数等于（　　）。

A　0.362　　　　B　0.724　　　　C　1.105　　　　D　2.210

10. 在下列杂质离子存在下，以 Ba^{2+} 沉淀 SO_4^{2-} 时，沉淀首先吸附（　　）。

A　Fe^{3+}　　　　B　Cl^-　　　　C　Ba^{2+}　　　　D　NO^{3-}

11. $AgNO_3$ 与 $NaCl$ 反应，在等量点时 Ag^+ 的浓度为（　　　　）。已知 $K_{SP_{AgCl}} = 1.8 \times 10^{-10}$。

A　2.0×10^{-5}　　　　B　1.34×10^{-5}　　　　C　2.0×10^{-6}　　　　D　1.34×10^{-6}

11. 下列哪条不是非晶形沉淀的沉淀条件？（　　　）

A　沉淀作用宜在较浓的溶液中进行

B　沉淀作用宜在热溶液中进行

C　在不断搅拌下，迅速加入沉淀剂

D　沉淀宜放置过夜，使沉淀熟化

12. 为了获得纯净而易过滤、洗涤的晶形沉淀，要求（　　　）。

A　沉淀时的聚集速度小而定向速度大

B　沉淀时的聚集速度大而定向速度小

C　溶液的过饱和程度要大

D　沉淀的溶解度要小

13. 下列哪些要求不是重量分析对称量形式的要求？（　　　）

A　要稳定　　　　　　　　　　B　颗粒要粗大

C　相对分子质量要大　　　　　D　组成要与化学式完全符合

14. 用定量滤纸过滤时，玻璃棒下端（　　　），并尽可能接近定量滤纸。

A　对着一层定量滤纸的一边　　B　对着定量滤纸的锥顶

C　对着三层定量滤纸的一边　　D　对着定量滤纸的边缘

三、判断题

1. 无定形沉淀要在较浓的热溶液中进行沉淀，加入沉淀剂速度适当快。（　　　）

2. 沉淀称量法中的称量式必须具有确定的化学组成。（　　　）

3. 沉淀称量法测定中，要求沉淀式和称量式相同。（　　　）

4. 共沉淀引入的杂质量，随陈化时间的增大而增多。（　　　）

5. 由于混晶而带入沉淀中的杂质通过洗涤是不能除掉的。（　　　）

6. 沉淀 $BaSO_4$ 应在热溶液中进行，然后趁热过滤。（　　　）

7. 用洗涤液洗涤沉淀时，要少量、多次，为保证 $BaSO_4$ 沉淀的溶解损失不超过 0.1%，洗涤沉淀每次用 $15 \sim 20mL$ 洗涤液。（　　　）

8. 重量分析中使用的"无灰定量滤纸"，指每张定量滤纸的灰分重量小于 $0.2mg$。（　　　）

9. 可以将 $AgNO_3$ 溶液放入碱式滴定管进行滴定操作。（　　　）

10. 重量分析中当沉淀从溶液中析出时，其他某些组分被被测组分的沉淀带下来而混入沉淀之中，这种现象称后沉淀现象。（　　　）

11. 重量分析中对形成胶体的溶液进行沉淀时，可放置一段时间，以促使胶体微粒的胶凝，然后再过滤。（　　　）

12. 根据同离子效应，可加入大量沉淀剂以降低沉淀在水中的溶解度。（　　　）

13. 根据同离子效应，在进行沉淀时，加入沉淀剂过量得越多，则沉淀越完全，所以沉淀剂过量越多越好。（　　　）

14. 硫酸钡沉淀为强碱强酸盐的难溶化合物，所以酸度对溶解度影响不大。（　　）

15. 沉淀硫酸钡时，在 HCl 存在下的热溶液中进行，目的是增大沉淀的溶解度。（　　）

16. 为了获得纯净的沉淀，洗涤沉淀时洗涤的次数越多，每次用的洗涤液越多，则杂质含量越少，结果的准确度越高。（　　）

四、综合实验题

1. 水泥中三氧化硫的测定

称取约＿＿＿＿ g 试样，精确至 0.0001g，置于 300mL 烧杯中，加入 30～40mL 水使其分散。加 10mL ＿＿＿＿（1+1），用平头玻璃棒压碎块状物，慢慢加热溶液直至试样完全溶解。将溶液加热微沸＿＿＿＿ min。用中速定量滤纸过滤，用热水洗涤烧杯＿＿＿＿次。调整滤液为 200mL，煮沸，在搅拌下滴加 15mL ＿＿＿＿溶液，继续煮沸数＿＿＿＿ min，然后移至温热处静置至少 4h 或过夜（此时溶液体积应保持在 200mL）。用慢速定量滤纸过滤，用温水洗涤，直至 Cl^- 为止（$AgNO_3$ 溶液检验）。将沉淀及定量滤纸一并移入已灼烧至恒量的瓷坩埚中，灰化，在 800℃的高温炉内灼烧 30min。取出坩埚置于干燥器中冷却至室温，称量，反复灼烧，直至恒量。

问题 1：为什么过滤时用温水或热水洗涤沉淀？

问题 2：为什么要陈化？

问题 3：为什么要洗涤 Cl^-，怎么洗涤并检验？

2. 水泥中氯的测定

① 测定原理

试样用＿＿＿＿进行分解，同时消除硫化物的干扰。加入已知量的＿＿＿＿使氯离子以氯化银的形式沉淀。煮沸、过滤后，将滤液和洗涤液冷却至 25℃以下。以铁（Ⅲ）盐为指示剂，用＿＿＿＿滴定过量的硝酸银。其反式如下：

氯离子与加入硝酸银标液反应：＿＿＿＿＿＿＿＿＿＿＿＿＿＿＿＿＿＿；

硫氰酸铵与过量的硝酸银反应：＿＿＿＿＿＿＿＿＿＿＿＿＿＿＿＿＿＿。

② 测定步骤

称取约＿＿＿＿试样，加入 50mL 水。在搅拌下加入 50mL ＿＿＿＿，加热煮沸。准确移取 5mL ＿＿＿＿加入溶液中，煮沸 1～2min。加入少许定量滤纸浆。用预先用硝酸洗涤过的慢速定量滤纸抽气过滤或玻璃砂芯漏斗抽气过滤，滤液收集于＿＿＿＿锥形瓶中。滤液和洗液总体积达到约＿＿＿＿ mL，溶液在弱光线或暗处冷却至 25℃以下。加入 5mL ＿＿＿＿指示剂溶液，用硫氰酸铵标准滴定溶液滴定至产生的红棕色在摇动下不消失为止。当硫氰酸铵标准滴定溶液消耗体积小于 0.5mL 时，要用减少一半的试样质量进行重新实验。

五、计算题

1. 计算下列换算因数。

（1）根据 $PbCrO_4$ 测定 Cr_2O_3；

（2）根据 $Mg_2P_2O_7$ 测定 $MgSO_4 \cdot 7H_2O$；

（3）根据 $(NH_4)_3PO_4 \cdot 12MoO_3$ 测定 $Ca_3(PO_4)_2$ 和 P_2O_5；

（4）根据 $(C_9H_6NO)_3Al$ 测定 Al_2O_3。

2. 称取 CaC_2O_4 和 MgC_2O_4 纯混合试样 0.6240g，在 500℃下加热，定量转化为 $CaCO_3$ 和 $MgCO_3$ 后为 0.4830g。

（1）计算试样中 CaC_2O_4 和 MgC_2O_4 的质量分数；

（2）若在 900℃加热该混合物，定量转化为 CaO 和 MgO 的质量为多少克？

3. 称取含有 NaCl 和 NaBr 的试样 0.6280g，溶解后用 $AgNO_3$ 溶液处理，得到干燥的 AgCl 和 AgBr 沉淀 0.5064g。另称取相同质量的试样 1 份，用 0.1050mol/L $AgNO_3$ 溶液滴定至终点，消耗 28.34mL。计算试样中 NaCl 和 NaBr 的质量分数。

4. 称取含硫的纯有机化合物 1.0000g。首先用 Na_2O_2 熔融，使其中的硫定量转化为 Na_2SO_4，然后溶解于水，用 $BaCl_2$ 溶液处理，定量转化为 $BaSO_4$ 1.0890g。

计算：

a. 有机化合物中硫的质量分数；

b. 若有机化合物的摩尔质量为 214.33g/mol，求该有机化合物中硫原子个数。

5. 为了测定长石中 K、Na 的含量，称取试样 0.5034g。首先使其中的 K、Na 定量转化为 KCl 和 NaCl 0.1208g，然后溶解于水，再用 $AgNO_3$ 溶液处理，得到 AgCl 沉淀 0.2513g。计算长石中 K_2O 和 Na_2O 的质量分数。

项目五 测定硅酸盐制品与原料中的其他成分

知识目标

- 掌握测定硅酸盐制品与原料中水分、烧失量和不溶物的原理和方法。
- 了解测定硅酸盐制品与原料其他成分的分析方法。

能力目标

- 能进行硅酸盐制品与原料中水分、烧失量和不溶物的测定。
- 能准备和使用实验所需的仪器及试剂；能进行实验数据的处理；能进行实验仪器设备的维护和保养。

项目素材

5.1 水分的测定

物料水分的测定主要是测物料中附着水的质量分数。物料水分对其化学分析结果影响较大。在实际生产中，必须加强检测和控制。在生料配料中，一般采用分析基化学分析结果，计算各物料的分析基配比，再通过各物料中水分的质量分数，换算出实际应用中各物料的配比。

1. 用干燥箱测定水分

用 1/10 的天平准确称取 50g 试样，倒入小盘内，放在 $105 \sim 110℃$ 的恒温控制干燥箱烘干 1h，取出，冷却后称量。

物料水分质量分数按下式计算：

$$w_{水分} = \frac{m - m_1}{m} \times 100\%$$

式中 m——烘干前试样质量，g；

m_1——烘干后试样质量，g。

2. 用红外线干燥测定水分

用 1/10 的天平准确称取 50g 试样，倒入已知质量的小盘内，放在 250W 红外灯下 3cm 处烘干 10min 左右（湿物料需烘干 $20 \sim 30$min）。取出，冷却后称量。计算公式同上。

用红外线干燥水分时，严防灯泡与冷物接触，以免引起灯泡爆裂。

3. 注意事项

（1）石膏附着水分测定时烘干温度应为 $55 \sim 60℃$，不得使用红外线灯。

（2）生料球烘干前应先轻轻敲碎至粒度小于 1cm，然后按上述方法测定。

（3）大块样品应先破碎至 2cm 以下再测定。

5.2 烧失量的测定

一般规定，试样在 950~1000℃ 下灼烧一段时间后，所减少的质量在试样中所占的质量分数即为烧失量（个别试样的测定温度则另作规定）。

当在高温下灼烧时，试样中的许多组分将发生氧化、分解及化合等反应。如

$$4FeO+O_2 \overset{\Delta}{=\!=\!=} 2Fe_2O_3$$

$$4FeS_2+11O_2 \overset{\Delta}{=\!=\!=} 2Fe_2O_3+8SO_2 \uparrow$$

$$CaCO_3 \overset{\Delta}{=\!=\!=} CaO+CO_2 \uparrow$$

$$CaSO_4 \overset{\Delta}{=\!=\!=} CaO+SO_3 \uparrow$$

$$Al_2O_3+2SiO_2 \cdot 2H_2O \overset{\Delta}{=\!=\!=} Al_2O_3 \cdot 2SiO_2+2H_2O \uparrow$$

所以，烧失量实际上是样品中各种化学反应在质量上的增加和减少的代数和。烧失量的大小与灼烧温度、灼烧时间及灼烧方式等有关。正确的灼烧方法应是在高温炉中（不应使用硅碳棒炉）由低温升起达到规定温度并保温半小时以上。含煤量大的试样要避免直接在高温下进行灼烧。含碱量大的试样常会侵蚀瓷坩埚而造成误差。

其测定方法是：准确称取约 1g 试样，放入已灼烧恒量的瓷坩埚中，将坩埚盖盖上并留有一缝隙。放入高温炉内，由低温升至所需温度，并保持半小时以上。取出坩埚，置于干燥器中冷却至室温称量，如此反复灼烧，直至恒量。

5.3 不溶物的测定

不溶物是指在一定浓度的酸和碱溶液中对试样（水泥或熟料）进行处理后得到的残渣。此残渣并非是指某一化学成分，而是在规定条件下某些混合物（主要成分为硅、铁、铝）的总量，其结果随着测定条件的改变而不同。

不溶物的测定方法是一个规范性很强的经验方法。结果正确与否同试剂浓度、试剂量、温度、处理时间等密切相关。为了减小误差，提高精密度，有利于国际间的对比，在操作步骤上应更为严密，为此，通过对各国标准中不溶物测定方法的对照、分析、实验，并结合我国实际情况对我国国家标准中不溶物的测定方法进行了修订。经修订后的不溶物测定方法，对不溶物含量高或不溶物含量低的样品均能适用，其结果与国际标准结果相符。

其测定方法是：将试样先用盐酸处理，使可溶物质全部溶解，滤出不溶残渣。为防止硅酸胶凝再用氢氧化钠溶液处理，使之生成硅酸钠而溶解。然后以盐酸中和、过滤，所得残渣于高温下灼烧、称量，直至恒量。此剩余物质在试样中所占的质量分数即为不溶物。

除了对硅酸盐制品与原料分析硅、铁、铝、钙、镁、烧失量和不溶物等以外，根据科研与生产实际，有时还需要对其他成分进行分析，例如：三氧化硫的测定（见项目四）、全硫的测定、硫化物的测定、一氧化锰的测定、二氧化钛的测定、氧化钠和氧化钾的测定、五氧化二磷的测定、氯的测定（见项目四）、氟的测定等。

5.4　测定硅酸盐制品与原料中的其他成分

5.4.1　全硫的测定

1. 碱熔融——硫酸钡重量法

在酸性溶液中，用氯化钡溶液沉淀硫酸盐，经过滤灼烧后，以硫酸钡形式称量。测定结果以三氧化硫计。

2. 艾士卡法

试样与艾士卡试剂混合灼烧，煤中硫生成硫酸盐。然后使硫酸根离子生成硫酸钡沉淀，根据硫酸钡的质量计算煤中全硫的质量分数。此方法对煤样效果最好。

3. 库仑滴定法

见项目四中"三氧化硫的测定"部分。

4. 燃烧法

将试样与适量助溶剂（石墨粉—石英粉—三氧化二铁粉或五氧化二钒，按质量比 2∶1∶1 混合研细），在瓷舟内混匀后，放在 1250～1300℃ 的管式炉中灼烧，使硫酸盐硫、硫化物硫等以二氧化硫逸出，然后以 0.3% 过氧化氢溶液或淀粉盐酸溶液（1g/L）吸收，用中和法或碘量法进行测定，以求得试样中硫的总量。

5.4.2　硫化物的测定

在还原条件下，用盐酸分解试样，将产生的硫化氢收集于氨性硫酸锌溶液中，然后用碘量法测定。

5.4.3　二氧化钛的测定

钛的测定方法很多。由于硅酸盐制品与原（燃）料中钛含量较低，一般采用分光光度法测定。常用的是过氧化氢光度法和二安替比林甲烷光度法等。另外，钛的配位滴定法通常有苦杏仁酸—铜盐溶液返滴法和过氧化氢配位—铋盐溶液返滴法。

1. 分光光度法

（1）过氧化氢光度法

在酸性条件下，TiO^+ 与 H_2O_2 形成 1∶1 的黄色 $[TiO(H_2O_2)]^{2+}$ 配离子，其 $lgK=4.0$，其最大吸收波长为 405nm，摩尔吸光系数为 $740L \cdot mol^{-1} \cdot cm^{-1}$。过氧化氢光度法简便快速，但选择性和灵敏度较差。

显色反应可以在硫酸、硝酸或 HCl 介质中进行，一般在 5%～6% 的硫酸中显色。显色反应的速率和配离子的稳定性受温度的影响，通常在 25～30℃ 显色，3min 可显色完全，稳定时间在 1d 以上。过氧化氢的用量，以控制在 50mL 显色体积中，加 3% 过氧化氢 2～3mL 为宜。

（2）二安替比林甲烷光度法

在酸性溶液中，钛（Ⅳ）与二安替比林甲烷生成黄色可溶性配合物，其最大吸收波长为 390nm，摩尔吸光系数为 $1.47×10^4 L \cdot mol^{-1} \cdot cm^{-1}$，可用分光光度法测定。

2. EDTA 法

将测定过铁的溶液，调节 pH 至 3.8～4.0，加入过量的 EDTA 与铝、钛反应，再用铜盐回滴剩余的 EDTA，以测定试样中 Al^{3+} 和 TiO^{2+} 的总量。然后加入苦杏仁酸与 $TiOY^{2-}$ 配合物中的 TiO^{2+} 反应，生成更稳定的苦杏仁酸配合物，同时释放出与 TiO^{2+} 等物质量的 EDTA，仍然以 PAN 为指示剂，以铜盐标准滴定溶液返滴定释放出的 EDTA，以求得 TiO^{2+} 的含量。

该方法可在测定铁和铝同一份溶液中进行连续滴定，常用于生料、熟料和黏土等 TiO^{2+} 含量小于 1％的试样测定。

5.4.4 一氧化锰的测定

对 0.5mg 以内的锰可用光度法进行测定。当锰含量高时，可采用过硫酸铵将其氧化，经还原后再以 EDTA 配位滴定。

1. 分光光度法

在酸性溶液中，用氧化剂将锰氧化成红色的高锰酸（$HMnO_4$），在一定条件下，其颜色深度与锰含量之间符合比耳定律。

使锰氧化成高锰酸的氧化剂通常以过硫酸铵和高碘酸钾应用最多。实验表明，用高碘酸钾氧化剂效果较好。氧化反应如下：

$$2Mn^{2+}+5IO_4^-+3H_2O \rightleftharpoons 2MnO_4^-+5IO_3^-+6H^+$$

上述反应可在 5％～10％（V/V）的硫酸介质中进行。在波长 530nm 处测定其吸光度。Fe^{3+} 在硫酸介质中呈浅黄色，可加入磷酸进行掩蔽。

2. 过硫酸铵氧化法

在微酸性溶液中，用过硫酸铵将 Mn^{2+} 氧化成四价锰的沉淀，从而与其他元素分离。当酸度在 0.2mol/L 以下时，锰的沉淀分离基本是完全的。

$$S_2O_8^{2-}+Mn^{2+}+3H_2O \rightleftharpoons MnO(OH)_2 \downarrow +2SO_4^{2-}+4H^+$$

生成的锰沉淀用酸性 H_2O_2 溶解后，加入三乙醇胺掩蔽少量共沉淀的铁、钛，在 pH=10 时，用 HCl 羟胺使锰全部还原成 Mn^{2+}，再用 EDTA 配位滴定。铝、钙、镁不被沉淀吸附，在过滤 $MnO(OH)_2$ 沉淀时，留于滤液中无干扰。

5.4.5 氧化钾和氧化钠的测定

钾和钠的测定方法有重量法、滴定法、火焰光度法、原子吸收分光光度法和等离子体发射光谱法等。

1. 火焰光度法

火焰光度法测定钾和钠是基于在火焰光度计上，钾、钠原子被火焰热能（空气—乙炔焰温度 1840℃；空气—煤气焰温度 2225℃）激发后发射出具有固定波长的特征辐射。钾的火焰为紫色，波长 766.5nm；钠的火焰为黄色，波长 589.0nm；可分别用 765～770nm（钾）和 558～590nm（钠）的滤光片将钾、钠的辐射分离，以光电池或光电管和检流计进行检测。由于光电流的大小即特征辐射的强度，与试样中钾、钠的含量有关，故可用标准比较法或标准曲线法确定钾、钠含量。

介质与酸度条件，一定量 Cl^-、SO_4^{2-}、ClO_4^-、NO_3^- 的存在均不影响测定结果，即可在 HCl、H_2SO_4、$HClO_4$、HNO_3 等介质中进行测定。但在硝酸介质中的测定结果较稳定，重现性较好。因此，常在 0.5% 的硝酸溶液中进行测定。常用 HF 和 H_2SO_4 分解试样，也可用锂盐或铵盐分解试样。若试样分解时使用了氢氟酸，则应在试样分解完全后加热除尽氟，并转为硝酸介质，尽快测定，以防 F^- 对器皿腐蚀而使测定结果偏高。

2. 原子吸收分光光度法

原子吸收分光光度法测定钾和钠是一种干扰少、灵敏度高、简便快速的分析方法。该方法是于浓度小于 0.6mol/L 的 HCl、硝酸或过氯酸介质中，用空气—乙炔火焰激发，分别在756.5nm 和 589.0nm 波长下测定钾和钠的吸光度。氧化钾和氧化钠浓度小于 5mg/mL 时，线性关系良好，其灵敏度分别为：氧化钾 $0.12\mu g/mL$，氧化钠 $0.054\mu g/mL$。

由于钾和钠易电离，在火焰中钾和钠的基态原子的电离将导致其吸光度降低。钾的这一现象尤其明显。对此，可以通过适当提高燃烧器高度或加入氯化锂，至锂的浓度达到 $2\mu g/mL$ 来消除。

5.4.6　五氧化二磷的测定

磷的测定方法有重量法、滴定分析法、光度分析法、原子吸收分光光度法等。硅酸盐中制品与原（燃）料中的磷含量一般都较低，一般采用光度法分析。磷的光度分析法，大多是基于酸性条件下生成磷钼杂多酸、磷锑钼杂多酸、磷钒钼杂多酸的光度法。

1. 磷钒钼黄光度法

在 0.6~1.7mol/L 的硝酸介质中，正磷酸与钼酸铵、钒酸铵反应生成黄色的磷钒钼杂多酸。该配合物在 380nm 处有最大吸收波长，$k_{380}=2.6\times10^3 L\cdot mol^{-1}\cdot cm^{-1}$。由于最大吸收波长在紫外光区，不可用可见分光光度计测量，且显色剂在最大吸收波长 380nm 处的对比度小，故实际中常在 420nm 波长下测定，$k_{420}=1.3\times10^3 L\cdot mol^{-1}\cdot cm^{-1}$。

2. 磷钼蓝光度法

在酸性溶液中，磷酸与钼酸生成黄色的磷钼杂多酸，可被硫酸亚铁、二氯化锡、抗坏血酸、硫酸肼等还原成蓝色的磷钼杂多酸（磷钼蓝）。磷钼杂多酸的最大吸收波长为 905nm，$k_{950}=5.34\times10^4 L\cdot mol^{-1}\cdot cm^{-1}$。通常在 630nm 波长处测量吸光度，此时 $k_{630}=1.3\times10^4 L\cdot mol^{-1}\cdot cm^{-1}$。

影响显色反应的主要因素是溶液的酸度、钼酸铵的浓度和还原剂的用量等。溶液的酸度必须严格控制在 0.15~0.4mol/L。酸度低于 0.15mol/L，钼酸本身也能被还原而产生蓝色；酸度大于 0.4mol/L 时，磷钼蓝会被破坏，至 0.6mol/L，磷钼蓝即不能生成。钼酸铵的浓度一般控制在 0.1%~0.2%。最广泛使用的还原剂是抗坏血酸，其浓度可控制在 0.08%~0.32% 之间。

任务一　水泥熟料烧失量和酸不溶物的测定

一、实验目的

掌握水泥熟料烧失量和不溶物测定的原理和方法。

二、实验原理（见项目素材 5.2 和 5.3）

三、实验试剂与仪器

1. 浓 HCl；

2. HCl（1＋1）：将 1 体积 HCl 与 1 体积水混合；

3. NaOH 溶液（10g/L）：将 10g 氢氧化钠溶于 1L 水中；

4. NH₄NO₃ 溶液（20g/L）：将 20g 硝酸铵溶于 1L 水中，以甲基红为指示剂，用氨水（1＋1）中和至呈微碱性反应；

5. 甲基红指示剂溶液（2g/L）：将 0.2g 甲基红溶于 100mL 乙醇中；

6. 瓷坩埚（30mL）、高温炉。

四、实验过程

1. 水泥熟料烧失量的测定

称取约 1g（精确至 0.0001g）已在 105～110℃烘干过的试样，置入已灼烧恒量的瓷坩埚中，将坩埚盖斜置于坩埚上，放在高温炉内从低温开始逐渐升高温度，在（950±25）℃下灼烧 15～20min，取出坩埚，置于干燥器中冷至室温，称量。如此反复灼烧，直至恒量。

试样中烧失量的质量分数按下式计算

$$w_{\text{LOI}} = \frac{m - m_1}{m} \times 100\%$$

式中　　w_{LOI}——烧失量，％；

　　　　m——灼烧前试样的质量，g；

　　　　m_1——灼烧后试样的质量，g。

注意事项：

（1）灼烧时应从低温逐渐升至高温，如果直接将坩埚至于（950±25）℃高温炉内，则因试样中挥发物质猛烈排出而使试样有飞溅的可能，特别是碳酸盐高的试样。

（2）烧失量的大小与灼烧温度和灼烧时间有直接关系，因此，必须严格按规定控制。

（3）称量时必须迅速，同时要使用干燥能力较强的干燥器，以免吸收空气和干燥器中的水分而增加质量，致使结果偏高。

（4）测定烧失量所使用的瓷坩埚，应洗净后预先在（950±25）℃下灼烧至恒量，这样可防止灼烧物有可能与瓷坩埚反应而造成误差。

2. 水泥熟料不溶物的测定

称取约 1g 试样，精确至 0.0001g，置于 150mL 烧杯中，加 25mL 水，搅拌使其分散。在搅拌下加入 5mL 浓 HCl，用平头玻璃棒压碎块状物使其分解完全（如有必要可将溶液稍稍加热几分钟），加水稀释至 50mL，盖上表面皿，将烧杯置于蒸汽浴中加热 15min。用中速定量滤纸过滤，用热水充分洗涤 10 次以上。

将残渣和定量滤纸一并移入原烧杯中，加入 100mL NaOH 溶液（10g/L），盖上表面皿，将烧杯置于蒸汽浴中加热 15min。加热期间搅动定量滤纸及残渣 2～3 次。取下烧杯，加入 1～2 滴甲基红指示剂溶液，滴加 HCl（1＋1）至溶液呈红色，再过量 8～10 滴。用中速定量滤纸过滤，用 NH_4NO_3 溶液（20g/L）充分洗涤 14 次以上。

将残渣和定量滤纸一并移入已灼烧恒量的瓷坩埚中，灰化后，在 950～1000℃ 的高温炉内灼烧 30min，取出坩埚置于干燥器中冷却至室温，称量。反复灼烧，直至恒量。

不溶物的质量分数按下式计算

$$w_{IR} = \frac{m - m_1}{m} \times 100\%$$

式中　　w_{IR}——不溶物的质量分数，%；

　　　　m_1——灼烧后不溶物的质量，g；

　　　　m——试样的质量，g。

注意事项：

（1）严格遵守操作步骤的前后次序，不可颠倒，否则将使过滤困难。

（2）用酸溶解试样时，一定要先加水并立即搅拌，再在搅拌下加入盐酸，以避免二氧化硅呈胶状析出，否则产生的大量胶状物会给过滤造成困难。

（3）严格控制加入酸、碱液的浓度。

任务二　纯碱烧失量和水不溶物的测定

一、实验目的

掌握纯碱烧失量和水不溶物测定的原理和方法。

二、实验原理（见项目引导 5.2）

三、实验试剂与仪器

1. 酚酞指示剂（10g/L）：将 1g 酚酞溶于 100mL 乙醇中；

2. 酸洗石棉；

3. 坩埚（30mL）、古氏坩埚、高温炉。

四、实验过程

1. 纯碱烧失量的测定

称取约 2g 试样，精确至 0.0002g，置于已恒量的称量瓶或瓷坩埚内，移入烘箱或高温炉中，在 250～270℃ 下加热至恒量。

试样中烧失量的质量分数按下式计算

$$w_{LOI} = \frac{m - m_1}{m} \times 100\%$$

式中　　w_{LOI}——烧失量，%；

　　　　m——灼烧前试样的质量，g；

　　　　m_1——灼烧后试样的质量，g。

2. 纯碱中水不溶物含量的测定

将古氏坩埚置于抽滤瓶上，在筛板上下各匀铺一层酸洗石棉，边抽滤边用平头玻璃棒压紧，每层厚约 3mm。用（50±5）℃水洗涤至滤液中不含石棉。将坩埚移入干燥箱内，于（110±5）℃下烘干后称量。重复洗涤，干燥至恒量。称取 20～40g 试样，精确至 0.01g，置于烧杯中，加入 200～300mL 约 40℃的水溶解，维持实验溶液温度在（50±5）℃。用已恒量的古氏坩埚过滤，以（50±5）℃的水洗涤不溶物，直至在 20mL 洗涤液与 20mL 水中加 2 滴酚酞指示剂后所呈现的颜色一致为止。将古氏坩埚连同不溶物一并移入干燥箱内，在（110±5）℃下干燥至恒量。

水不溶物的质量分数按下式计算

$$w = \frac{100m_1}{m \times (100 - x_0)} \times 100\%$$

式中　　w——水不溶物的质量分数，%；

m_1——水不溶物的质量，g；

m——试样的质量，g；

x_0——测得的烧失量，%。

任务三　黏土水分和烧失量的测定

一、实验目的

掌握黏土烧失量测定的原理和方法。

二、实验原理（见项目引导 5.1 和 5.2）

三、实验试剂与仪器

坩埚（30mL）、高温炉、小磁盘。

四、实验过程

1. 水分的测定

用 1/10 的天平准确称取 50g 试样，倒入小盘内，放在 105～110℃的恒温控制干燥箱烘干 1h，取出，冷却后称量。

物料水分质量分数按下式计算：

$$w_{水分} = \frac{m - m_1}{m} \times 100\%$$

式中　　m——烘干前试样质量，g；

m_1——烘干后试样质量，g。

2. 烧失量的测定

称取约 2g（精确至 0.0001g）已在 105～110℃烘干过的试样，置入已灼烧恒量的瓷坩埚中，将坩埚盖斜置于坩埚上，放在高温炉内从低温开始逐渐升高温度，在 1100℃下灼烧 30～60min，取出坩埚，置于干燥器中冷至室温，称量。如此反复灼烧，直至恒量。

试样中烧失量的质量分数按下式计算：

$$w_{LOI} = \frac{m - m_1}{m} \times 100\%$$

式中　　w_{LOI}——烧失量，%；

m——灼烧前试样的质量，g；

m_1——灼烧后试样的质量，g。

学习思考

一、填空题

1. 烧失量又称_____。一般规定，试样在950～1000℃下灼烧后的_____即为烧失量。烧失量实际上是样品中_____的代数和。烧失量的大小与_____、_____及_____等有关。

2. 烧失量测定方法：准确称取约一定质量的试样，放入已灼烧恒量的_____中，将坩埚盖盖上并留有一缝隙。放入高温炉内，由低温升至所需温度，并保持_____以上。取出坩埚，置于干燥器中冷却至室温称量，如此反复灼烧，直至恒量。

3. 烧失量是衡量_____和_____配比的情况，由于混合料便宜，因此，不合格制品大多混合料过多，造成_____超标，从而影响水泥的结构质密性。

4. 坯料烧失量是指在烧成过程中所排出的_____，碳酸盐分解出的_____，硫酸盐分解出的_____，以及_____被排除后物量的损失。相对而言，烧失量大且熔剂含量过多时，烧成偏高的制品收缩率就越大，还易引起变形、缺陷等。所以要求瓷坯烧失量一般要小于8%。

5. 不溶物是指经_____处理后的残渣，再以_____溶液处理，经_____中和过滤后所得的残渣经高温灼烧所剩的物质。

6. 硅酸盐制品与原（燃）料中烧失量和不溶物的测定一般使用_____法。

7. 硅酸盐原（燃）料烧失量的分析有其特殊意义。它表征原（燃）料加热分解的_____（如 H_2O，CO_2 等）和_____的多少，从而可以判断原（燃）料在使用时是否需要预先对其进行_____，使原（燃）料体积稳定。

8. 用全自动电光分析天平称量后，砝码为20g、内圈9、外圈80、光标为第7大格第5小格，试样的质量为_____。

9. 用全自动电光分析天平称量以前，必须调零。如果遇到下面的情况：中央刻度线与零刻度线相距5小格，且中央刻度线位于零刻度线左边。怎么调节：_____。

10. 电子分析天平是最新一代的天平，它是根据电磁力平衡原理，直接称量，全量程不需要砝码，放上被测物质后，在几秒内达到平衡，直接显示读数，具有_____，_____的特点。它的一般使用方法有_____、_____和_____三种。

11. 除了对硅酸盐制品与原（燃）料分析硅、铁、铝、钙、镁、烧失量和不溶物以外，根据科研与生产实际，有时还需要对其他成分进行分析，例如：_____的测定、_____的测定、_____的测定、_____和_____的测定、_____的测定、_____的测定等。

12. 物料水分的测定就是测定物料_____的百分含量。它的测定方法有两种，分别是_____和_____。

13. 钛的测定方法很多。由于硅酸盐制品与原（燃）料中钛含量较低，一般采用_____测定。常用的是过氧化氢光度法和二安替比林甲烷光度法等。另外，钛的配位滴定法通常有_____和_____。

14. 对 0.5mg 以内的锰_____进行测定。当锰含量高时，可采用_____将其氧化，经还原后再以_____配位滴定。

15. 钾和钠的测定方法有_____、_____、_____、原子吸收分光光度法和等离子体发射光谱法等。

16. 磷的测定方法有_____、_____、光度分析法、原子吸收分光光度法等。硅酸盐中制品与原（燃）料中的磷含量一般都较低，一般采用_____分析。磷的光度分析法，大多是基于酸性条件下生成磷钼杂多酸、磷锑钼杂多酸、磷钒钼杂多酸的光度法。

17. 在一般的水泥及原（燃）料中，氯化物的含量均很低，通常都不进行测定。近年来，随着我国水泥工业的不断发展，尤其是水泥煅烧窑外分解技术的广泛应用，对水泥生料、熟料及其原（燃）料中的氯含量提出了严格的要求，原（燃）料、燃料中氯的含量不得高于_____。此外，在混凝土的施工过程中，有时加入少量氯化物作为_____或_____。因此，对氯的测定成为水泥化学分析中的一项内容。

二、选择题

1. 硅酸盐制品与原（燃）料中烧失量和不溶物的测定一般使用（   ）测定。
   A 重量分析法　　　B 酸碱滴定法　　　C 配位滴定法　　　D 沉淀滴定法
2. 水泥熟料烧失量测定的温度为（   ）。
   A 105～110℃　　　B 300～400℃　　　C 1200℃以上　　　D 950～1000℃
3. 纯碱烧失量测定的温度为（   ）。
   A 250～270℃　　　B 300～400℃　　　C 1200℃以上　　　D 950～1000℃
4. 黏土烧失量测定的温度为（   ）。
   A 250～270℃　　　B 300～400℃　　　C 1200℃以上　　　D 950～1000℃
5. 烧失量的测定是重量分析法中的（   ）。
   A 沉淀法　　　B 气化法　　　C 电解法　　　D 提取法
6. 用分析天平准确称取 1g 试样，应记录为（   ）。
   A 1.0g　　　B 1.00g　　　C 1.000g　　　D 1.0000g
7. 坩埚烧至恒量的意思是，两次称量质量差在（   ）。
   A 0.2mg 以内　　　B 0.1～1.00g　　　C 0.01～0.1g　　　D 1.0000g
8. 下列关于重量分析基本概念的叙述，错误的是（   ）。
   A 气化法是由试样的重量减轻进行分析的方法
   B 气化法适用于挥发性物质及水分的测定
   C 重量法的基本数据都是由天平称量而得
   D 重量分析的系统误差，仅与天平的称量误差有关
9. 下列有关灼烧容器的叙述，错误的是（   ）。

A　灼烧容器在灼烧沉淀物之前或之后，必须恒量

B　恒量至少要灼烧两次，两次称重一致才算恒量

C　灼烧后称重时，冷却时间一致，恒量才有效

D　灼烧玻璃砂芯滤器的时间可短些

10. 重量分析中使用的"无灰定量滤纸"是指每张定量滤纸的灰分为多重（　　　）。

A　没有重量　　　　B　小于 0.2mg　　　C　大于 0.2mg　　　D　等于 0.2mg

11. 钛的测定方法很多。由于硅酸盐制品与原料中钛含量较低，一般采用（　　　）。

A　重量分析法　　　B　酸碱滴定法　　　C　配位滴定法　　　D　分光光度法

12. 钾和钠的测定通常用（　　　）测定。

A　火焰光度法　　　B　酸碱滴定法　　　C　配位滴定法　　　D　分光光度法

13. 硅酸盐中制品与原（燃）料中的磷含量一般都较低，一般采用（　　　）分析。

A　重量分析法　　　B　酸碱滴定法　　　C　配位滴定法　　　D　分光光度法

三、判断题

1. 坩埚烧至恒量的要求是两次称量质量差在 0.1～1.00g。（　　　）

2. 坩埚从电炉中取出后应立即放入干燥器中。（　　　）

3. 灰化过程中，如果定量滤纸燃烧应立即用嘴吹灭。（　　　）

4. 沉淀连同定量滤纸放进高温炉以后，要把坩埚盖盖严。（　　　）

5. 水泥熟料不溶物测定过程中，应使用中速定量滤纸过滤。（　　　）

6. 重量分析的系统误差，仅与天平的称量误差有关。（　　　）

7. 不溶物的测定方法是一个规范性很强的经验方法。结果正确与否同试剂浓度、试剂量、温度、处理时间等密切相关。（　　　）

8. 气化法是指利用物质的挥发性质，通过加热或其他方法使试样中的被测组分挥发逸出，然后根据试样质量的减少，计算该组分的含量；或者用吸收剂吸收逸出的组分，根据吸收剂质量的增加计算该组分的含量。（　　　）

9. 灼烧完毕后，取出坩埚置于操作台上冷却，再称量直至恒量。（　　　）

10. 硅酸盐中制品与原（燃）料中的磷含量一般都较低，所以一般采用分光光度法分析。（　　　）

11. 物料中水分的测定用的是重量分析中的气化法。（　　　）

四、综合实验题

1. 水泥熟料烧失量和不溶物的测定（适用于水泥、混凝土专业方向）

① 水泥熟料烧失量的测定

称取约_____ g（精确至 0.0001g）已在_____烘干过的试样，置入已灼烧恒量的_____中，将坩埚盖_____，放在高温炉内从低温开始逐渐升高温度，在_____下灼烧_____ min，取出坩埚，置于干燥器中冷至室温，称量。如此反复灼烧，直至恒量。

问题 1：是否将坩埚盖严，为什么？

问题 2：灼烧至恒量的要求是什么？

② 水泥熟料不溶物的测定

称取约_____ g 试样，精确至 0.0001g，置于 150mL 烧杯中，加_____ mL 水，搅拌使其分散。在搅拌下加入_____ mL 浓 HCl，用平头玻璃棒压碎块状物使其分解完全（如有必要可将溶液稍稍加热几分钟），加水稀释至_____ mL，盖上表面皿，将烧杯置于蒸汽浴中加热 15min。用中速定量滤纸过滤，用热水充分洗涤 10 次以上。

将残渣和定量滤纸一并移入原烧杯中，加入 100mL _____溶液（10g/L），盖上表面皿，将烧杯置于蒸汽浴中加热 15min。加热期间搅动定量滤纸及残渣 2～3 次。取下烧杯，加入 1～2 滴甲基红指示剂溶液，滴加 HCl（1＋1）至溶液呈红色，再过量 8～10 滴。用中速定量滤纸，用 NH_4NO_3 溶液（20g/L）充分洗涤_____次以上。

将残渣和定量滤纸一并移入已灼烧恒量的瓷坩埚中，灰化后在_____的高温炉内灼烧 30min，取出坩埚置于干燥器中冷却至室温，称量。反复灼烧，直至恒量。

问题 1：如何正确清洗残渣？

问题 2：如何正确取出定量滤纸连同沉淀？

问题 3：灰化时定量滤纸如燃烧怎么办？

2. 纯碱烧失量的测定

称取约____试样，精确至 0.0002g，置于已恒量的称量瓶或瓷坩埚内，移入烘箱或高温炉中，在____℃下加热至恒量。

问题 1：是否将称量瓶或瓷坩埚盖盖严，为什么？

问题 2：灼烧至恒量的要求是什么？

3. 黏土烧失量的测定

称取约____（精确至 0.0001g）已在 105～110℃烘干过的试样，置入已灼烧恒量的坩埚中，将坩埚盖斜置于坩埚上，放在高温炉内从低温开始逐渐升高温度，在____℃下灼烧____min，取出坩埚，置于干燥器中冷至室温，称量。如此反复灼烧，直至恒量。

问题 1：是否将坩埚盖严，为什么？

问题 2：灼烧至恒量的要求是什么？

项目六 硅酸盐制品与原料系统分析

知识目标
- 熟悉分析试样采取与制备的方法。
- 熟悉定量分析中常用的溶（熔）剂及其对应的分解对象。
- 掌握硅酸盐制品与原料试样分解的方法和原理。
- 掌握硅酸盐制品与原料试样系统分析的方法和原理。

能力目标
- 能采取和制备一些简单的试样。
- 能熟练进行硅酸盐制品与原料试样的分解。
- 能熟练进行硅酸盐制品与原料系统分析。
- 能准备和使用实验所需的仪器及试剂；能进行实验数据的处理；能进行实验仪器设备的维护和保养。

项目素材

6.1 样品的采集与制备

6.1.1 样品的采集

1. 样品采集的意义

化验室的日常工作就是做好原（燃）料、半成品、成品的质量检验，面对的是大量的物料，但是实际用于实验的物料只是其中很少的一部分，例如一个编号几百吨乃至上千吨的水泥，只能用其中约 6kg 的试样来做实验。这就要求这很少的一部分样品必须具有代表性，必须能代表大量物料，即必须和大宗物料有极为近似的组成，否则即使化学实验十分精密、准确，其结果也不能代表原始的大宗物料的特性，而使分析工作失去意义，甚至可能把生产引入歧途，生产出不合格品或废品。因此正确采集化验室样品是化学分析工作的重要环节，是保证化学实验结果能用于指导生产的基本条件和基础。

从被检的总体物料中取得有代表性的样品的过程称为采样。

在复杂物质分析工作中，常需要从大批物料中或大面积的矿山上采集实验室样品。由前文得知采样的要求是：采集到的样品能够代表原始物料的平均组成。

2. 有关采样的基本术语

（1）采样单元

具有界限的一定数量物料（界限可以是有形的也可以是无形的）。

（2）份样（子样）

用采样器从一个采样单元中一次取得的一定量的物料。

（3）原始样品（送检样）

合并所采集的所有份样所得的样品。

（4）实验室样品

为送往实验室供分析检验用的样品。

（5）参考样品（备检样品）

与实验室样品同时制备的样品，是实验室样品的备份。

（6）试样

由实验室样品制备，用于分析检验的样品。

3. 采样的原则

对于均匀的物料，可以在物料的任意部位进行采样；非均匀的物料应随机采样，对所得的样品分别进行测定。采样过程中不应带进任何杂质，尽量避免引起物料的变化（如吸水、氧化等）。

4. 采集样品的量

采集的样品的量应满足下列要求：至少应满足三次重复测定的要求；如需留存备考样品，应满足备考样品的要求；如需对样品进行制样处理时，应满足加工处理的要求。

对于不均匀的物料，可采用下列经验公式计算

$$m_Q \geqslant Kd^a \tag{6-1}$$

式中　m_Q——采取实验室样品的最低可靠质量，kg；

　　　d——实验室样品中最大颗粒的直径，mm；

　　K、a——经验常数，由实验室求得。

一般 K 值在 $0.02\sim1$ 之间，样品越不均匀，K 值越大：物料均匀，$0.1\sim0.3$；物料不太均匀，$0.4\sim0.6$；物料极不均匀，$0.7\sim1.0$。$a=1.8\sim2.5$，地质部门一般规定为 2。

由式（6-1）可知，物料的颗粒越大，则最低采样量越多；样品越不均匀，最低采样量也越多。因此，对块状物料，应在破碎后再采样。

【例 6-1】（1）选取某均匀矿石样品时，其中最大颗粒直径为 $500mm$，$K\approx0.2$，实验室样品应采集多少 kg？（2）如果分析试样为 $100g$，此时样品最大颗粒直径不应超过多少 mm？

解：（1）此时实验室样品的最低可靠质量为

$$m_Q = Kd^2 = 0.2\times50^2 = 500kg$$

显然取样量较大，给制备试样带来了困难。如果在矿石破碎后取样，可减少取样量。如上例矿石破碎至最大直径 4mm，则实验室样品的最低可靠质量为

$$m_Q = Kd^2 = 0.2\times4^2 = 3.2kg$$

（2）若要求分析试样质量为 $100g$，此时样品最大颗粒直径为

$$d = \sqrt{\frac{m_Q}{K}} = \sqrt{\frac{0.1}{0.2}} = 0.7mm$$

5. 采样记录和采样报告

采样时应记录被采物料的状况和采样操作。如物料的名称、来源、编号、数量、包装情

况、存放环境、采样部位、所采样品数和样品量、采样日期、采样者等。

6. 采样的方式

（1）随机取样

随机取样又称概率取样。基本原理是物料总体中每份被取样的概率相等。将取样对象的全体划分成不同编号的部分，用随机数表进行取样。

（2）分层取样

当物料总体有明显不同组成时，将物料分成几个层次，按层数大小成比例取样。

（3）系统取样

系统取样是按已知的变化规律取样。如按时间间隔或物料量的间隔取样。

（4）二步取样

二步取样是将物料分成几个部分，首先用随机取样的方式从物料批中取出若干个一次取样单元，然后再分别从各取样单元中取出几个份样。

7. 采样方法

（1）矿山原料采样

矿山采样一般采用刻槽、钻孔、拣块、炮眼取样或延矿山开采面分格取样等方法。

① 在矿体上按一定的规格刻凿一条长槽，收集从中下凿的全部矿石作为样品，这样一种采样方法称刻槽法。样槽的布置原则是样槽的延伸方向要与矿体的厚度方向或矿产质量变化的最大方向相一致，同时，要穿过矿体的全部厚度。样槽断面的形状有长方形和三角形两种。三角形断面因刻凿时不易准确掌握其凿壁角度，影响断面的规格，所以不常使用。长方形则被广泛应用。一般情况下，槽的断面为一个长方形，规格为（3cm×2cm）～（10cm×5cm）。将刻槽凿下的碎屑混合作为实验室样品。注意：刻槽前应将岩石表面刮平扫静。

样槽断面的规格是指样槽横断面的宽度和深度，一般表示方法为宽度×深度，单位为 mm。

② 钻孔取样主要是为了解矿山内部结构和化学成分的变化情况，将各孔钻出的碎屑混合作为试验样品。

③ 炮眼取样。在矿山放炮打眼时，取其凿出的碎屑细粉作为样品。

④ 拣块取样。在掌子面、爆堆上或破体的适当部位拣块作为样品，此法只适用于经验丰富的取样人员。

⑤ 当矿山各矿层化学成分变化不大时，可采用沿矿山开采面分格取样法。沿矿山开采面，每平方米面积内用铁锤砸取一小块样品，混合后作为实验室样品。采取黏土样品时，要特别注意原料的均匀性，当有夹层沙时，应在矿层走向的垂直方向上每隔一米左右取一个样品（约50g）。

（2）进厂原料采样

① 原料堆场取样。已进厂的成批原料（如石灰石、黏土、沙子等），如在运输过程中没有取样，进厂后可在分批堆放的料堆上取样。应在料堆的周围，从地面起每隔 0.5m 左右，用铁铲划一横线，然后每隔 1～2m 划一竖线，间隔选取横竖线的交叉点作为取样点，如图 6-1 所示。在取样点取样时，用铁铲将表面刮去 0.1m，深入 0.3～0.5m 挖取一个子样的物料量（100～200g），最后合并所采集的子样。料堆上采样点的分布如图 6-1 所示。

② 破碎线上原料取样。如石灰石、黏土、长石等在破碎机出口皮带上，用宽 150mm 槽

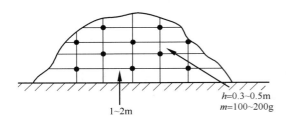

图 6-1 从堆积物料中采样的方法

型长柄铁铲每 5min 截取样品一次，30min 合并为一个试样，现场缩分为 2kg。截取时铁铲应紧贴传送皮带不得悬空。

③ 煤样的取样。

a. 煤堆上取样：在煤堆上采样，应在料堆的周围，从地面起每隔 0.5m 左右，用铁铲划一横线，然后每隔 1~2m 划一竖线，间隔选取横竖线的交叉点作为取样点，在取样点取样时，用铁铲将表面刮去 0.1m，深入 0.3m 挖取一个子样的物料量，每个子样的最小质量不小于 5kg。最后合并所采集的子样。每堆煤质量在 1000t 以下，当灰分≤20％时，每一千吨取 40 个子样；当灰分＞20％时，每一千吨取 80 个子样；煤堆质量在 1000t 以上时，子样数目按下式计算：

$$N = n \sqrt{\frac{m}{1000}} \tag{6-2}$$

式中　n——规定子杨数目；

　　　m——每堆质量，kg；

　　　N——实际应采的子样数。

b. 进厂火车原煤取样：从火车车皮中采样时，应根据车皮容量的不同，选择不同的布点方法。例如，车皮容量低于 30t 时，采用斜线三点法；容量在 30~50t 时，采用四点法；容量超过 50t 时，采用五点法。采样方法如图 6-2 所示。

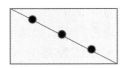 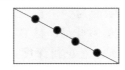 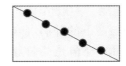

图 6-2 从火车车皮中采样的方法

以采用斜线三点法为例，斜线的始末两点应位于距车角 1m 处，各车皮的斜线方向应一致。沿斜线方向用宽 110mm、长 170mm 平头短柄铁铲铲取 3 铲，约 3kg。袋装。按产地每批取样一次。每批 10 节以下车厢时，每节都取，总质量 30kg；每批 20 节以下车厢时，每隔 1 节取一个样品；每批 30 节以下车厢时，每隔 2 节取一个样品。

（3）水泥成品、半成品取样

① 现代水泥生产过程中大都采取平均试样，许多工序上都安装连续取样设备来代替人工取样，因为物料常常是连续运送的，当物料成分不均匀时，每隔一定时间取样来作为平均试样，不具很好的代表性。为较好地采取平均试样，无论是颗粒状还是粉状物料，均可在生产工艺运输中实现连续取样。

② 出厂水泥取样按国家标准规定执行。

（4）陶瓷坯料和成品取样

① 成型坯的取样。因泥料均匀，只需选取 1~3 件完整的坯（未上釉）即可。

② 在练泥机中取坯料样品。练泥机中挤出的泥土条上，每隔 1m 截取一块 1cm 厚的泥片，共取 3 块。

③ 泥浆、釉料浆取样。在取样前要充分混合均匀，然后分上、中、下、左、右、前、

后七个不同位置各取 1～2 份，混合。

④ 陶瓷成品取样。在一批产品中选一件或几件有代表性的产品，打成碎片，用合金扁凿将上面的釉层全部剥落，再用 1%（体积）的 HCl 溶液洗涤，以除去剥釉过程中引入的铁屑，最后用清水洗干净。

6.1.2 试样的制备

按上述方法采取的实验室样品，数量很大且不均匀。必须经过一定程序的加工处理，才能制得具有代表性可供分析用的试样。

制备试样的目的是根据不同的样品、不同的测试方法的要求，将数量大、粒度较大的母样加工成粒度符合要求的检测试样。在加工过程中，要充分保证试样的真实性：第一，要保证送到检测人员手上的试样能真正代表原始的母样；第二，要保证检测人员得到的样品有高度的均匀性，从样品中称取十几毫克到数百毫克用于测试，所得结果能代表被取样品大宗物料的真实情况。因此，样品制备是一项很严谨、细致而又重要的工作。试样制备一般要经过烘干、破碎、筛分、混合、缩分、研磨等步骤。

1. 烘干

样品过于潮湿，使研细、过筛发生困难（产生粘黏或堵塞现象）必须将样品烘干。

实验室少量样品可在干燥箱中干燥。一般物料可在温度为 105～110℃下烘干 2h。对应分解的样品，如煤粉、含结晶水的石膏等，应在 50～60℃下烘干 2h。大量样品可在空气中干燥。

2. 破碎

通过机械或人工的方法将大块的物料分散成一定细度的物料。破碎可分为粗碎、中碎、细碎和粉碎 4 个阶段。破碎工具是破碎机、辊式破碎机、球磨机、铁锤、研钵等。

3. 过筛

物料在破碎过程中，每次磨碎后均需过筛，未通过筛孔的粗粒再磨碎，直至样品全部通过指定的筛子为止（易分解的试样过 170 目筛，难分解的试样过 200 目筛）。

4. 混匀

混匀法通常有人工混匀和机械混匀两种。

人工法是将实验室样品置于光滑而干净的混凝土或木制平台上，用堆锥法进行混匀。用铁铲将物料堆积成一圆锥，然后从锥底一铲一铲将物料铲起，在距圆锥一定距离的地方重新堆成另一个圆锥，每一铲的物料必须从锥顶自然洒落。来回反复操作 3 次，即可认为样品混合均匀。

机械混匀法是将物料倒入机械搅拌器中，启动机器，经一段时间的运作，即可将物料混匀。

5. 缩分

缩分是在不改变物料的平均组成的情况下，逐步缩小试样量的过程。常用的缩分方法有分样器缩分法、四分法和棋盘缩分法。

（1）分样器缩分法

分样器下面的两侧有承接样槽（图 6-3）。将样品倒

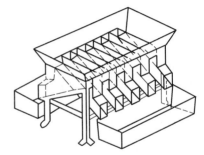

图 6-3 分样器示意图

入后，即从两侧流入两边的样槽内，把样品均匀地分成两份，其中的一份弃去，另一份再进一步磨碎、过筛和缩分。

（2）锥形四分法

将混合均匀的样品堆成圆锥形，用铲子将锥顶压平成截锥体，通过截面圆心将锥体分成四等份，弃去任一相对两等份。重复操作，直至取用的物料量符合要求，如图6-4所示。

（3）棋盘缩分法

将混匀的样品铺成正方形的均匀薄层，用直尺或特制的木格架划分成若干个小正方形。将每一定间隔内的小正方形中的样品全部取出，放在一起混合均匀。其余部分弃去或留作副样保管，如图6-5所示。

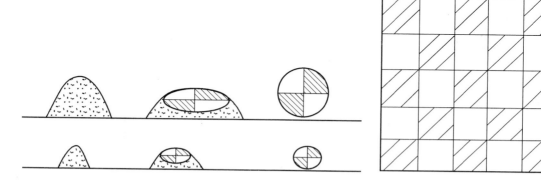

图6-4　锥形四分法　　　　　　　　　　图6-5　棋盘缩分法示意图

6.2　试样的分解

在实际分析工作中，通常要先将试样分解，把待测组分定量转入溶液后再进行测定。在分解试样的过程中，应遵循以下几个原则：① 试样的分解必须完全；② 在分解试样的过程中，待测组分不能有损失；③ 不能引入待测组分和干扰物质；④ 选择的分解试样的方法与组分的测定方法相适应。

常用的分解方法主要有溶解法、熔融法和干式灰化法等。

6.2.1　溶解法

采用适当的溶剂将试样溶解制成溶液，称为溶解法。这种方法比较简单、快速。常用的溶剂有水、酸和碱等。溶于水的试样一般称为可溶性盐类，如硝酸盐、醋酸盐、铵盐、绝大部分的碱金属化合物和大部分的氯化物、硫酸盐等。对于不溶于水的试样，则采用酸或碱作溶剂的酸溶法或碱溶法进行溶解，以制备试样试液。

1. 水溶法

对于可溶性的无机盐，可直接用蒸馏水溶解制成溶液。

2. 酸溶法

酸溶法是利用酸的酸性、氧化还原性和形成配合物的作用，使被测组分转入溶液。钢铁、合金、部分氧化物、硫化物、碳酸盐矿物和磷酸盐矿物等常采用此法溶解。常用的酸溶剂如下：

(1) 盐酸（HCl）

大多数氯化物均溶于水，电位序在氢之前的金属及大多数金属氧化物和碳酸盐都可溶于盐酸中，另外，Cl^- 还具有一定的还原性，并且还可与很多金属离子生成配离子而利于试样的溶解。常用来溶解赤铁矿（Fe_2O_3）、辉锑矿（Sb_2S_3）、碳酸盐、软锰矿（MnO_2）等样品。

(2) 硝酸（HNO_3）

具有较强的氧化性，几乎所有的硝酸盐都溶于水，除铂、金和某些稀有金属外，浓硝酸几乎能溶解所有的金属及其合金。铁、铝、铬等会被硝酸钝化，溶解时加入非氧化酸，如盐酸除去氧化膜即可很好的溶解。几乎所有的硫化物也都可被硝酸溶解，但应先加入盐酸，使硫以 H_2S 的形式挥发出去，以免单质硫将试样裹包，影响分解。

(3) 硫酸（H_2SO_4）

除钙、锶、钡、铅外，其他金属的硫酸盐都溶于水。热的浓硫酸具有很强的氧化性和脱水性，常用于分解铁、钴、镍等金属和铝、铍、锑、锰、钍、铀、钛等金属合金以及分解土壤等样品中的有机物等。硫酸的沸点较高（338℃），当硝酸、盐酸、氢氟酸等低沸点酸的阴离子对测定有干扰时，常加硫酸并蒸发至冒白烟（SO_3）来驱除。在稀释浓硫酸时，切记，一定要把浓硫酸缓慢倒入水中，并用玻璃棒不断搅拌，如沾到皮肤要立即用大量水冲洗。

(4) 磷酸（H_3PO_4）

磷酸根具有很强的配位能力，因此，几乎 90% 的矿石都能溶于磷酸。包括许多其他酸不溶的铬铁矿、钛铁矿、铌铁矿、金红石等，对于含有高碳、高铬、高钨的合金也能很好的溶解。单独使用磷酸溶解时，一般应控制在 $500\sim600℃$、5min 以内。若温度过高、时间过长，会析出焦磷酸盐难溶物、生成聚硅磷酸粘结于器皿底部，同时也腐蚀玻璃。

(5) 高氯酸（$HClO_4$）

热、浓高氯酸具有很强的氧化性，能迅速溶解钢铁和各种铝合金。能将 Cr、V、S 等元素氧化成最高价态。高氯酸的沸点为 203℃，蒸发至冒烟时，可驱除低沸点的酸，残渣易溶于水。高氯酸也常作为重量法中测定 SiO_2 的脱水剂。使用 $HClO_4$ 时，应避免与有机物接触，当样品含有机物时，应先用硝酸氧化有机物和还原性物质后再加高氯酸，以免发生爆炸。

(6) 氢氟酸（HF）

氢氟酸的酸性很弱，但 F^- 的配位能力很强，能与 Fe（Ⅲ）、Al（Ⅲ）、Ti（Ⅳ）、Zr（Ⅳ）、W（Ⅴ）、Nb（Ⅴ）、Ta（Ⅴ）、U（Ⅵ）等离子形成配离子而溶于水，并可与硅形成 SiF_4 而逸出。氢氟酸一定要在通风柜中使用，一旦沾到皮肤一定要立即用水冲洗干净。

(7) 混合酸

① 王水 HNO_3 与 HCl 按 1：3（体积比）混合。由于硝酸的氧化性和盐酸的配位性，使其具有更好的溶解能力。能溶解 Pb、Pt、Au、Mo、W 等金属和 Bi、Ni、Cu、Ga、In、U、V 等合金，也常用于溶解 Fe、Co、Ni、Bi、Cu、Pb、Sb、Hg、As、Mo 等的硫化物和 Se、Sb 等矿石。

② 逆王水 HNO_3 与 HCl 按 3：1（体积比）混合。可分解 Ag、Hg、Mo 等金属及 Fe、Mn、Ge 的硫化物。浓 HCl、浓 HNO_3、浓 H_2SO_4 的混合物，称为硫王水，可分别溶解含硅量较大的矿石和铝合金。

③ $HF+H_2SO_4+HClO_4$ 可分解 Cr、Mo、W、Zr、Nb、Tl 等金属及其合金，也可分解硅酸盐、钛铁矿、粉煤灰及土壤等样品。

④ $HF+HNO_3$ 常用于分解硅化物、氧化物、硼化物和氮化物等。

⑤ $H_2SO_4+H_2O_2+H_2O$，H_2SO_4：H_2O_2：H_2O 按 2：1：3（体积比）混合，可用于油料、粮食、植物等样品的消解。若加入少量的 $CuSO_4$、K_2SO_4 和硒粉作催化剂，可使消解更为快速完全。

⑥ $HNO_3+H_2SO_4+HClO_4$（少量）常用于分解铬矿石及一些生物样品，如动物与植物组织、尿液、粪便和毛发等。

⑦ $HCl+SnCl_2$ 主要用于分解褐铁矿、赤铁矿及磁铁矿等。

3. 碱溶法

碱溶法的溶剂主要为 NaOH 和 KOH 溶液，碱溶法常用来溶解两性金属铝、锌及其合金，以及它们的氧化物、氢氧化物等。

例如，在测定铝合金中的硅时，用碱溶解使 Si 以 SiO_3^{2-} 形式转移到溶液中。如果用酸溶解则 Si 可能以 SiH_4 的形式挥发损失，影响测定结果。

溶解法分解中溶剂的选择原则：① 能溶于水的用水作溶剂；② 不溶于水的酸性物质采用碱性溶剂，碱性试样采用酸性溶剂；③ 还原性试样采用氧化性溶剂，氧化性试样采用还原性溶剂。

6.2.2 熔融法

熔融法是将试样与酸性或碱性熔剂混合，利用高温下试样与熔剂发生的多相反应，使试样组分转化为易溶于水或酸的化合物。该法是一种高效的分解方法。但要注意，熔融时需加入大量的熔剂（一般为试样的 6～12 倍）而会引入干扰。另外，熔融时由于坩埚材料的腐蚀，也会引入其他组分。根据所用熔剂的性质和操作条件，可将熔融法分为酸熔、碱熔和半熔法。

1. 酸熔法

碱性试样宜采用酸性熔剂。常用的酸性熔剂有 $K_2S_2O_7$ 和 $KHSO_4$，后者经灼烧后亦生成 $K_2S_2O_7$，所以两者的作用是一样的。这类熔剂在 300℃ 以上可与碱或中性氧化物作用，生成可溶性的硫酸盐。

如分解金红石的反应是

$$TiO_2+2K_2S_2O_7 = Ti(SO_4)_2+2K_2SO_4$$

这种方法常用于分解 Al_2O_3、Cr_2O_3、Fe_3O_4、ZrO_2、钛铁矿、铬矿、中性耐火材料（如铝砂、高铝砖）及磁性耐火材料（如镁砂、镁砖）等。

2. 碱熔法

酸性试样宜采用碱熔法，如酸性矿渣、酸性炉渣和酸不溶试样均可采用碱熔法，使它们转化为易溶于酸的氧化物或碳酸盐。常用的熔剂有 Na_2CO_3、K_2CO_3、NaOH、KOH、Na_2O_2 和它们的混合物等。这些溶剂除具碱性外，在高温下均可起氧化作用（本身的氧化性或空气氧化），可以把一些元素氧化成高价（例如，Cr^{3+}、Mn^{2+} 可以氧化成 Cr^{6+}、Mn^{7+}），从而增强试样的分解作用。有时为了增强氧化作用还加入 KNO_3 或 $KClO_3$，使氧化作用更为完全。

① Na_2CO_3 和 K_2CO_3，Na_2CO_3 与 K_2CO_3 按 1：1 形成的混合物，其熔点为 700℃ 左右，用于分解硅酸盐、硫酸盐等。分解反应如下：

$$Al_2O_3 \cdot 2SiO_2 + 3Na_2CO_3 =\!=\!= 2NaAlO_2 + 2Na_2SiO_3 + 3CO_2 \uparrow$$

$$BaSO_4 + Na_2CO_3 =\!=\!= BaCO_3 + Na_2SO_4$$

用 Na_2CO_3 或 K_2CO_3 作熔剂宜在铂坩埚中进行。

② $Na_2CO_3 + S$ 用来分解含砷、锑、锡的矿石，可使其转化为可溶性的硫代酸盐。由于含硫的混合熔剂会腐蚀铂，故常在瓷坩埚中进行。

③ NaOH 和 KOH 都是低熔点的强碱性熔剂，常用于分解铝土矿、硅酸盐等试样。可在铁、银或镍坩埚中进行分解。用 Na_2CO_3 作熔剂时，加入少量 NaOH，可提高其分解能力并降低熔点。

④ Na_2O_2 是一种具有强氧化性、强腐蚀性的碱性熔剂，能分解许多难溶物，如铬铁矿、硅铁矿、黑钨矿、辉钼矿、绿柱石、独居石等。能将其大部分元素氧化成高价态。有时将 Na_2O_2 与 Na_2CO_3 混合使用，以减缓其氧化的剧烈程度。用 Na_2O_2 作熔剂时，不宜与有机物混合，以免发生爆炸。Na_2O_2 对坩埚腐蚀严重，一般用铁、镍或刚玉坩埚。

⑤ $NaOH + Na_2O_2$ 或 $KOH + Na_2O_2$ 常用于分解一些难溶性的酸性物质。

3. 半熔法

半熔法又称烧结法。该法是在低于熔点的温度下，将试样与熔剂混合加热至熔结。由于温度比较低，不易损坏坩埚而引入杂质，但加热所需时间较长。

常用的半熔混合熔剂为：2 份 $MgO + 3$ 份 Na_2CO_3；1 份 $MgO + 1$ 份 Na_2CO_3；1 份 $ZnO + 1$ 份 Na_2CO_3。

此法广泛地用来分解铁矿及煤中的硫。其中 MgO、ZnO 的作用在于其熔点高，可以预防 Na_2CO_3 在灼烧时熔合，保持松散状态，使矿石氧化得以更快更完全，反应产生的气体容易逸出。此法不易损坏坩锅，因此可以在瓷坩锅中进行熔融，不需要贵重器皿。

一般情况下，优先选用简便、快速、不易引入干扰的溶解法分解样品。熔融法分解样品时，操作费时费事，且易引入坩埚杂质，所以熔融时，应根据试样的性质及操作条件，选择合适的坩埚，尽量避免引入干扰。常用的坩埚有刚玉坩埚、铁坩埚、镍坩埚、铂金坩埚、瓷坩埚等。

4. 干式灰化法

常用于分解有机试样或生物试样。在一定温度下，于马弗炉内加热，使试样分解、灰化，然后用适当的溶剂将剩余的残渣溶解。根据待测物质挥发性的差异，选择合适的灰化温度，以免造成分析误差。也可用氧气瓶燃烧法。该法是将试样包裹在定量滤纸内，用铂片夹牢，放入充满氧气并盛有少量吸收液的锥形瓶中进行燃烧，试样中的硫、磷、卤素及金属元素，将分别形成硫酸根、磷酸根、卤素离子及金属氧化物或盐类等溶解在吸收液中。对于有机物中碳、氢元素的测定，通常用燃烧法，将其定量的转变为 CO_2 和 H_2O。

除以上几种常用分解方法外，还有在密封容器中进行加热，使试样和溶剂在高温、高压下快速反应而分解的压力溶样法；还有目前已被人们普遍接受、特点较为明显的微波溶样法，即利用微波能，将试样、溶剂置于密封的、耐压、耐高温的聚四氟乙烯容器中进行微波加热溶样。该法可大大简化操作步骤、节省时间和能源，且不易引入干扰，同时也减少了对环境的污染，原本需数小时处理分解的样品，只需几分钟即可顺利完成。

6.3　测定方法的选择

应用被测组分的化学性质、物理性质、物理化学性质，可以建立起多种多样的定量化学分析方法，因此一个组分往往有数种测定方法。

1. 测定方法选择的重要性

定量化学分析要完成实际生产和科研中的具体分析任务，获得符合要求的测定结果，选择合适的测定方法至关重要。随着工农业生产和科学技术的发展，对定量化学分析提出了更高的要求，同时也提供了更多更先进的测定方法。在实际工作中，遇到的分析问题是各种各样的。从分析对象来说，可能是无机试样或有机试样；从所要求分析的组分来说，可以是单项分析或全分析；从所测定组分的含量来说，可能是属于常量组分、微量组分或痕量组分等。要完成各种各样不同的分析任务，需要选择各种不同的测定方法。

2. 测定方法选择的原则

（1）根据测定目的要求

由于分析工作涉及面很广，分析的对象种类繁多，因此，首先应明确测定的目的及要求。其中主要包括需要测定的组分、准确度及完成测定的时间等。一般对标准物和成品分析的准确度要求较高；微量成分分析对灵敏度要求较高；而中间控制分析则要求快速简便等。例如测定标准钢样中硫的含量时，一般采用准确度较高的称量法，而炼钢炉前控制硫含量的分析，则采用 $1\sim2min$ 即可完成的燃烧容量法。

（2）根据被测组分的含量范围

适用于测定常量组分的方法不适用于测定微量组分或低浓度物质；反之，测定微量组分的方法也不适用于常量组分的测定。所以在选择分析方法时应考虑欲测组分的含量范围。常量组分多采用滴定分析法和称量分析法，它们的相对误差为千分之几。

滴定分析法操作简便、快速，称量法虽很准确，但操作费时，当两者均可选用时，一般采用滴定法，但滴定法的灵敏度不高，对低含量（小于 1%）组分的测定误差太大，有时甚至测不出来。因此，对于微量组分的测定，应选用灵敏度较高的仪器分析，如分光光度法、原子吸收光谱法、色谱分析法等。这些方法的相对误差一般是百分之几。但用这些方法测定常量组分时，其准确度就不可能达到滴定法和称量法那样高。例如用光谱分析法测定纯硅中的硼时，其结果为 2×10^{-8}，若此法的相对误差为 50%，则其真实含量为 $1\times10^{-8}\sim3\times10^{-8}$，虽然该法的准确度较差，但对微量的硼，只要能确定其含量的数量级（10^{-8}）就能满足要求了。因此，应根据具体情况选择合适的分析方法。

（3）根据被测组分的性质

一般来说，分析方法的选择都是基于被测组分的性质，了解被测组分的性质，可帮助我们去选择测定方法。例如，试样具有酸碱性时，可以首先考虑中和法；试样具有还原性或氧化性时，可以首先考虑氧化还原法；大部分金属离子可与 EDTA 形成稳定的配合物，因此常用配位滴定法测定金属离子。而对碱金属，特别是钠离子等，由于它们的配合物一般都很不稳定，大部分盐类的溶解度又较大，而且不具有氧化还原性质，但能发射或吸收一定波长的特征谱线，因此火焰光度法及原子吸收光谱法是较好的测定方法。又如溴能迅速加成于不饱和有机物的双键，因此可用溴酸盐法测定有机物的不饱和度。

（4）根据共存组分的影响

选择分析方法时，必须考虑共存组分对测定的影响。例如测定铜矿中的铜时，若用 HNO_3 分解试样，选用碘量法测定，其中所含 Fe^{3+}、Sb（V）、As（V）及过量 HNO_3，都能氧化 I^- 而干扰测定；若选用配位滴定法，由于 Fe^{3+}、Al^{3+}、Zn^{2+}、Pb^{2+} 等都能与 EDTA 配合，也会干扰测定；若用原子吸收光谱法，则一般元素如 Fe、Zn、Pb、Al、Co、Ni、Ca、Mg 等均不干扰。

（5）根据实验室条件

选择测定方法时，还要考虑实验室是否具备所需条件。例如，现有仪器的精密度和灵敏度，所需试剂和水的纯度以及实验室的温度、湿度和防尘等实际情况。有些方法虽能在短时间内分析成批试样，很适合于例行分析，但需要的仪器一般实验室不一定具备，也只能选用其他方法。

总之，一个理想的分析方法应该是灵敏度高、检出限低、准确度高、操作简便的方法。但在实际工作中，一个测定方法很难同时满足这些条件，即不存在适用于任何试样、任何组分的测定方法，因此，要选择一个适宜的分析方法，就要综合考虑以上各个因素。

3. 确定测定方法

（1）测定方法确定的原则

① 方法的准确度高。测定常量组分时，要求测定具有较高的准确度，可使用称量法或滴定分析法，这些方法具有较高的准确度和精密度，操作简便、快速等特点，在大多数场合下滴定分析优于称量分析。

例如测定试样中铁时，可先将试样溶解，将铁转化为 Fe^{3+}，则可在 Al、Ti 和其他重金属存在下，直接以 $KMnO_4$ 法或用 $K_2Cr_2O_7$ 法滴定。这样比较简单省时，如选用称量法则必须将其他元素分离，而后测定铁，复杂费时。

② 方法的灵敏度高。测定微量组分时，要求选择灵敏度高一些的方法，如分光光度法、电化学分析法、色谱分析法等。这些方法都具有灵敏度高的特性，其准确度虽不如滴定分析法，但已满足微量组分分析的要求。

③ 方法的选择性好。分析物料中被测物以外的其他成分最好对测定没有干扰，即使有干扰也必须易于分离或掩蔽去除。

④ 方法适应于分析的具体要求。分析物料种类繁多，分析要求各不相同，如分析高纯物质中的杂质，方法的灵敏度至关重要；而原子量测定、仲裁分析、成品分析等准确度是首要问题；生产过程中的中间控制分析要求方法简便、快速。

⑤ 方法与现有实验设备和技术条件相适应。在选择准确度和灵敏度都很高，选择性也好的方法中，必须考虑到现有仪器设备和试剂纯度等是否能与之适应，如果本实验室不具备这些条件和技术水平，方法再好也是无用的。

（2）测定方法的确定

① 查阅文献。查阅文献是最普遍、最经济的手段。分析化学文献数量庞大，其中最实用的文献是"标准分析方法"。因为"标准分析方法"对精密度、准确度及干扰等问题都有明确地说明，是常规实验室易于实施的方法。在一般文献中选择分析方法时，则要依据选择分析方法的原则来确定。摘录一种分析方法就应用，往往是不可取的。此时，还要注意具体情况（如试样组分、待分析物的物理—化学性质与状态、使用的仪器性能等）与文献报道的

是否一致。当方法较为适宜被分析物质时，才能选定。

② 进行验证性实验。初步确定了分析方法后，应将其详尽描述写出。以便进行验证性实验。验证实验的目的是证实该方法是否适用于欲测物质的分析定量，并通过实际实验获得分析方法的精密度和准确度。在验证实验中，重复测定是必要的，因为个别特定条件的实验结果不能代表一般，必须重复测定才能估量实验误差，才能对测定数据作统一的判断。但重复测定的次数，应在满足实验目的前提下尽量少。例如，要分析煤中某成分含量时，一种方法是取样点比较少，但每个点取的试样都要进行多次重复测定；另一种方法是取样点尽可能多一些，但每个点取的试样只进行较少次数的重复测定。当总的测定次数相同时，后一种安排实验的方式比前一种更为合理。这是因为对煤来说，取样的代表性是一个关键性问题，增加重复测定次数，虽然提高了测定的精密度，但对提高测定结果的准确度、减少试样不均匀性引起的误差是无效的。同时还应注意，重复测定不能发现测定方法的系统误差。只有改变实验条件，才能发现系统误差。

③ 优化实验条件，完善测定方法。实验条件一般包括浓度、酸度、温度等。通过条件实验，选定最佳的实验条件，这是提高分析结果精密度和准确度的重要手段，也是完善实验方法的重要环节。要客观地评价一个分析方法的优劣，通常有三项指标，即检出限、精密度、准确度。评价测定方法的准确度又可采用三种方法，一是采用已知的标准样品来检查分析方法是否存在系统误差；二是用已知的标准测定方法的测定结果来对照检查所拟事实上的分析方法是否存在系统误差；三是采用测定回收率的方法检查系统误差。若用上述方法检查出所拟定分析方法存在系统误差，说明采用该方法测定不准确。系统误差值越大，方法的准确度越低。若通过上述方法检查对照没发现所拟定方法存在系统误差，则说明该方法准确。且所拟定方法的测定结果与标准结果越接近，方法的准确度越高。除此之外，还要考虑到测定方法的分析速度、应用范围、复杂程度、成本、操作安全及创新性与污染等因素。这样才能对测定方法作出比较全面的综合评价，从而完善分析方法。

④ 确定测定方法。根据上述所做的工作即可确定一项分析任务的测定方法。一个完整的测定方法由以下内容组成：适用范围、引用标准、术语、符号、代号、方法提要或原理、试剂和材料、仪器设备、样品、测定步骤、分析结果表示、精密度以及其他附加说明等。

6.4　硅酸盐全分析中的分析系统

6.4.1　分析系统

单项分析：是指在一份称样中测定一至两个项目。

系统分析：是指将一份称样分解后，通过分离或掩蔽的方法消除干扰离子对测定的影响以后，再系统地、连贯地依次对数个项目进行测定。

分析系统：是指在系统分析中，从试样分解、组分分离到依次测定的程序安排。

如果需要对一个样品的多个组分进行测定时，建立一个科学的分析系统，可以减少试样用量，避免重复工作，加快分析速度，降低成本，提高效率。

分析系统建立的优劣不仅影响分析速度和成本，而且影响到分析结果的可靠性。

一个好的分析系统必须具备以下条件：

① 称样次数少。一次称样可测定项目较多，完成全分析所需称样次数少，不仅可减少称样、分解试样的操作，节省时间和试剂，还可以减少由于这些操作所引入的误差。

② 尽可能避免分析过程的介质转换和引入分离方法。这样既可以加快分析速度，又可以避免由此引入的误差。

③ 所选测定方法必须有好的精密度和准确度。这是保证分析结果可靠性的基础。同时，方法的选择性尽可能较高，以避免分离手续，操作更快捷。

④ 适用范围广。即一方面分析系统适用的试样类型多；另一方面在分析系统中各测定项目的含量变化范围大时也均可适用。

⑤ 称样、试样分解、分液、测定等操作易与计算机联机，实现自动分析。

6.4.2　分析系统的分类

1. 经典分析系统

硅酸盐经典分析系统基本上是建立在沉淀分离和重量法的基础上，是定性分析化学中元素分组法的定量发展，是有关岩石全分析中出现最早，在一般情况下可获得准确分析结果的多元素分析流程。

在经典分析系统中，一份硅酸盐试样只能测定 SiO_2、Fe_2O_3、Al_2O_3、TiO_2、CaO 和 MgO 等六种成分的含量，而 K_2O、Na_2O、MnO、P_2O_5 则需另取试样进行测定，所以说经典分析系统不是一个完善的全分析系统。

在目前的例行分析中，经典分析系统已几乎完全被一些快速分析系统所替代。只是由于其分析结果比较准确，适用范围较广泛，目前在标准试样的研制、外检试样分析及仲裁分析中仍有应用。在采用经典分析系统时，除 SiO_2 的分析过程仍保持不变外，其余项目常常采用配位滴定法、分光光度法和原子吸收光度法进行测定。

2. 快速分析系统

快速分析系统以分解试样的手段为特征，可分为碱熔、酸溶和锂硼酸盐熔融三类。

（1）碱熔快速分析系统

以 Na_2CO_3、Na_2O_2 或 NaOH（KOH）等碱性熔剂与试样混合，在高温下熔融分解，熔融物以热水提取后，用盐酸（或硝酸）酸化，不用经过复杂的分离，即可直接分液，分别进行硅、铝、锰、铁、钙、镁、磷的测定。钾和钠则要另外取样测定。

（2）酸溶快速分析系统

试样在铂坩埚或聚四氟乙烯烧杯中用 HF 或 $HF-HClO_4$、$HF-H_2SO_4$ 分解，驱除 HF，制成盐酸、硝酸或盐酸-硼酸溶液。溶液整分后，分别测定铁、铝、钙、镁、钛、磷、锰、钾、钠，方法与碱熔快速分析类似。硅可用无火焰原子吸收光度法、硅钼蓝光度法、氟硅酸钾滴定法测定；铝可用 EDTA 滴定法、无火焰原子吸收光度法、分光光度法测定；铁、钙、镁常用 EDTA 滴定法、原子吸收分光光度法测定；锰多用分光光度法、原子吸收光度法测定；钛和磷多用光度法测定。钠和钾多用火焰光度法、原子吸收光度法测定。

（3）锂盐熔融分解快速分析系统

在热解石墨坩埚或用石墨粉作内衬的瓷坩埚中用偏硼酸锂、碳酸锂-硼酸酐（8∶1）或四硼酸锂于 850～900℃熔融分解试样，熔块经盐酸提取后，以 CTMAB 凝聚重量法测定硅。

整分滤液，以 EDTA 滴定法测定铝；二安替比林甲烷光度法和磷钼蓝光度法分别测定钛和磷；原子吸收光度法测定钛、锰、钙、镁、钾、钠。也有用盐酸溶解熔块后制成盐酸溶液，整分溶液，以光度法测定硅、钛、磷，原子吸收光度法测定铁、锰、钙、镁、钠。也有用硝酸-酒石酸提取熔块后，用笑气-乙炔火焰原子吸收光度法测定硅、铝、钛，用空气-乙炔火焰原子吸收光度法测定铁、钙、镁、钾、钠。

6.5 硅酸盐制品与原料系统分析用试剂和材料

配制溶液过程应使用蒸馏水或同等纯度的水，所用试剂应为分析纯或优级纯试剂。用于标定与配制标准溶液的试剂，除另有说明外应为基准试剂。所用试剂和材料按 GB/T 601—2002 准备。

除另有说明外，％表示％（m/m）。本标准使用的市售浓液体试剂具有下列密度（ρ）（20℃，单位 g/cm³）或％（m/m）：

盐酸（HCl）	1.18～1.19g/cm³ 或 36％～38％
氢氟酸（HF）	1.13g/cm³ 或 40％
硝酸（HNO_3）	1.39～1.41g/cm³ 或 65％～68％
硫酸（H_2SO_4）	1.84g/cm³ 或 95％～98％
冰醋酸（CH_3COOH）	1.049g/cm³ 或 99.8％
磷酸（HPO_4）	1.68g/cm³ 或 85％
过氧化氢（H_2O_2）	1.11g/cm³ 或 30％
氨水（$NH_3 \cdot H_2O$）	0.90～0.91g/cm³ 或 25％～28％

在化学分析中，所用酸或氨水，凡是未注浓度者均指市售的浓酸或浓氨水。用体积比表示试剂稀释程度，例如：盐酸（1+2）表示 1 份体积的浓盐酸与 2 份体积的水相混合。

6.5.1 一般溶液的配制

① 盐酸（1+1）；（1+2）；（1+9）；（1+10）；（1+11）；（1+97）。

② 硝酸（1+9）。

③ 硫酸（1+2）；（1+4）；（1+9）。

④ 磷酸（1+1）。

⑤ 氨水（1+1）；（1+2）。

⑥ 三乙醇胺 [$N(CH_2CH_2OH)_3$]；（1+2）。

⑦ 盐酸过氧化氢溶液：（3+1）。

⑧ 硫磷混合酸：将 150mL 硫酸缓缓注入 500mL 水中冷却后加入 150mL 磷酸，再加水稀释至 1L。

⑨ 氢氧化钠溶液（10g/L）：将 10g 氢氧化钠溶于水中，加水稀释至 1L。贮存于塑料瓶。

⑩ 氢氧化钠溶液（15g/L）：将 15g 氢氧化钠溶于水中，加水稀释至 1L。贮存于塑料瓶。

⑪ 氢氧化钾溶液（200g/L）：将 200g 氢氧化钾溶于水中，加水稀释至 1L。贮存于塑料瓶。

⑫ 无水碳酸钠（Na_2CO_3）：将无水碳酸钠用玛瑙研钵研细至粉末状保存。

⑬ 碳酸钠溶液（10g/L）：将1g的无水碳酸钠溶于100mL水中。

⑭ 硝酸银（5g/L）：将5g硝酸银溶于水中，加10mL硝酸，加水稀释至1L。

⑮ 硝酸铵溶液（20g/L）：将20g硝酸铵溶于水中，加水稀释至1L。

⑯ 抗坏血酸溶液（5g/L）：将0.5g抗坏血酸（V.C）溶于100mL水中，过滤后使用。用时现配。

⑰ 钼酸铵溶液（50g/L）：将5g钼酸铵溶于水中，加水稀释至100mL，过滤后贮存于塑料瓶。此溶液可保存约一周。

⑱ 焦硫酸钾（$K_2S_2O_7$）：将市售焦硫酸钾在瓷坩埚中加热熔化，待气泡停止发生后，冷却、敲碎，贮存于磨口瓶中。

⑲ 氯化钡溶液（100g/L）：将100g二水氯化钡溶于水中，加水稀释至1L。

⑳ 氯化亚锡（$SnCl_2 \cdot 2H_2O$）。

㉑ 氯化亚锡-磷酸溶液：将100mL磷酸放在烧杯中，在通风橱中于电热板加热脱水，至溶液体积减至850～950mL，停止加热。待溶液温度降至100℃以下时加入100g氯化亚锡继续加热至溶液透明，并无大气泡冒出时为止（此溶液的使用期一般以不超过2周为宜）。

㉒ 明胶溶液（5g/L）：将5g明胶（动物胶）溶于100mL 70～80℃的水中。用时现配。

㉓ 淀粉溶液（10g/L）：将1g淀粉（水溶性）置于小烧杯中，加水调成糊状后，加入沸水稀释至100mL，再煮沸约1min，冷却后使用。

㉔ 碳酸铵溶液（100g/L）：将10g碳酸铵溶解于100mL水中。用时现配。

㉕ pH＝3的缓冲溶液：将3.2g无水乙酸钠（CH_3COONa）溶于水中，加120mL冰乙酸（$CHCOOH$），用水稀释至1L，摇匀（用pH计或精密pH试纸检验）。

㉖ pH＝4.3的缓冲溶液：将42.3g无水乙酸钠（CH_3COONa）溶于水中，加80mL冰乙酸（$CHCOOH$），用水稀释至1L，摇匀（用pH计或精密pH试纸检验）。

㉗ pH＝6的缓冲溶液：将20g无醋酸钠（CH_3COONa），溶于50mL水中，加入2mL冰醋酸（CH_3COOH），用水稀释至100mL，摇匀（用pH计或pH试纸检验）。

㉘ pH＝10的缓冲溶液：将67.5g氯化铵（NH_4Cl），溶于水中，加570mL氨水（$NH_3 \cdot H_2O$），用水稀释至1L，摇匀。

㉙ 酒石酸钾钠溶液（100g/L）：将100g酒石酸钾钠（$C_4H_4KN_6O_6 \cdot 4H_2O$）溶于水中，稀释至1L。

㉚ EDTA-铜溶液：按 $[c(EDTA)＝0.015mol/L]$ EDTA标准滴定溶液与 $[c(CuSO_4)＝0.015mol/L]$ $CuSO_4$标准滴定溶液的体积比，准确配制成等浓度的混合溶液。

㉛ 氟化钾溶液（20g/L）：将20g氟化钾于塑料瓶中，加水溶解后，用水稀释至1L，贮存于塑料瓶中。

㉜ 氟化钾溶液（150g/L）：将150g氟化钾于塑料瓶中，加水溶解后，用水稀释至1L，贮存于塑料瓶中。

㉝ 氯化钾（KCl）：颗粒粗大时，应研细后使用。

㉞ 氯化钾溶液（50g/L）：将50g氯化钾溶于中水，用水稀释至1L。

㉟ 氯化钾-乙醇溶液（50g/L）：将5g氯化钾溶于50mL于水中，加入50mL 95％（V/V）乙醇，混匀。

㊱ 氢氧化钠无水乙醇溶液（0.4g/L）：将0.2g氢氧化钠溶于500mL无水乙醇中。

㊲ 乙酸铵溶液（100g/L）：将100g乙酸铵溶于1L水中。

㊳ 苦杏仁酸溶液（100g/L）：将100g苦杏仁酸（苯羟乙酸）溶于1L热水中，用氨水（1＋1）调节pH至约4（用pH试纸检验）。

㊴ 甲基红指示剂溶液（2g/L）：将0.2g甲基红溶于100mL 95％（V/V）乙醇溶液中。

㊵ 溴酚蓝指示剂溶液（1g/L）：将0.1g溴酚蓝溶于100mL乙醇溶液（1＋4）中。

㊶ 酚酞指示剂溶液（10g/L）：将1g酚酞溶于100mL 95％（V/V）乙醇溶液中。

㊷ 甲基橙指示剂溶液（1g/L）：将0.1g甲基橙溶于100mL水中。

㊸ 二苯胺黄酸钠指示剂溶液（10g/L）：将1g二苯胺黄酸钠溶于100mL水中，加5～6滴硫酸（1＋1）。此溶液随用随配。

㊹ 麝香草酚酞指示剂溶液（10g/L）：将1g麝香草酚酞溶于100mL 95％（V/V）乙醇溶液中。

㊺ 甲基红-溴甲酚绿混合指示剂溶液：将0.05g甲基红与0.05g溴甲酚绿溶于约50mL无水乙醇中，用无水乙醇溶液稀释至100mL。

㊻ 磺基水杨酸钠指示剂溶液：将10g磺基水杨酸钠溶于水中，加水稀释至100mL。

㊼ 1-（2-吡啶偶氮）-2-萘酚（PAN）指示剂溶液：将0.2g PAN溶于100mL 95％（V/V）乙醇溶液中。

㊽ 半二甲酚橙指示剂溶液（5g/L）：将0.5g半二甲酚橙溶于100mL水中。

㊾ 钙黄绿素-甲基百里香酚蓝-酚酞混合指示剂（简称CMP混合指示剂）：称取1.000g钙黄绿素、1.000g甲基百里香酚蓝、0.200g酚酞与50g已在105℃烘干过的硝酸钾（KNO_3）混合研细，保存在磨口瓶中。

㊿ 甲基百里香酚蓝指示剂：称取1.000g甲基百里香酚蓝与50g已在105℃烘干过的硝酸钾（KNO_3）混合研细，保存在磨口瓶中。

51 酸性铬蓝K-萘酚绿B混合指示剂：称取1.000g酸性铬蓝K与2.5g萘酚绿B和50g已在105℃烘干过的硝酸钾（KNO_3）混合研细，保存在磨口瓶中。

52 艾氏卡混合熔剂：将2份质量的无水碳酸钠与1份质量的氧化镁混合，研磨均匀。

53 玻璃器皿洗涤液的配制：称取重铬酸钾16g，加20～30mL水，加热溶解，冷却后一面搅拌，一面加入500mL硫酸。

54 甘油无水乙醇溶液：将220mL干油[$C_3H_5(OH)_3$]放入500mL烧杯中，在有石棉网的电炉上加热，在不断搅拌下分批加入30g硝酸锶[$Sr(NO_3)_2$]，直至溶解。然后在160～170℃下加热2～3h（干油在加热后变成微黄色，但对实验无影响），取下，冷却至60～70℃后将其倒入1L无水乙醇中。加5mL酚酞指示剂溶液（见㊶），以氢氧化钠无水乙醇溶液（见㊱）中和至微红色。

6.5.2 标准溶液

（1）碳酸钙标准溶液［$c(CaCO_3)＝0.024mol/L$］

称取0.6g（m_1）已在105～110℃烘过2h的碳酸钙，精确至0.0001g，置于400mL烧杯中，加入约100mL水，盖上表面皿，沿杯口滴加盐酸（1＋1）至碳酸钙全部溶解，加热煮沸数分钟。将溶液冷至室温，移入250mL容量瓶中，用水稀释至标线，摇匀。

（2）EDTA 标准溶液 $[c(\text{EDTA}) = 0.015\text{mol/L}]$

① 标准滴定溶液的配制

称取约 5.6gEDTA（乙二胺四乙酸二钠盐）置于烧杯中，加约 200mL 水，加热溶解，过滤，用水稀释至 1L。

② EDTA 标准滴定溶液浓度的标定

a. 基准法

吸取 25.00mL 碳酸钙标准溶液 ［见（1）］于 400mL 烧杯中，加水稀释至约 200mL，加入适量的 CMP 混合指示剂（见㊾），在搅拌下加入氢氧化钾溶液（见⑪）至出现绿色荧光后再过量 2～3mL，以 EDTA 标准滴定溶液滴定至绿色荧光消失并呈现红色。

b. 代用法

吸取 25.00mL 碳酸钙标准溶液 ［见（1）］于 400mL 烧杯中，加水稀释至约 200mL，加入甲基百里香酚蓝指示剂（见㊿）约 10mg，在搅拌下加入氢氧化钾溶液（见⑪）至出现变蓝后再过量 2～3mL，以 EDTA 标准滴定溶液滴定至蓝色消失并呈现浅灰色和无色。

c. EDTA 标准滴定溶液的浓度按下式计算

$$c_{\text{EDTA}} = \frac{m_1 \times 25 \times 1000}{250 \times V_1 \times 100.09}$$

式中　c_{EDTA}——EDTA 标准滴定溶液的浓度，mol/L；

　　　　V_1——滴定时消耗 EDTA 标准滴定溶液的体积，mL；

　　　　m_1——按（1）配制碳酸钙标准溶液的碳酸钙的质量，g；

　　　　100.9——$CaCO_3$ 的摩尔质量，g/mol。

d. 标准滴定溶液对各氧化物滴定度的计算

EDTA 标准滴定溶液对三氧化二铁、三氧化二铝、氧化钙、氧化镁的滴定度分别按下式计算

$$T_{\text{Fe}_2\text{O}_3} = c_{\text{EDTA}} \times 79.84, \quad T_{\text{Al}_2\text{O}_3} = c_{\text{EDTA}} \times 50.98, \quad T_{\text{CaO}} = c_{\text{EDTA}} \times 56.08, \quad T_{\text{MgO}} = c_{\text{EDTA}} \times 40.31$$

式中　$T_{\text{Fe}_2\text{O}_3}$——每 1mL EDTA 标准滴定溶液相当于三氧化铁的 mg 数，mg/mL；

　　　　$T_{\text{Al}_2\text{O}_3}$——每 1mL EDTA 标准滴定溶液相当于三氧化铝的 mg 数，mg/mL；

　　　　T_{CaO}——每 1mL EDTA 标准滴定溶液相当于氧化钙的 mg 数，mg/mL；

　　　　T_{MgO}——每 1mL EDTA 标准滴定溶液相当于氧化镁的 mg 数，mg/mL；

　　　　c_{EDTA}——EDTA 标准滴定溶液的浓度，mol/L；

　　　　79.84——$\left(\frac{1}{2}\text{Fe}_2\text{O}_3\right)$ 的摩尔质量，g/mL；

　　　　50.98——$\left(\frac{1}{2}\text{Al}_2\text{O}_3\right)$ 的摩尔质量，g/mL；

　　　　56.08——CaO 的摩尔质量，g/mL；

　　　　40.31——MgO 的摩尔质量，g/mL。

（3）硫酸铜标准滴定溶液 $[c(\text{CuSO}_4) = 0.015\text{mol/L}]$

① 标准滴定溶液的配制

将 3.7g 硫酸铜（$CuSO_4 \cdot 5H_2O$）溶于水中，加 4～5 滴硫酸（1+1），用水稀释至 1L，摇匀。

② EDTA 标准滴定溶液与硫酸铜标准滴定溶液体积比的标定

从滴定管缓慢放出 $10 \sim 15 mL$ $[c(EDTA) = 0.015 mol/L]$ EDTA 标准滴定溶液于 400mL 烧杯中，用水稀释至约 150mL，加 15mL pH 为 4.3 的缓冲溶液（见㉖），加热至沸，取下稍冷，加 $5 \sim 6$ 滴 PAN 指示剂（见㊼），以硫酸铜标准滴定溶液滴定至亮黄色。

EDTA 标准滴定溶液与硫酸铜标准滴定溶液体积比按下式计算

$$K_1 = \frac{V_2}{V_3}$$

式中　K_1——每 1mL 硫酸铜标准滴定溶液相当于 EDTA 的 mL 数；

　　　V_2——EDTA 标准滴定溶液的体积，mL；

　　　V_3——滴定时消耗硫酸铜标准滴定溶液的体积，mL。

（4）氢氧化钠标准滴定溶液 $[c(NaOH) = 0.15 mol/L]$

① 标准滴定溶液的配制

将 60g 氢氧化钠溶于 10L 水中，充分摇匀，贮存于带胶塞（装有钠石灰干燥管）的硬质玻璃瓶或塑料瓶内。

② 氢氧化钠标准滴定溶液浓度的标定

称取约 0.8g (m_2) 苯二甲酸氢钾（$C_8H_5KO_4$），精确 0.0001g，置于 400mL 烧杯中，加入约 150mL 新煮沸过的已用氢氧化钠溶液中和至酚酞呈微红色的冷水，搅拌使其溶解，加入 $6 \sim 7$ 滴酚酞指示剂溶液（见㊶），用氢氧化钠标准滴定溶液滴定至微红色。

氢氧化钠标准滴定溶液的浓度按下式计算

$$c_{NaOH} = \frac{m_2 \times 1000}{V_4 \times 204.2}$$

式中　c_{NaOH}——氢氧化钠标准滴定溶液的浓度，mol/L；

　　　V_4——滴定时消耗氢氧化钠标准滴定溶液的体积，mL；

　　　m_2——邻苯二甲酸氢钾的质量，g；

　　　204.2——苯二甲酸氢钾的摩尔质量，g/mol。

③ 氢氧化钠标准滴定溶液对二氧化硅的滴定度按下式计算

$$T_{SiO_2} = c_{NaOH} \times 15.02$$

式中　T_{SiO_2}——每 1mL 氢氧化钠标准滴定溶液相当于二氧化硅的 mg 数，mg/mL；

　　　c_{NaOH}——氢氧化钠标准滴定溶液的浓度，mol/L；

　　　15.02——$\left(\frac{1}{4} SiO_2\right)$ 的摩尔质量，g/mol。

（5）氢氧化钠标准滴定溶液 $[c(NaOH) = 0.05 mol/L]$

① 标准滴定溶液的配制

将 20g 氢氧化钠溶于 10L 水中，充分摇匀，贮存于带胶塞（装有钠石灰干燥管）的硬质玻璃瓶或塑料瓶内。

② 氢氧化钠标准滴定溶液浓度的标定

称取约 0.15g (m_3) 苯二甲酸氢钾（$C_8H_5KO_4$），精确至 0.0001g，置于 400mL 烧杯中，加入约 200mL 新煮沸过的已用氢氧化钠溶液中和至酚酞呈微红色的冷水，搅拌使其溶解，加入 $6 \sim 7$ 滴酚酞指示剂溶液（见㊶），用氢氧化钠标准滴定溶液滴定至微红色。

氢氧化钠标准滴定溶液的浓度按下式计算

$$c_{NaOH} = \frac{m_3 \times 1000}{V_5 \times 204.2}$$

式中　c_{NaOH}——氢氧化钠标准滴定溶液的浓度，mol/L；

　　　V_5——滴定时消耗氢氧化钠标准滴定溶液的体积，mL；

　　　m_3——邻苯二甲酸氢钾的质量，g；

　　　204.2——苯二甲酸氢钾的摩尔质量，g/mol。

③ 氢氧化钠标准滴定溶液对三氧化硫的滴定度按下式计算

$$T_{SO_3} = c_{NaOH} \times 40.03$$

式中　T_{SO_3}——每 1mL 氢氧化钠标准滴定溶液相当于三氧化硫的 mg 数，mg/mL；

　　　c_{NaOH}——氢氧化钠标准滴定溶液的浓度，mol/L；

　　　40.03——$\left(\dfrac{1}{2}SO_3\right)$的摩尔质量，g/mol。

（6）硝酸铋标准滴定溶液 $\{c[Bi(NO_3)_3]=0.015mol/L\}$

① 标准滴定溶液的配制

将 7.3g 硝酸铋 $[Bi(NO_3)_3 \cdot 5H_2O]$ 溶于 1L 0.3mol/L 硝酸中，摇匀。

② EDTA 标准滴定溶液与硝酸铋标准滴定溶液体积比的标定

从滴定管缓慢放出 $10\sim15$mL $[c(EDTA)=0.015mol/L]$ EDTA 标准滴定溶液于 300mL 烧杯中，用水稀释至约 150mL，用硝酸（1+1）及氨水（1+1）调节溶液 pH=1～1.5，加 2 滴半二甲酚橙指示剂溶液（见㊽），以硝酸铋标准滴定溶液滴定至红色。

EDTA 标准滴定溶液与硝酸铋标准滴定溶液体积比按下式计算

$$K_1 = \frac{V_6}{V_7}$$

式中　K_1——每 1mL 硝酸铋标准滴定溶液相当于 EDTA 的 mL 数；

　　　V_6——EDTA 标准滴定溶液的体积，mL；

　　　V_7——滴定时消耗硝酸铋标准滴定溶液的体积，mL。

（7）醋酸铅标准滴定溶液 $\{c[Pb(Ac)_2]=0.015mol/L\}$

① 标准滴定溶液的配制

将 5.7g 醋酸铅 $[Pb(Ac)_2 \cdot 3H_2O]$ 溶于 1L 水中，加入 5mL 冰醋酸，摇匀。

② EDTA 标准滴定溶液与醋酸铅标准滴定溶液体积比的标定

从滴定管缓慢放出 $10\sim15$mL $[c(EDTA)=0.015mol/L]$ EDTA 标准滴定溶液于 300mL 烧杯中，用水稀释至约 150mL，加入 10mL pH 为 6 的缓冲溶液（见㉗），加入 2 滴半二甲酚橙指示剂溶液（见㊵），用醋酸铅标准溶液滴定至红色。

EDTA 标准滴定溶液与醋酸铅标准滴定溶液体积比按下式计算

$$K_2 = \frac{V_8}{V_9}$$

式中　K_2——每 1mL 硝酸铋标准滴定溶液相当于 EDTA 的 mL 数；

　　　V_8——EDTA 标准滴定溶液的体积，mL；

　　　V_9——滴定时消耗硝酸铋标准滴定溶液的体积，mL。

（8）重铬酸钾标准滴定溶液 $[c(1/6K_2Cr_2O_7)=0.025mol/L]$

准确称取 1.2258g 已在 150～170℃烘干 2h 的重铬酸钾（二次结晶或基准试剂），溶于 150～200mL 水中，然后移入 1000mL 容量瓶中，加水稀释至标线，摇匀。

（9）盐酸标准滴定溶液 $[c(HCl)=0.1mol/L]$

① 标准滴定溶液的配制

将 8.5mL 盐酸加水稀释至 1L，摇匀。

② 盐酸标准滴定溶液浓度的标定

称取 0.1g（m_4）已于 130℃ 烘过 2～3h 的碳酸钠，精确至 0.0001g，置于 250mL 锥形瓶中，加入 100mL 水使其完全溶解，加入 6～7 滴甲基红-溴甲酚绿混合指示剂溶液（见 ㊺），用盐酸标准滴定溶液滴定至溶液颜色转变为橙红色。将锥形瓶中溶液加热煮沸 1～2min，冷却至室温，如此时返色，则再用盐酸标准滴定溶液滴定至出现稳定的橙红色。

盐酸标准滴定溶液的浓度按下式计算

$$c_{HCl} = \frac{m_4 \times 1000}{V_{10} \times 53.00}$$

式中　c_{HCl}——盐酸标准滴定溶液的浓度，mol/L；

　　　V_{10}——滴定时消耗盐酸标准滴定溶液的体积，mL；

　　　m_4——碳酸钠的质量，g；

　　53.00——$\left(\frac{1}{2}Na_2CO_3\right)$ 的摩尔质量，g/mol。

③ 盐酸标准滴定溶液对氧化钙的滴定度的标定

取一定量碳酸钙（$CaCO_3$）置于铂（或瓷）坩埚中，在 950～1000℃ 下灼烧至恒量。从中称取 0.04～0.05g 氧化钙（m_5），精确至 0.0001g，置于干燥的内装一搅拌子的 200mL 锥形瓶中，加入 40mL 乙二醇，盖紧锥形瓶，用力摇荡，在 65～70℃ 水浴上加热 30min 每隔 5min 摇荡一次（也可用机械连续震荡代替）。用安有合适孔隙干滤纸的烧结玻璃过滤漏斗抽气过滤。如果过滤速度慢，应在烧结玻璃过滤漏斗上紧密塞一个带有钠石灰管的橡皮塞卸下滤液瓶，用无水乙醇仔细洗涤锥形瓶和沉淀三次，每次用量 10mL。卸下滤液瓶，用盐酸标准滴定溶液滴定至溶液颜色由褐色变为橙色。

盐酸标准滴定溶液对氧化钙的滴定度按下式计算

$$T_{CaO} = \frac{m_5 \times 1000}{V_{11}}$$

式中　T_{CaO}——每 1mL 盐酸标准滴定溶液相当于氧化钙的 mg 数，mg/mL；

　　　V_{11}——滴定时消耗盐酸标准滴定溶液的体积，mL；

　　　m_5——氧化钙的质量，g。

（10）苯甲酸无水乙醇标准滴定溶液 $[c(C_6H_5COOH) = 0.1mol/L]$

① 标准滴定溶液的配制

将苯甲酸（C_6H_5COOH）置于硅胶干燥器中干燥 24h 后，称取 12.3g 溶于 1L 无水乙醇中，贮存在带橡胶塞（装有硅胶干燥管）的玻璃瓶内。

② 苯甲酸无水乙醇标准滴定溶液对氧化钙滴定度的标定

取一定量碳酸钙（$CaCO_3$）置于铂（或瓷）坩锅中，在 950～1000℃ 下灼烧至恒量。从中称取 0.04～0.05g 氧化钙（m_6），精确至 0.0001g，置于 150mL 干燥的锥形瓶中，加入 15mL 甘油无水乙醇溶液（见 ㊾），装上回流冷凝器，在放有石棉网的电炉上加热煮沸至溶液呈红色后，取下锥形瓶，立即以苯甲酸无水乙醇标准滴定溶液滴定至红色消失。再将冷凝器装上，继续加热煮沸至红色出现，再取下滴定。如此反复操作，直至加热 10min 后不出现红色为止。

苯甲酸无水乙醇标准滴定溶液对氧化钙的滴定度按下式计算

$$T_{CaO} = \frac{m_6 \times 1000}{V_{12}}$$

式中 T_{CaO}——每 1mL 苯甲酸无水乙醇标准滴定溶液相当于氧化钙的 mg 数，mg/mL；

$\quad\quad V_{12}$——滴定时消耗盐酸标准滴定溶液的体积，mL；

$\quad\quad m_6$——氧化钙的质量，g。

（11）盐酸、氢氧化钠标准滴定溶液 $[c(HCl、NaOH) = 0.5mol/L]$

① 标准滴定溶液的配制

a. 盐酸标准滴定溶液的配制

将 420mL 盐酸加水稀释至 10L，摇匀。

b. 氢氧化钠标准滴定溶液的配制

将 100g 氢氧化钠溶于 5L 水中，充分摇匀，贮存于带胶塞（装有钠石灰干燥管）的硬质玻璃瓶或塑料瓶内。

② 标准滴定溶液的标定

a. 盐酸标准滴定溶液与氢氧化钠标准滴定溶液的体积比

从酸式滴定管缓慢放出 20.00mL 盐酸标准滴定溶液 $[c(HCl) = 0.5mol/L]$ 于锥形瓶中，加入约 150mL 煮沸的蒸馏水和 2～3 滴酚酞指示剂溶液（见㊶），用氢氧化钠标准滴定溶液 $[c(NaOH) = 0.5mol/L]$ 滴定至微红色。

盐酸标准滴定溶液的与氢氧化钠标准滴定溶液体积比按下式计算

$$K_3 = \frac{V_{13}}{V_{14}}$$

式中 K_3——每 1mL 氢氧化钠标准滴定溶液相当于盐酸标准滴定溶液的 mL 数；

$\quad\quad V_{13}$——盐酸标准滴定溶液体积，mL；

$\quad\quad V_{14}$——氢氧化钠标准滴定溶液体积，mL。

b. 盐酸标准滴定溶液和氢氧化钠标准滴定溶液的浓度

称取 0.5g（m_7）已在 105～110℃烘干 1.5h 的碳酸钙（$CaCO_3$），精确至 0.0001g，置于 250mL 锥形瓶中，从滴定管中准确加入 24.50mL 盐酸标准溶液 $[c(HCl) = 0.5mol/L]$，轻轻摇动锥形瓶至无气泡发生，加水稀释至 120mL，置于电炉上加热煮沸 1～2min，放入冷水槽中冷至室温，滴加 4 滴酚酞指示剂溶液（见㊶），用氢氧化钠标准滴定溶液 $[c(NaOH) = 0.5mol/L]$ 滴定至微红色。

盐酸标准滴定溶液的浓度按下式计算

$$c_{HCl} = \frac{m_7 \times 1000}{(24.50 - V_{15} \times K_3) \times 50.04}$$

式中 c_{HCl}——盐酸标准滴定溶液的浓度，mol/L；

$\quad\quad V_{15}$——滴定时消耗氢氧化钠标准滴定溶液的体积，mL；

$\quad\quad K_3$——每 1mL 氢氧化钠标准滴定溶液相当于盐酸标准滴定溶液的 mL 数；

$\quad\quad m_7$——碳酸钙的质量，g；

$\quad\quad 50.04$——$\left(\frac{1}{2}CaCO_3\right)$ 的摩尔质量，g/mol；

$\quad\quad 24.50$——盐酸标准滴定溶液的体积，mL。

氢氧化钠标准滴定溶液的浓度按下式计算

$$c_{NaOH} = K_3 \times c_{HCl}$$

式中　c_{NaOH}——氢氧化钠标准滴定溶液的浓度，mol/L；

　　　　K_3——每 1mL 氢氧化钠标准滴定溶液相当于盐酸标准滴定溶液的 mL 数；

　　　　c_{HCl}——盐酸标准滴定溶液的浓度，mol/L。

（12）盐酸、氢氧化钠标准滴定溶液 [c(HCl、NaOH) ＝0.2mol/L]

① 标准滴定溶液的配制

a. 盐酸标准滴定溶液的配制

将 170mL 盐酸加水稀释至 10L，摇匀。

b. 氢氧化钠标准滴定溶液的配制

将 40g 氢氧化钠溶于 5L 水中，充分摇匀，贮存于带胶塞（装有钠石灰干燥管）的硬质玻璃瓶或塑料瓶内。

② 标准滴定溶液的标定

a. 盐酸标准滴定溶液的与氢氧化钠标准滴定溶液体积比

从酸式滴定管缓慢放出 20.00mL 盐酸标准滴定溶液 [见 c(HCl) ＝0.2mol/L] 于锥形瓶中，加入约 150mL 煮沸的蒸馏水和 1 滴甲基红指示剂溶液（见㊴），用氢氧化钠标准滴定溶液 [见 c(NaOH)＝0.2mol/L] 滴定至微红色。

盐酸标准滴定溶液与氢氧化钠标准滴定溶液体积比按下式计算

$$K_4 = \frac{V_{16}}{V_{17}}$$

式中　K_4——每 1mL 氢氧化钠标准滴定溶液相当于盐酸标准滴定溶液的 mL 数；

　　　　V_{16}——盐酸标准滴定溶液体积，mL；

　　　　V_{17}——氢氧化钠标准滴定溶液体积，mL。

b. 盐酸标准滴定溶液和氢氧化钠标准滴定溶液的浓度

称取 0.2g（m_8）已在 105～110℃ 烘干 1.5h 的碳酸钙（$CaCO_3$），精确至 0.0001g，置于 250mL 锥形瓶中，从滴定管中准确加入 24.50mL 盐酸标准溶液 [见 c(HCl) ＝0.2mol/L]，轻轻摇动锥形瓶至无气泡发生，加水稀释至 120mL，置于电炉上加热煮沸 1～2min，放入冷水槽中冷至室温，滴加 1 滴甲基红指示剂溶液（见㊴），用氢氧化钠标准滴定溶液 [见 c(NaOH)＝0.2mol/L] 滴定至微红色。

盐酸标准滴定溶液的浓度按下式计算

$$c_{HCl} = \frac{m_8 \times 1000}{(24.50 - V_{18} \times K_4) \times 50.04}$$

式中　c_{HCl}——盐酸标准滴定溶液的浓度，mol/L；

　　　　V_{18}——滴定时消耗氢氧化钠标准滴定溶液的体积，mL；

　　　　K_4——每 1mL 氢氧化钠标准滴定溶液相当于盐酸标准滴定溶液的 mL 数；

　　　　m_8——碳酸钙的质量，g；

　　50.04——（$\frac{1}{2}CaCO_3$）的摩尔质量，g/mol；

　　24.50——盐酸标准滴定溶液的体积，mL。

任务一 石灰石分析

石灰石质矿物是生产水泥的主要原料之一，主要包括石灰石、泥灰岩、大理石岩、白垩土、贝壳等，其中以石灰石最为普遍，其主要成分为碳酸钙，同时含有一定量的碳酸镁和少量铁、铝、硅等杂质。其化学成分大致为 CaO：$45\% \sim 53\%$；MgO：$0.1\% \sim 0.3\%$；Al_2O_3：$0.2\% \sim 2.5\%$；Fe_2O_3：$0.1\% \sim 0.2\%$；SiO_2：$0.2\% \sim 10\%$；烧失量：$36\% \sim 43\%$。

表 6-1 列出了国家标准（代用法）规定石灰石分析结果允许差范围。在国家标准中，一般均列出基准法和代用法两种方法，可根据实际情况任选一种进行实验。发生争议时以基准法为准。本项目中分析方案一为基准法，分析方案二为代用法。

表 6-1 分析结果允许差范围（%）

允许差范围 测定项目	A 同一实验室	B 不同实验室	允许差范围 测定项目	A 同一实验室	B 不同实验室
烧失量	0.25	0.40	CaO	0.25	0.40
SiO_2	0.20	0.25	MgO（$\geqslant 2\%$）	0.20	0.30
Fe_2O_3	0.15	0.20	MgO（$<2\%$）	0.15	0.25
Al_2O_3	0.20	0.25			

注：1. 每项测定结果以两次实验平均值表示；

  2. 允许差为绝对偏差，用百分数表示；

  3. 同一实验室允许差是指同一分析实验室同一分析人员（或两个分析人员）分析同一试样时，两次分析结果应符合 A 项规定。如超出规定，应在短时间内进行第三次测定（或第三者测定）。测定结果与前两次或其中一次分析结果之差符合 A 项规定，则取其平均值。否则，应查明原因，重新进行测定；

  4. 不同实验室允许差是指两个实验室对同一试样各自进行分析时，所得分析结果之差应符合 B 项规定；

  5. 以后同，不在解释。

一、实验目的

1. 学会配制和标定石灰质原料分析所用试剂及标准滴定溶液。
2. 熟悉石灰石质原料分析的基本原理。
3. 掌握石灰石质原料主要成分分析的方法。

分析方案一（基准法）

二、实验内容

1. 试样的制备

试样必须具有代表性和均匀性。由大样缩分后的试样不得少于100g，试样通过0.08mm方孔筛时的筛余不应超过15%。再以四分法或缩分器减至约25g，然后研磨至全部通过孔径为0.008mm方孔筛。充分混匀后，装入试样瓶中，供分析用。其余作为原样保存备用。

2. 烧失量的测定

（1）方法提要

试样中所含水分、碳酸盐及其他易挥发性物质，经高温灼烧即分解逸出，灼烧所失去的质量即为烧失量。

（2）分析步骤

称取约 1g 试样（m），精确至 0.0001g，置于已灼烧恒量的瓷坩埚中，将盖斜置于坩埚上，放入马弗炉内，低温开始逐渐升温，在 950～1000℃下灼烧 1h，取出坩埚置于干燥器中，冷却至室温，称量。反复灼烧，直至恒量。

（3）结果表示

烧失量的质量分数 w_{LOI} 按下式计算

$$w_{LOI} = \frac{m - m_1}{m} \times 100\%$$

式中　　w_{LOI}——烧失量的质量分数，%；

　　　　m_1——灼烧后试料的质量，g；

　　　　m——试料的质量，g。

（4）允许差

同一实验室的允许差为：0.25%；不同实验室的允许差为：0.40%。

3. 二氧化硅的测定（基准法）

（1）方法提要

试样以无水碳酸钠烧结，盐酸溶解，加固体氯化铵于沸水浴中加热蒸发，使硅酸凝聚，灼烧称量。用氢氟酸处理后，失去的质量即为二氧化硅含量。

（2）分析步骤

称取约 0.6g 试样（m_2），精确至 0.0001g，置于铂坩埚中，将盖斜置于坩埚上，在 950～1000℃下灼烧 5min，取出铂坩埚冷却至室温，用玻璃棒仔细压碎块状物，加入 0.3g 研细无水碳酸钠混匀。再将坩埚置于 950～1000℃下灼烧 10min，取出冷却至室温。

将烧结物移入瓷蒸发皿中，加少量水润湿，盖上表面皿。从皿口加入 5mL 盐酸（1+1）及 2～3 滴硝酸，待反应停止后取下表面皿，用平头玻璃棒压碎块状物使分解完全，用热盐酸（1+1）清洗坩埚数次，洗液合并于蒸发皿中。将蒸发皿置于沸水浴上，皿上放一玻璃三角架，再盖上表面皿，蒸发至糊状后，加入氯化铵充分搅匀，放入沸水浴中蒸至干后继续蒸发 10～20min。

取下蒸发皿，加入 10～20mL 热盐酸（3+97），搅拌使可溶性盐类溶解。用中速滤纸过滤，用胶头擦棒以热水擦洗玻璃棒及蒸发皿，用热水洗涤 10～20 次。滤液及洗液保存于 250mL 容量瓶中。

将沉淀连同滤纸一并移入原铂坩锅中，干燥、灰化后，放入已加热至 950～1000℃的马弗炉内灼烧 30min，取出坩埚置于干燥器中，冷却至室温，称量（m_3）。

向坩埚中加数滴水润湿沉淀，加 3 滴硫酸（1+4）和 5mL 氢氟酸，放入通风橱内电炉上缓慢加热，蒸发至干，升高温度继续加热至三氧化硫白烟完全逸出。将坩埚放入已加热至 950～1000℃的马弗炉内灼烧 30min，取出坩埚置于干燥器中，冷却至室温，称量（m_4）。

（3）结果表示

二氧化硅的质量分数 w_{SiO_2} 按下式计算

$$w_{SiO_2} = \frac{m_3 - m_4}{m_2} \times 100\%$$

式中　w_{SiO_2}——二氧化硅的质量分数，%；

m_3——灼烧后未经氢氟酸处理的沉淀及坩埚质量，g；

m_4——用氢氟酸处理并经灼烧后的沉淀及坩埚质量，g；

m_2——试料质量，g。

（4）允许差

同一实验室的允许差为：0.15%；不同实验室的允许差为：0.20%。

（5）经氢氟酸处理后的残渣的分解

向按 3.（2）中经氢氟酸处理后得到的残渣中加入 1g 焦硫酸钾，在 500～600℃熔融至透明。熔融物用热水和数滴盐酸（1+1）溶解，溶液并入滤液及洗液中［按 3.（2）分离二氧化硅后得到的滤液和洗液］，用水稀释至标线，摇匀。此溶液 A 供测定三氧化二铁［见分析方案一 4.（2）］、三氧化二铝［见分析方案一 5.（2）］、氧化钙［见分析方案一 6.（2）］、氧化镁［见分析方案一 7.（2）］用。

4. 三氧化二铁的测定（基准法）

（1）方法提要

用抗坏血酸将三价铁还原为亚铁，在 pH 值大于 1.5 时，亚铁和邻菲罗啉生成红色配位化合物，于波长 510nm 处测定吸光度。

（2）分析步骤

从溶液 A 或溶液 B［见分析方案二 2.（2），不再解释］中，吸取 10.00mL 溶液（视三氧化二铁含量而定）放入 100mL 容量瓶中，用水稀释约 50mL，加入 5mL 抗坏血酸溶液（5g/L）。放置 5min 后，加入 5mL 邻菲罗啉溶液（10g/L），10mL 乙酸铵溶液（100g/L），用水稀释至标线，摇匀。放置 30min 后，使用分光光度计，10mm 比色皿。在工作曲线上查出三氧化二铁的含量（m_5）。

（3）结果表示

三氧化二铁的质量分数 $w_{Fe_2O_3}$ 按下式计算

$$w_{Fe_2O_3} = \frac{m_5 \times 25}{m \times 1000} \times 100\%$$

式中　$w_{Fe_2O_3}$——三氧化二铁的质量分数，%；

m_5——100mL 溶液中三氧化二铁的含量，mg；

m——分析方案一 3.（5）或分析方案二 2.（2）中试料的质量，g。

（4）允许差

同一实验室的允许差为：含量≤0.15%时，0.05%；含量＞0.15%时，0.10%；

不同实验室的允许差为：含量≤0.15%时，0.10%；含量＞0.15%时，0.15%。

5. 三氧化二铝的测定（基准法）

（1）方法提要

将吸取溶液直接调整 pH 值至 3.0，在煮沸下用 EDTA-铜和 PAN 为指示剂，用 EDTA 标准滴定溶液滴定。

（2）分析步骤

从溶液 A 或溶液 B 中，吸取 50.00mL 溶液于 300mL 的烧杯中，加水稀释至约 200mL，加 1～2 滴溴酚蓝指示剂（2g/L），滴加氨水（1+1）至溶液出现蓝紫色，再滴加盐酸

(1+1)至溶液出现黄色，加入 15mL pH＝3 的醋酸-醋酸钠缓冲溶液，加热至微沸并保持 1min，加入 10 滴 EDTA-铜及 2～3 滴 PAN 指示剂溶液，用 $[c(EDTA)＝0.015mol/L]$ EDTA 标准滴定溶液滴定至红色消失，继续煮沸，滴定，直至溶液经煮沸后红色不再出现呈稳定的亮黄色为止。

（3）结果表示

三氧化二铝的质量分数 $w_{Al_2O_3}$ 按下式计算

$$w_{Al_2O_3} = \frac{T_{Al_2O_3} \times V_1 \times 5}{m \times 1000} \times 100\% - 0.64 \times w_{Fe_2O_3}$$

式中　　$w_{Al_2O_3}$——三氧化二铝的质量分数，%；

　　　　$T_{Al_2O_3}$——每 1mL EDTA 标准滴定溶液相当于三氧化二铝的 mL 数，mg/mL；

　　　　V_1——滴定时消耗的 EDTA 标准滴定溶液的体积，mL；

　　　　$w_{Fe_2O_3}$——分析方案一 4.（2）测定得到的三氧化二铁的质量分数，%；

　　　　m——试料的质量，g。

（4）允许差

同一实验室的允许差为：0.15%；不同实验室的允许差为：0.20%。

6. 氧化钙的测定（基准法）

（1）方法提要

在 pH≥13 的强碱性溶液中，以三乙醇胺为掩蔽剂，以 CMP 混合指示剂为指示剂，用 EDTA 标准滴定溶液滴定。

（2）分析步骤

从溶液 A 或溶液 B 中，吸取 25mL 溶液于 400mL 烧杯中，加水稀释至约 200mL。加 5mL 三乙醇胺（1+2）及适量的 CMP 指示剂，在搅拌下加入氢氧化钾溶液（200g/L），至出现绿色荧光后再过量 5～8mL（pH≥13），用 $[c(EDTA)＝0.015mol/L]$ EDTA 标准滴定溶液滴定至荧光消失并呈现红色。

（3）结果表示

氧化钙的质量分数 w_{CaO} 按下式计算

$$w_{CaO} = \frac{T_{CaO} \times V_2 \times 10}{m \times 1000} \times 100\%$$

式中　　w_{CaO}——氧化钙的质量分数，%；

　　　　T_{CaO}——每 1mL EDTA 标准滴定溶液相当于氧化钙的 mL 数，mg/mL；

　　　　V_2——滴定时消耗的 EDTA 标准滴定溶液的体积，mL；

　　　　m——试料的质量，g。

（4）允许差

同一实验室的允许差为：0.25%；不同实验室的允许差为：0.40%。

7. 氧化镁的测定（基准法）

（1）方法提要

在 pH≈10 的溶液中，以三乙醇胺、酒石酸钾钠为掩蔽剂，用酸性铬蓝 K-萘酚绿 B 混合指示剂，用 EDTA 标准滴定溶液滴定。当溶液中含钙时，测定的结果是钙镁的含量，差减法求得氧化镁的含量。

（2）分析步骤

从溶液 A 或溶液 B 中，吸取 25mL 溶液于 400mL 烧杯中，加水稀释至约 200mL。加 1mL 酒石酸钾钠（100g/L），5mL 三乙醇胺（1+2），充分搅拌，然后加入 25mL pH＝10 的氨-氯化铵缓冲溶液及少许酸性铬蓝 K-萘酚绿 B 混合指示剂，用［c(EDTA)＝0.015mol/L］EDTA 标准滴定溶液滴定，近终点时应缓慢滴定至纯蓝色。

（3）结果表示

氧化镁的质量分数 w_{MgO} 按下式计算

$$w_{MgO} = \frac{T_{MgO} \times (V_3 - V_2) \times 10}{m \times 1000} \times 100\%$$

式中　w_{MgO}——氧化钙的质量分数，%；

$\quad\quad T_{MgO}$——每 1mL EDTA 标准滴定溶液相当于氧化钙的 mL 数，mg/mL；

$\quad\quad V_2$——滴定钙时消耗的 EDTA 标准滴定溶液的体积，mL；

$\quad\quad V_3$——滴定钙、镁含量时消耗的 EDTA 标准滴定溶液的体积，mL；

$\quad\quad m$——试料的质量，g。

（4）允许差

同一实验室的允许差为：含量≤2%时，0.15%；含量>2%时，0.20%；

不同实验室的允许差为：含量≤2%时，0.25%；含量>2%时，0.30%。

8. 氧化钾和氧化钠的测定（基准法）

（1）方法提要

经氢氟酸-硫酸蒸发处理除去硅，用热水浸取残渣，以氨水和碳酸铵分离铁、铝、钙、镁。滤液中的钾、钠用火焰光度计进行测定。

（2）分析步骤

称取约 0.2g 试样（m_6），精确至 0.0001g。置于铂皿中，用少量水润湿，加 5～7mL 氢氟酸及 15～20 滴硫酸（1+1），置于通风橱内低温电热板蒸发。近干时摇动铂皿，以防溅失，待氢氟酸驱尽后逐渐升高温度，继续将三氧化硫白烟赶尽。取下放冷，加入 50mL 热水，压碎残渣使其溶解，加 1 滴甲基红指示剂溶液（2g/L），用氨水（1+1）中和至黄色，加入 10mL 碳酸铵溶液（100g/L），搅拌，置于电热板上加热 20～30min。用快速滤纸过滤，以热水洗涤，滤液及洗液盛于 100mL 容量瓶中，冷却至室温。用盐酸（1+1）中和至溶液呈微红色，用水稀释至标线，摇匀。在火焰光度计上，按仪器使用规程进行测定。在工作曲线上分别查出氧化钾和氧化钠的含量（m_7）和（m_8）。

（3）结果表示

氧化钾和氧化钠的质量分数 w_{K_2O} 和 w_{Na_2O} 分别按下式计算

$$w_{K_2O} = \frac{m_7}{m_6 \times 1000} \times 100\%$$

$$w_{Na_2O} = \frac{m_8}{m_6 \times 1000} \times 100\%$$

式中　w_{K_2O}——氧化钾的质量分数，%；

w_{Na_2O}——氧化钠的质量分数,%;

m_7——100mL 测定溶液中氧化钾的含量,mg;

m_8——100mL 测定溶液中氧化钠的含量,mg;

m_6——试料的质量,g。

（4）允许差

同一实验室的允许差：K_2O 与 Na_2O 均为 0.10%；不同实验室的允许差：K_2O 与 Na_2O 均为 0.15%。

分析方案二（代用法）

二、实验内容

1. 二氧化硅的测定（代用法）

（1）方法提要

在有过量的氟、钾离子存在的强酸性溶液中，使硅酸形成氟硅酸钾（K_2SiF_6）沉淀，经过滤、洗涤及中和残余酸后，加沸水使氟硅酸钾沉淀水解生成等物质的量的氢氟酸，然后以酚酞为指示剂，用氢氧化钠标准滴定溶液进行滴定。

（2）分析步骤

称取约 0.3g 试样（m_9），精确至 0.0001g，置于银或镍坩埚中，加入 4g 氢氧化钾，在电炉上加热熔融 20min。取下坩埚稍冷后，用热水浸取熔块，放入 300mL 塑料杯中，加入 10~15mL 硝酸，搅拌，冷却至 30℃ 以下。加入氯化钾，仔细搅拌至饱和并有少量氯化钾析出，再加 2g 氯化钾及 10mL 氟化钾溶液，仔细搅拌（如氯化钾析出量不够，应再补充加入），放置 15~20min，用中速滤纸过滤，用氯化钾溶液（50g/L）洗涤塑料杯及沉淀 3 次。将滤纸连同沉淀取下，置于塑料杯中，沿杯壁加入 10mL 30℃ 以下的氯化钾-乙醇溶液（50g/L）及 1mL 酚酞指示剂溶液（10g/L），用 [$c(NaOH)=0.15mol/L$] 氢氧化钠标准滴定溶液中和未洗尽的酸，仔细搅动滤纸并随之擦洗杯壁直至溶液呈红色。向杯中加入 200mL 沸水（煮沸并用氢氧化钠溶液中和至酚酞呈微红色），用 [$c(NaOH)=0.15mol/L$] 氢氧化钠标准滴定溶液滴定至微红色。

（3）结果表示

二氧化硅的质量分数 w_{SiO_2} 按下式计算：

$$w_{SiO_2} = \frac{T_{SiO_2} \times V_4}{m_9} \times 100\%$$

式中 w_{SiO_2}——二氧化硅的质量分数,%;

T_{SiO_2}——每 1mL 氢氧化钠标准滴定溶液相当于二氧化硅的 mg 数,mg/mL;

V_4——滴定时消耗氢氧化钠标准滴定溶液的体积,mL;

m_9——试料质量,g。

（4）允许差

同一实验室的允许差为 0.20%；不同实验室的允许差为 0.25%。

2. 三氧化二铁的测定（代用法）

（1）方法提要

在 pH＝1.8～2.0、温度为 60～70℃的溶液中，以磺基水杨酸钠为指示剂，用 EDTA 标准滴定溶液滴定。

（2）分析步骤

称取约 0.6g 试样（m），精确至 0.0001g，置于银坩埚中，加入 6～7g 氢氧化钠，盖上坩锅盖（应留有较大缝隙），放入已升温到 400℃的高温炉中，继续升温至 650～700℃，保温 20min，取出冷却，将坩埚放入盛有 100mL 近沸腾水的 300mL 烧杯中，盖上表面皿适当加热。待熔块完全被浸出后，立即取出坩埚，用热水冲洗坩埚及盖，在搅拌下一次快速加入 25～30mL 盐酸，再加入 1mL 硝酸，用热盐酸（1+5）洗净坩埚和盖，加热至沸，得到澄清透明的溶液。待溶液冷却后，移入 250mL 容量瓶中，并稀释至标线，摇匀。此溶液 B 供测定三氧化二铁、三氧化二铝、氧化钙、氧化镁用。

从溶液 A 或溶液 B 中，吸取溶液 50.00mL 于 300mL 烧杯中，加水稀释约 100mL，用氨水（1+1）和盐酸（1+1）调节溶液 pH 值在 1.8～2.0 之间（用精密 pH 试纸检验）。将溶液加热至 70℃，加 10 滴磺基水杨酸钠指示剂溶液（100g/L），在不断搅拌下，用 [c（EDTA）＝0.015mol/L] EDTA 标准滴定溶液缓慢滴定至溶液呈亮黄色（终点时溶液的温度应在 60℃左右）。保留此溶液供测定三氧化二铝用。

（3）结果表示

三氧化二铁的质量分数 $w_{Fe_2O_3}$ 按下式计算

$$w_{Fe_2O_3} = \frac{T_{Fe_2O_3} \times V_5 \times 5}{m \times 1000} \times 100\%$$

式中　　$w_{Fe_2O_3}$——三氧化二铁的质量分数，%；

$T_{Fe_2O_3}$——每 1mL EDTA 标准滴定溶液相当于三氧化二铁的 mL 数，mg/mL；

V_5——滴定时消耗的 EDTA 标准滴定溶液的体积，mL；

m——试料的质量，g。

（4）允许差

同一实验室的允许差为：0.15%；不同实验室的允许差为：0.20%。

3. 三氧化二铝的测定

（1）直接滴定法

① 方法提要

在滴定铁后的溶液中，调整 pH 值至 3.0，在煮沸下用 EDTA-铜和 PAN 为指示剂，用 EDTA 标准滴定溶液滴定。

② 分析步骤

将测完铁的溶液用水稀释至约 200mL，加 1～2 滴溴酚蓝指示剂（1g/L），滴加氨水（1+1）至溶液出现蓝紫色，再滴加盐酸（1+1）至溶液出现黄色，加入 15mL pH 值为 3 的醋酸-醋酸钠缓冲溶液，加热至微沸并保持 1min，加入 10 滴 EDTA-铜及 2～3 滴 PAN 指示剂溶液，用 [c(EDTA)＝0.015mol/L] EDTA 标准滴定溶液滴定至红色消失，继续煮沸，滴定，直至溶液经煮沸后红色不再出现呈稳定的亮黄色为止。

③ 结果表示

三氧化二铝的质量分数 $w_{Al_2O_3}$ 按下式计算

$$w_{Al_2O_3} = \frac{T_{Al_2O_3} \times V_6 \times 5}{m \times 1000} \times 100\%$$

式中　　$w_{Al_2O_3}$——三氧化二铝的质量分数，%；

　　　　$T_{Al_2O_3}$——每 1mL EDTA 标准滴定溶液相当于三氧化二铝的 mL 数，mg/mL；

　　　　V_6——滴定时消耗的 EDTA 标准滴定溶液的体积，mL；

　　　　m——试料的质量，g。

④ 允许差

同一实验室的允许差为 0.20%；不同实验室的允许差为 0.25%。

（2）铜盐回滴法

① 方法提要

在滴定铁后的溶液中，加入对铝、钛过量的 EDTA 标准滴定溶液，于 pH＝3.8～4.0 以 PAN 为指示剂，用硫酸铜标准滴定溶液回滴过量的 EDTA（本法只适用于一氧化锰含量在 0.5% 以下的试样）。

② 分析步骤

从测完铁的溶液中加入 [c(EDTA)＝0.015mol/L] EDTA 标准滴定溶液至过量 10～15mL（对铝、钛含量而言），用水稀释至 150～200mL。将溶液加热至 70～80℃ 后，加数滴氨水（1+1）使溶液 pH 值在 3.0～3.5 之间（用精密 pH 试纸检验），加 15mL pH 值为 4.3 的缓冲溶液，加热煮沸 1～2min，取下稍冷，加入 4～5 滴 PAN 指示剂溶液，用 [c(CuSO$_4$)＝0.015mol/L] 硫酸铜标准滴定溶液滴定至亮紫色。

③ 结果表示

三氧化铝的质量分数 $w_{Al_2O_3}$ 按下式计算

$$w_{Al_2O_3} = \frac{T_{Al_2O_3} \times (V_7 - K \times V_8) \times 5}{m \times 1000} \times 100\%$$

式中　　$w_{Al_2O_3}$——三氧化铝的质量分数，%；

　　　　$T_{Al_2O_3}$——每 1mL EDTA 标准滴定溶液相当于三氧化二铝的 mg 数，mg/mL；

　　　　V_7——加入 EDTA 标准滴定溶液的体积，mL；

　　　　V_8——滴定时消耗硫酸铜标准滴定溶液的体积，mL；

　　　　K——每 1mL 硫酸铜标准滴定溶液相当于 EDTA 标准滴定溶液的 mL 数；

　　　　m——试料的质量，g。

④ 允许差

同一实验室的允许差为 0.20%；不同实验室的允许差为 0.30%。

4. 氧化钙的测定（代用法）

（1）方法提要

预先在酸性溶液中加入适量氟化钾，以抑制硅酸的干扰，然后在 pH≥13 强碱性溶液中，以三乙醇胺为掩蔽剂，用钙黄绿素-甲基百里香酚蓝-酚酞混合剂，以 EDTA 标准滴定溶液滴定。

（2）分析步骤

从溶液 B 中吸取 25.00mL 溶液放入 400mL 烧杯中，加入 2mL 氟化钾溶液（20g/L），搅拌并放置 2min 以上，加水稀释至约 200mL，加 5mL 三乙醇胺（1+2）及适量的 CMP 指示剂，在搅拌下加入氢氧化钾（200g/L），至出现绿色荧光后再过量 5～8mL（pH≥13），用 $[c(EDTA)=0.015mol/L]$ EDTA 标准滴定溶液滴定至荧光消失并呈现红色。

（3）结果表示

氧化钙的质量分数 w_{CaO} 按下式计算

$$w_{CaO} = \frac{T_{CaO} \times V_9 \times 10}{m \times 1000} \times 100\%$$

式中　　w_{CaO}——氧化钙的质量分数，%；

T_{CaO}——每 1mLEDTA 标准滴定溶液相当于氧化钙的 mL 数，mg/mL；

V_9——滴定时消耗的 EDTA 标准滴定溶液的体积，mL；

m——试料的质量，g。

（4）允许差

同一实验室的允许差为 0.25%；不同实验室的允许差为 0.40%。

提示：烧失量、氧化镁、氧化钠和氧化钾的测定，参看任务一中分析方案一的相关部分。

5. 游离二氧化硅的测定（参考实验，用于例行分析）

（1）方法提要

利用热的浓磷酸几乎能溶解所有硅酸盐矿物，而对石英（游离二氧化硅）的溶解度很小，利用此特性进行分离，以重量法来测定游离二氧化硅的含量。

（2）分析步骤

称取约 0.1g 试样（m），精确至 0.0001g，置于 200mL 干燥的高型烧杯中，沿杯壁加入磷酸 30mL，在杯口盖上合适的表面皿或无颈漏斗，然后在电炉上加热煮沸 10～15min。取下冷却至 50～60℃，以水吹洗表面皿或无颈漏斗，再加 50mL 70～80℃ 的热水，充分搅拌后加入 10mL 氟硼酸，在 50℃ 的水浴中保温 30min（中间搅拌两次）。以慢速滤纸过滤，用硝酸铵溶液（2g/L）洗涤烧杯和沉淀至不显酸性。将滤纸及沉淀物放入已知质量的瓷坩埚中灰化，在 950～1000℃ 下灼烧 1h，取出坩埚，置于干燥器冷却至室温，称量。如此反复灼烧直至恒量。

（3）结果表示

游离二氧化硅的质量分数 w_{SiO_2} 按下式计算

$$w_{SiO_2} = \frac{m_2 - m_1}{m} \times 100\%$$

式中　　w_{SiO_2}——游离二氧化硅的质量分数，%；

m_1——空坩埚质量，g；

m_2——沉淀及空坩埚质量，g；

m——试料的质量，g。

（4）允许差

同一实验室的允许差为 0.20%；不同实验室的允许差为 0.30%。

任务二 黏土（或砂页岩）分析

黏土质原料在水泥生产中主要提供硅和铝原料，黏土及接近黏土成分的有砂页岩、煤矸石、沸石、粉煤灰、矿渣、黄土、红土、河泥和湖泥等。其主要成分为二氧化硅和三氧化二铝。其化学成分大致为 SiO_2：40%～65%；Al_2O_3：15%～40%；Fe_2O_3：微量～0.2%；CaO：0%～5%；MgO：微量～3%；碱性氧化物：（K_2O+Na_2O）<4%。

表 6-2 列出了国家标准（代用法）规定硅质原料分析结果允许差范围。

表 6-2 分析结果允许差范围（%）

允许差范围 / 测定项目	A 同一实验室	B 不同实验室	允许差范围 / 测定项目	A 同一实验室	B 不同实验室
烧失量	0.25	0.40	TiO_2	0.10	0.15
SiO_2	0.40	0.60	CaO	0.25	0.35
Fe_2O_3	0.30	0.40	MgO	0.30	0.40
Al_2O_3	0.30	0.40			

注：本方法适用于黏土及接近黏土成分的砂页岩、煤矸石、沸石、粉煤灰、矿渣等硅质原料分析。

一、实验目的

1. 学会配制和标定黏土质原料分析所用试剂及标准滴定溶液。
2. 熟悉黏土质原料分析的基本原理。
3. 掌握黏土质原料主要成分分析的方法。

分析方案一

二、实验内容

1. 烧失量的测定

（1）方法提要

试样中所含水分、碳酸盐及其他易挥发性物质，经高温灼烧即分解逸出，灼烧所失去的质量即为烧失量。

（2）分析步骤

称取约 1g 试样（m），精确至 0.0001g，置于已灼烧恒量的瓷坩埚中，将盖斜置于坩埚上，放入马弗炉内，低温开始逐渐升温，在 950～1000℃下灼烧 1h，取出坩埚置于干燥器中，冷却至室温，称量。反复灼烧，直至恒量。

（3）结果表示

烧失量的质量分数 w_{LOI} 按下式计算

$$w_{LOI} = \frac{m - m_1}{m} \times 100\%$$

式中　w_{LOI}——烧失量的质量分数，%；

m_1——灼烧后试料的质量，g；

m——试料的质量，g。

2. 二氧化硅的测定（重量法）

（1）分析步骤

称取约 0.5g 试样（m），精确至 0.0001g，置于铂坩埚中，加入约 3～4g 研细无水碳酸钠混匀。用玻棒搅拌均匀，再在上面盖一薄层碳酸钠，将盖斜置于坩埚上，在 950～1000℃下灼烧 30min，用坩埚夹趁热取出铂坩埚，摇动试样，使之均匀铺在铂坩壁上，冷却，再在高温炉中放置 15s 左右，取出冷却至室温，放入预先煮沸的 75mL 水及 15mL 浓盐酸的 250mL 烧杯中，使试样溶出，用热水和盐酸（1+5）洗净坩埚和盖，洗液合并于烧杯中，用玻璃棒仔细压碎块状物，放置砂浴上蒸发至湿状取下，稍冷，加入 15mL 盐酸，在电热板上加热 30min，然后放入 68～70℃的水浴中，5min 后加入动物胶 8mL，搅拌 3min，继续放入热水浴中 7min，取出放入冷水槽中冷却至室温，用中速定量滤纸过滤，用热水洗涤，并用胶头玻璃棒仔细擦净烧杯，洗至无氯根反应为止（用 10g/L 硝酸银溶液检验），滤液及洗液收集于 500mL 容量瓶，将容量瓶置于冷水槽中冷却后稀释至标线，摇匀。此溶液 A 供测定三氧化二铁、三氧化二铝、氧化钙、氧化镁用。

将沉淀连同滤纸一并移入恒量的瓷坩埚中，干燥、灰化后，放入已至 950～1000℃的马弗炉内灼烧 30min，取出坩埚置于干燥器中，冷却至室温，称量（m_2）。

（2）结果表示

二氧化硅的质量分数 w_{SiO_2} 按下式计算

$$w_{SiO_2} = \frac{m_2 - m_3}{m} \times 100\%$$

式中 w_{SiO_2}——二氧化硅的质量分数，%；

m_2——灼烧后沉淀和坩埚的质量，g；

m_3——空坩埚的质量，g；

m——试料质量，g。

3. 三氧化二铁的测定

（1）分析步骤

从溶液 A 中吸取 50.00mL 溶液于 300mL 烧杯中，加水稀释至约 100mL，用氨水（1+1）和盐酸（1+1）调节溶液 pH 值在 1.8～2.0 之间（用精密 pH 试纸检验）。将溶液加热至 70℃，加 10 滴磺基水杨酸钠指示剂溶液（100g/L），在不断搅拌下，用 [c(EDTA) = 0.015mol/L] EDTA 标准滴定溶液缓慢地滴定至亮黄色（终点时溶液温度应不低于 60℃）。保留此溶液供测定三氧化二铝用。

（2）结果表示

三氧化二铁的质量分数 $w_{Fe_2O_3}$ 按下式计算

$$w_{Fe_2O_3} = \frac{T_{Fe_2O_3} \times V_1 \times 10}{m \times 1000} \times 100\%$$

式中 $w_{Fe_2O_3}$——三氧化二铁的质量分数，%；

$T_{Fe_2O_3}$——每 1mL EDTA 标准滴定溶液相当于三氧化二铁的 mL 数，mg/mL；

V_1——滴定时消耗的 EDTA 标准滴定溶液的体积，mL；

m——试料的质量，g。

4. 三氧化二铝与二氧化钛的测定

（1）分析步骤

在测定完铁的溶液中，加入 $[c(EDTA)=0.015mol/L]$ EDTA 标准滴定溶液至过量 10～15mL（对铝、钛含量而言）。将溶液加热至 60～70℃后，用氨水（1+1）及盐酸（1+1）调整溶液 pH＝3.0～3.5，加入 15mL pH＝4.2 的醋酸—醋酸钠缓冲溶液，盖上表面皿加热煮沸约 1～2min。取下稍冷，加入 3～4 滴 PAN 指示剂溶液（2g/L），以 $[c(CuSO_4)=0.015mol/L]$ 硫酸铜标准滴定溶液滴定至亮紫色为终点。（记下消耗硫酸铜标准滴定溶液的 mL 数 V_2）。然后加入苦杏仁酸溶液（100g/L），继续加热煮沸约 1min，取下。冷却至 50℃ 左右，加入 1～2mL 95％的乙醇，补加 1 滴 PAN 指示剂溶液（2g/L），用 $[c(CuSO_4)=0.015mol/L]$ 硫酸铜标准滴定溶液滴定至亮紫色为终点。（记下消耗硫酸铜标准滴定溶液的 mL 数 V_3）。

（2）结果表示

二氧化钛的百分含量 w_{TiO_2} 按下式计算

$$w_{TiO_2}=\frac{T_{TiO_2}\times V_3\times K\times 10}{m\times 1000}\times 100\%$$

三氧化二铝的百分含量 $w_{Al_2O_3}$ 按下式计算

$$w_{Al_2O_3}=\frac{T_{Al_2O_3}\times[V-(V_2+V_3)\times K]\times 10}{m\times 1000}\times 100\%$$

式中　w_{TiO_2}——二氧化钛的质量分数，％；

　　　$w_{Al_2O_3}$——三氧化二铝的质量分数，％；

　　　T_{TiO_2}——每 1mL EDTA 标准滴定溶液相当于二氧化钛的 mg 数，mg/mL；

　　　$T_{Al_2O_3}$——每 1mL EDTA 标准滴定溶液相当于三氧化二铝的 mg 数，mg/mL；

　　　V——加入过量 EDTA 标准滴定溶液的体积，mL；

　　　V_3——以苦杏仁酸置换后，滴定消耗硫酸铜标准溶液的体积，mL；

　　　V_2+V_3——两次滴定共消耗硫酸铜标准溶液的体积，mL；

　　　K——每 1mL 硫酸铜标准溶液相当于 EDTA 标准滴定溶液 mL 数；

　　　m——试样质量，g。

5. 氧化钙的测定

（1）分析步骤

从溶液 A 中吸取 50mL 溶液于 400mL 烧杯中，加水稀释至约 200mL，加 5mL 三乙醇胺（1+2）及适量钙黄绿素-甲基百里香酚蓝-酚酞（简称 CMP）混合指示剂，在搅拌下加氢氧化钾溶液（200g/L）至溶液出现绿色荧光后，再过量 5～8mL，此时溶液 pH 值应为 13 以上，用 $[c(EDTA)=0.015mol/L]$ EDTA 标准滴定溶液滴定至绿色荧光消失并呈现红色。

（2）结果表示

氧化钙的质量分数 w_{CaO} 按下式计算

$$w_{CaO}=\frac{T_{CaO}\times V_4\times 10}{m\times 1000}\times 100\%$$

式中　w_{CaO}——氧化钙的质量分数，%；

　　　T_{CaO}——每 1mL EDTA 标准滴定溶液相当于氧化钙的 mL 数，mg/mL；

　　　V_4——滴定时消耗的 EDTA 标准滴定溶液的体积，mL；

　　　m——试料的质量，g。

6. 氧化镁的测定

（1）分析步骤

从溶液 A 中吸取 50mL 溶液于 400mL 烧杯中，加水稀释至约 200mL。加 1mL 酒石酸钾钠（100g/L），5mL 三乙醇胺（1+2），充分搅拌，然后加入 25mL pH 值为 10 的氨水-氯化氨缓冲溶液及少许酸性铬蓝 K-萘酚绿 B 混合指示剂，用 $[c(EDTA)=0.015mol/L]$ EDTA 标准滴定溶液滴定，近终点时应缓慢滴定至纯蓝色。

（2）结果表示

氧化镁的质量分数 w_{MgO} 按下式计算

$$w_{MgO}=\frac{T_{MgO}\times(V_5-V_4)\times10}{m\times1000}\times100\%$$

式中　w_{MgO}——氧化钙的质量分数，%；

　　　T_{MgO}——每 1mL EDTA 标准滴定溶液相当于氧化钙的 mL 数，mg/mL；

　　　V_4——滴定钙时消耗的 EDTA 标准滴定溶液的体积，mL；

　　　V_5——滴定钙、镁含量时消耗的 EDTA 标准滴定溶液的体积，mL；

　　　m——试料的质量，g。

分析方案二

二、实验内容

1. 二氧化硅的测定（氟硅酸钾容量法）

（1）分析步骤

称取约 0.5g 试样（m），精确至 0.0001g，置于银坩埚中，加入 7~8g 氢氧化钠，盖上坩锅盖（应留有较大缝隙），放入已升温到 400℃ 的高温炉中，继续升温至 650℃，保温 20min 以上（中间可摇动熔融物一次），取出冷却，将坩埚放入盛有 100mL 热水的烧杯中，盖上表面皿适当加热。待熔块完全被浸出后，立即取出坩埚，用水冲洗坩埚及盖，在搅拌下一次快速加入 25mL 盐酸，加入 1mL 硝酸，用热水和热盐酸（1+1）洗净坩埚及盖，将溶液加热至沸，得到澄清透明的溶液。待溶液冷却后，移入 250mL 容量瓶中，并稀释至标线度，摇匀。此溶液 B 供测定二氧化硅、三氧化二铁、三氧化二铝与二氧化钛、氧化钙、氧化镁用。

吸取 50mL 溶液 B 于 300mL 的塑料烧杯中，加入 10mL 浓硝酸，搅拌，冷却至 30℃ 以下，加入 10mL 氟化钾溶液（150g/L），搅拌，然后加入固体氯化钾，不断仔细搅拌至饱和并有少量氯化钾析出，再加入 2g 氯化钾。冷却放置 15min。用快速滤纸过滤，用氯化钾溶液（50g/L）洗涤塑料杯与沉淀 3 次。将滤纸连同沉淀一起置于原塑料杯中，沿杯壁加入 10mL 30℃ 以下的氯化钾乙醇溶液（50g/L）及 1mL 酚酞指示剂溶液（10g/L），用 $[c$

（NaOH）＝0.15mol/L]氢氧化钠溶液中和未洗净的酸，仔细搅动滤纸并随之擦洗杯壁，直至溶液呈红色。向杯中加入 200mL 沸水（此沸水预先用氢氧化钠溶液中和酚酞呈微红色）。用 [c(NaOH)＝0.15mol/L] 氢氧化钠标准滴定溶液滴定至微红色。

（2）结果表示

二氧化硅的质量分数 w_{SiO_2} 按下式计算

$$w_{SiO_2} = \frac{T_{SiO_2} \times V_6 \times 5}{m \times 1000} \times 100\%$$

式中　　w_{SiO_2}——二氧化硅的质量分数，%；

T_{SiO_2}——每 1mL 氢氧化钠标准溶液相当于二氧化硅的 mg 数；

V_6——滴定时消耗氢氧化钠标准滴定溶液的体积，mL；

m——试料的质量，g。

2. 氧化钙的测定

（1）分析步骤

从溶液 B 中吸取 25mL 溶液于 400mL 烧杯中，加入 15mL 氟化钾溶液（20g/L），搅拌并放置 2min 以上，然后加水稀释至约 200mL，加 5mL 三乙醇胺（1+2）及适量 CMP 混合指示剂，在搅拌下加氢氧化钾溶液（200g/L）至溶液出现绿色荧光后，再过量 5~8mL，此时溶液 pH 值应为 13 及以上，用 [c(EDTA)＝0.015mol/L] EDTA 标准滴定溶液滴定至绿色荧光消失并呈现红色。

（2）结果表示

氧化钙的质量分数 w_{CaO} 按下式计算

$$w_{CaO} = \frac{T_{CaO} \times V_7 \times 10}{m \times 1000} \times 100\%$$

式中　　w_{CaO}——氧化钙的质量分数，%；

T_{CaO}——每 1mL EDTA 标准滴定溶液相当于氧化钙的 mg 数，mg/mL；

V_7——滴定时消耗的 EDTA 标准滴定溶液的体积，mL；

m——试料的质量，g。

3. 氧化镁的测定

（1）分析步骤

从溶液 B 中吸取 25mL 溶液于 400mL 烧杯中，加入 15mL 氟化钾溶液（20g/L），搅拌并放置 2min 以上，然后加水稀释至约 200mL，加入 1mL 酒石酸钾钠（100g/L）和 5mL 三乙醇胺（1+2），搅拌。加入 25mL pH 值为 10 的氨水-氯化铵缓冲溶液，加入适量的酸性铬蓝 K-萘酚绿 B 混合指示剂（简称 KB），以 EDTA 标准滴定溶液 [c(EDTA)＝0.015mol/L] 滴定，近终点时应缓慢滴定至纯蓝色。

（2）结果表示

氧化镁的质量分数 w_{MgO} 按下式计算

$$w_{MgO} = \frac{T_{MgO} \times (V_8 - V_7) \times 10}{m \times 1000} \times 100\%$$

式中　　w_{MgO}——氧化镁的质量分数，%；

T_{MgO}——每 1mL EDTA 标准滴定溶液相当于氧化镁的 mL 数，mg/mL；

V_7——滴定钙时消耗的 EDTA 标准滴定溶液的体积，mL；

V_8——滴定钙、镁含量时消耗的 EDTA 标准滴定溶液的体积，mL；

m——试料的质量，g。

提示：烧失量的测定，参看任务一中分析方案一的相关部分。

任务三　铁矿石（或硫酸渣或铜矿渣）分析

铁质矿物在水泥生产中是一种校正原料，用于弥补水泥原料中 Fe_2O_3 的不足，其 Fe_2O_3 含量一般为 20%～70%。

铁矿石分析，除在配料计算时需要做系统分析以外，通常只测定 Fe_2O_3 含量。

表 6-3 列出了国家标准规定铁质校正原料分析结果允许差范围。

表 6-3　分析结果允许差范围（%）

允许差范围 测定项目	A 同一实验室	B 不同实验室	允许差范围 测定项目	A 同一实验室	B 不同实验室
烧失量	0.25	0.40	CaO	0.25	0.40
SiO_2	0.40	0.60	MgO	0.25	0.40
Fe_2O_3	0.50	0.70	SO_3	0.25	0.50
Al_2O_3	0.25	0.40			

一、实验目的

1. 学会配制和标定铁矿石（或硫酸渣或铜矿渣）分析所用试剂及标准滴定溶液。
2. 熟悉铁矿石（或硫酸渣或铜矿渣）分析的基本原理。
3. 掌握铁矿石（或硫酸渣或铜矿渣）主要成分分析的方法。

二、实验内容

1. 烧失量的测定

（1）分析步骤

称取约 1g 试样（m），精确至 0.0001g，置于已灼烧恒量的瓷坩埚中，将盖斜置于坩埚上，放入马弗炉内，从低温开始逐渐升温，在 950～1000℃ 下灼烧 30min，取出坩埚置于干燥器中，冷却至室温，称量。反复灼烧，直至恒量。

（2）结果表示

烧失量的质量分数 w_{LOI} 按下式计算

$$w_{LOI} = \frac{m - m_1}{m} \times 100\%$$

式中　w_{LOI}——烧失量的质量分数，%；

m_1——灼烧后试料的质量，g；

m——试料的质量，g。

2. 二氧化硅的测定（氟硅酸钾容量法）

（1）分析步骤

称取约 0.3g（m）试样，精确至 0.0001g，置于银坩埚中，在 700～750℃的高温炉内预烧 20min，取出稍冷，加入 10g 氢氧化钠，盖上坩锅盖（应留有较大缝隙），放入 700～750℃的高温炉中熔融约 40min 以上（中间可摇动熔融物 1～2 次）。取出冷却，将坩埚放入盛有 100mL 热水的烧杯中，盖上表面皿于电热板适当加热。待熔块完全被浸出后，立即取出坩埚，用水冲洗坩埚及盖，盖上表面皿，随即加入 5mL 盐酸与 20mL 硝酸的混酸，搅拌。再用少量热盐酸（1+5）洗净坩埚（可将坩埚加热以溶解吸附的铁），将洗液合并于原烧杯中，将溶液加热至沸，得到澄清透明的溶液。待溶液冷却后，移入 250mL 容量瓶中，并稀释至标线，摇匀。此溶液 A 供测定二氧化硅、三氧化二铁、三氧化二铝与二氧化钛、氧化钙、氧化镁用。

吸取 A 溶液 50mL 于 300mL 的塑料烧杯中，加入 10～15mL 硝酸，冷却，加入 10mL 氟化钾溶液（150g/L），搅拌，然后加入固体氯化钾，不断仔细搅拌至饱和并有少量氯化钾析出，再加入 2g 氯化钾。冷却放置 15min。用快速滤纸过滤，用氯化钾溶液（50g/L）洗涤塑料杯与沉淀 3 次。将滤纸连同沉淀一起置于原塑料杯中，沿杯壁加入 10mL 氯化钾乙醇溶液（50g/L）及 1mL 酚酞指示剂溶液（10g/L），用 [c(NaOH)=0.15mol/L] 氢氧化钠溶液中和未洗净的酸，仔细搅动滤纸并随之擦洗杯壁，直至溶液呈红色。向杯中加入 200mL 沸水（此沸水预先用氢氧化钠溶液中和酚酞呈微红色）。用 [c(NaOH)=0.15mol/L] 氢氧化钠标准滴定溶液滴定至微红色。

（2）结果表示

二氧化硅的质量分数 w_{SiO_2} 按下式计算

$$w_{SiO_2} = \frac{T_{SiO_2} \times V_1 \times 5}{m \times 1000} \times 100\%$$

式中　w_{SiO_2}——二氧化硅的质量分数，%；

T_{SiO_2}——每 1mL 氢氧化钠标准溶液相当于二氧化硅的 mg 数；

V_1——滴定时消耗氢氧化钠标准滴定溶液的体积，mL；

m——试料的质量，g。

3. 三氧化二铁的测定

（1）分析步骤

从溶液 A 中吸取 25.00mL 溶液，放于 400mL 烧杯中，加水稀释至约 200mL，用氨水（1+1）和硝酸（1+1）调节溶液 pH 值在 1.0～1.5 之间（用精密 pH 试纸检验）。加 2 滴磺基水杨酸钠指示剂溶液（100g/L），在不断搅拌下，用 [c(EDTA)=0.015mol/L] EDTA 标准滴定溶液滴定至红色消失并过量 1～2mL，搅拌并放置 1min，加入 2 滴半二甲酚橙指示剂溶液（5g/L），立即用 c[Bi(NO$_3$)$_3$]=0.015mol/L 硝酸铋标准滴定溶液滴定至溶液由黄变为红色。

（2）结果表示

三氧化二铁的质量分数 $w_{Fe_2O_3}$ 按下式计算

$$w_{Fe_2O_3} = \frac{T_{Fe_2O_3} \times (V_2 - V_3) \times K_1 \times 10}{m \times 1000} \times 100\%$$

式中　　$w_{Fe_2O_3}$——三氧化二铁的质量分数，%；

　　　　$T_{Fe_2O_3}$——每 1mL EDTA 标准滴定溶液相当于三氧化二铁的 mL 数，mg/mL；

　　　　K_1——每 1mL 硝酸铋标准滴定溶液相当于 EDTA 标准滴定溶液 mL 数；

　　　　V_2——加入 EDTA 标准滴定溶液的体积，mL；

　　　　V_3——滴定时消耗硝酸铋标准滴定溶液的体积，mL；

　　　　m——试料的质量，g。

4. 三氧化二铝与二氧化钛的测定

（1）氟化铵置换法测定三氧化二铝

① 分析步骤

在测定完铁的溶液中，加入 10mL 苦杏仁酸溶液（100g/L），然后加入 $[c(EDTA) = 0.015mol/L]$ EDTA 标准滴定溶液至过量 10～15mL（对铝、钛含量而言）。用氨水（1+1）及盐酸（1+1）调整溶液 pH 值约 4，将溶液加热至 70～80℃后，加入 10mL pH=4.2 的醋酸-醋酸钠缓冲溶液，盖上表面皿加热煮沸约 4min。取下，用水冲洗杯壁并冷却至室温，加入 7～8 滴半二甲酚橙指示剂溶液（5g/L），用 $\{c[Pb(CH_3COOH)] = 0.015mol/L\}$ 醋酸铅标准滴定溶液滴定至溶液颜色由黄变为橙红色（不记读数）。立即向溶液加入 10mL 氟化铵溶液（100g/L），再煮沸约 1min，取下，冷却至室温，补加入 1～2 滴半二甲酚橙指示剂溶液（5g/L），以 $\{c[Pb(CH_3COOH)] = 0.015mol/L\}$ 醋酸铅标准滴定溶液滴定至溶液颜色由黄变为橙红色。（记下消耗醋酸铅标准滴定溶液的 mL 数 V_4）。

② 结果表示

三氧化二铝的质量分数 $w_{Al_2O_3}$ 按下式计算

$$w_{Al_2O_3} = \frac{T_{Al_2O_3} \times V_4 \times K_2 \times 10}{m \times 1000} \times 100\%$$

式中　　$w_{Al_2O_3}$——三氧化二铝的质量分数，%；

　　　　$T_{Al_2O_3}$——每 1mL EDTA 标准滴定溶液相当于三氧化二铝的 mL 数，mg/mL；

　　　　V_4——第二次滴定消耗醋酸铅标准溶液的体积，mL；

　　　　K_2——每 1mL 醋酸铅标准溶液相当于 EDTA 标准滴定溶液 mL 数；

　　　　m——试样质量，g。

（2）苦杏仁酸置换硫酸铜滴定法

① 分析步骤

在溶液 A 中吸取 25.00mL 溶液，置于 400mL 烧杯中，加水稀释至 100mL，加入 $[c(EDTA) = 0.015mol/L]$ EDTA 标准滴定溶液至过量 10～15mL（对铁、铝、钛含量而言）。将溶液加热至 70℃后，用氨水（1+1）及盐酸（1+1）调整溶液 pH=3.5～4，加入 15mL pH=4.2 的醋酸—醋酸钠缓冲溶液，盖上表面皿加热煮沸约 2min。取下稍冷，加入 5～6 滴 PAN 指示剂溶液（2g/L），以 $[c(CuSO_4) = 0.015mol/L]$ 硫酸铜标准滴定溶液滴定至亮紫色为终点。（记下消耗硫酸铜标准滴定溶液的 mL 数 V_5）。然后加入 10mL 苦杏仁酸溶液（100g/L），加入几滴氨水（1+1），使溶液的 pH 值保持在 4，盖上表面皿，继续加热煮沸约 1min，取下。冷却至 80℃左右，用 $[c(CuSO_4)=0.015mol/L]$ 硫酸铜标准滴定溶液滴定至亮紫色为终点。（记下消耗硫酸铜标准滴定溶液的 mL 数 V_6）。

② 结果表示

二氧化钛的百分含量 w_{TiO_2} 按下式计算

$$w_{TiO_2}=\frac{T_{TiO_2}\times V_6\times K_3\times 10}{m\times 1000}\times 100\%$$

三氧化二铝的百分含量 $w_{Al_2O_3}$ 按下式计算

$$w_{Al_2O_3}=\frac{T_{Al_2O_3}\times[V-V_{Fe}-(V_5+V_6)\times K_3]\times 10}{m\times 1000}\times 100\%$$

式中　　w_{TiO_2}——二氧化钛的质量分数，%；

$w_{Al_2O_3}$——三氧化二铝的质量分数，%；

T_{TiO_2}——每 1mL EDTA 标准滴定溶液相当于二氧化钛的 mg 数，mg/mL；

$T_{Al_2O_3}$——每 1mL EDTA 标准滴定溶液相当于三氧化二铝的 mg 数，mg/mL；

V——加入过量 EDTA 标准滴定溶液的体积，mL；

V_{Fe}——滴定铁时消耗 EDTA 标准滴定溶液的体积，mL；

V_5+V_6——两次滴定共消耗硫酸铜标准溶液的体积，mL；

K_3——每 1mL 硫酸铜标准溶液相当于 EDTA 标准滴定溶液 mL 数；

m——试样质量，g。

5. 氧化钙的测定

（1）分析步骤

从溶液 A 中吸取 25.00mL 溶液于 300mL 烧杯中，加入 5mL 氟化钾溶液（20g/L），搅拌并放置 2min 以上，然后加水稀释至约 200mL，加 10mL 三乙醇胺（1+2）及适量 CMP 混合指示剂，在搅拌下加氢氧化钾溶液（200g/L）至溶液出现绿色荧光后，再过量 5～8mL，此时溶液 pH 值应为 13 以上，用 $[c(EDTA)=0.015mol/L]$ EDTA 标准滴定溶液滴定至绿色荧光消失并呈现红色。

（2）结果表示

氧化钙的质量分数 w_{CaO} 按下式计算

$$w_{CaO}=\frac{T_{CaO}\times V_7\times 10}{m\times 1000}\times 100\%$$

式中　　w_{CaO}——氧化钙的质量分数，%；

T_{CaO}——每 1mL EDTA 标准滴定溶液相当于氧化钙的 mL 数，mg/mL；

V_7——滴定时消耗的 EDTA 标准滴定溶液的体积，mL；

m——试料的质量，g。

6. 氧化镁的测定

（1）分析步骤

从溶液 A 中吸取 25.00mL 溶液于 300mL 烧杯中，加入 1mL 酒石酸钾钠溶液（100g/L）和 5mL 三乙醇胺（1+2），搅拌。加入 15mL 氟化钾溶液（20g/L），搅拌，滴加氨水（1+1）

至溶液变浅，然后加水稀释至约 200mL，加入 25mL pH＝10 的氨水-氯化铵缓冲溶液，加入适量的酸性铬蓝 K-萘酚绿 B 混合指示剂（简称 KB），以 EDTA 标准滴定溶液［c(EDTA)＝0.015mol/L］滴定，近终点时应缓慢滴定至纯蓝色。

（2）结果表示

氧化镁的质量分数 w_{MgO} 按下式计算

$$w_{MgO} = \frac{T_{MgO} \times (V_8 - V_7) \times 10}{m \times 1000} \times 100\%$$

式中　w_{MgO}——氧化镁的质量分数，%；

T_{MgO}——每 1mL EDTA 标准滴定溶液相当于氧化镁的 mL 数，mg/mL；

V_7——滴定钙时消耗的 EDTA 标准滴定溶液的体积，mL；

V_8——滴定钙、镁含量时消耗的 EDTA 标准滴定溶液的体积，mL；

m——试料的质量，g。

7. 氧化亚锰的测定

（1）分析步骤

从溶液 A 中吸取 25.00mL 溶液于 400mL 烧杯中，加入 2mL 酒石酸钾钠溶液（100g/L）和 10mL 三乙醇胺（1＋2），然后加水稀释至约 200mL，加入 25mL pH＝10 氨水-氯化铵缓冲溶液，加入适量的酸性铬蓝 K-萘酚绿 B 混合指示剂（简称 KB），以 EDTA 标准滴定溶液［c(EDTA)＝0.015mol/L］滴定至纯蓝色。此为钙、镁、锰总量。

（2）结果表示

氧化亚锰的质量分数 w_{MnO} 按下式计算

$$w_{MnO} = \frac{T_{MnO} \times (V_9 - V_8) \times 10}{m \times 1000} \times 100\%$$

式中　w_{MnO}——氧化亚锰的质量分数，%；

T_{MnO}——每 1mL EDTA 标准滴定溶液相当于氧化亚锰的 mg 数，mg/mL；

V_9——滴定钙、镁、锰总量时消耗 EDTA 标准滴定溶液的体积，mL；

V_8——滴定钙、镁总量时消耗 EDTA 标准滴定溶液的体积，mL；

m——试料的质量，g。

8. 三氧化硫的测定

（1）分析步骤

称取约 0.2g 试样（m_3），精确至 0.0001g，置于镍坩埚中，加入 4～5g 氢氧化钠，在电炉上熔融至试样融解，取下，冷却，放入盛有 100mL 热水的 300mL 烧杯中，待熔块完全被浸出后，在搅拌下一次快速加入 25mL 盐酸，加入少许滤纸浆，加热至沸，加氨水（1＋1）至氢氧化铁沉淀析出，再过量 1mL，用快速滤纸过滤，用热水洗涤烧杯 3 次，洗涤沉淀 5 次。将滤液收集于 400mL 烧杯中，加 2 滴甲基红指示剂溶液（2g/L），用盐酸（1＋1）中和至溶液变红，再过量 2mL，加水稀释至约 200mL，煮沸，在搅拌下滴加 10mL 氯化钡溶液（100g/L），继续加热煮沸 3～5min，然后放在热处静置 4h 或在室温下放置过夜。用慢速滤纸过滤，并以热水洗涤至氯根反应消失为止（用硝酸银溶液检验）。将沉淀及滤纸一并移入已灼烧恒量的瓷坩埚中，灰化后在 800℃的高温炉内灼烧 30min，取出坩埚置于干燥器中冷却至室温，如此反复灼烧，直至恒量。

（2）结果表示

三氧化硫的质量分数 w_{SO_3} 按下式计算

$$w_{SO_3} = \frac{m_4 \times 0.343}{m_3} \times 100\%$$

式中　w_{SO_3}——三氧化硫的质量分数，%；

0.343——硫酸钡换算成三氧化硫的系数；

m_4——灼烧后沉淀物质量，g；

m_3——试料的质量，g。

9. 氧化亚铁的测定

（1）方法提要

在有二氧化碳气流下用盐酸溶解试样，以防二价铁离子氧化，然后以重铬酸钾标准滴定溶液滴定。

（2）分析步骤

称取约 0.2g 试样（m_5），精确至 0.0001g，置于 500mL 锥形瓶中，加入固体碳酸氢钠 1～2g，用少量水润湿。加入 15mL 盐酸置于电热板上，盖上表面皿，煮沸，使其溶解继续加热 5min，取下稍冷，加入 200mL 碳酸钠溶液（10g/L），放入冷水槽中，冷却室温，加入 15mL 硫磷混合酸和 3 滴二苯胺磺酸钠指示剂溶液（10g/L），用 $\left[c\left(\frac{1}{6} K_2Cr_2O_7 \right) = 0.025 mol/L \right]$ 重铬酸钾标准滴定溶液滴定至溶液呈现紫色。

（3）结果表示

氧化亚铁的质量分数 w_{FeO} 按下式计算

$$w_{FeO} = \frac{T_{FeO} \times V_{10}}{m_5 \times 1000} \times 100\%$$

式中　w_{FeO}——氧化亚铁的质量分数，%；

T_{FeO}——每 1mL 重铬酸钾标准滴定溶液相当于氧化亚铁的 mg 数，mg/mL；

V_{10}——滴定时消耗重铬酸钾标准滴定溶液的体积，mL；

m_5——试料的质量，g。

10. 三氧化二铁的测定（快速分析）

（1）分析步骤

称取约 0.1g 试样（m_6），精确至 0.0001g，置于 300mL 锥形瓶中。用少量水冲洗瓶壁，加数粒固体高锰酸钾及 5mL 磷酸，摇荡锥形瓶，使其与试样混合均匀。将锥形瓶放在小电炉上于 250～300℃ 的温度下加热，使试样充分溶解。至开始冒烟时，取下锥形瓶，稍冷（约 1min），然后加入 20mL 盐酸（1+1），摇荡片刻，加 0.2～0.3g 金属铝片（或铝丝），于 60～70℃ 下进行还原。待铝片全部溶解后（此时溶液由黄色变为无色），迅速用橡皮塞塞住瓶口，并随即将锥形瓶放在冷水槽内用流水冷却。然后用水稀释至约 150mL，加入 20mL 硫磷混合酸和 3 滴二苯胺磺酸钠指示剂溶液（10g/L），用 $\left[c\left(\frac{1}{6} K_2Cr_2O_7 \right) = 0.025 mol/L \right]$ 重铬酸钾标准滴定溶液滴定至溶液呈现紫色。

（2）结果表示

三氧化二铁的质量分数 $w_{Fe_2O_3}$ 按下式计算

$$w_{Fe_2O_3} = \frac{T_{Fe_2O_3} V_{11}}{m_6 \times 1000} \times 100\%$$

式中　$w_{Fe_2O_3}$——氧化亚铁的质量分数，%；

$\quad\quad T_{Fe_2O_3}$——每 1mL 重铬酸钾标准滴定溶液相当于氧化亚铁的 mg 数，mg/mL；

$\quad\quad V_{11}$——滴定时消耗重铬酸钾标准滴定溶液的体积，mL；

$\quad\quad m_6$——试料的质量，g。

任务四　粒化高炉矿渣分析

一、实验目的

1. 学会配制和标定粒化高炉矿渣分析所用试剂及标准滴定溶液。
2. 熟悉粒化高炉矿渣分析的基本原理。
3. 掌握粒化高炉矿渣主要成分分析的方法。

二、实验内容

1. 二氧化硅的测定

（1）分析步骤

称取约 0.5g（m）试样，精确至 0.0001g，置于银坩埚中，在 700℃ 的高温炉内预烧 20min，取出稍冷，加入 5g 氢氧化钠，盖上坩埚盖（应留有较大缝隙），放入温度在 400℃ 的高温炉中，继续升温至 650～700℃ 的高温炉中熔融约 20min 以上。取出冷却，将坩埚放入盛有 100mL 热水的烧杯中，盖上表面皿于电热板适当加热。待熔块完全被浸出后，立即取出坩埚，用水冲洗坩埚及盖，盖上表面皿，随即加入 20mL 盐酸，搅拌，再加入 1mL 硝酸。再用少量热盐酸（1+5）和热水洗净坩埚和盖，将洗液合并于原烧杯中，将溶液加热至沸，得到澄清透明的溶液。待溶液冷却后，移入 250mL 容量瓶中，并稀释至标线，摇匀。此溶液 A 供测定二氧化硅、三氧化二铁、三氧化二铝与二氧化钛、氧化亚锰、氧化钙、氧化镁用。

吸取试样溶液 A 50.00mL 于 300mL 的塑料烧杯中，加入 10mL 硝酸，冷却，加入 10mL 氟化钾溶液（150g/L），搅拌，然后加入固体氯化钾，不断仔细搅拌至饱和并有少量氯化钾析出，再加入 2g 氯化钾。冷却放置 10min。用快速滤纸过滤，用氯化钾溶液（50g/L）洗涤塑料杯与沉淀 3 次。将滤纸连同沉淀一起置于原塑料杯中，沿杯壁加入 10mL 氯化钾乙醇溶液（50g/L）及 1mL 酚酞指示剂溶液（10g/L），用 $[c(NaOH)=0.15mol/L]$氢氧化钠标准滴定溶液中和未洗净的酸，仔细搅动滤纸并随之擦洗杯壁，直至溶液呈红色。向杯中加入 200mL 沸水（此沸水预先用氢氧化钠溶液中和酚酞呈微红色）。用 $[c(NaOH)=0.15mol/L]$ 氢氧化钠标准滴定溶液滴定至微红色。

（2）结果表示

二氧化硅的质量分数 w_{SiO_2} 按下式计算

$$w_{SiO_2} = \frac{T_{SiO_2} \times V_1 \times 5}{m \times 1000} \times 100\%$$

式中　　w_{SiO_2}——二氧化硅的质量分数，%；

T_{SiO_2}——每 1mL 氢氧化钠标准溶液相当于二氧化硅的 mg 数；

V_1——滴定时消耗氢氧化钠标准滴定溶液的体积，mL；

m——试料的质量，g。

2. 三氧化二铁的测定

（1）分析步骤

从溶液 A 中，吸取 50.00mL 溶液于 300mL 烧杯中，加水稀释至约 100mL，用氨水（1+1）和盐酸（1+1）调节溶液 pH 值在 1.8～2.0 之间（用精密 pH 试纸检验）。将溶液加热至 70℃，加 5 滴磺基水杨酸钠指示剂溶液（100g/L），在不断搅拌下，用 $[c(EDTA)=0.015mol/L]$EDTA 标准滴定溶液缓慢地滴定至亮黄色（终点时溶液温度应不低于 60℃）。保留此溶液供测定三氧化二铝用。

（2）结果表示

三氧化二铁的质量分数 $w_{Fe_2O_3}$ 按下式计算

$$w_{Fe_2O_3} = \frac{T_{Fe_2O_3} \times V_2 \times 5}{m \times 1000} \times 100\%$$

式中　　$w_{Fe_2O_3}$——三氧化二铁的质量分数，%；

$T_{Fe_2O_3}$——每 1mL EDTA 标准滴定溶液相当于三氧化二铁的 mL 数，mg/mL；

V_2——滴定时消耗的 EDTA 标准滴定溶液的体积，mL；

m——试料的质量，g。

3. 三氧化二铝与二氧化钛的测定

（1）分析步骤

在测定完铁的溶液中，加入 20～25mL $[c(EDTA)=0.015mol/L]$EDTA 标准滴定溶液，用氨水（1+1）和盐酸（1+1）调节溶液 pH 值至 4，加入 15mL pH＝4.2 的醋酸-醋酸钠缓冲溶液，盖上表面皿加热煮沸约 1～2min。取下稍冷，加入 3～4 滴 PAN 指示剂溶液（2g/L），以 $[c(CuSO_4)=0.015mol/L]$硫酸铜标准滴定溶液滴定至亮紫色为终点。（记下消耗硫酸铜标准滴定溶液的 mL 数 V_3）。然后加入苦杏仁酸溶液（100g/L），继续加热煮沸约 1min，取下。冷却至 50℃左右，加入 1～2mL 95％的乙醇，补加 1 滴 PAN 指示剂溶液（2g/L），用 $[c(CuSO_4)=0.015mol/L]$ 硫酸铜标准滴定溶液滴定至亮紫色为终点。（记下消耗硫酸铜标准滴定溶液的 mL 数 V_4）。

（2）结果表示

二氧化钛的百分含量 w_{TiO_2} 按下式计算

$$w_{TiO_2} = \frac{T_{TiO_2} \times V_4 \times K \times 5}{m \times 1000} \times 100\%$$

三氧化二铝的百分含量 $w_{Al_2O_3}$ 按下式计算

$$w_{Al_2O_3} = \frac{T_{Al_2O_3} \times [V - (V_3 + V_4) \times K] \times 10}{m \times 1000} \times 100\%$$

式中　　w_{TiO_2}——二氧化钛的质量分数，%；

$w_{Al_2O_3}$——三氧化二铝的质量分数，%；

$T_{\mathrm{TiO_2}}$ ——每 1mL EDTA 标准滴定溶液相当于二氧化钛的 mg 数，g/ mL；

$T_{\mathrm{Al_2O_3}}$ ——每 1mL EDTA 标准滴定溶液相当于三氧化二铝的 mg 数，g/ mL；

V ——加入过量 EDTA 标准滴定溶液的体积，mL；

V_4 ——以苦杏仁酸置换后，滴定消耗硫酸铜标准溶液的体积，mL；

$V_3 + V_4$ ——两次滴定共消耗硫酸铜标准溶液的体积，mL；

K ——每 1mL 硫酸铜标准溶液相当于 EDTA 标准滴定溶液 mL 数；

m ——试样质量，g。

4. 氧化亚锰的测定

（1）分析步骤

从溶液 A 中吸取 25.00mL 溶液于 300mL 烧杯中，加水稀释至约 150mL，用氨水（1+1）和盐酸（1+1）调节溶液 pH 值在 2~2.5 之间（用精密 pH 试纸检验）。加入 1g 过硫酸铵和少许纸浆，盖上表面皿，加热煮沸，待沉淀出现后，继续煮沸 3min。取下，静置片刻，以慢速滤纸过滤，用热水洗涤沉淀 8~10 次后，弃去滤液。

将原沉淀用的烧杯置于漏斗下，以热的盐酸过氧化氢溶液（3+1）将滤纸上的沉淀溶解，并以热水洗涤滤纸 8~10 次，然后弃去滤纸。用热的盐酸过氧化氢溶液（3+1）冲洗杯壁，再加水稀释约 200mL，加入 5mL 三乙醇胺（1+2），在搅拌下用氨水（1+1）调整溶液的 pH 值至约 10 后，加入 10mL pH=10 的氨水-氯化铵缓冲溶液，再加入 0.5~1g 盐酸羟胺，搅拌使其溶解。加入适量的酸性铬蓝 K 萘酚绿 B 混合指示剂（简称 KB），用 EDTA 标准滴定溶液 $[c(\mathrm{EDTA})=0.015\mathrm{mol/L}]$ 滴定至纯蓝色。

（2）结果表示

氧化亚锰的质量分数 w_{MnO} 按下式计算

$$w_{\mathrm{MnO}} = \frac{T_{\mathrm{MnO}} \times V_5 \times 10}{m \times 1000} \times 100\%$$

式中　w_{MnO} ——氧化亚锰的质量分数，%；

T_{MnO} ——每 1mL EDTA 标准滴定溶液相当于氧化亚锰的 mg 数，mg/mL；

V_5 ——滴定锰时消耗 EDTA 标准滴定溶液的体积，mL；

m ——试料的质量，g。

5. 氧化钙的测定

（1）分析步骤

从溶液 A 中吸取 25.00mL 溶液于 400mL 烧杯中，加入 7mL 氟化钾溶液（20g/L），搅拌并放置 2min 以上，然后加水稀释至约 200mL，加 5mL 三乙醇胺（1+2）及适量钙黄绿素-甲基百里香酚蓝-酚酞（简称 CMP）混合指示剂，在搅拌下加氢氧化钾溶液（200g/L）至溶液出现绿色荧光后，再过量 6~7mL，此时溶液 pH 值应为 13 以上，用 $[c(\mathrm{EDTA})=0.015\mathrm{mol/L}]$ EDTA 标准滴定溶液滴定至绿色荧光消失并呈现红色。

（2）结果表示

氧化钙的质量分数 w_{CaO} 按下式计算

$$w_{\mathrm{CaO}} = \frac{T_{\mathrm{CaO}} \times V_6 \times 10}{m \times 1000} \times 100\%$$

式中　w_{CaO}——氧化钙的质量分数，%；

　　　T_{CaO}——每 1mL EDTA 标准滴定溶液相当于氧化钙的 mL 数，mg/mL；

　　　V_6——滴定时消耗的 EDTA 标准滴定溶液的体积，mL；

　　　m——试料的质量，g。

6. 氧化镁的测定

（1）分析步骤

从溶液 A 中吸取 25.00mL 溶液于 400mL 烧杯中，用水稀释至约 200mL，加入 1mL 酒石酸钾钠（100g/L）和 5mL 三乙醇胺（1+2），搅拌。加入 25mL pH＝10 的氨水-氯化铵缓冲溶液，加入 1g 盐酸羟胺，搅拌使其溶解。然后加入适量的酸性铬蓝 K 萘酚绿 B 混合指示剂（简称 KB），用 EDTA 标准滴定溶液[$c(EDTA)$＝0.015mol/L] 滴定至纯蓝色。此为钙、镁、锰含量。

（2）结果表示

氧化镁的质量分数 w_{MgO} 按下式计算

$$w_{MgO} = \frac{T_{MgO} \times [V_7 - (V_5 + V_6)] \times 10}{m \times 1000} \times 100\%$$

式中　w_{MgO}——氧化钙的质量分数，%；

　　　T_{MgO}——每 1mL EDTA 标准滴定溶液相当于氧化钙的 mL 数，mg/mL；

　　　V_5——测定氧化锰时消耗 EDTA 标准滴定溶液的体积，mL；

　　　V_6——测定氧化钙时消耗 EDTA 标准滴定溶液的体积，mL；

　　　V_7——滴定钙、镁、锰含量时消耗 EDTA 标准滴定溶液的体积，mL；

　　　m——试料的质量，g。

任务五　石膏分析

石膏的主要成分是硫酸钙，石膏中最常见的是天然二水石膏，其分子式为 $CaSO_4 \cdot 2H_2O$，它在 80～90℃开始失去结晶水，在 350～400℃可全部失去结晶水。在水泥生产中，加入适量石膏可以调节水泥凝结时间。在陶瓷生产中，石膏被用来制作模具。

天然二水石膏主要成分大致如下：

结晶水：17.7%～20.9%；CaO：32%～40%；SO_3：22%～45.5%；SiO_2：0.05%～1.0%；Fe_2O_3 和 Al_2O_3：0.1%～1.5%；MgO：0.05%～2.0%。

石膏一般不做全分析，生产中测定其 SO_3 含量即可。分析结果允许差范围如表 6-4 所示。

表 6-4　分析结果允许差范围（%）

允许差范围 测定项目	A 同一实验室	B 不同实验室	允许差范围 测定项目	A 同一实验室	B 不同实验室
附着水	0.20	——	酸不溶物	0.15	0.20
结晶水	0.15	0.20	SO_3	0.25	0.40

一、实验目的

1. 学会配制和标定石膏分析所用试剂及标准滴定溶液。
2. 熟悉石膏分析的基本原理。
3. 掌握石膏主要成分分析的方法。

二、实验内容

1. 附着水的测定

（1）分析步骤

称取约 1g 试样（m_1），精确至 0.0001g，放入已烘干至恒量的带有磨口塞称量瓶中，于（45±3）℃的烘箱内烘 1h（烘干过程中称量瓶应敞开盖），取出，盖上磨口塞（但不应盖得太紧），放入干燥器中冷却至室温。将磨口塞紧密盖好，称量。再将称量瓶敞开盖放入烘箱内，在同样的温度下烘干 30min，如此反复烘干、冷却、称量，直至恒量（m_2）。

（2）结果表示

附着水的质量分数 w_1 按下式计算

$$w_1 = \frac{m_1 - m_2}{m_1} \times 100\%$$

式中　　w_1——附着水的质量分数，％；

　　　　m_1——烘干前试料的质量，g；

　　　　m_2——烘干后试料的质量，g。

2. 结晶水的测定

（1）分析步骤

称取约 1g 试样（m_3），精确至 0.0001g，放入已烘干至恒量的带有磨口塞称量瓶中，于（230±5）℃的烘箱内烘 1h（烘干过程中称量瓶应敞开盖），用坩埚钳将称量瓶取出，盖上磨口塞（但不应盖得太紧），放入干燥器中冷却至室温。将磨口塞紧密盖好，称量。再将称量瓶敞开盖放入烘箱内，在同样的温度下烘干 30min，如此反复烘干、冷却、称量，直至恒量（m_4）。

（2）结果表示

结晶水的质量分数 w_2 按下式计算计算

$$w_2 = \frac{m_3 - m_4}{m_3} \times 100\% - w_1$$

式中　　w_2——结晶水的质量分数，％；

　　　　m_3——烘干前试料的质量，g；

　　　　m_4——烘干后试料的质量，g；

　　　　w_1——附着水的质量分数，％。

3. 烧失量的测定

（1）分析步骤

称取约 1g 试样（m_5），精确至 0.0001g，置于已灼烧恒量的瓷坩埚中，将盖斜置于坩埚上，放入马弗炉内，从低温开始逐渐升温，在 800～850℃ 下灼烧 1h，取出坩埚置于干燥器中，冷却至室温，称量。反复灼烧，直至恒量。

（2）烧失量的质量分数 w_{LOI} 按下式计算

$$w_{LOI} = \frac{m_5 - m_6}{m_5} \times 100\%$$

式中　w_{LOI}——烧失量的质量分数，%；

　　　　m_6——灼烧后试料的质量，g；

　　　　m_5——试料的质量，g。

4. 酸不溶物的测定（适用于酸不溶物≤3%的石膏试样）

（1）分析步骤

称取约 0.5g 试样（m_7），精确至 0.0001g，置于 250mL 烧杯中，用水润湿后盖上表面皿。从杯口慢慢加入 40mL 盐酸（1+5），待反应停止后，用水冲洗表面皿及杯壁至约 75mL。加热煮沸 3～4min，用慢速滤纸过滤，用热水洗涤，直至检验无氯离子为止。滤液收集于 250mL 容量瓶中，冷却，用水稀释至标线，摇匀。此溶液 A 供测定三氧化二铁、三氧化二铝、氧化钙、氧化镁用。

将沉淀连同滤纸一并移入衡量的瓷坩埚中，干燥、灰化后，放入已加热至 950～1000℃ 的马弗炉内灼烧 30min，取出坩埚置于干燥器中，冷却至室温，称量（m_8）。

（2）结果表示

二氧化硅的质量分数 w_{SiO_2} 按下式计算

$$w_{SiO_2} = \frac{m_8}{m_7} \times 100\%$$

式中　w_{SiO_2}——二氧化硅的质量分数，%；

　　　　m_8——灼烧后沉淀的质量，g；

　　　　m_7——试料质量，g。

5. 二氧化硅的测定（酸不溶物>3%时）

（1）分析步骤

称取约 0.5g 试样（m_9），精确至 0.0001g，置于银坩埚中，加入 6～7g 氢氧化钠，盖上坩埚盖（应留有较大缝隙），从低温升温到 600～650℃，并在此温度下熔融 20～30min，取出冷却，将坩埚放入盛有 100mL 热水的烧杯中，盖上表面皿适当加热。待熔块完全被浸出后，立即取出坩埚，用热水洗净坩埚及盖，一次快速加入 20mL 盐酸，立即用玻璃棒搅拌，加入 1mL 硝酸，用热盐酸（1+1）洗净坩埚及盖，将溶液加热至沸，得到澄清透明的溶液。待溶液冷却后，移入 250mL 容量瓶中，并稀释至标线，摇匀。此溶液 B 供测定三氧化二铁、三氧化二铝、氧化钙、氧化镁用。

吸取试样溶液 B 50.00mL 于 300mL 的塑料烧杯中，加入 15mL 硝酸，搅拌，冷却，加入 10mL 氟化钾溶液（150g/L），搅拌，然后加入固体氯化钾，不断仔细搅拌至饱和至过量 1～2g，冷却放置 15min。用快速滤纸过滤，用氯化钾溶液（50g/L）洗涤塑料杯与沉淀 3 次。将滤纸连同沉淀一起置于原塑料杯中，沿杯壁加入 10mL 30℃ 以下的氯化钾乙醇溶液（50g/L）及 1mL 酚酞指示剂溶液（10g/L），用 $[c(NaOH) = 0.15mol/L]$ 氢氧化钠标准滴定溶液中和未洗净的酸，仔细搅动滤纸并随之擦洗杯壁，直至溶液呈红色。向杯中加入 200mL 沸水（此沸水预先用氢氧化钠溶液中和酚酞呈微红色）。用 $[c(NaOH) = 0.15mol/L]$

氢氧化钠标准滴定溶液滴定至微红色。

（2）结果表示

二氧化硅的质量分数 w_{SiO_2} 按下式计算

$$w_{SiO_2} = \frac{T_{SiO_2} \times V_1 \times 5}{m_9 \times 1000} \times 100\%$$

式中　w_{SiO_2}——二氧化硅的质量分数，%；

　　　　T_{SiO_2}——每 1mL 氢氧化钠标准溶液相当于二氧化硅的 mg 数，mg/mL；

　　　　V_1——滴定时消耗氢氧化钠标准滴定溶液的体积，mL；

　　　　m_9——试料的质量，g。

6. 三氧化二铁的测定

（1）分析步骤

从溶液 A 或溶液 B 中，吸取 50.00mL 溶液于 300mL 烧杯中，加水稀释至约 100mL，用氨水（1+1）和盐酸（1+1）调节溶液 pH 值在 1.8～2.0 之间（用精密 pH 试纸检验）。将溶液加热至 70℃，加 5 滴磺基水杨酸钠指示剂溶液（100g/L），在不断搅拌下，用 [c(EDTA) ＝0.015mol/L] EDTA 标准滴定溶液缓慢地滴定至亮黄色（终点时溶液温度应不低于 60℃）。保留此溶液供测定三氧化二铝用。

（2）结果表示

三氧化二铁的质量分数 $w_{Fe_2O_3}$ 按下式计算

$$w_{Fe_2O_3} = \frac{T_{Fe_2O_3} \times V_2 \times 5}{m \times 1000} \times 100\%$$

式中　$w_{Fe_2O_3}$——三氧化二铁的质量分数，%；

　　　　$T_{Fe_2O_3}$——每 1mL EDTA 标准滴定溶液相当于三氧化二铁的 mL 数，mg/mL；

　　　　V_2——滴定时消耗的 EDTA 标准滴定溶液的体积，mL；

　　　　m——试料的质量，g。

7. 三氧化二铝的测定

（1）分析步骤

在测定完铁的溶液中，加入 15mL [c(EDTAD) ＝0.015mol /L] EDTA 标准滴定溶液，然后用水稀释至约 200mL，将溶液加热至 70～80℃，用氨水（1+1）及盐酸（1+1）调整溶液 pH＝3.5～4，加入 15mL pH 值为 4.3 的醋酸-醋酸钠缓冲溶液，盖上表面皿加热煮沸约 1～2min。取下稍冷，加入 3～4 滴 PAN 指示剂溶液（2g/L），以 [c(CuSO$_4$) ＝0.015mol/L] 硫酸铜标准滴定溶液滴定至亮紫色为终点。

（2）结果表示

三氧化二铝的质量分数 $w_{Al_2O_3}$ 按下式计算

$$w_{Al_2O_3} = \frac{T_{Al_2O_3} \times (15.00 - V_3 \times K)}{m \times 1000} \times 100\%$$

式中　$w_{Al_2O_3}$——三氧化二铝的质量分数，%；

　　　　$T_{Al_2O_3}$——每 1mL EDTA 标准滴定溶液相当于三氧化二铝的 mL 数，mg/mL；

　　　　15.00——加入 EDTA 标准溶液的体积，mL；

　　　　V_3——滴定消耗硫酸铜标准溶液的体积，mL；

K ——每 1mL 硫酸铜标准溶液相当于 EDTA 标准滴定溶液 mL 数；

m ——试料的质量，g。

8. 氧化钙的测定

（1）分析步骤

从溶液 A 或溶液 B 中吸取 25.00mL 溶液于 400mL 烧杯中，加入 5mL 氟化钾溶液（20g/L），搅拌并放置 2min 以上，然后加水稀释至约 200mL，加 5mL 三乙醇胺（1+2）及适量钙黄绿素-甲基百里香酚蓝-酚酞（简称 CMP）混合指示剂，在搅拌下加氢氧化钾溶液（200g/L）至溶液出现绿色荧光后，再过量 5～8mL，此时溶液 pH 值应为 13 以上，用 $[c(EDTA)=0.015mol/L]$ EDTA 标准滴定溶液滴定至绿色荧光消失并呈现红色。

（2）结果表示

氧化钙的质量分数 w_{CaO} 按下式计算

$$w_{CaO} = \frac{T_{CaO} \times V_4 \times 10}{m \times 1000} \times 100\%$$

式中 w_{CaO} ——氧化钙的质量分数，%；

       T_{CaO} ——每 1mL EDTA 标准滴定溶液相当于氧化钙的 mL 数，mg/mL；

       V_4 ——滴定时消耗的 EDTA 标准滴定溶液的体积，mL；

       m ——试料的质量，g。

9. 氧化镁的测定

（1）分析步骤

从溶液 A 或溶液 B 中吸取 25.00mL 溶液于 400mL 烧杯中，用水稀释至约 200mL，加入 1mL 酒石酸钾钠（100g/L）和 5mL 三乙醇胺（1+2），搅拌。加入 25mL pH=10 的氨水-氯化铵缓冲溶液，加入适量的酸性铬蓝 K 萘酚绿 B 混合指示剂（简称 KB），用 EDTA 标准滴定溶液 $[c(EDTA)=0.015mol/L]$ 滴定，近终点时应缓慢滴定至纯蓝色。此为钙、镁含量。

（2）结果表示

氧化镁的质量分数 w_{MgO} 按下式计算

$$w_{MgO} = \frac{T_{MgO} \times (V_6 - V_5) \times 10}{m \times 1000} \times 100\%$$

式中 w_{MgO} ——氧化镁的质量分数，%；

       T_{MgO} ——每 1mL EDTA 标准滴定溶液相当于氧化镁的 mL 数，mg/mL；

       V_5 ——滴定钙时消耗的 EDTA 标准滴定溶液的体积，mL；

       V_6 ——滴定钙、镁含量时消耗的 EDTA 标准滴定溶液的体积，mL；

       m ——试料的质量，g。

10. 三氧化硫的测定

（1）分析步骤

称取约 0.5g 试样（m_{10}），精确至 0.0001g，置于 300mL 烧杯中，加入 30～40mL 水使其分散。加 10mL 盐酸（1+1），平头玻璃棒压碎块状物，慢慢地加热溶液，直至试样分解完全。将溶液加热微沸 5min。用中速滤纸过滤，用热水洗涤 10～12 次。调整滤液体积至 200mL，煮沸，在搅拌下滴加 15mL 热的氯化钡溶液（100g/L），继续煮沸数分钟，然后移至温热处静置 4h 或过夜（此时溶液的体积应保持在 200mL）。用慢速滤纸过滤，用温水洗涤，直至检验无氯离子为止。

将沉淀及滤纸一并移入已灼烧恒量的瓷坩埚中，灰化后在 800℃的马弗炉内灼烧 30min，取出坩埚置于干燥器中冷却至室温，称量。反复灼烧，直至恒量。

（2）结果表示

三氧化硫的质量分数 w_{SO_3} 按下式计算

$$w_{SO_3} = \frac{m_{11} \times 0.343}{m_{10}} \times 100\%$$

式中　w_{SO_3} ——三氧化硫的质量分数，%；

　　　m_{11} ——灼烧后沉淀的质量，g；

　　　m_{10} ——试料的质量，g；

　　　0.343 ——硫酸钡对三氧化硫的换算系数。

任务六　煤灰分析

一、实验目的

1. 学会配制和标定煤灰分析所用试剂及标准滴定溶液。
2. 熟悉煤灰分析的基本原理。
3. 掌握煤灰主要成分分析的方法。

二、实验内容

1. 二氧化硅的测定

（1）二氧化硅的测定（重量法）

① 分析步骤

称取约 0.5g 试样（m），精确至 0.0001g，置于铂坩埚中，加入约 3~4g 研细无水碳酸钠混匀。将盖斜置于坩埚上，在 950~1000℃下灼烧 30min，用坩埚夹趁热取出铂坩埚，摇动试样，使之均匀铺在铂坩壁上，冷却，再在高温炉中放置 15s 左右，取出冷却至室温，放入预先煮沸的 75mL 水及 15mL 盐酸的 250mL 烧杯中，使试样溶出，用玻璃棒仔细压碎块状物，放置砂浴上蒸发至湿状取下，稍冷，加入浓盐酸 15mL，在电热板上加热 30min，然后放入 68~70℃的水浴中，5min 后加入动物胶 8mL，搅拌 3min，继续放入热水浴中 7min，取出放入冷水槽中冷却至室温，用中速定量滤纸过滤，用热水洗涤，并用胶头玻璃棒仔细擦净烧杯，洗至无氯根反应为止（用 10g/L 硝酸银溶液检验），滤液及洗液收集于 500mL 容量瓶，将容量瓶置于冷水槽中冷却后稀释至标线，摇匀。此溶液 A 供测定三氧化二铁、三氧化二铝、氧化钙、氧化镁、三氧化硫用。

将沉淀连同滤纸一并移入恒量的瓷坩埚中，干燥、灰化后，放入已加热至 950~1000℃的马弗炉内灼烧 30min，取出坩埚置于干燥器中，冷却至室温，称量（m_1）。

② 结果表示

二氧化硅的质量分数 w_{SiO_2} 按下式计算

$$w_{SiO_2} = \frac{m_1}{m} \times 100\%$$

式中 w_{SiO_2} ——二氧化硅的质量分数，%；

m_1 ——灼烧后沉淀的质量，g；

m ——试料质量，g。

（2）二氧化硅的测定（氟硅酸钾容量法）

① 分析步骤

称取已在105～110℃烘过2h的试样0.5g（m），精确至0.0001g，置于银坩埚中，加入7～8g氢氧化钠，盖上坩埚盖（应留有较大缝隙），放入已升温到400℃的高温炉中，继续升温至650℃，保温20min以上（中间可摇动熔融物一次），取出冷却，将坩埚放入盛有100mL热水的烧杯中，盖上表面皿适当加热。待熔块完全被浸出后，立即取出坩埚，用热水和热盐酸（1+1）洗净坩埚及盖，一次快速加入25mL浓盐酸，立即用玻璃棒搅拌，加入几滴硝酸，加热至沸，得到澄清透明的溶液。待溶液冷却后，移入250mL容量瓶中，并稀释至标线，摇匀。此溶液B供测定三氧化二铁、三氧化二铝、氧化钙、氧化镁、三氧化硫用。

吸取试样溶液B 50.00mL（或25.00mL）于300mL的塑料烧杯中，加入10mL浓硝酸，搅拌，冷却至30℃以下，加入10mL氟化钾溶液（150g/L），搅拌，然后加入固体氯化钾，不断仔细搅拌至饱和并有少量氯化钾析出，再加入2g氯化钾。冷却放置15min。用快速滤纸过滤，用氯化钾溶液（50g/L）洗涤塑料杯与沉淀3次。将滤纸连同沉淀一起置于原塑料杯中，沿杯壁加入10mL 30℃以下的氯化钾乙醇溶液（50g/L）及1mL酚酞指示剂溶液（10g/L），用[$c(NaOH)=0.15mol/L$]氢氧化钠溶液中和未洗净的酸，仔细搅动滤纸并随之擦洗杯壁，直至溶液呈红色。向杯中加入200mL沸水（此沸水预先用氢氧化钠溶液中和酚酞呈微红色）。用[$c(NaOH)=0.15mol/L$]氢氧化钠标准滴定溶液滴定至微红色。

② 结果表示

二氧化硅的质量分数 w_{SiO_2} 按下式计算

$$w_{SiO_2} = \frac{T_{SiO_2} \times V_1 \times 5}{m \times 1000} \times 100\%$$

式中 w_{SiO_2} ——二氧化硅的质量分数，%；

T_{SiO_2} ——每1mL氢氧化钠标准溶液相当于二氧化硅的mg数，mg/mL；

V_1 ——滴定时消耗氢氧化钠标准滴定溶液的体积，mL；

m ——试料的质量，g。

2. 三氧化二铁的测定

（1）分析步骤

从溶液A（或溶液B）中，吸取50.00mL（或25.00mL）溶液于300mL烧杯中，加水稀释至约100mL，用氨水（1+1）和盐酸（1+1）调节溶液pH值在1.8～2.0之间（用精密pH试纸检验）。将溶液加热至70℃，加5滴磺基水杨酸钠指示剂溶液（100g/L），在不断搅拌下，用[$c(EDTA)=0.015mol/L$] EDTA标准滴定溶液缓慢地滴定至亮黄色（终点时溶液温度应不低于60℃）。保留此溶液供测定三氧化二铝用。

（2）结果表示

三氧化二铁的质量分数 $w_{Fe_2O_3}$ 按下式计算

$$w_{Fe_2O_3} = \frac{T_{Fe_2O_3} \times V_2 \times 5}{m \times 1000} \times 100\%$$

式中　$w_{Fe_2O_3}$——三氧化二铁的质量分数，%；

　　　$T_{Fe_2O_3}$——每 1mL EDTA 标准滴定溶液相当于三氧化二铁的 mL 数，mg/mL；

　　　V_2——滴定时消耗的 EDTA 标准滴定溶液的体积，mL；

　　　m——试料的质量，g。

3. 三氧化二铝的测定

（1）分析步骤

在测定完铁的溶液中，加入 EDTA 标准滴定溶液 [c(EDTA) ＝0.015mol/L] 35mL，加热至 60～70℃，用氨水（1＋1）及盐酸（1＋1）调整溶液 pH＝3.5～4，加入 15mL pH ＝4.2 的醋酸-醋酸钠缓冲溶液，盖上表面皿加热煮沸约 1～2min。取下稍冷，加入 3～4 滴 PAN 指示剂溶液（2g/L），以 [c(CuSO$_4$) ＝0.015mol/L] 硫酸铜标准滴定溶液滴定至亮紫色为终点。

（2）结果表示

三氧化二铝的质量分数 $w_{Al_2O_3}$ 按下式计算

$$w_{Al_2O_3} = \frac{T_{Al_2O_3} \times (35.00 - V_3 \times K)}{m \times 1000} \times 100\%$$

式中　$w_{Al_2O_3}$——三氧化二铝的质量分数，%；

　　　$T_{Al_2O_3}$——每 1mL EDTA 标准滴定溶液相当于三氧化二铝的 mL 数，mg/mL；

　　　35.00——加入 EDTA 标准溶液的体积，mL；

　　　V_3——滴定消耗硫酸铜标准溶液的体积，mL；

　　　K——每 1mL 硫酸铜标准溶液相当于 EDTA 标准滴定溶液 mL 数；

　　　m——试料的质量，g。

4. 氧化钙的测定

（1）分析步骤（方法一）

从溶液 A 中吸取 50mL 溶液于 400mL 烧杯中，加水稀释至约 200mL，加 10mL 三乙醇胺（1＋2）及适量钙黄绿素-甲基百里香酚蓝-酚酞（简称 CMP）混合指示剂，在搅拌下加氢氧化钾溶液（200g/L）至溶液出现绿色荧光后，再过量 5～8mL，此时溶液 pH 值应为 13 以上，用 [c(EDTA) ＝0.015mol/L] EDTA 标准滴定溶液滴定至绿色荧光消失并呈现红色。

（2）分析步骤（方法二）

从溶液 B 中吸取 25mL 溶液于 400mL 烧杯中，加入 15mL 氟化钾溶液（20g/L），搅拌并放置 2min 以上，然后加水稀释至约 200mL，加 5mL 三乙醇胺（1＋2）及适量钙黄绿素-甲基百里香酚蓝-酚酞（简称 CMP）混合指示剂，在搅拌下加氢氧化钾溶液（200g/L）至溶液出现绿色荧光后，再过量 5～8mL，此时溶液 pH 值应为 13 以上，用 [c(EDTA) ＝0.015mol/L] EDTA 标准滴定溶液滴定至绿色荧光消失并呈现红色。

（3）结果表示

氧化钙的质量分数 w_{CaO} 按下式计算

$$w_{CaO} = \frac{T_{CaO} \times V_4 \times 10}{m \times 1000} \times 100\%$$

式中 w_{CaO} ——氧化钙的质量分数，%；

T_{CaO} ——每 1mL EDTA 标准滴定溶液相当于氧化钙的 mL 数，mg/mL；

V_4 ——滴定时消耗的 EDTA 标准滴定溶液的体积，mL；

m ——试料的质量，g。

5. 氧化镁的测定

（1）分析步骤（方法一）

从溶液 A 中吸取 50.00mL 溶液于 400mL 烧杯中，用水稀释至约 200mL，加入 1mL 酒石酸钾钠（100g/L）和 5mL 三乙醇胺（1+2），搅拌。加入 25mL pH＝10 的氨水-氯化铵缓冲溶液，加入适量的酸性铬蓝 K-萘酚绿 B 混合指示剂（简称 KB），以 EDTA 标准滴定溶液 [c(EDTA)＝0.015mol/L] 滴定，近终点时应缓慢滴定至纯蓝色。

（2）分析步骤（方法二）

从溶液 B 中吸取 25mL 溶液于 400mL 烧杯中，加入 15mL 氟化钾溶液（20g/L），搅拌并放置 2min 以上，用水稀释至约 200mL，加入 1mL 酒石酸钾钠（100g/L）和 5mL 三乙醇胺（1+2），搅拌。加入 25mL pH＝10 的氨水-氯化铵缓冲溶液，加入适量的酸性铬蓝 K 萘酚绿 B 混合指示剂（简称 KB），以 EDTA 标准滴定溶液 [c(EDTA)＝0.015mol/L] 滴定，近终点时应缓慢滴定至纯蓝色。

（3）结果表示

氧化镁的质量分数 w_{MgO} 按下式计算

$$w_{MgO} = \frac{T_{MgO} \times (V_5 - V_4) \times 10}{m \times 1000} \times 100\%$$

式中 w_{MgO} ——氧化镁的质量分数，%；

T_{MgO} ——每 1mL EDTA 标准滴定溶液相当于氧化镁的 mL 数，mg/mL；

V_4 ——测定氧化钙时消耗 EDTA 标准滴定溶液的体积，mL；

V_5 ——滴定钙、镁总量时消耗 EDTA 标准滴定溶液的体积，mL；

m ——试料的质量，g。

6. 三氧化硫的测定

（1）分析步骤

从溶液 A（或溶液 B）中吸取 100.00mL（或 50.00mL）溶液于 400mL 烧杯中，煮沸，在搅拌下滴加 10mL 氯化钡溶液（100g/L），继续加热煮沸 3～5min，然后放在热处静置 4h 或在室温下放置过夜。用慢速滤纸过滤，并以热水洗涤至氯根反应消失为止（用硝酸银溶液检验）。将沉淀及滤纸一并移入已灼烧至恒量的瓷坩埚中，灰化后在 800℃的高温炉内灼烧 30min，取出坩埚置于干燥器中冷却至室温，如此反复灼烧，直至恒量。

（2）结果表示

三氧化硫的质量分数 w_{SO_3} 按下式计算

$$w_{SO_3} = \frac{m_2 \times 0.343}{m} 100\%$$

式中 w_{SO_3} ——三氧化硫的质量分数，%；

       m_2 —— 灼烧后沉淀的质量，g；

       m ——试料的质量，g；

    0.343 ——硫酸钡对三氧化硫的换算系数。

任务七   水泥生料分析

水泥生料的质量控制在水泥生产中起着非常重要的的作用。在现代化的水泥企业中，采用 X 射线荧光光谱分析，可快速准确地测定水泥中的硅、铁、铝、钙四种元素的含量。对水泥生产的率值进行控制，保证配制水泥生料具有较高的合格率。放射性同位素 X 射线荧光多元素分析仪便可同时测定水泥生料中钙、铁、硅、铝、钾、硫、钛七种元素。

但是仪器分析仍然要使用化学分析来校正，因此，掌握水泥生料化学分析法是非常必要的。

硅酸盐系列水泥生料主要成分大致如下：

SiO_2：12%～15%；Fe_2O_3：1.5%～3%；Al_2O_3：2%～4%；CaO：41%～45%；MgO：1%～2.5%；烧失量：34%～37%。

一、实验目的

1. 学会配制和标定水泥生料分析所用试剂及标准滴定溶液。
2. 熟悉水泥生料分析的基本原理。
3. 掌握水泥生料主要成分分析的方法。

二、实验内容

1. 二氧化硅的测定

（1）二氧化硅的测定（动物胶凝聚重量法）

① 方法提要

硅酸盐中除碱金属硅酸盐可溶于酸且可被酸溶解，大部分硅酸盐既不溶于水，又不溶于酸，故必须借熔融方法使其转变为可溶性碱金属硅酸盐，一般采用碳酸钠熔融分度样，然后将熔融物用酸分解，再在溶液中加入带有与硅酸溶胶（负电胶体）相反电荷的动物胶，使硅酸溶胶凝聚面而从溶液中析出。

② 分析步骤

称取约 0.5g 试样（m），精确至 0.0001g，置于清洁的铂坩埚中，放入 900～950℃的高温炉中熔融 10min，取出冷却，加入无水碳酸钠 0.25g，搅拌均匀，再放入高温炉中熔融 10min，取出冷却，以不烫手为准，加入盐酸 6mL，当试样在铂坩埚中脱落后，将试样移入 250mL 烧杯中，再用数毫升盐酸洗涤坩埚并移入原烧杯中，用小块无灰滤纸将坩埚内壁擦净，滴入数毫升盐酸于铂坩埚中，置于电炉上加热，当盐酸呈透明无色时，说明试样已全部脱落，然后再用小块无灰滤纸将坩埚内壁擦净铂坩埚（从开始加盐酸至脱埚完毕所用盐酸为

12mL 左右），将此 250mL 烧杯放在 68～70℃热水浴中 5min，加入新鲜配制的动物胶 5mL〔20g/L〕，用玻璃棒搅拌 3min，再放置水浴上 7min，烧杯取下，放置冷水槽中冷却至室温，用中密滤纸过滤，以热水洗涤至无氯根反应为止（用 10g/L 硝酸银检验），滤液收集于 250mL 容量瓶中冷却至室温，用水稀释至标线。摇匀，得试样溶液 A，用来测定三氧化二铁、三氧化二铝、氧化钙、氧化镁。

将沉淀物及滤纸置于已知质量的瓷坩埚中，先用电炉上灰化，然后放入 900～950℃的高温炉中，灼烧 30min，取出坩埚，放在干燥器中冷却至室温，称量。如此反复灼烧、冷却，直到恒量。

③ 结果表示

二氧化硅的质量分数 w_{SiO_2} 按下式计算

$$w_{SiO_2} = \frac{m_1 - m_2}{m} \times 100\%$$

式中　w_{SiO_2}——二氧化硅的质量分数，%；

m_1——坩埚及沉淀物的质量，g；

m_2——空坩埚的质量，g；

m——试料的质量，g。

（2）二氧化硅的测定（氟硅酸钾容量法）

① 方法提要

以氢氧化钠银坩埚 700～750℃熔融试样，在热水中提取熔融物，并一次加入足量的盐酸，制成均匀澄清的溶液。此溶液可测定生料的主要成分。

② 分析步骤

称取约 0.5g 试样（m），精确至 0.0001g，置于银坩埚中，加入 7～8g 氢氧化钠，放入 400℃的马弗炉中，并升温至 650℃，保持 20min，取出坩埚，冷却至 100℃左右，将坩埚放入已盛有 100mL 热水的烧杯中，盖上表面皿，于电炉上适当加热，待熔块完全浸出后，取出坩埚，在搅拌下一次加入 25mL 浓盐酸，再加入浓硝酸 1mL，用热盐酸（1＋5）和热水洗净坩埚和盖，加热至沸，冷却至室温，转移至 250mL 容量瓶中，以水稀释至标线，摇匀，得试样溶液 B。

吸取上述溶液 B 50.00mL 置于 300mL 的塑料杯中，加入 10～15mL 浓硝酸，冷却至室温，加入 150g/L 氯化钾溶液 10mL，搅拌，加入固体氟化钾，仔细搅拌至氯化钾饱和析出。放置 15min，用中速滤纸过滤，塑料杯及沉淀用 50g/L 的氯化钾水溶液洗涤 3 次，将滤纸连同沉淀取下置于原烧杯中，沿杯壁加入（50mL／L）氯化钾乙醇溶液 10mL 及 1mL（10g/L）的酚酞指示剂，用〔$c(NaOH) = 0.15mol/L$〕氢氧化钠溶液中和未洗尽的酸，仔细挤压滤纸及沉淀直至酚酞变红（不用记氢氧化钠消耗数），加入 200mL 沸水（煮沸并用氢氧化钠中和至酚酞变微红），搅拌，用 0.15mol/L 氢氧化钠标准滴定溶液滴定至微红色。

③ 结果表示

二氧化硅的质量分数 w_{SiO_2} 按下式计算

$$w_{SiO_2} = \frac{T_{SiO_2} \times V_1}{m \times 1000} \times 100\%$$

式中　w_{SiO_2}——二氧化硅的质量分数，%；

T_{SiO_2}——每 1mL 氢氧化钠标准溶液相当于二氧化硅的 mg 数，mg/mL；

V_1——滴定时消耗氢氧化钠标准滴定溶液的体积，mL；

m——试料的质量，g。

2. 三氧化二铁的测定

（1）方法提要

在 pH＝1.8～2.0，温度为 60～70℃的溶液中，以磺基水杨酸钠为指示剂，用 EDTA 标准滴定溶液滴定。

（2）分析步骤

吸取试样溶液 A（或试样溶液 B）50.00mL 于 250mL 烧杯中，加水 50mL，用氨水（1＋1）和盐酸（1＋1）调节溶液 pH 值在 1.8～2.0 之间（用精密 pH 值试纸检验）。将溶液加热至 70℃，加 10 滴磺基水杨酸钠为指示剂溶液，在不断搅拌下，用 [c(EDTA)＝0.015mol/L] EDTA 标准滴定溶液缓慢滴定至溶液呈亮黄色。（终点时溶液的温度应在 60℃左右）。保留此溶液供测定三氧化二铝用。

（3）结果表示

三氧化二铁的质量分数 $w_{Fe_2O_3}$ 按下式计算

$$w_{Fe_2O_3} = \frac{T_{Fe_2O_3} \times V_2 \times 5}{m \times 1000} \times 100\%$$

式中　$w_{Fe_2O_3}$——三氧化二铁的质量分数，％；

$T_{Fe_2O_3}$——每 1mL EDTA 标准滴定溶液相当于三氧化二铁的 mL 数，mg/mL；

V_2——滴定时消耗的 EDTA 标准滴定溶液的体积，mL；

m——试料的质量，g。

3. 三氧化二铝的测定

（1）方法提要

在滴定铁后的溶液中，调整 pH 值至 3，在煮沸下用 EDTA-铜和 PAN 为指示剂，用 EDTA 标准滴定溶液滴定。

（2）分析步骤

将测完铁的溶液，加 1～2 滴溴酚蓝指示剂（1g/L），滴加氨水（1＋1）至溶液出现蓝紫色，再滴加盐酸（1＋1）至黄色，加入 15mL pH＝3 的醋酸-醋酸钠缓冲溶液，加热至微沸并保持 1min，加入 10 滴 EDTA-铜及 2～3 滴 PAN 指示剂溶液，用 [c(EDTA)＝0.015mol/L] EDTA 标准滴定溶液滴定至红色消失，继续煮沸，滴定，直至溶液经煮沸后红色不再出现呈稳定的亮黄色为止。

（3）结果表示

三氧化二铝的质量分数 $w_{Al_2O_3}$ 按下式计算

$$w_{Al_2O_3} = \frac{T_{Al_2O_3} \times V_3 \times 5}{m \times 1000} \times 100\%$$

式中　$w_{Al_2O_3}$——三氧化二铝的质量分数，％；

$T_{Al_2O_3}$——每 1mL EDTA 标准滴定溶液相当于三氧化二铝的 mL 数，mg/mL；

V_3——滴定时消耗的 EDTA 标准滴定溶液的体积，mL；

m——试料的质量，g。

4. 氧化钙的测定

（1）方法一

① 方法提要

在 pH＝13 的强碱溶液中，以三乙醇胺为掩蔽剂，用甲基百里香酚蓝作指示剂，用 EDTA 标准滴定溶液滴定。

② 分析步骤

吸取试样溶液 A 制备好的试样溶液 25mL 于 400mL 烧杯中，加水稀释至约 250mL。加 5mL 三乙醇胺（1＋2），加入 10mL 氢氧化钾溶液（200g/L）及适量的甲基百里香酚蓝指示剂，用 $[c(\text{EDTA})＝0.015\text{mol/L}]$ EDTA 标准滴定溶液滴定至蓝色消失（呈无色或淡灰色）。

③ 结果表示

氧化钙的质量分数 w_{CaO} 按下式计算

$$w_{\text{CaO}} = \frac{T_{\text{CaO}} \times V_4 \times 10}{m \times 1000} \times 100\%$$

式中　w_{CaO} ——氧化钙的质量分数，%；

　　　T_{CaO} ——每 1mL EDTA 标准滴定溶液相当于氧化钙的 mL 数，mg/mL；

　　　V_4 ——滴定时消耗的 EDTA 标准滴定溶液的体积，mL；

　　　m ——试料的质量，g。

（2）方法二

① 方法提要

预先在酸性溶液中加入适量氟化钾，以抑制硅酸的干扰，然后在 pH＝13 以上强碱性溶液中，以三乙醇胺为掩蔽剂，用钙黄绿素-甲基百里香酚蓝-酚酞作指示剂，用 EDTA 标准滴定溶液滴定。

② 分析步骤

吸取制备好的试样溶液 B 25.00mL 于 400mL 烧杯中，加入 20g/L 的氟化钾溶液 7mL，搅拌并放置 2min 以上，用水稀释至约 200mL，加 5mL 三乙醇胺（1＋2）搅拌，加入适量的 CMP 指示剂，在搅拌下加入氢氧化钾溶液（200g/L）至出现绿色荧光后再过量 5～8mL（pH＝12 以上），用 $[c(\text{EDTA})＝0.015\text{mol/L}]$ EDTA 标准滴定溶液滴定至荧光消失并呈现红色。

③ 结果表示

氧化钙的质量分数 w_{CaO} 按下式计算

$$w_{\text{CaO}} = \frac{T_{\text{CaO}} \times V_5 \times 10}{m \times 1000} \times 100\%$$

式中　w_{CaO} ——氧化钙的质量分数，%；

　　　T_{CaO} ——每 1mL EDTA 标准滴定溶液相当于氧化钙的 mL 数，mg/mL；

　　　V_5 ——滴定时消耗的 EDTA 标准滴定溶液的体积，mL；

　　　m ——试料的质量，g。

5. 氧化镁的测定

（1）方法提要

在 pH＝10 的溶液中，以三乙醇胺、酒石酸钾钠为掩蔽剂，用酸性铬蓝 K-萘酚绿 B 混合指示剂，用 EDTA 标准滴定溶液滴定。当溶液中含钙时，测定的结果是钙镁的含量，用差减法求得氧化镁的含量。

（2）分析步骤

吸取试样溶液 A（或试样溶液 B）25.00mL 于 400mL 烧杯中，加水稀释至约 200mL。加 1mL 酒石酸钾钠溶液（100g/L），5mL 三乙醇胺（1＋2），充分搅拌，然后加入 25mL pH＝10 的氨-氯化铵缓冲溶液及少许酸性铬蓝 K-萘酚绿 B 混合指示剂，用 $[c(EDTA)＝0.015mol/L]$ EDTA 标准滴定溶液滴定呈纯蓝色。

（3）结果表示

氧化镁的质量分数 w_{MgO} 按下式计算

$$w_{MgO} = \frac{T_{MgO} \times (V_6 - V_5) \times 10}{m \times 1000} \times 100\%$$

式中　w_{MgO}——氧化镁的质量分数，％；

$\quad\quad T_{MgO}$——每 1mL EDTA 标准滴定溶液相当于氧化镁的 mL 数，mg/mL；

$\quad\quad V_5$——滴定钙时消耗的 EDTA 标准滴定溶液的体积，mL；

$\quad\quad V_6$——滴定钙、镁含量时消耗的 EDTA 标准滴定溶液的体积，mL；

$\quad\quad m$——试料的质量，g。

任务八　水泥熟料分析

提高熟料质量是确保水泥质量的基础，一般熟料控制项目有：熟料化学成分、烧失量、游离氧化钙、氧化镁以及试料的物理性能。

水泥的组成主要取决于熟料的组成，硅酸盐水泥熟料主要由 CaO、SiO_2、Al_2O_3、Fe_2O_3 四种氧化物组成。普通硅酸盐水泥熟料主要化学成分大致范围如下：

SiO_2：19％～24％；Fe_2O_3：3％～5％；Al_2O_3：4％～7％；CaO：60％～68％；MgO：＜4.5％；R_2O：0.5％～2％；f-CaO：＜2％

熟料中 CaO、SiO_2、Al_2O_3 和 Fe_2O_3 不是以单独的氧化物存在的，而是两种或两种以上的氧化物经高温化学反应生成的多种矿物的集合体，主要有：硅酸三钙（$3CaO \cdot SiO_2$）、硅酸二钙（$2CaO \cdot SiO_2$）、铝酸三钙（$3CaO \cdot Al_2O_3$）、铁铝酸四钙（$4CaO \cdot Al_2O_3 \cdot Fe_2O_3$）。

通常熟料中硅酸三钙和硅酸二钙含量约占 75％，铝酸三钙和铁铝酸四钙的理论含量约占 22％。

对水泥熟料化学成分的控制，目的在于检验其矿物组成是否符合配料设计的要求，从而判断迁到工序的工艺状况和熟料质量，并作为调整前道工序的依据。分析结果允许差范围如表 6-5 所示。

表 6-5　分析结果（代用法）允许差范围（％）

允许差范围　测定项目	A 同一实验室	B 不同实验室	允许差范围　测定项目	A 同一实验室	B 不同实验室
SiO_2	0.20	0.35	MgO	含量>2% 0.20	含量>2% 0.30
Fe_2O_3	0.15	0.20	f-CaO	含量<2% 0.10	
Al_2O_3	0.20	0.30		含量>2% 0.20	
CaO	0.25	0.40			

一、实验目的

1. 学会配制和标定水泥熟料分析所用试剂及标准滴定溶液。
2. 熟悉水泥熟料分析的基本原理。
3. 掌握水泥熟料主要成分分析的方法。

二、实验内容

1. 烧失量的测定

（1）方法提要

试样在 900～950℃的马弗炉中灼烧，驱除水分和二氧化碳，同时将存在的易氧化元素氧化。

（2）分析步骤

称取约 1g 试样（m_1），精确至 0.0001g，置于已灼烧恒量的瓷坩埚中，首先放在电炉上加热，然后再放在 900～950℃马弗炉内灼烧 30min，取出放入干燥器冷却至室温，称量。反复灼烧，直至恒量。

（3）结果表示

烧失量的质量分数 w_{LOI} 按下式计算

$$w_{LOI} = \frac{m_1 - m_2}{m_1} \times 100\%$$

式中　w_{LOI}——烧失量的质量分数，％；

　　　m_1——试料的质量，g；

　　　m_2——灼烧后试料的质量，g。

2. 不溶物的测定

（1）方法提要

试样先以盐酸溶液处理，滤出的不溶残渣再以氢氧化钠溶液处理，经盐酸中和，过滤后，残渣在高温下灼烧，称量。

（2）分析步骤

称取约 1g 试样（m_3），精确至 0.0001g，置于 150mL 烧杯中，加 25mL 水，搅拌使其分散。在搅拌下加入 5mL 盐酸，用平头玻璃棒压碎块状物使其分解完全（如有必要可将溶液稍稍加温几分钟），加水稀释至 50mL，盖上表面皿，将烧杯置于蒸汽浴中加热 15min。用中速滤纸过滤，用热水充分洗涤 10 次以上。

将残渣和滤纸一并移入原烧杯中，加入 100mL 氢氧化钠溶液（10g/L），盖上表面皿，将烧杯置于蒸汽浴中加热 15min，加热期间搅动滤纸及残渣 2~3 次。取下烧杯，加入 1~2 滴甲基红指示剂溶液，滴加盐酸（1+1）至溶液呈红色，再过量 8~10 滴。用中速滤纸过滤，用热的硝酸铵溶液（20g/L）充分洗涤 14 次以上。

将残渣和滤纸一并移入已灼烧至恒量的瓷坩埚中，灰化后在 950~1000℃ 的马弗炉内灼烧 30min，取出坩埚置于干燥器中冷却至室温，称量。反复灼烧，直至恒量。

（3）结果表示

不溶物的质量分数 IR 按下式计算

$$IR = \frac{m_4}{m_3} \times 100\%$$

式中　IR——不溶物的质量分数，%；

　　　m_3——试料的质量，g；

　　　m_4——灼烧后试料的质量，g。

3. 二氧化硅的测定

（1）二氧化硅的测定（氯化铵重量法）

① 方法提要

在含有硅酸的浓盐酸溶液中，加入足量的固体氯化铵并于水浴上加热，可使硅酸迅速脱水析出。铵盐同时降低了硅酸对其他离子的吸附，经过滤、洗涤后，得到较纯的硅酸。

② 分析步骤

称取 0.5g 试样（m），精确至 0.0001g，置于 100mL 烧杯中，加入 1.5g 固体氯化铵，用平头玻璃棒混匀，盖上表面皿，沿皿口加入 3mL 盐酸，然后用玻璃棒仔细搅匀，使试样充分分解。将烧杯置于沸水浴中 10min 取下，加少量热水搅拌，使可溶性盐类充分溶解。以快速定量滤纸过滤，并用热水洗涤烧杯 2~3 次，再用热水洗涤沉淀物 4 次，滤液及洗液保存在 250mL 容量瓶中，冷却至室温，加水稀释至标线，摇匀。此溶液 A 供测定三氧化二铁、三氧化二铝、氧化钙、氧化镁用。

将沉淀连同滤纸一并移入已灼烧至恒量的瓷坩埚中，先放在电炉上烘干灰化，然后放在 900~950℃ 的高温炉中，灼烧 20min，取出放入干燥器中冷却称量。如此反复灼烧，直至恒量。

③ 结果表示

二氧化硅的质量分数 w_{SiO_2} 按下式计算

$$w_{SiO_2} = \frac{m_5}{m} \times 100\%$$

式中　w_{SiO_2}——二氧化硅的质量分数，%；

　　　m_5——灼烧后沉淀质量，g；

　　　m——试料的质量，g。

（2）二氧化硅的测定（氟硅酸钾容量法）

① 方法提要

在氟化钾和氯化钾的酸性溶液中，使硅酸形成氟硅酸钾沉淀，经过滤、洗涤、中和残余酸后，用热水使氟硅酸钾水解产生 HF，以酚酞为指示剂，用氢氧化钠标准滴定溶液滴定。

② 分析步骤

称取试样约 0.5g（m），精确至 0.0001g，置于银坩埚中，加入 5～6g 氢氧化钠，盖上坩埚盖（应留一定缝隙），放在 650℃ 高温炉中熔融 20min，取出坩埚冷却，将坩埚置于盛有 100mL 热水的烧杯中，盖上表面皿，于电热板上适当加热，待熔块完全浸出后，取出坩埚，用热水冲洗坩埚和盖，在搅拌下一次加入 25mL 盐酸，再加入 1mL 硝酸。用盐酸（1+5）和水洗净坩埚和盖。将溶液加热至沸，待溶液澄清后，冷至室温，移入 250mL 容量瓶中，加水稀释至标线，摇匀。此溶液 B 供测定三氧化二铁、三氧化二铝、氧化钙、氧化镁用。

吸取试样溶液 B 50mL 放入 300mL 塑料杯中，加入 10～15mL 硝酸，冷却至室温。加入 10mL 氟化钾溶液（150g/L），搅拌。加入固体氯化钾，仔细搅拌并压碎未溶颗粒直至饱和析出，冷却并放置 15min。用中速滤纸过滤，塑料杯与沉淀用氯化钾溶液（50g/L）洗涤 2～3 次。将滤纸连同沉淀一起置于原塑料杯中，沿杯壁加入 10mL 氯化钾乙醇溶液（50g/L）及 1mL 酚酞指示剂溶液（10g/L），用 [c(NaOH)=0.15mol/L] 氢氧化钠标准滴定溶液中和未洗净的酸，仔细搅动滤纸并随之擦洗杯壁，直至溶液呈红色。然后加 200mL 沸水（煮沸并用氢氧化钠溶液中和至酚酞呈微红色），用 [c(NaOH)=0.15mol/L] 氢氧化钠标准滴定溶液滴定至微红色。

③ 结果表示

二氧化硅的质量分数 w_{SiO_2} 按下式计算

$$w_{SiO_2} = \frac{T_{SiO_2} \times V_1 \times 5}{m \times 1000} \times 100\%$$

式中 w_{SiO_2}——二氧化硅的质量分数，%；

T_{SiO_2}——每 1mL 氢氧化钠标准溶液相当于二氧化硅的 mg 数，mg/mL；

V_1——滴定时消耗氢氧化钠标准滴定溶液的体积，mL；

m——试料的质量，g。

4. 三氧化二铁的测定

（1）方法提要

在 pH=1.8～2.0，温度为 60～70℃ 的溶液中，以黄基水杨酸钠为指示剂，用 EDTA 标准滴定溶液滴定。

（2）分析步骤

从溶液 A 或溶液 B 吸取 50.00mL 溶液于 250mL 烧杯中，加水稀释至约 100mL，用氨水（1+1）和盐酸（1+1）调整溶液的 pH 值至 1.8～2（用精密 pH 值试纸检验）。将溶液加热至 70℃，加 10 滴磺基水杨酸钠指示剂溶液（100g/L）。用 [c(EDTA)=0.015mol/L] EDTA 标准滴定溶液缓慢地滴定至亮黄色（终点时温度应不低于 60℃）。保留此溶液供测定三氧化二铝用。

（3）结果表示

三氧化二铁的质量分数 $w_{Fe_2O_3}$ 按下式计算

$$w_{\text{Fe}_2\text{O}_3} = \frac{T_{\text{Fe}_2\text{O}_3} \times V_2 \times 5}{m \times 1000} \times 100\%$$

式中　　$w_{\text{Fe}_2\text{O}_3}$——三氧化二铁的质量分数，%；

$T_{\text{Fe}_2\text{O}_3}$——每 1mL EDTA 标准滴定溶液相当于三氧化二铁的 mL 数，mg/mL；

V_2——滴定时消耗 EDTA 标准溶液的体积，mL；

m——试料的质量，g。

5. 三氧化二铝的测定

（1）方法提要

在滴定铁后的溶液中，调整 pH 值至 3，在煮沸下用 EDTA-铜和 PAN 为指示剂，用 EDTA 标准滴定溶液滴定。

（2）分析步骤

将测定铁后的溶液，加 1～2 滴溴酚蓝指示剂溶液（1g/L），滴加氨水（1+1）至溶液出现蓝色，再滴加盐酸（1+1）至黄色，加入 15mL pH=3 的醋酸-醋酸钠缓冲溶液，加热至微沸并保持 1min，加入 10 滴 EDTA 及 2～3 滴 PAN 指示剂溶液（1g/L），用 [c(EDTA)=0.015mol/L] EDTA 标准滴定溶液滴至红色消失，继续煮沸，滴定，直至溶液经煮沸后红色不再出现呈稳定的亮黄色为止。

（3）结果表示

三氧化二铝的质量分数 $w_{\text{Al}_2\text{O}_3}$ 按下式计算

$$w_{\text{Al}_2\text{O}_3} = \frac{T_{\text{Al}_2\text{O}_3} \times V_3 \times 5}{m \times 1000} \times 100\%$$

式中　　$w_{\text{Al}_2\text{O}_3}$——三氧化二铝的质量分数，%；

$T_{\text{Al}_2\text{O}_3}$——每 1mL EDTA 标准滴定溶液相当于三氧化二铝的 mL 数，mg/mL；

V_3——滴定时消耗的 EDTA 标准滴定溶液的体积，mL；

m——试料的质量，g。

6. 氧化钙的测定

（1）方法一

① 方法提要

在 pH≥13 的强碱溶液中以三乙醇胺为掩蔽剂，用甲基百里香酚蓝为指示剂，用 EDTA 标准滴定溶液滴定。

② 分析步骤

从试样溶液 A 吸取 25.00mL 放入 400mL 烧杯中，用水稀释至约 200mL。加入 5mL 三乙醇胺（1+2），5mL 氢氧化钾溶液（200g/L）及适量甲基百里香酚蓝（简称 MTB）指示剂，在搅拌下，用 [c(EDTA)=0.015mol/L] EDTA 标准溶液滴定至蓝色消失并呈现为无色或浅灰色为终点。

（2）方法二

① 方法提要

预先在酸性溶液中加入氟化钾，以抑止硅酸的干扰，然后在 pH=13 以上强碱溶液中，以三乙醇胺为掩蔽剂，用钙黄绿素-甲基百里香酚蓝-酚酞（简称 CMP）为指示剂，用 EDTA 标准滴定溶液滴定。

② 分析步骤

从试样溶液 B 吸取 25.00mL 于 400mL 烧杯中，加入 7mL 氟化钾溶液（20g/L），搅拌并放置 2min，用水稀释至约 200mL 加 5mL 三乙醇胺（1＋2），搅拌，加入少许钙黄绿素-甲基百里香酚蓝-酚酞指示剂（简称 CMP），在搅拌下加氢氧化钾溶液（200g/L）至溶液出现绿色荧光后，再过量 3～5mL（这时溶液 pH 值应为 13 以上），用 [$c(EDTA)＝0.015mol/L$] EDTA 标准溶液滴定至溶液蓝色消失呈无色或浅灰色为终点。

（3）结果表示

氧化钙的质量分数 w_{CaO} 按下式计算

$$w_{CaO} = \frac{T_{CaO} \times V_4 \times 10}{m \times 1000} \times 100\%$$

式中　　w_{CaO}——氧化钙的质量分数，%；

T_{CaO}——每 1mL EDTA 标准滴定溶液相当于氧化钙的 mL 数，mg/mL；

V_4——滴定时消耗的 EDTA 标准滴定溶液的体积，mL；

m——试料的质量，g。

7. 氧化镁的测定

（1）方法提要

在 pH≈10 的溶液中，以三乙醇胺、酒石酸钾钠为掩蔽剂，用酸性铬蓝 K-萘酚绿 B 混合指示剂，以 EDTA 标准滴定溶液滴定。

（2）分析步骤

从试样溶液 A（或试样溶液 B）吸取 25mL 溶液于 400mL 烧杯中，用水稀释至约 200mL，在搅拌下加入 1mL 酒石酸钾钠溶液（100g/L）及 5mL 三乙醇胺（1＋2），搅拌后加入 25mL pH＝10 的氨水-氯化铵缓冲溶液及适量酸性铬蓝 K-萘酚绿 B 混合指示剂，用 [$c(EDTA)＝0.015mol/L$] EDTA 标准滴定溶液滴定至溶液呈纯蓝色。

（3）结果表示

氧化镁的质量分数 w_{MgO} 按下式计算

$$w_{MgO} = \frac{T_{MgO} \times (V_5 － V_4) \times 10}{m \times 1000} \times 100\%$$

式中　　w_{MgO}——氧化镁的质量分数，%；

T_{MgO}——每 1mL EDTA 标准滴定溶液相当于氧化镁的 mL 数，mg/mL；

V_5——滴定钙、镁含量时消耗 EDTA 标准溶液的体积，mL；

V_4——滴定钙时消耗 EDTA 标准溶液的体积，mL；

m——试料的质量，g。

8. 三氧化硫的测定

（1）方法提要

在酸性溶液中，用氯化钡溶液沉淀硫酸盐，经过滤灼烧后，以硫酸钡形式称量。测定结果以三氧化硫计。

（2）分析步骤

称取约 0.5g（m_6）试样，精确至 0.0001g，置于 300mL 烧杯中，加入 30～40mL 水使试样分散。加 10mL 盐酸（1＋1），用平头玻璃棒压碎块状物，慢慢地加热溶液，直至试样分解完全。将溶液加热煮沸 5min，用中速滤纸过滤，用热水洗涤 10～12 次。滤液收集于 250mL 烧杯中，调整滤液体积至 200mL，在电炉上加热煮沸，缓慢加入 10mL 氯化钡溶液（100g/L），继续煮沸数 min，然后移至温热处 4h 或放置过夜。再用慢速滤纸过滤，以热水洗涤沉淀至氯根离子反应消失为止。

将沉淀连同滤纸置于已灼烧至恒量的瓷坩埚中，在电炉上灰化，然后在 800℃ 的高温炉中灼烧 30min 取出，放在干燥器中冷却，称量。反复灼烧，直至恒量。

（3）结果表示

三氧化硫的质量分数 w_{SO_3} 按下式计算

$$w_{SO_3} = \frac{m_7 \times 0.343}{m_6} \times 100\%$$

式中　w_{SO_3}——三氧化硫的质量分数，%；

　　　m_7——灼烧后沉淀的质量，g；

　　　m_6——试样质量，g；

　　　0.343——硫酸钡对三氧化硫的换算系数。

任务九　水泥化学分析方法

普通硅酸盐水泥化学成分范围如表 6-6 所示。

表 6-6　水泥化学分析允许差范围（%）

允许差范围 / 测定项目	A 同一实验室	B 不同实验室	允许差范围 / 测定项目	A 同一实验室	B 不同实验室
烧失量	0.15	—	MgO	0.15	0.25
不溶物	含量<3%		SO₃	0.20	0.30
	0.10	0.10			
	含量>3%				
	0.15	0.20			
SiO₂	0.15	0.20	K₂O	0.10	0.15
Fe₂O₃	0.15	0.20	Na₂O	0.10	0.15
Al₂O₃	0.20	0.30	f-CaO	含量<2%	
				0.10	—
CaO	0.25	0.40		含量>2%	
				0.20	—

一、实验目的

1. 学会配制和标定水泥分析所用试剂及标准滴定溶液。

2. 熟悉水泥分析的基本原理。

3. 掌握水泥主要成分分析的方法。

二、实验内容

1. 水泥试样的制备

按 GB/T 12573 方法进行取样，送往实验室的样品应是具有代表性的均匀样品。采用四分法缩分至约 100g，经 0.080mm 方孔筛筛析，用磁铁吸去筛余物中金属铁，将筛余物经过研磨后使其全部通过 0.080mm 方孔筛。将样品充分混匀后，装入带有磨口塞的瓶中并密封。

2. 烧失量的测定（基准法）

（1）方法提要

试样在 950～1000℃的马弗炉中灼烧，驱除水分和二氧化碳，同时将存在的易氧化元素氧化。由硫化物的氧化引起的烧失量误差必须进行校正，而其他元素存在引起的误差一般可忽略不计。

（2）分析步骤

称取约 1g 试样（m_1），精确 0.0001g，置于已灼烧恒量的瓷坩埚中，将盖斜置于坩埚上，放在马弗炉内从低温开始逐渐升高温度，在 950～1000℃下灼烧 15～20min，取出坩埚置于干燥器中冷却至室温，称量。反复灼烧，直至恒量。

（3）结果表示

烧失量的质量分数 w_{LOI} 按下式计算

$$w_{LOI} = \frac{m_1 - m_2}{m_1} \times 100\%$$

式中　　w_{LOI} ——烧失量的质量分数，%；

m_1 ——试料的质量，g；

m_2 ——灼烧后试料的质量，g。

（4）允许差

同一实验室的允许差为 0.15%。

3. 不溶物的测定（基准法）

（1）方法提要

试样先以盐酸溶液处理，滤出的不溶残渣再以氢氧化钠溶液处理，经盐酸中和、过滤后，残渣在高温下灼烧，称量。

（2）分析步骤

称取约 1g 试样（m_3），精确至 0.0001g，置于 150L 烧杯中，加 25mL 水，搅拌使其分散。在搅拌下加入 5mL 盐酸，用平头玻璃棒压碎块状物使其分解完全（如有必要可将溶液稍稍加温几分钟），用近沸的热水稀释至 50mL，盖上表面皿，将烧杯置于蒸汽浴中加热 15min。用中速滤纸过滤，用热水充分洗涤 10 次以上。

将残渣和滤纸一并移入原烧杯中，加入 100mL 近沸的氢氧化钠溶液，盖上表面皿，将烧杯置于蒸汽浴中加热 15min，加热期间搅动滤纸及残渣 2～3 次。取下烧杯，加入 1～2 滴甲基红指示剂溶液，滴加盐酸（1+1）至溶液呈红色，再过量 8～10 滴。用中速滤纸过滤，用热的硝酸铵溶液充分洗涤 14 次以上。

将残渣和滤纸一并移入已灼烧至恒量的瓷坩埚中，灰化后在（950±25）℃的马弗炉内灼烧 30min，取出坩埚置于干燥器中冷却至室温，称量。反复灼烧，直至恒量。

（3）结果表示

不溶物的质量分数 IR 按下式计算

$$IR = \frac{m_4}{m_3} \times 100\%$$

式中　　IR——不溶物的质量分数，%；

　　　　m_4——灼烧后不溶物的质量，g；

　　　　m_3——试料的质量，g。

（4）允许差

同一实验室的允许差为：含量<3%时，0.10%；含量>3%时，0.15%。

不同实验室的允许差为：含量<3%时，0.10%；含量>3%时，0.20%。

4. 氧化硅的测定（基准法）

（1）方法提要

试样以无水碳酸钠烧结，盐酸溶解，加固体氯化铵于沸水浴上加热蒸发，使硅酸凝聚。滤出的沉淀用氢氟酸处理后，失去的质量即为纯二氧化硅量，加上滤液中比色回收的二氧化硅量即为总二氧化硅量。

（2）分析步骤

纯二氧化硅的测定——碳酸钠烧结，氯化铵重量法测定

称取约 0.5g 试样（m_5），精确至 0.0001g，置于铂坩埚中，在 950～1000℃ 下灼烧 5min，放冷。用玻璃棒仔细压碎块状物，加入 0.3g 无水碳酸钠，混匀，再将坩埚置于 950～1000℃ 下灼烧 5min，放冷。

将烧结块移入瓷蒸发皿中，加少量水润湿，用平头玻璃棒压碎块状物，盖上表面皿，从皿口滴入 5mL 盐酸及 2～3 滴硝酸，待反应停止后取下表面皿，用平头玻璃棒压碎块状物使分解完全，用热盐酸（1+1）清洗坩埚数次洗液合并于蒸发皿中。将蒸发皿置于沸水浴上，皿上放一玻璃三角架，再盖上表面皿。蒸发至糊状后，加入 1g 氯化铵，充分搅匀，继续在沸水浴上蒸发至干后继续蒸发 10～15min。蒸发期间用平头玻棒仔细搅拌并压碎大颗粒。

取下蒸发皿，加入 10～20mL 热盐酸（3+97），搅拌使可溶性盐类溶解。用中速滤纸过滤，用胶头扫棒以盐酸（3+97）擦洗玻璃棒及蒸发皿，并洗涤沉淀 3～4 次，然后用热水充分洗涤沉淀，直至检验无氯离子为止。滤液及洗液保存在 250mL 容量瓶中。

然后将沉淀连同滤纸一并移入铂坩埚中，烘干并灰化后放入 950～1000℃ 的马弗炉内灼烧 1h，取出坩埚置于干燥器冷却至室温，称量。反复灼烧，直到恒量（m_6）。

向坩埚中加数滴水润湿沉淀，加 3 滴硫酸（1+4）和 10mL 氢氟酸，放入通风橱内电热板上缓慢蒸发至干，升高温度继续加热至三氧化硫白烟完全逸尽。将坩埚放入 950～1000℃ 的马弗炉内灼烧 30min，取出坩埚置于干燥器中冷却至室温，称量。反复灼烧，直至恒量（m_7）。

（3）结果表示

二氧化硅的质量分数 $w_{SiO_2(纯)}$ 按下式计算

$$w_{SiO_2(纯)} = \frac{m_6 - m_7}{m_5} \times 100\%$$

式中　$w_{SiO_2(纯)}$——二氧化硅的质量分数，%；

　　　　m_6——灼烧后未经氢氟酸处理的沉淀及坩埚的质量，g；

　　　　m_7——用氢氟酸处理并经灼烧后的残渣及坩埚的质量，g；

　　　　m_5——试料的质量，g。

（4）经氢氟酸处理后的残渣的分解

向经过氢氟酸处理后得到的残渣中加入 0.5g 焦硫酸钾熔融，熔块用热水和数滴盐酸（1+1）溶解，溶液并入分离二氧化硅后得到的滤液和洗液中。用水稀释至标线，摇匀。此溶液 A 供测定滤液中残留的可溶性二氧化硅、三氧化二铁、三氧化二铝、氧化钙、氧化镁、二氧化钛用。

5. 可溶性二氧化硅的测定

（1）硅钼蓝光度法测定

从溶液 A 中吸取 25.00mL 溶液放入 100mL 容量瓶中，用水稀释至 40mL，依次加入 5mL 盐酸（1+11）、8mL 95%（V/V）乙醇、6mL 钼酸铵溶液（50g/L），放置 30min 后加入 20mL 盐酸（1+1），5mL 抗坏血酸溶液（5g/L），用水稀释至标线，摇匀。放置 1h 后，使用分光光度计，10mm 比色皿，以水作参比，于 660nm 处测定溶解的吸光度。在工作曲线上查出二氧化硅的含量（m_8）。

（2）可溶性二氧化硅的质量分数 $w_{SiO_2(可溶)}$ 按下式计算

$$w_{SiO_2(可溶)} = \frac{m_8 \times 250}{m_5 \times 25 \times 1000} \times 100\%$$

式中　$w_{SiO_2(可溶)}$——可溶性二氧化硅质量分数，%；

　　　　m_8——100mL 溶液中二氧化硅的含量，mg；

　　　　m_5——试料的质量，g。

（3）结果表示

$$w_{SiO_2(总)} = w_{SiO_2(纯)} + w_{SiO_2(可溶)}$$

（4）允许差

同一实验室允许差为 0.15%；不同实验室允许差为 0.20%。

6. 三氧化二铁的测定（基准法）

（1）方法提要

在 pH=1.8～2.0，温度为 60～70℃ 的溶液中，以磺基水杨酸钠为指示剂，用 EDTA 标准滴定溶液滴定。

（2）分析步骤

从试样溶液 A 中吸取 25.00mL 溶液放入 300mL 烧杯中，加水稀释至约 100mL，用氨水（1+1）和盐酸（1+1）调节溶液 pH 值在 1.8～2.0 之间（用精密 pH 值试纸检验）。将溶液加热至 70℃，加 10 滴磺基水杨酸钠指示剂溶液（100g/L），用 [c(EDTA) = 0.015mol/L] EDTA 标准滴定溶液缓慢滴定至亮黄色（终点时溶液温度应不低于 60℃）。保留此溶液供测定三氧化二铝用。

（3）结果表示

三氧化二铁的质量分数 $w_{Fe_2O_3}$ 按下式计算

$$w_{Fe_2O_3} = \frac{T_{Fe_2O_3} \times V_1 \times 5}{m_5 \times 1000} \times 100\%$$

式中　　$w_{Fe_2O_3}$——三氧化二铁的质量分数，%；

　　　　$T_{Fe_2O_3}$——每 1mL EDTA 标准滴定溶液相当于三氧化二铁的 mL 数，mg/mL；

　　　　V_1——滴定时消耗 EDTA 标准滴定溶液的体积，mL；

　　　　m_5——试料的质量，g。

（4）允许差

同一实验室的允许差为 0.15%；不同实验室的允许差为 0.20%。

7. 三氧化二铝的测定（基准法）

（1）方法提要

在滴定铁后的溶液中，调整 pH 值至 3，在煮沸下用 EDTA-铜和 PAN 为指示剂，用 EDTA 标准滴定溶液滴定。

（2）分析步骤

将测完铁的溶液用水稀释至约 200mL，加 1~2 滴溴酚蓝指示剂溶液（2g/L），滴加氨水（1+2）至溶液出现蓝紫色，再滴加盐酸（1+2）至黄色，加入 15mL pH=3 的缓冲溶液，加热至微沸并保持 1min，加入 10 滴 EDTA-铜溶液及 2~3 滴 PAN 指示剂溶液（2g/L），用 [c(EDTA)=0.015mol/L] EDTA 标准滴定溶液滴定至红色消失，继续煮沸，滴定，直至溶液经煮沸后红色不再出现呈稳定的亮黄色为止。

（3）结果表示

三氧化二铝的质量分数 $w_{Al_2O_3}$ 按下式计算

$$w_{Al_2O_3} = \frac{T_{Al_2O_3} \times V_2 \times 5}{m_5 \times 1000} \times 100\%$$

式中　　$w_{Al_2O_3}$——三氧化二铝的质量分数，%；

　　　　$T_{Al_2O_3}$——每 1mL EDTA 标准滴定溶液相当于三氧化二铝的 mL 数，mg/mL；

　　　　V_2—— 滴定时消耗 EDTA 标准滴定的体积，mL；

　　　　m_5——试料质量，g。

（4）允许差

同一实验室的允许差为 0.20%；不同实验室的允许差为 0.30%。

8. 氧化钙的测定（基准法）

（1）方法提要

在 pH≥13 强碱性溶液中，以三乙醇胺为掩蔽剂，用钙黄绿素-甲基百里香酚蓝-酚酞混合指示剂，用 EDTA 标准滴定溶液滴定。

（2）分析步骤

从试样溶液 A 中吸取 25.00mL 溶液放入 300mL 烧杯中，加水稀释至约 200mL，加 5mL 三乙醇（1+2）及少许的钙黄绿素-甲基百里香酚蓝-酚酞混合指示剂，在搅拌下加入氢氧化钾溶液至出现绿色荧光后再过量 5~8mL，此时溶液在 pH=13 以上，用 [c(EDTA)=0.015mol/L] EDTA 标准滴定溶液滴定至绿色荧光消失并呈现红色。

（3）结果表示

氧化钙的质量分数 w_{CaO} 按下式计算

$$w_{CaO} = \frac{T_{CaO} \times V_3 \times 10}{m_5 \times 1000} \times 100\%$$

式中　　w_{CaO}——氧化钙的质量分数，%；

　　　　T_{CaO}——每 1mL EDTA 标准滴定溶液相当于氧化钙的 mL 数，mg/mL；

　　　　V_3——滴定时消耗 EDTA 标准滴定溶液的体积，mL；

　　　　m_5——试料的质量，g。

（4）允许差

同一实验室的允许差为 0.25%；不同实验室的允许差为 0.40%。

9. 氧化镁的测定（基准法）

（1）方法提要

以氢氟酸-高氯酸分解或用硼酸锂熔融-盐酸溶解试样的方法制备溶液，分取一定量的溶液，用锶盐消除硅、铝、钛等对镁的抑制干扰，在空气-乙炔火焰中，于 285.2nm 处测定吸光度。

（2）分析步骤

① 氢氟酸-高氯酸分解

称取约 0.1g 试样（m_6），精确至 0.0001g，置于铂坩埚（或铂皿）中，用 0.5～1mL 水润湿，加 5～7mL 氢氟酸和 0.5mL 高氯酸，置于电热板上蒸发。近干时摇动铂坩埚以防溅失，待白色浓烟驱尽后取下放冷。加入 20mL 盐酸（1＋1），温热至溶液澄清，取下放冷。转移到 250mL 容量瓶中，加 5mL 氯化锶溶液，用水稀释至标线，摇匀。此溶液 B 供原子吸收光谱法测定氯化镁、三氧化二铁、氧化锰、氧化钾和氧化钠用。

② 硼酸锂熔融

称取约 0.1g 试样（m_7），精确至 0.0001，置于铂坩埚中，加入 0.4g 硼酸锂，搅匀。用喷灯在低温下熔融，逐渐升高温度至 1000℃使熔成玻璃体，取下放冷。在铂坩埚内放入一个搅拌子（塑料外壳），并将坩埚放入预盛有 150mL 盐酸（1＋10）并加热至约 45℃的 200mL 烧杯中，用磁力搅拌器搅拌溶解，待熔块全部溶解后取出坩埚及搅拌子，用水洗净，将溶液冷却至室温，移至 250mL 容量瓶中，加 5mL 氯化锶溶液，用水稀释至标线，摇匀。此溶液 C 供原子吸收光谱法测定氧化镁、三氧化二铁、氧化锰、氧化钾和氧化钠用。

③ 氧化镁的测定

从试样溶液 B 或试样溶液 C 中吸取一定量的溶液放入容量瓶中（试样溶液的分取量及瓶的容积视氧化镁的含量而定），加入盐酸（1＋1）及氯化锶溶液，使测定溶液中盐酸的浓度为 6%（V/V），锶浓度为 1mg/mL。用水稀释至标线，摇匀用原子吸收光谱仪，镁空心阴极灯，于 285.2nm 处再与绘制工作曲线时相同的仪器条件下测定溶液的吸光度，在工作曲线上查出氧化镁的浓度（c_1）。

（3）结果表示

氧化镁的质量分数 w_{MgO} 按下式计算

$$w_{MgO} = \frac{c_1 \times V_4 \times n \times 10^{-3}}{m_8 \times 1000} \times 100\%$$

式中　　w_{MgO}——氧化钙的质量分数，%；

c_1——测定溶液中氧化镁的浓度，mg/mL；

V_4——测定溶液体积，mL；

$m_8(m_6$ 或 $m_7)$——试料的质量，g；

n——全部试样溶液与所分取试样溶液的体积比。

（4）允许差

同一实验室的允许差为 0.15%；不同实验室的允许差为 0.25%。

10. 硫酸盐—三氧化硫的测定（基准法）

（1）方法提要

在酸性溶液中，用氯化钡溶液沉淀硫酸盐，经过滤灼烧后，以硫酸钡形式称量。测定结果以三氧化硫计。

（2）分析步骤

称取约 0.5g 试样（m_9），精确至 0.0001g 置于 300mL 烧杯中，加入 30～40mL 水使其分散。加 10mL 盐酸（1+1），平头玻璃棒压碎块状物，慢慢地加热溶液，直至水泥分解完全。将溶液加热煮沸并保持微沸（5 ± 0.5）min。用中速滤纸过滤，用热水洗涤 10～12 次。调整滤液体积至 200mL，煮沸，在搅拌下滴加 10mL 热的氯化钡溶液（100g/L），继续煮沸数分钟，然后移至常温处静置 12～24h 或温热处静置至少 4h（此时溶液的体积应保持在 200mL）。用慢速滤纸过滤，用温水洗涤，直至检验无氯离子为止。

将沉淀及滤纸一并移入已灼烧至恒量的瓷坩埚中，灰化后在 800～950℃ 的马弗炉内灼烧 30min，取出坩埚置于干燥器中冷却至室温，称量。反复灼烧，直至恒量。

（3）结果表示

三氧化硫的质量分数 w_{SO_3} 按下式计算

$$w_{SO_3} = \frac{m_{10} \times 0.343}{m_9} \times 100\%$$

式中　w_{SO_3}——三氧化硫的质量分数，%；

m_{10}——灼烧后沉淀的质量，g；

m_9——试料的质量，g；

0.343——硫酸钡对三氧化硫的换算系数。

（4）允许差

同一实验室的允许差为 0.15%；不同实验室的允许差为 0.20%。

11. 二氧化钛的测定（基准法）

（1）方法提要

在酸性溶液中 TiO^{2+} 与二安替比林甲烷生成黄色配合物，于波长 420nm 处测定其吸光度。用抗坏血酸消除三价铁离子的干扰。

（2）分析步骤

从试样溶液 A（或试样溶液 D 或试样溶液 E）中，吸取 25.00mL 溶液放入 100mL 容量瓶中，加入 10mL 盐酸（1+2）及 10mL 抗坏血酸溶液（5g/L），放置 5min。加 5mL 95%（V/V）乙醇、20mL 二安替比林甲烷溶液（30g/L），用水稀释至标线，摇匀。放置 40min 后，使用分光光度计，10mm 比色皿，以水作参比，于 420nm 处测定溶液的吸光度。

在工作曲线上查出二氧化钛的含量（m_{11}）。

（3）结果表示

二氧化钛的质量分数 w_{TiO_2} 按下式计算

$$w_{TiO_2} = \frac{m_{11} \times 10}{m_{12} \times 1000} \times 100\%$$

式中 w_{TiO_2} ——二氧化钛的质量分数，%；

  m_{11} ——100mL 测定溶液中二氧化钛的含量，mg；

$m_{12}(m_5 \text{ 或 } m_{13} \text{ 或 } m_{19})$——试料的质量，g。

（4）允许差

同一实验室的允许差为 0.05%；不同实验室的允许差为 0.10%。

12. 一氧化锰的测定（基准法）

（1）方法提要

在硫酸介质中，用高碘酸钾将锰氧化成高锰酸，于波长 530nm 处测定溶液的吸光度。用磷酸掩蔽三价铁离子的干扰。

（2）分析步骤

称取约 0.5g 试样（m_{13}），精确至 0.0001g，置于铂坩埚中，加 3g 碳酸钠-硼砂混合熔剂，混匀，在 950～1000℃下熔融 10min，用坩埚钳夹持坩埚旋转，使熔融物均匀地附着于坩埚内壁，放冷。将坩埚放在已盛有 50mL 硝酸（1+9）及 100mL 硫酸（5+95）并加热至微沸的 400mL 烧杯中，保持微沸状态，直至熔融物全部溶解。洗净坩埚及盖，用快速滤纸过滤至 250mL 容量瓶中，并用热水洗涤数次。将溶液冷却至室温，用水稀释至标线，摇匀。此溶液 D 供测定一氧化锰及二氧化钛用。

从溶液 D 中，吸取 50.00mL 溶液放入 150mL 烧杯中，依次加入 5mL 磷酸（1+1）、10mL 硫酸（1+1）及 0.5～1g 高碘酸钾，加热微沸 10～15min，至溶液达到最大的颜色深度，冷却至室温，转入 100mL 容量瓶中，用水稀释至标线，摇匀。使用分光光度计，10mm 比色皿，以水作参比，于 530nm 处测定溶液的吸光度。在工作曲线上查出一氧化锰的含量（m_{14}）。

（3）结果表示

一氧化锰的质量分数 w_{MnO} 按下式计算

$$w_{MnO} = \frac{m_{14} \times 10}{m_{13} \times 1000} \times 100\%$$

式中 w_{MnO} ——一氧化锰的质量分数，%；

  m_{14} ——100mL 测定溶液中一氧化锰的含量，mg；

  m_{13} ——试料的质量，g。

（4）允许差

同一实验室的允许差为 0.05%；不同实验室的允许差为 0.10%。

13. 氧化钾和氧化钠的测定（基准法）

（1）方法提要

水泥经氢氟酸-硫酸蒸发处理除去硅，用热水浸取残渣。以氨水和碳酸铵分离铁、铝、钙、镁。滤液中的钾、钠用火焰光度计进行测定。

（2）分析步骤

称取约 0.2g 试样（m_{15}），精确至 0.0001g。置于铂皿中，用少量水润湿，加 5～7mL 氢氟酸及 15～20 滴硫酸（1+1），置于低温电热板蒸发。近干时摇动铂皿，以防溅失，待氢氟酸驱尽后逐渐升高温度，继续将三氧化硫白烟赶尽。取下放冷，加入 50mL 热水，压碎残渣使其溶解，加 1 滴甲基红指示剂溶液，用氨水（1+1）中和至黄色，加入 10mL 碳酸铵溶液，搅拌，置于电热板上加热 20～30min。用快速滤纸过滤，以热水洗涤，滤液及洗液盛于 100mL 容量瓶中，冷却至室温。用盐酸（1+1）中和至溶液呈微红色，用水稀释至标线，摇匀。在火焰光度计上，按仪器使用规程进行测定。在工作曲线上分别查出氧化钾和氧化钠的含量（m_{16}）和（m_{17}）。

（3）结果表示

氧化钾和氧化钠的质量分数 w_{K_2O} 和 w_{Na_2O} 分别按下式计算

$$w_{K_2O} = \frac{m_{16}}{m_{15} \times 1000} \times 100\%$$

$$w_{Na_2O} = \frac{m_{17}}{m_{15} \times 1000} \times 100\%$$

式中　　w_{K_2O}——氧化钾的质量分数，%；

$\quad\quad\ w_{Na_2O}$——氧化钠的质量分数，%；

$\quad\quad\ m_{16}$——100mL 测定溶液中氧化钾的含量，mg；

$\quad\quad\ m_{17}$——100mL 测定溶液中氧化钠的含量，mg；

$\quad\quad\ m_{15}$——试料的质量，g。

（4）允许差

同一实验室的允许差：K_2O 与 Na_2O 均为 0.10%；不同实验室的允许差：K_2O 与 Na_2O 均为 0.15%。

14. 硫化物的测定（基准法）

（1）方法提要

在还原条件下，试样用盐酸分解，产生的硫化氢收集于氨性硫酸锌溶液中，然后用碘量法测定。

如试样中除硫化物（S^{2-}）和硫酸盐外，还有其他状态硫存在时，将给测定造成误差。

（2）分析步骤

使用以下规定的仪器装置，如图 6-6 所示。

称取约 1g 试样（m_{18}），精确至 0.0001g，置于 100mL 的干燥反应瓶中，轻轻摇动使其均匀地分散于反应瓶底部，取 1g 氯化亚锡，按以上仪器装置图连接各部件。

由分液漏斗向反应瓶中加入 15mL 盐酸（1+1），迅速关闭活塞。开动空气泵，在保持通气速度为每秒 4～5 个气泡的条件下加热反应瓶中的试样，当吸收杯中刚出现氯化铵白色烟雾时（一般约加热后 5min 左右），停止加热，再继续通气 5min。

取下吸收杯，关闭空气泵，用水冲洗插入吸收液内的玻璃管，加 10mL 明胶溶液，用滴定管加入 5.00mL [$c(1/6KIO_3) = 0.03mol/L$] 碘酸钾标准滴定溶液，搅拌下一次加入 30mL 硫酸（1+2），用 [$c(Na_2S_2O_3) = 0.03mol/L$] 硫代硫酸钠标准滴定溶液滴定至淡黄色，加入 2mL 淀粉溶液，再继续滴定至蓝色消失。

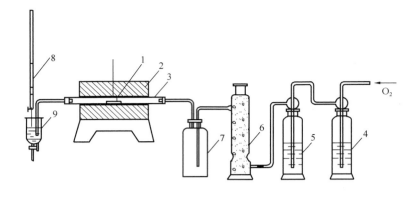

图 6-6　燃烧法测定硫的装置

1—盛有试样的瓷舟；2—管式电炉；3—瓷管；4，5—洗气瓶；6—干燥塔；

7—缓冲瓶；8—碘标液滴定管；9—吸收液

（3）结果表示

硫化物的质量分数 w_S 按下式计算

$$w_S = \frac{T_S \times V_5 \times K_1 \times V_6}{m_{18} \times 1000} \times 100\%$$

式中　　w_S——硫化物的质量分数，%；

　　　　T_S——每 1mL 碘酸钾标准滴定溶液相当于硫的 mg 数，mg/mL；

　　　　V_5——加入碘酸钾标准滴定溶液体积，mL；

　　　　V_6——滴定时消耗硫代硫酸标准滴定溶液的体积，mL；

　　　　K_1——每 1mL 硫代硫酸钠标准滴定溶液相当于碘酸钾标准定溶液的 mL 数；

　　　　m_{18}——试料的质量，g。

（4）允许差

同一实验室的允许差为 0.03%；不同实验室的允许差为 0.05%。

15. 二氧化硅的测定（代用法）

（1）方法提要

在有过量的氟、钾离子存在的强酸性溶液中，使硅酸形成氟硅酸钾（K_2SiF_6）沉淀，经过滤、洗涤及中和残余酸后，加沸水使氟硅酸钾沉淀水解生成等物质的量的氢氟酸，然后以酚酞为指示剂，用氢氧化钠标准滴定溶液进行滴定。

（2）分析步骤

称取约 0.5g 试样（m_{19}），精确至 0.0001g，置于银坩埚中，加入 6～7g 氢氧化钠，在 650～700 ℃的高温下熔融 20min。取出冷却，将坩埚放入已盛有 100mL 近沸腾水的烧杯中，盖上表面皿，于电热板上适当加热，待熔块完全浸出后，取出坩埚，用水冲洗坩埚和盖，在搅拌下一次加入 25～30mL 盐酸，再加入 1mL 硝酸。用热盐酸（1+5）洗净坩埚和盖，将溶液加热至沸，冷却，然后移入 250mL 容量瓶中，用水稀释至标线，摇匀。此溶液 E 供测定二氧化硅、三氧化二铁、三氧化二铝、氧化钙、氧化镁、二氧化钛用。

吸取 50.00mL 溶液 E，放入 250～300mL 塑料杯中，加入 10～15mL 硝酸，搅拌，冷却至 30℃以下。加入氯化钾，仔细搅拌至饱和并有少量氯化钾析出，再加 2g 氯化钾及

10mL 氟化钾溶液，仔细搅拌（如氯化钾析出量不够，应再补充加入），放置15～20min，用中速滤纸过滤，用氯化钾溶液洗涤塑料杯及沉淀 3 次。将滤纸连同沉淀取下，置于塑料杯中，沿杯壁加入 10mL 30℃以下的氯化钾-乙醇溶液及 1mL 酚酞指示剂溶液，用 $[c(\text{NaOH})=0.15\text{mol/L}]$ 氢氧化钠标滴定溶液中和未洗尽的酸，仔细搅动滤纸并随之擦洗杯壁直至溶液呈红色。向杯中加入 200mL 沸水（煮沸并用氢氧化钠溶液中和至酚酞呈微红色），用 $[c(\text{NaOH})=0.15\text{mol/L}]$ 氢氧化钠标准滴定溶液滴定至微红色。

（3）结果表示

二氧化硅的质量分数 w_{SiO_2} 按下式计算

$$w_{\text{SiO}_2}=\frac{T_{\text{SiO}_2}\times V_7\times 5}{m_{19}\times 1000}\times 100\%$$

式中　w_{SiO_2} ——二氧化硅的质量分数，%；

T_{SiO_2} ——每 1mL 氢氧化钠标准溶液相当于二氧化硅的 mg 数；

V_7 ——滴定时消耗氢氧化钠标准滴定溶液的体积，mL；

m_{19} ——试料的质量，g；

（4）允许差

同一实验室的允许差为 0.20%；不同实验室的允许差为 0.35%。

16. 三氧化二铝的测定（代用法）

（1）方法提要

在滴定铁后的溶液中，加入对铝、钛过过量的 EDTA 标准滴定溶液，于 pH＝3.8～4.0 以 PAN 为指示剂，用硫酸铜标准滴定溶液回滴过量的 EDTA。

本法只适用于一氧化锰含量在 0.5% 以下的试样。

（2）分析步骤

从试样溶液 E 中吸取 25.00mL 溶液放入 300mL 烧杯中，按本任务中 6 的规定的分析步骤测定溶液中的三氧化二铁。

向滴完铁的溶液加入 $[c(\text{EDTA})=0.015\text{mol/L}]$ EDTA 标准滴定溶液至过量 10～15mL（对铝、钛含量而言），用水稀释至 150～200mL。将溶液加热至 70～80℃后，加数滴氨水（1＋1）使溶液 pH 值在 3.0～3.5 之间，加 15mL pH＝4.3 的缓冲溶液，煮沸 1～2min，取下稍冷，加入 4～5 滴 PAN 指示剂溶液，以 $[c(\text{CuSO}_4)=0.015\text{mol/L}]$ 硫铜标准滴定溶液滴定至亮紫色。

（3）结果表示

三氧化二铝的质量分数 $w_{\text{Al}_2\text{O}_3}$ 按下式计算

$$w_{\text{Al}_2\text{O}_3}=\frac{T_{\text{Al}_2\text{O}_3}\times(V_8-K_2\times V_9)\times 5}{m\times 1000}\times 100\%-0.64\times w_{\text{TiO}_2}$$

式中　$w_{\text{Al}_2\text{O}_3}$ ——三氧化二铝的质量分数，%；

$T_{\text{Al}_2\text{O}_3}$ ——每 1mL EDTA 标准滴定溶液相当于三氧化二铝的 mL 数，mg/mL；

V_8 ——加入 EDTA 标准滴定溶液的体积，mL；

V_9 ——滴定时消耗硫酸铜标准滴定溶液的体积，mL；

K_2 ——每 1mL 硫酸铜标准滴定溶液相当于 EDTA 标准滴定溶液的 mL 数；

w_{TiO_2} ——按本任务中 11 测得的二氧化钛质量分数；

m_{19}——试料的质量，g；

0.64——二氧化钛对三氧化二铝的换算系数。

（4）允许差

同一实验室的允许差为 0.20%；不同实验室的允许差为 0.30%。

17. 氧化钙的测定（代用法）

（1）方法提要

预先在酸性溶液中加入适量氟化钾，以抑制硅酸的干扰，然后在 pH＝13 以上强碱性溶液中，以三乙醇胺为掩蔽剂，用钙黄绿素-甲基百里香酚蓝-酚酞混合剂，以 EDTA 标准滴定溶液滴定。

（2）分析步骤

从试样溶液 E 中吸取 25.00mL 溶液放入 400mL 烧杯中，加入 7mL 氟化钾溶液，搅拌并放置 2min 以上，加水稀释至约 200mL，加 5mL 三乙醇胺（1＋2）及少许的钙黄绿素-甲基百里香蓝-酚酞混合指示剂，在搅拌下加入氢氧化钾溶液至出现绿色荧光后再过量 5～8mL，此时溶液 pH≥13，用 $[c(\text{EDTA})＝0.015\text{mol/L}]$ EDTA 标准滴定溶液滴定至绿色荧光消失并呈现红色。

（3）结果表示

氧化钙的质量分数 w_{CaO} 按下式计算

$$w_{\text{CaO}} = \frac{T_{\text{CaO}} \times V_{10} \times 10}{m_{19} \times 1000} \times 100\%$$

式中　　w_{CaO}——氧化钙的质量分数，%；

T_{CaO}——每 1mL EDTA 标准滴定溶液相当于氧化钙的 mL 数，mg/mL；

V_{10}——滴定时消耗 EDTA 标准滴定溶液的体积，mL；

m_{19}——试料的质量，g。

（4）允许差

同一实验室的允许差为 0.25%；不同实验室的允许差为 0.40%。

18. 氧化镁的测定（代用法）

（1）配位滴定法

① 方法提要

在 PH≈10 的溶液中，以三乙醇胺、酒石酸钾为掩蔽剂，用酸性铬蓝 K-萘酚绿 B 混合指示剂，以 EDTA 标准滴定溶液滴定。

当试样中一氧化锰含量在 0.5% 以上时，在盐酸羟胺存在下，测定钙、镁、锰总量，差减法求得氧化镁含量。

② 分析步骤

a. 一氧化锰含量在 0.5% 以下时：

从试样溶液 E（或试样溶液 A）中吸取 25.00mL 溶液放入 400mL 烧杯中，加水稀释至约 200mL，加 1mL 酒石酸钾钠溶液，5mL 三乙醇胺（1＋2），搅拌，然后加入 25mL pH＝10 的缓冲溶液及少许酸性铬蓝 K-萘酚绿 B 混合指示剂，用 $[c(\text{EDTA})＝0.015\text{mol/L}]$ EDTA 标准溶液滴定，近终点时应缓慢滴定至纯蓝色。

氧化镁的质量分数 w_{MgO} 按下式计算

$$w_{MgO} = \frac{T_{MgO} \times (V_{11} - V_{12}) \times 10}{m_{20} \times 1000} \times 100\%$$

式中　　w_{MgO}——氧化钙的质量分数，%；

　　　　T_{MgO}——每 1mL EDTA 标准滴定溶液相当于氧化钙的 mL 数，mg/mL；

　　　　V_{11}——滴定钙、镁总量时消耗 EDTA 标准滴定溶液的体积，mL；

　　　　V_{12}——测定氧化钙时消耗 EDTA 标准滴定溶液的体积，mL；

$m_{20}(m_{19}$ 或 $m_5)$——试料的质量，g。

b. 一氧化锰含量在 0.5% 以上时：

除将三乙醇胺（1+2）的加入量改为 10mL，并在滴定前加入 0.5~1g 盐酸羟胺外，其余分析步骤同本任务 12（1）。

氧化镁的质量分数 w_{MgO} 按下式计算

$$w_{MgO} = \frac{T_{MgO} \times (V_{13} - V_{12}) \times 10}{m_{20} \times 1000} \times 100\% - 0.57 \times w_{MnO}$$

式中　　w_{MgO}——氧化镁的质量分数，%；

　　　　T_{MgO}——每 1mL EDTA 标准滴定溶液相当于氧化镁的 mL 数，mg/mL；

　　　　V_{13}——滴定钙、镁、锰总量时消耗 EDTA 标准滴定溶液的体积，mL；

　　　　V_{12}——按任务九 17 或任务九 8 测定氧化钙时消耗 EDTA 标准滴定溶液的体积，mL；

$m_{20}(m_{19}$ 或 $m_5)$——试料的质量，g；

　　　　w_{MnO}——按任务九 12 或任务九 20 测得的氧化锰的质量分数，%；

　　　　0.57——一氧化锰对氧化镁的换算系数。

③ 允许差

同一实验室的允许差为：含量<2% 时，0.15%；含量>2% 时，0.20%；

不同实验室的允许差为：含量<2% 时，0.25%；含量>2% 时，0.30%。

（2）原子吸收光谱法

① 方法提要

用氢氧化钠熔融-盐酸分解的方法制备溶液。分取一定量的溶液，以锶盐消除硅、铝、钛等的抑制干扰，在空气-乙炔火焰中，于 285.2nm 处测定吸光度。

② 分析步骤

取约 0.1g 试样（m_{21}），精确至 0.0001g，置于银坩埚中，加入 3~4g 氢氧化钠，在 750~780℃ 的高温下熔融 5min。取出冷却，将坩埚放入已盛有 70mL 以上近沸腾水的烧杯中，盖上表面皿，待熔块完全浸出后（必要时可适当加热），取出坩埚，用水冲洗坩埚和盖，在搅拌下一次加入 35mL 盐酸（1+1），用热盐酸（1+9）洗净坩埚和盖，将溶液加热至沸，冷却，然后移入 250mL 容量瓶中，用水稀释至标线，摇匀。分取一定量的溶液放入容量瓶中（溶液的分取量及容量瓶的容积视氧化镁含量而定），以下操作按任务九 9 的步骤进行。

③ 结果表示

氧化镁的质量分数 w_{MgO} 按下式计算

$$w_{MgO} = \frac{c_2 \times V_{14} \times n \times 10^{-3}}{m_{21}} \times 100\%$$

式中　　w_{MgO}——氧化镁的质量分数，％；

　　　　c_2——测定溶液中氧化镁的浓度，mg/mL；

　　　　V_{14}——测定溶液的体积，mL；

　　　　m_{21}——试料的质量，g；

　　　　n——全部试料溶液所分取试样溶液的体积比。

③ 允许差

同一实验室的允许差为 0.15％；不同实验室的允许差为 0.25％。

19. 三氧化二铁的测定（代用法）

（1）方法提要

分取一定量的溶液，以锶盐消除硅、铝、钛等对铁的抑制干扰，在空气-乙炔火焰中，于 248.3nm 处测定吸光度。

（2）分析步骤

从试样溶液 B（或试样溶液 C）中直接取用或分取一定量的溶液，放入容量瓶中（试样溶液的分取容量瓶的容积视三氧化二铁的含量而定），加入氯化锶溶液，使测定溶液中锶的浓度为 1mg/mL。用水稀释至标线，摇匀。用原子吸收光谱仪，铁元素空心阴极灯，于 248.3nm 处在与绘制工作曲线时的相同的仪器条件下测定溶液的吸光度，在工作曲线上查出三氧化二铁的浓度（c_3）。

（3）结果表示

三氧化二铁的质量分数 $w_{Fe_2O_3}$ 按下式计算

$$w_{Fe_2O_3} = \frac{c_3 \times V_{15} \times n \times 10^{-3}}{m_{22}} \times 100\%$$

式中　　$w_{Fe_2O_3}$——三氧化铁的质量分数，％；

　　　　c_3——测定溶液中三氧化二铁的浓度，mg/mL；

　　　　V_{15}——测定溶液的体积，mL；

　　　　m_{22}——试料的质量，g；

　　　　n——全部试样溶液与所分取试样的溶液的体积比。

（4）允许差

同一实验室的允许差为 0.15％；不同实验室的允许差为 0.20％。

20. 一氧化锰的测定（代用法）

（1）方法提要

直接取用制备好的试样溶液，以锶盐消除硅、铝、钛等锰的抑制干扰，在空气-乙炔火焰中，于 279.5nm 处测定吸光度。

（2）分析步骤

直接取用试样溶液 B（或试样溶液 C），用原子吸收光谱仪，锰元素空心阴极灯，于 279.5nm 处在与绘制工作曲线时相同的仪器条件下测定溶液的吸光度，在工作曲线上查出一氧化锰的浓度（c_4）。

（3）结果表示

一氧化锰的质量分数 w_{MnO} 按下式计算

$$w_{MnO} = \frac{c_4 \times V_{16} \times n \times 10^{-3}}{m_{22}} \times 100\%$$

式中　　w_{MnO}——一氧化锰的质量分数，%；

　　　　c_4——测定溶液中一氧化锰的浓度，mg/mL；

　　　　V_{16}——测定溶液的体积，mL；

　　　　m_{22}——试料的质量，g。

（4）允许差

同一实验室的允许差为 0.05%；不同实验室的允许差为 0.10%。

21. 氧化钾和氧化钠的测定（代用法）

（1）方法提要

分取一定的试样溶液用空气-液化石油气火焰时，以锶盐消除硅、铝、钛的化学干扰；用空气-乙炔火焰时，加绝盐抑制钾、钠的电离，分别在 766.5nm 处和 589.0nm 处测定钾和钠的吸光度。

（2）分析步骤

分取一定量的试样溶液 B（或试样溶液 C），放入容量瓶中（试样溶液的分取量及容量瓶的容积视氧化钾、氧化钠的含量而定），加入盐酸（1+1），使测定溶液中盐酸的浓度为 6%（V/V），当采用空气-液化石油气火焰时，加入氯化锶溶液，使测定溶液锶浓度为 1mg/mL，用水稀释至标线，摇匀。用原子吸收光谱仪，分别用钾元素空心阴极灯在 766.5nm 处和用钠元素空心阴极灯在 589.0nm 处，在与绘制工作曲线时相同的仪器条件下测定溶液的吸光度。在工作曲线上查出氧化钾（c_5）和氧化钠（c_6）的浓度。

（3）结果表示

氧化钾和氧化钠的质量分数 w_{K_2O} 和 w_{Na_2O} 分别按下式计算

$$w_{K_2O} = \frac{c_5 \times V_{17} \times n \times 10^{-3}}{m_{22}} \times 100\%$$

$$w_{Na_2O} = \frac{c_6 \times V_{17} \times n \times 10^{-3}}{m_{22}} \times 100\%$$

式中　　w_{K_2O}——氧化钾的质量分数，%；

　　　　w_{Na_2O}——氧化钠的质量分数，%；

　　　　c_5—— 测定溶液中氧化钾的浓度，mg/mL；

　　　　c_6——测定溶液中氧化钠的浓度，mg/mL；

　　　　V_{17}——测定溶液的体积，mL；

　　　　m_{22}——试料的质量，g；

　　　　n——全部试样溶液与所分取试样的溶液的体积比。

（4）允许差

同一实验的允许差：K_2O 与 Na_2O 均为 0.10%；不同实验室的允许差：K_2O 与 Na_2O 均为 0.15%；

22. 硫酸盐-三氧化硫的测定（代用法）

（1）碘量法

① 方法提要

水泥先经磷酸处理，使硫化物分解逸出后，再加氯化亚锡-磷酸溶液，将硫酸盐硫还原成硫化氢，收集于氨性硫酸锌溶液中，然后用碘量法测定。

如试样中除硫化物（S^{2-}）和硫酸盐外，还有其他状态硫存在时，将给测定造成误差。

② 分析步骤

称取约 0.5g 试样（m_{23}），精确至 0.0001g，置于 100mL 的干燥反应瓶中，加 10mL 磷酸，置于电炉上加热至沸，然后继续在微沸温度下加热至无气泡、液面平静、无白烟出现时为止。放冷，加入 10mL 氯化亚锡-磷酸溶液，按任务九 14 中图 6-6 连接各部件。

开动空气泵，保持通气速度为每秒 4～5 个气泡，于电压 200V 热 10min，然后将电压降至 160V，加热 5min 后停止加热，取下吸收杯，关闭空气泵。

用水冲洗插入吸收液内的玻璃管，加 10mL 明胶溶液，用滴定管加入 15.00mL $[c(1/6KIO_3)=0.03mol/L]$ 碘酸钾标准滴定溶液，在搅拌下一次加入 30mL 硫酸（1+2），用 $[c(Na_2S_2O_3)=0.03mol/L]$ 硫代硫酸钠标准溶液滴定溶液滴定至淡黄色，加入 2mL 淀粉溶液，再继续滴定至蓝色消失。

③ 结果表示

硫化物的质量分数 w_{SO_3} 按下式计算

$$w_{SO_3} = \frac{T_{SO_3} \times (V_{18} - K_1 \times V_{19})}{m_{23} \times 1000} \times 100\%$$

式中　　w_{SO_3}——三氧化硫的质量分数，%；

T_{SO_3}——每 1mL 碘酸钾标准滴定溶液相当于三氧化硫的 mg 数，mg/mL；

V_{18}——加入碘酸钾标准滴定溶液的体积，mL；

V_{19}——滴定时消耗硫化硫酸钠标准滴定溶液的体积，mL；

K_1——每 1mL 硫代硫酸钠标准滴定溶液相当于碘酸钾标准滴定溶液的 mL 数；

m_{23}——试料的质量，g。

（2）硫酸钡-铬酸钡分光光度法

① 方法提要

样品经盐酸溶解，在 pH＝2 时，加入过量铬酸钡，使生成与硫酸根等物质的量的铬酸根。在微碱性条件下，使过量铬酸钡重新析出。过滤后在 420nm 处测定游离铬酸根离子的吸光度。

如试样中除硫化物（S^{2-}）和硫酸盐外，还有其他状态硫存在时，将给测定造成误差。

② 分析步骤

称取 0.33～0.36g 试样（m_{24}），精确至 0.0001g 置于带有标线的 200mL 烧杯中，加 4mL 甲酸（1+1），分散试样，低温干燥，取下。加 10mL 盐酸（1+2）及 1～2 滴过氧化氢（1+1），将试样搅起后加热至小气泡冒尽，冲洗杯壁，再煮沸 2min，其间冲洗杯壁 2 次。取下，加水至约 90mL，加 5mL 氨水（1+2），并用盐酸（1+1）和氨水（1+1）调节酸度至 pH＝2（精密 pH 试纸检验），稀释至 100mL。加 10mL 铬酸钡溶液，搅匀。流水冷却至室温并放置，时间不少于 10min，放置期间搅拌三次。加入 5mL 氨水（1+2），将溶液连同沉淀转移到 150mL 容量瓶中，用水稀释至标线，摇匀。用中速滤纸过滤，收集滤液于 50mL 烧杯中，使用分光光度计，20nm 比色皿，以水作参比，于 420nm 处测定溶液的吸光度。在工作曲线上查出三氧化硫的含量（m_{25}）。

③ 结果表示

三氧化硫的质量分数 w_{SO_3} 按下式计算

$$w_{SO_3} = \frac{m_{25}}{m_{24} \times 1000} \times 100\%$$

式中　　w_{SO_3}——三氧化硫的质量分数，%；

m_{25}——测定溶液中的三氧化硫的含量，mg；

m_{24}——试料的质量，g。

（3）离子交换法

① 方法提要

在水介质中，用氢型阳离子交换树脂对水泥中的硫酸钙进行两次静态交换，生成等物质的量的氢离子，以酚酞为指示剂，用氢氧化钠标准滴定溶液滴定。

本方法只适用于掺加天然石膏并且不含有氟、磷、氯的水泥中三氧化硫的测定。

② 分析步骤

称取约 0.2g 试样（m_{26}），精确至 0.0001g，置于已盛有 5g 树脂、一根搅拌子及 10mL 热水的 150mL 烧杯中，摇动烧杯使其分散。向烧杯中加入 40mL 沸水，置于磁力搅拌器上，加热搅拌 10min，以快速滤纸过滤，并用热水洗涤烧杯与滤纸上树脂 4～5 次。滤液及洗液收集于另一装有 2g 树脂及一根搅拌子的 150mL 烧杯中（此时溶液体积在 100mL 左右）。再将烧杯置于磁力搅拌器上搅拌 3min，用快速滤纸过滤，用热水冲洗烧杯与滤纸上的树脂 5～6 次，滤液收集于 300mL 烧杯中。

向溶液中加入 5～6 滴酚酞指示剂溶液，用 $[c(NaOH) = 0.06mol/L]$ 氢氧化钠标准滴定溶液滴定至微红色。保存用过的树脂以备再生。

③ 结果表示

三氧化硫的质量分数 w_{SO_3} 按下式计算

$$w_{SO_3} = \frac{T_{SO_3} \times V_{20}}{m_{26} \times 1000} \times 100\%$$

式中　　w_{SO_3}——三氧化硫的质量分数，%；

T_{SO_3}——每 1mL 氢氧化钠标准滴定溶液相当于三氧化硫的 mg 数，mg/mL；

V_{20}——滴定时消耗氢氧化钠标准滴定溶液的体积，mL；

m_{26}——试料的质量，g。

（4）允许差

同一实验室的允许差为：0.15%；不同实验室的允许差为：0.20%。

23. 氟的测定（代用法）

（1）方法提要

在 pH=6.0 的总离子强度配位缓冲液的存在下，以氯离子选择性电极作指示电极，饱和氯化钾甘汞电极作参比电极，用离子计或酸度计量含氟溶液的电极电位。

（2）分析步骤

称取约 0.2g 试样（m_{27}），精确至 0.0001g，置于 100mL 干烧杯中，加入 10mL 水使其

分散，加入 5mL 盐酸（1+1），加热至微沸并保持 1～2min。用快速滤纸过滤，用温水洗涤 5～6 次，冷却，加入 2～3 滴溴酚蓝指示剂溶液，用盐酸（1+1）和氢氧化钠溶液调整溶液的酸度，使溶液的颜色刚由蓝色变为黄色（应防止氢氧化铝沉淀产生），然后移入 100mL 容量瓶中，用水稀释至标线，摇匀。

吸取 10.00mL 溶液，放入置有一根搅拌子的 50mL 烧杯中，加入 10.00mL pH＝6.0 的总离子强度配位缓冲液，将烧杯置于电磁搅拌器上，在溶液中插入氟离子选择性电极和饱和氯化钾甘汞电极，打开磁力搅拌器搅拌 2min，停止搅拌 30s，用离子计或酸度计测量溶液的平衡电位，由工作曲线上查出氟的浓度。

（3）结果表示

氟的质量分数 w_F 按下式计算

$$w_F = \frac{c_7 \times V_{21}}{m_{27} \times 1000} \times 100\%$$

式中　　w_F ——氟的质量分数，%；

c_7 ——测定溶液中氟的浓度，mg/mL；

V_{21} ——测定溶液稀释的总体积，mL；

m_{27} ——试料的质量，g。

（4）允许差

同一实验室的允许差为：0.10%；不同实验室的允许差为：0.15%。

24. 游离氧化钙的测定（代用法）

（1）乙二醇法

① 方法提要

乙二醇在 65～70℃ 时与水泥熟料中游离氧化钙作用生成乙二醇钙，经过滤分离残渣后，以甲基红-溴甲酚绿作指示剂，用盐酸标准滴定溶液滴定。

② 分析步骤

称取约 1g 试样（m_{28}），精确至 0.0001g 置于干燥的内装有一根搅拌子的 200mL 锥形瓶中，加 40mL 乙二醇，盖紧锥形瓶，用力摇荡，在 65～70℃ 水浴上加热 30min，每隔 5min 摇荡一次（也可用机械连续振荡代替）。

用安有合适孔隙干滤纸的烧结玻璃过滤漏斗抽气过滤（如果过滤速度慢，应在烧结玻璃过滤漏斗上紧密塞一个带有钠石灰管的橡皮塞）。用无水乙醇或热的乙二醇仔细洗涤锥形瓶和沉淀共三次，每次用量 10mL。卸下滤液瓶，用 $[c(HCL) = 0.1mol/L]$ 盐酸标准滴定溶液滴定至溶液颜色由褐色变为橙色。

③ 结果表示

游离氧化钙的质量分数 f_{CaO} 按下式计算

$$f_{CaO} = \frac{T_{f_{CaO}} \times V_{22}}{m_{28} \times 1000} \times 100\%$$

式中　　f_{CaO} ——游离氧化钙的质量分数，%；

$T_{f_{CaO}}$ ——每 1mL 盐酸标准滴定溶液相当于氧化钙的 mg 数，mg/mL；

V_{22} ——滴定时消耗盐酸标准溶液的体积，mL；

m_{28} ——试料的质量，g。

（2）甘油酒精法

① 方法提要

以硝酸锶为催化剂，使试样与甘油无水乙醇溶液在微沸的温度下作用生成甘油钙，以酚酞为指示剂，用苯甲酸无水乙醇标准滴定溶液滴定。

② 分析步骤

称取约 0.5g 试样（m_{29}），精确至 0.0001g 置于 150mL 干燥的锥形瓶中，加入 15mL 甘油无水乙醇溶液，摇匀。装上回流冷凝器，在放石棉网的电炉上加热煮沸 10min，至溶液呈红色时取下锥形瓶，立即以 $[c(C_6H_5COOH)=0.1mol/L]$ 苯甲酸无水乙醇标准滴定溶液滴定至红色消失。再将冷凝器装上，继续加热煮沸至红色出现，再取下滴定。如此反复操作，直至在加热 10min 后不出现红色为止。

③ 结果表示

游离氧化钙的质量分数 f_{CaO} 按下式计算

$$f_{CaO} = \frac{T_{f_{CaO}} \times V_{23}}{m_{29} \times 1000} \times 100\%$$

式中　　f_{CaO}——游离氧化钙的质量分数，%；

　　　　$T_{f_{CaO}}$——每 1mL 盐酸标准滴定溶液相当于氧化钙的 mg 数，mg/mL；

　　　　V_{23}——滴定时消耗盐酸标准溶液的体积，mL；

　　　　m_{29}——试料的质量，g。

（3）允许差

同一实验室的允许差为：含量<2%时，0.10%；含量>2%时，0.20%。

25. 水泥碱度的测定

（1）方法提要

用盐酸中和水泥后产生的氢氧化钙[$Ca(OH)_2$]。碱度单位以每升溶液中含氧化钙的质量表示。

（2）分析步骤

称取试样 10.0000g 于 150mL 锥形瓶中，准确用移液管加入 90mL 水并放入一根磁力搅拌棒，用橡皮塞紧瓶口，放于磁力搅拌器上搅拌 30min，立即用定性滤纸滤于另一 150mL 锥形瓶中，将开始滤的滤液弃去，然后继续过滤，用移液管吸取 50mL 滤液于另一 150mL 锥形瓶中，加入甲基红指示剂 2 滴，用 0.02mol/L 盐酸标准溶液滴定至红色为终点。

（3）结果表示

水泥碱度按下式计算

$$碱度 = c \times V \times 0.05608 \times 20$$

式中　　c——盐酸摩尔浓度，mol/L；

　　　　V——滴定时消耗盐酸之体积，mL；

　　0.05608——氧化钙的毫摩尔质量；

　　　　20——吸取 50mL 试样换算为 1000mL 体积的倍数。

（4）注意事项

经过滤后溶液应尽快吸取滴定，否则氢氧化钙在空气中放置将吸收空气的二氧化碳形成碳酸钙沉淀。

任务十　钠钙硅玻璃分析

钠钙硅玻璃是以氧化硅、氧化钙、氧化钠为主要成分的玻璃。这一系统的玻璃由于原料便宜、容易成型、有较好的化学稳定性，因而应用广泛，其产量在世界各国均占玻璃制品产量的50％以上。钠钙硅玻璃所用原料大部分是石英砂、长石、石灰石、白云石、黏土、纯碱等矿物原料，以及少部分化工原料，原料价廉，但其化学组成不稳定，因此在生产中必须控制其杂质含量。

钠钙硅玻璃分析结果的允许误差如表6-7所示。

表6-7　分析结果允许的误差范围

允许差范围 / 测定项目	A 同一实验室	B 不同实验室	允许差范围 / 测定项目	A 同一实验室	B 不同实验室
烧失量	0.05	0.06	K_2O	0.05	0.07
SiO_2	0.20	0.25	Na_2O	0.20	0.25
Fe_2O_3	0.01	0.02	SO_3	0.03	0.04
Al_2O_3	0.06	0.08	P_2O_5	0.02	0.03
CaO	0.10	0.15			
MgO	0.10	0.15			

一、实验目的

1. 学会配制和标定钠钙硅玻璃分析所用试剂及标准滴定溶液。
2. 熟悉钠钙硅玻璃分析的基本原理。
3. 掌握钠钙硅玻璃主要成分分析的方法。

二、实验内容

1. 试样的制备

试样经清选后粉碎，避免引进杂质，通过孔径为0.08mm方孔筛，贮存于带磨口塞的磨口瓶中备用。

2. 烧失量的测定

（1）分析步骤

称取约1g试样于已恒量的铂坩埚或瓷坩埚中，放入高温炉内，从低温升起，在550℃灼烧1h。在干燥器中冷却至室温，称量。反复灼烧，直至恒量。

（2）结果表示

烧失量的质量分数 w_{LOI} 按下式计算

$$w_{LOI} = \frac{m - m_1}{m} \times 100\%$$

式中　　w_{LOI}——烧失量的质量分数，％；

　　　　m_1——灼烧后试料的质量，g；

m——试料的质量，g。

3. 二氧化硅的测定

（1）重量法—分光光度法

① 试剂与仪器

a. 无水碳酸钠。b. 盐酸（密度 1.19，1+1，5+95，1mol/L）。c. 硫酸（1+4）。d. 40% 氢氟酸。e. 氢氧化钠溶液[10%（m/V）]：称取 10g 氢氧化钠于塑料杯中，加 1000mL 水溶解，贮存于塑料瓶中。f. 氟化钾溶液[2%（m/V）]：称取 2g 氟化钾于塑料杯中，加 100mL 水溶解，贮存于塑料瓶中。g. 硼酸溶液[2%（m/V）]。h. 对硝基酚指示剂[0.5%（m/V）]：溶于乙醇中。i. 95%乙醇。j. 钼酸铵[(NH_4)$_6$$Mo_7O_{24}$ · $4H_2O$]：称取 8g 钼酸铵溶于 100mL 水中，过滤，贮存于塑料瓶中。k. 抗坏血酸溶液[2%（m/V）]：使用时配制。l. 二氧化硅标准溶液：准确称取 0.1000g 预先经 1000℃灼烧 1h 高纯石英（纯度为 99.99% 以上）于铂坩埚中，加 2g 无水碳酸钠，混匀。先低温加热，逐渐升高温度到 1000℃，得到透明熔体，继续熔融 3～5min。冷却，用热水浸取熔块于 300mL 的塑料杯中，加入 150mL 沸水，搅拌使其溶解（此时溶液应澄清）。冷却，移入 1L 容量瓶中，用水稀释至标线，摇匀立即转移到塑料瓶贮存。此溶液每 1mL 含 0.1mg 二氧化硅。使用 721 型分光光度计。

② 二氧化硅比色标准曲线的绘制

在一组 100mL 容量中，加 5mL 1mol/L 盐酸及 20mL 水，摇匀，取 0mL，1.0mL，2.0mL，3.0mL，4.0mL，5.0mL，6.0mL，7.0mL，8.0mL 二氧化硅标准溶液，加 8mL 钼酸铵溶液，摇匀，于 20～30℃放置 15min，15mL 盐酸（1+1），用水稀释至 90mL 左右。加 5mL 坏血酸溶液用水稀释至标线，摇匀。1h 后，于分光光度计上，以试剂空白作参比，选用 5mm 比色皿，在波长 700nm 处测定溶液的吸光度。按测得吸光度与比色溶液浓度的关系绘制标准曲线。

③ 分析步骤

称取约 0.5g 试样于铂坩埚中，加 1.5g 无水碳酸钠，与试样混匀，再取 0.5g 无水碳酸钠铺表面，盖上坩埚盖，先低温加热，逐渐升高温度至 1000℃，熔融至透明状态，继续熔融 15min。用坩埚钳夹持坩埚，小心旋转，使熔融物均匀地附在坩埚内壁。冷却，用热水浸取熔块于铂蒸发皿（或瓷蒸发皿）中。盖上表面皿，加 10mL 盐酸（1+1）溶解熔块，用少量盐酸（1+1）及热水洗净坩埚，洗液并入蒸发皿内，将皿置于水浴上蒸发至无盐酸味，冷却。加 5mL 盐酸（密度 1.19g/cm³），放置约 5min，加 50mL 热水，搅拌使盐类溶解。用中速定量滤纸倾泻过滤，滤液用 250mL 容量瓶承接，以热盐酸（5+95）洗涤皿壁及沉淀 8～10 次，热水洗 4～5 次。在沉淀上加 4 滴硫酸（1+4），将滤纸和沉淀移入铂坩埚中，放在电炉上低温烘干，升高温度使滤纸充分灰化。于 1100℃灼烧 1h，在干燥器中冷却至室温，称量。反复灼烧，直至恒量。将沉淀用水润湿，加 4 滴硫酸（1+4）及 5～7mL 氢氟酸，于低温电炉上蒸发至干，重复处理一次。逐渐升高温度驱尽三氧化硫白烟，将残渣于 1100℃灼烧 15min，在干燥器中冷却至室温，称量。反复灼烧直至恒量。将上面的滤液用水稀释至标线，摇匀。吸取 25mL 滤液于 100mL 塑料杯中，加 5mL 氟化钾溶液，摇匀。放置 10min 后，加 5mL 硼酸溶液，1 滴对硝基酚指示剂，滴加氢氧化钠溶液至溶液变黄色，加 5mL 盐酸（1+1），移入 100mL 容量瓶中。加 8mL 乙醇，以下分析步骤同标准曲线的绘制，测定吸光度。从标准曲线上查得二氧化硅的含量（c）。

④ 结果表示

二氧化硅的质量分数 w_{SiO_2} 按下式计算

$$w_{SiO_2} = (\frac{m_1 - m_2}{m} + \frac{c \times 10}{m \times 100}) \times 100\%$$

式中　　w_{SiO_2}——二氧化硅的质量分数，%；

　　　　m_1——灼烧后未经氢氟酸处理的沉淀及坩埚质量，g；

　　　　m_2——用氢氟酸处理并经灼烧后的沉淀及坩埚质量，g；

　　　　m——试料质量，g。

　　　　c——在标准曲线上查得所分取滤液中二氧化硅的含量，mg。

（2）氟硅酸钾法

① 试剂

见"任务九"相关部分。

② 分析步骤

称取约 0.1g 试样于镍坩埚中，加 2g 左右氢氧化钾，先低温熔融，经常摇动坩埚。然后在 600～650℃ 继续熔融 15～20min。旋转坩埚，使熔融物均匀地附着在坩埚内壁。余下内容见"任务九"相关部分。

③ 结果表示

见"任务九"相关部分。

4. 三氧化二铝的测定

（1）分析步骤

称取约 0.5g 试样于铂皿中，用少量水润湿，加 1mL 硫酸（1+1）和 7～10mL 氢氟酸，于低温电炉上蒸发至冒三氧化硫白烟。重复处理一次，逐渐升高温度，驱尽三氧化硫白烟。冷却，加 10mL 盐酸（1+1）及适量水，加热溶解。冷却后，移入 250mL 容量瓶中，用水稀释至标线，摇匀。此为试液 A，可供测试二氧化硅、三氧化二铁、三氧化二铝、氧化钙、氧化镁、二氧化钛用。

吸取 25.00mL 试液 A 于 300mL 烧杯中，用滴定管准确加入 10mL 0.01mol/L EDTA 标准溶液，余下部分见"任务九"相关部分。

（2）结果表示

见"任务九"相关部分。

5. 二氧化钛的测定（二安替比林甲烷比色法，见"任务九"相关部分）

6. 三氧化二铁的测定（邻啡口罗啉比色法，见"任务九"相关部分）

7. 氧化钙的测定（EDTA 法，见"任务九"相关部分）

8. 氧化镁的测定（EDTA 法，见"任务九"相关部分）

9. 氧化钾和氧化钠的测定（火焰光度法，见"任务九"相关部分）

10. 三氧化硫的测定（重量法，见"任务九"相关部分）

11. 五氧化二磷的测定（磷钒钼黄比色法）

（1）试剂与仪器

a. 硝酸（密度 1.42，1+2）。

b.70% 高氯酸。

c. 40%氢氟酸。

d. 钼酸铵-钒酸铵显色剂。

钼酸铵溶液（甲）：将 25g 钼酸铵[(NH₄)₆Mo₇O₂₄·4H₂O]溶于约 150mL 水中，加热至 60℃，待溶解后（必要时过滤）用水稀释至 250mL，并加入 1mL 硝酸（密度 1.42g/cm³）。钒酸铵溶液（乙）：将 0.75g 钒酸铵（NH₄VO₃）溶于约 150mL 水中，加热至 60℃，待溶解后冷却，加 15mL 硝酸（密度 1.42g/cm³）用水稀释至 250mL。将甲、乙两溶液混合，混匀后保存在棕色瓶中。

e. 五氧化二磷标准溶液：准确称取 0.1816g 预先经 105～110℃烘干 2h 的磷酸氢二铵[(NH₄)₂HPO₄]溶于水中，然后移入容量瓶中，用水稀释至标线，摇匀。此溶液每 1mL 含 0.1mg 五氧化二磷。

f. 分光光度计。

（2）五氧化二磷标准曲线的绘制

吸取 0mL，2.5mL，5.0mL，7.5mL，10.0mL，12.5mL，15.0mL 五氧化二磷标准溶液（分别相当于 0mg，0.25mg，0.50mg，0.75mg，1.00mg，1.50mg 五氧化二磷）。加入 5mL 硝酸（1+2），然后用水稀释至 50～60mL，加入 10mL 钼酸铵-钒酸铵显色剂，用水稀释至标线，摇匀。放置 10min 后于分光光度计上，以试剂空白作参比，选用 1cm 的比色皿，在波长 460nm 处测量溶液的吸光度，按测得的吸光度与比色溶液的关系绘制标准曲线。

（3）分析步骤

称取约 1g 试样于铂皿中，用少量水润湿，加入 5～6mL 高氯酸、2～3mL 硝酸和 7～10mL 氢氟酸，于低温电炉上蒸发至近干，用水冲洗皿壁，再加 1mL 硝酸继续蒸发至干，冷却，加 5mL 硝酸（1+2）及适量水，加热溶解，冷却后，移入 100mL 容量瓶中，溶液的体积保持在 50～60mL，加入 10mL 钼酸铵-钒酸铵显色剂，用水稀释至标线，摇匀。以下步骤同标准曲线的绘制，测定吸光度，从标准曲线上查得五氧化二磷的含量（c）。

（4）结果表示

五氧化二磷的质量分数 $w_{P_2O_5}$ 按下式计算

$$w_{P_2O_5} = \frac{c}{m \times 1000} \times 100\%$$

式中 c——在标准曲线上查得被测溶液中五氧化二磷的含量，mg；

m——试样质量，g。

任务十一 陶瓷材料及制品分析

一、实验目的

1. 学会配制和标定陶瓷材料及制品分析所用试剂及标准滴定溶液。
2. 熟悉陶瓷材料及制品分析的基本原理。
3. 掌握陶瓷材料及制品主要成分分析的方法。

二、实验内容

1. 试样的制备

将送检样粉碎、过筛、缩分处理成分析试样，使其不失去原送检样的代表性。分析试样最大粒径小于 0.09mm，最低重量不小于 50g，试样经清选后粉碎，避免引进杂质，通过孔径为 0.08mm 方孔筛，贮存于带磨口塞的磨口瓶中备用。分析试样在各组分测定之前，须经过 105～110℃ 干燥 2～3h。

2. 试样溶液制备

（1）碱熔试样的制备

称取试样 0.5g，精确至 0.0001g，置于铂坩埚中，取碳酸钠 4g（或混合溶剂 3g），将熔剂的三分之二与试样混匀，剩下的三分之一覆盖于上面，先低温加热，逐渐升高至 1000℃，熔融 10～15min，取出冷却后，将熔块用热水浸于 500mL 烧杯中，加入盐酸（密度 1.19g/cm³）20mL，盖上表皿，待反应停止后用盐酸（1+1）及热水洗净坩埚、坩埚盖及表皿，将烧杯移至沸水浴上，浓缩至硅酸胶体析出仅带少量液体为止（约 10mL）。取下，冷却至室温，加入丙三醇 10mL 以除硼，摇匀，现加入聚环氧乙烷溶液（0.05%）10mL，搅匀，放置 5min，加沸水 10mL 使盐类溶解，然后使用慢速定量滤纸过滤于 250mL 容量瓶中，用热盐酸（1+19）洗涤 5～6 次，最后用一小片滤纸及带胶头的玻璃棒擦洗烧杯，使沉淀转移完全。再用热水洗涤沉淀至无氯离子，将沉淀移入已恒量的铂坩埚中，加硫酸（1+1）1滴，加盖并留一缝隙，先炭化再灰化至白色，然后放入高温炉内于 950～1000℃ 灼烧 1h，移入干燥器中冷却至室温，反复操作至恒量，记为 m_1。润湿上述沉淀后，加入硫酸（1+1）5滴和氢氟酸（密度 1.14g/cm³）10mL，先小火逐渐升温蒸至开始冒白烟，取下冷却再加硫酸（1+1）3滴，氢氟酸 5mL，蒸至白烟逸尽，移入 950～1000℃ 高温炉中灼烧 1h，移入干燥器中冷却至室温，称量，反复操作直至恒量，记为 m_2（如果残渣超出 10mg 须重新称样返工重做）。用焦硫酸钾 1g 在 500～600℃ 熔融残渣，冷却后用几滴盐酸（1+1）和少量水加热溶解，并入滤液，稀释至标线，此溶液称为试液 A。此溶液供残留 SiO_2、Al_2O_3、Fe_2O_3、TiO_2、CaO、MgO 含量的测定。

（2）酸溶试样的制备

当 SiO_2 含量在 98% 以上，可用此法制备试液。称取试样 1g，精确至 0.0001g，置于铂坩埚中，加水湿润，加入 1mL 高氯酸（密度 1.75g/cm³）、10mL 氢氟酸（密度 1.14g/cm³），盖上坩埚盖并使之留有空隙，在不沸腾的情况下加热约 15min，打开坩埚盖用少量水洗两遍（洗液并入坩埚内），在普通电热器上小心蒸发至近干，取下坩埚。稍冷后用少量水冲洗坩埚壁，再加 3mL 氢氟酸并蒸发至近干，稍冷后加 4 滴高氯酸，继续蒸发至干，稍冷后加入盐酸（1+1）10mL 放在普通电热器上加热分解至溶液澄清。用热水将溶液洗至烧杯内，冷却后移至 250mL 容量瓶中，用水稀释至标线，摇匀。此溶液称为试液 B，此溶液供 Al_2O_3、Fe_2O_3、TiO_2、CaO、MgO、K_2O、Na_2O 含量的测定。

3. 各组分的测定

SiO_2、Al_2O_3、Fe_2O_3、TiO_2、CaO、MgO、K_2O、Na_2O、SO_3、P_2O_5、烧失量测定可参照任务九相关内容执行。

学习思考

一、填空题

1. 复杂物质的分析一般包括_____、_____、_____、干扰组分的分离、测定方法的选择、数据处理以及报告分析结果等。

2. 有一铁矿石最大颗粒直径为 10mm，$K \approx 0.1$，则应采集的原始试样最低质量为_____。

3. 由于采集的试样不仅量大且颗粒不均匀，必须通过多次_____、_____、_____、_____等步骤制成少量均匀而有代表性的分析试样。

4. 建材化学分析中一般要将试样分解，制成溶液后再分析，分解试样的方法主要有_____、_____、_____和_____等几种。

5. 碱熔法是用_____熔融分解酸性试样。熔融法中应注意正确选用坩埚材料，以保证所用坩埚不受损坏。选择坩埚材质的原则是：一方面要使坩埚在熔融时_____或_____，另一方面还要保证_____。

6. 半熔法又称_____，是让试样与固体试剂在_____下进行反应。因为温度较低，加热时间需要较长，但不易侵蚀坩埚，可以在瓷坩埚中进行。

7. 测定方法选择的原则有_____、_____、_____、_____和根据实验室条件等。总之，一个理想的分析方法应该是_____、_____、_____、操作简便的方法。

8. 熔融分解试样的缺点是：不能与分离步骤衔接，_____，需要_____。

9. 各种硅酸盐快速分析系统的共同点是_____，_____，但测定方法的精确度和选择性较差。

10. EDTA 配合滴定法测定钙镁，常采用 K-B 指示剂，其组成包括_____、_____以及硝酸铵。

11. 用氯化铵重量法测定硅酸盐中的二氧化硅时，加入氯化铵的作用是_____。

12. 可溶性二氧化硅的测定方法常采用_____。

13. 可以将硅钼黄还原为硅钼蓝的还原剂有_____。

14. 氟硅酸钾酸测定硅酸盐中的二氧化硅时，若采用氢氧化钾为熔剂，应在_____坩埚中熔融；若以碳酸钾作熔剂，应在_____坩埚中熔融；若采用氢氧化钠做熔剂时，应在_____坩埚中熔融。

15. 用 EDTA 滴定法测定硅酸盐中的三氧化二铁时，使用的指示剂是_____。

16. 硅酸盐水泥及熟料可采用_____法分解试样，也可以采用_____法溶解试样。

17. 用 EDTA 法测定水泥熟料中的 Al_2O_3 时，使用的滴定剂和指示剂分别为_____和_____。

二、选择题

1. 测定 H_2O^- 时，通常要将试样烘干，一般试样采用的烘干温度为（　　）。

A　95～100℃　　　　B　100～105℃　　　　C　105～110℃　　　　D　110～120℃

2. 动物胶凝聚硅酸后，应将试液及沉淀（　　　）。

A　用自来水冷却至室温再过滤　　　　B　自然冷却至室温再过滤

C　用冰水冷却后再过滤　　　　　　　D　趁热过滤

3. 磺基水杨酸光度法测定铁通常选用 pH 值为 8～11，生成的黄色配合物中 Fe^{3+} 与 H_3R 离子数之比为（　　　）。

A　1：1　　　　　　B　1：2　　　　　　C　1：3　　　　　　D　1：4

4. 硅酸盐岩石中 FeO 的各种化学测定方法的共同点之一是（　　　）。

A　在分析系统中分取试液测定　　　　B　单独称样测定

C　取大量试样测定　　　　　　　　　D　取微量试样测定

5. 制样的基本原则是（　　　）。

A　最少加工原则　　　　　　　　　　B　具有代表性原则

C　试样无丢失原则　　　　　　　　　D　A 和 B

6. 用磷酸分解试样的特点是磷酸具有（　　　）。

A　强配合力　　　　　　　　　　　　B　高沸点

C　A＋B　　　　　　　　　　　　　　D　挥发性

7. 氢氧化钠熔融分解试样，可以采用的坩埚是（　　　）。

A　B＋C＋D　　　　　　　　　　　　B　银坩埚

C　镍坩埚　　　　　　　　　　　　　D　铁坩埚

8. 焦硫酸钾熔融分解试样中，所用的焦硫酸钾是（　　　）。

A　碱性熔剂　　　　B　酸性熔剂　　　　C　中性熔剂　　　　D　还原性熔剂

9. 用 NaOH 全熔分解试样，欲测定硅、铁含量，能采用的坩埚是（　　　）。

A　铂坩埚　　　　　B　瓷坩埚　　　　　C　银坩埚　　　　　D　铁坩埚

10. 用 HCl 分解试样的优点之一是（　　　）。

A　它的大多数盐易溶于水　　　　　　B　HCl 具还原性

C　氯离子对金属离子无成络作用　　　D　B 和 C

11. 配合滴定法测定 CaO、MgO，如果只用一份溶液，若先在 pH＝13 用 EDTA 滴定至终点，再调整至 pH＝10，又用 EDTA 滴定至终点。则它们求得的结果是（　　　）。

A　在 pH＝13 时，求得的是 CaO、MgO 的含量，pH＝10 时求得 CaO 量

B　在 pH＝13 时，求得的是 CaO 的量，pH＝10 时，求得的是 MgO 的量

C　在 pH＝13 时，求得的是 CaO 的量，pH＝10 时，求得的是 CaO、MgO 的量

D　在 pH＝13 时，求得的是 MgO 的量，pH＝10 时，求得的是 CaO、MgO 的量

12. 硅酸盐全分析结果的百分总和计算，前提条件是（　　　）。

A　B＋C＋D　　　　　　　　　　　　B　无漏测

C　各组分质量合格　　　　　　　　　D　对某些组分的合理校正

13. 分样器的作用是（　　　）。

A　破碎样品　　　　B　分解样品　　　　C　缩分样品　　　　D　掺合样品

14. 欲采集固体非均匀物料，已知该物料中最大颗粒直径为 20mm，若取 $K＝0.06$，则最低采集量应为（　　　）。

A　24kg　　　　　　B　1.2kg　　　　　　C　1.44kg　　　　　D　0.072kg

15. 水泥厂对水泥生料，石灰石等样品中二氧化硅的测定，分解试样，一般是采用（　　）分解试样。

A　硫酸溶解　　　　　　　　　　B　HCl 溶解

C　合酸王水溶解　　　　　　　　D　碳酸钠作熔剂，半熔融解

三、判断题

1. 制好的试样分装在两个试剂瓶中，贴上标签，注明试样的名称、来源和采样日期。一瓶作正样供分析用，另一瓶备查用。试样收到后一般应尽快分析，以避免试样受潮、风干或变质。（　　　）

2. 溶解法是采用适当的溶剂将试样溶解后制成溶液，这种方法比较简单、快速。常用的溶剂有水、酸、碱等。（　　　）

3. 坩埚烧至恒量的要求是两次称量质量差在 0.1～1.00g。（　　　）

4. 坩埚从电炉中取出后应立即放入干燥器中。（　　　）

5. 灰化过程中，如果滤纸燃烧应立即用嘴吹灭。（　　　）

6. 沉淀连同滤纸放进高温炉以后，要把坩埚盖盖严。（　　　）

7. 重量分析的系统误差，仅与天平的称量误差有关。（　　　）

8. 不溶物的测定方法是一个规范性很强的经验方法。结果正确与否同试剂浓度、试剂量、温度、处理时间等密切相关。（　　　）

9. 气化法是指利用物质的挥发性质，通过加热或其他方法使试样中的被测组分挥发逸出，然后根据试样质量的减少，计算该组分的含量；或者用吸收剂吸收逸出的组分，根据吸收剂质量的增加计算该组分的含量。（　　　）

10. 用洗涤液洗涤沉淀时，要"少量多次"。（　　　）

11. 灼烧完毕后，取出坩埚置于操作台上冷却，再称量直至恒量。（　　　）

12. 采集非均匀固体物料时，采集量可由公式 $Q=Kd$ 计算得到。（　　　）

13. 试样的制备通常应经过破碎、过筛、混匀、缩分四个基本步骤。（　　　）

14. 四分法缩分样品，弃去相邻的两个扇形样品，留下另两个相邻的扇形样品。（　　　）

15. 制备固体分析样品时，当部分采集的样品很难破碎和过筛，则该部分样品可以弃去不要。（　　　）

16. 无论均匀和不均匀物料的采集，都要求不能引入杂质，避免引起物料的变化。（　　　）

17. 商品煤样的子样质量，由煤的粒度决定。（　　　）

18. 分析检验的目的是为了获得样本的情况，而不是为了获得总体物料的情况。（　　　）

19. 分解试样的方法很多，选择分解试样的方法时应考虑测定对象、测定方法和干扰元素等几方面的问题。（　　　）

四、计算题

1. 称取某岩石样品 1.000g，以氟硅酸钾容量法测定硅的含量，滴定时消耗 0.1000 mol/L NaOH 标准溶液 19.00 mL，试求该试样中 SiO_2 的质量分数。

2. 称取含铁、铝的试样 0.2015g，溶解后调节溶液 pH＝2.0，以磺基水杨酸作指示剂，

用 0.02008mol/L EDTA 标准溶液滴定至红色消失并呈亮黄色，消耗 15.20mL。然后加入 EDTA 标准溶液 25.00mL，加热煮沸，调 pH＝4.3，以 PAN 作指示剂，趁热用 0.02112mol/L 硫酸铜标准溶液返滴，消耗 8.16mL。试计算试样中 Fe_2O_3 和 Al_2O_3 的含量。

3. 采用配位滴定法分析水泥熟料中铁、铝、钙和镁的含量时，称取 0.5000g 试样，碱熔后分离除去 SiO_2，滤液收集并定容于 250mL 的容量瓶中，待测。

(1) 移取 25.00mL 待测溶液，加入磺基水杨酸钠指示剂，快速调整溶液至 pH＝2.0，用 $T(CaO/EDTA)＝0.5600mg/mL$ 的 EDTA 标准溶液滴定溶液由紫红色变为亮黄色，消耗 3.30mL。

(2) 在滴定完铁的溶液中，加入 15.00mL EDTA 标准溶液，加热至 70～80℃，加热 pH＝4.3 的缓冲溶液，加热煮沸 1～2min，稍冷后以 PAN 为指示剂，用 0.01000mol/L 的硫酸铜标准溶液滴定过量的 EDTA 至溶液变为亮紫色，消耗 9.80mL。

(3) 移取 10.00mL 待测溶液，掩蔽铁、铝、钛，然后用 KOH 溶液调节溶液 pH＞13，加入几滴 CMP 混合指示剂，用 EDTA 标准溶液滴至黄绿色荧光消失并呈红色，消耗 22.94mL。

(4) 移取 10.00mL 待测溶液，掩蔽铁、铝、钛，加入 pH＝10.0 的氨性缓冲溶液，以 KB 为指示剂，用 EDTA 标准溶液滴定至纯蓝色，消耗 23.54mL。

若用二安替比林甲烷分光光度计法测定试样中 TiO_2 的含量为 0.29%，试计算水泥熟料中 Fe_2O_3、Al_2O_3、CaO 和 MgO 的质量分数。

附录1 弱电解质的解离常数

（近似浓度 0.01~0.003mol/L，温度 298K）

名称	化学式	解离常数，K	pK
醋酸	HAc	1.76×10^{-5}	4.75
碳酸	H_2CO_3	$K_1=4.30\times10^{-7}$	6.37
		$K_2=5.61\times10^{-11}$	10.25
草酸	$H_2C_2O_4$	$K_1=5.90\times10^{-2}$	1.23
		$K_2=6.40\times10^{-5}$	4.19
亚硝酸	HNO_2	4.6×10^{-4}(285.5K)	3.37
磷酸	H_3PO_4	$K_1=7.52\times10^{-3}$	2.12
		$K_2=6.23\times10^{-8}$	7.21
		$K_3=2.2\times10^{-13}$(291K)	12.67
亚硫酸	H_2SO_3	$K_1=1.54\times10^{-2}$(291K)	1.81
		$K_2=1.02\times10^{-7}$	6.91
硫酸	H_2SO_4	$K_2=1.20\times10^{-2}$	1.92
硫化氢	H_2S	$K_1=9.1\times10^{-8}$(291K)	7.04
		$K_2=1.1\times10^{-12}$	11.96
氢氰酸	HCN	4.93×10^{-10}	9.31
铬酸	H_2CrO_4	$K_1=1.8\times10^{-1}$	0.74
		$K_2=3.20\times10^{-7}$	6.49
*硼酸	H_3BO_3	5.8×10^{-10}	9.24
氢氟酸	HF	3.53×10^{-4}	3.45
过氧化氢	H_2O_2	2.4×10^{-12}	11.62
砷酸	H_3AsO_4	$K_1=5.62\times10^{-3}$(291K)	2.25
		$K_2=1.70\times10^{-7}$	6.77
		$K_3=3.95\times10^{-12}$	11.40
亚砷酸	$HAsO_2$	6×10^{-10}	9.22
铵离子	NH_4^+	5.56×10^{-10}	9.25
氨水	$NH_3\cdot H_2O$	1.79×10^{-5}	4.75
联胺	N_2H_4	8.91×10^{-7}	6.05
羟氨	NH_2OH	9.12×10^{-9}	8.04
氢氧化铅	$Pb(OH)_2$	9.6×10^{-4}	3.02
氢氧化铝	$Al(OH)_3$	5.01×10^{-9}	8.3
氢氧化锌	$Zn(OH)_2$	7.94×10^{-7}	6.1

名称	化学式	解离常数，K	pK
* 乙二胺	$H_2NC_2H_4NH_2$	$K_1=8.5\times10^{-5}$	4.07
		$K_2=7.1\times10^{-8}$	7.15
* 六亚甲基四胺	$(CH_2)_6N_4$	1.35×10^{-9}	8.87
* 尿素	$CO(NH_2)_2$	1.3×10^{-14}	13.89
* 质子化六亚甲基四胺	$(CH_2)_6N_4H^+$	7.1×10^{-6}	5.15
甲酸	$HCOOH$	$1.77\times10^{-4}(293K)$	3.75
氯乙酸	$ClCH_2COOH$	1.40×10^{-3}	2.85
氨基乙酸	NH_2CH_2COOH	1.67×10^{-10}	9.78
* 邻苯二甲酸	$C_6H_4(COOH)_2$	$K_1=1.12\times10^{-3}$	2.95
		$K_2=3.91\times10^{-6}$	5.41
柠檬酸	$(HOOCCH_2)_2C(OH)COOH$	$K_1=7.1\times10^{-4}$	3.14
		$K_2=1.68\times10^{-5}(293K)$	4.77
		$K_3=4.1\times10^{-7}$	6.39
酒石酸	$[CH(OH)COOH]_2$	$K_1=1.04\times10^{-3}$	2.98
		$K_2=4.55\times10^{-5}$	4.34
* 8-羟基喹啉	C_9H_6NOH	$K_1=8\times10^{-6}$	5.1
		$K_2=1\times10^{-9}$	9.0
苯酚	C_6H_5OH	$1.28\times10^{-10}(293K)$	9.89
* 对氨基苯磺酸	$H_2NC_6H_4SO_3H$	$K_1=2.6\times10^{-0}$	0.58
		$K_2=7.6\times10^{-4}$	3.12
* 乙二胺四乙酸（EDTA）	$(CH_2COOH)_2NH^+CH_2CH_2NH^+(CH_2COOH)_2$	$K_5=5.4\times10^{-7}$	6.27
		$K_6=0.12\times10^{-11}$	10.95

附录 2 常见缓冲溶液的配制

缓冲液	pH	配　制
乙醇-醋酸铵缓冲液	3.7	取 5mol/L 醋酸溶液 15.0mL，加乙醇 60mL 和水 20mL，用 10mol/L 氢氧化铵溶液调节 pH 值至 3.7，用水稀释至 1000mL
三羟甲基氨基甲烷缓冲液	8.0	取三羟甲基氨基甲烷 12.14g，加水 800mL，搅拌溶解，并稀释至 1000mL，用 6mol/L HCl 溶液调节 pH 值至 8.0
三羟甲基氨基甲烷缓冲液	8.1	取氯化钙 0.294g，加 0.2mol/L 三羟甲基甲烷溶液 40mL 使溶解，用 1mol/L HCl 溶液调节 pH 值至 8.1，加水稀释至 100mL
三羟甲基氨基甲烷缓冲液	9.0	取三羟甲基氨基甲烷 6.06g，加 HCl 赖氨酸 3.65g、氯化钠 5.8g、乙二胺四醋酸二钠 0.37g，再加水溶解使成 1000mL，调节 pH 值至 9.0
甲酸钠缓冲液	3.3	取 2mol/L 甲酸溶液 25mL，加酚酞指示液 1 滴，用 2mol/L 氢氧化钠溶液中和，再加入 2mol/L 甲酸溶液 75mL，用水稀释至 200mL，调节 pH 值至 3.25～3.30
邻苯二甲酸盐缓冲液	5.6	取邻苯二甲酸氢钾 10g，加水 900mL，搅拌使溶解，用氢氧化钠试液（必要时用稀 HCl）调节 pH 值至 5.6，加水稀释至 1000mL，混匀
柠檬酸盐缓冲液	6.2	取 2.1% 柠檬酸水溶液，用 50% 氢氧化钠溶液调节 pH 值至 6.2
硼砂-碳酸钠缓冲液	10.8～11.2	取无水碳酸钠 5.30g，加水使溶解成 1000mL；另取硼砂 1.91g，加水使溶解成 100mL。临用前取碳酸钠溶液 973mL 与硼砂溶液 27mL，混匀
硼酸-氯化钾缓冲液	9.0	取硼酸 3.09g，加 0.1mol/L 氯化钾溶液 500mL 使溶解，再加 0.1mol/L 氢氧化钠溶液 210mL
醋酸盐缓冲液	3.5	取醋酸铵 25g，加水 25mL 溶解后，加 7mol/L HCl 溶液 38mL，用 2mol/L HCl 溶液或 5mol/L 氨溶液准确调节 pH 值至 3.5（电位法指示），用水稀释至 100mL
醋酸-醋酸钠缓冲液	3.6	取醋酸钠 5.1g，加冰醋酸 20mL，再加水稀释值至 250mL
醋酸-醋酸钠缓冲液	3.7	取无水醋酸钠 20g，加水 300mL 溶解后，加溴酚蓝指示液 1mL 及冰醋酸 60～80mL，至溶液从蓝色转变为纯绿色，再加水稀释至 1000mL
醋酸-醋酸钠缓冲液	3.8	取 2mol/L 醋酸钠溶液 13mL 与 2mol/L 醋酸溶液 87mL，加每 1mL 含铜 1mg 的硫酸铜溶液 0.5mL，再加水稀释至 1000mL
醋酸-醋酸钠缓冲液	4.5	取醋酸钠 18g，加冰醋酸 9.8mL，再加水稀释至 1000mL
醋酸-醋酸钠缓冲液	4.6	取醋酸钠 5.4g，加水 50mL 使溶解，用冰醋酸调节 pH 值至 4.6，再加水稀释至 100mL
醋酸-醋酸铵缓冲液	4.5	取醋酸铵 7.7g，加水 50mL 溶解后，加冰醋酸 6mL 与适量的水使成 100mL
醋酸-醋酸铵缓冲液	6.0	取醋酸铵 100g，加水 300mL 使溶解，加冰醋酸 7mL，摇匀

缓冲液	pH	配　　制
磷酸盐缓冲液	2.0	甲液：取磷酸 16.6mL，加水至 1000mL，摇匀。乙液：取磷酸氢二钠 71.63g，加水使溶解成 1000mL。取上述甲液 72.5mL 与乙液 27.5mL 混合，摇匀
磷酸盐缓冲液	2.5	取磷酸二氢钾 100g，加水 800mL，用 HCl 调节 pH 值至 2.5，用水稀释至 1000mL
磷酸盐缓冲液	5.0	取 0.2mol/L 磷酸二氢钠溶液一定量，用氢氧化钠试液调节 pH 值至 5.0
磷酸盐缓冲液	5.8	取磷酸二氢钾 8.34g 与磷酸氢二钾 0.87g，加水使溶解成 1000mL
磷酸盐缓冲液	6.5	取磷酸二氢钾 0.68g，加 0.1mol/L 氢氧化钠溶液 15.2mL，用水稀释至 100mL
磷酸盐缓冲液	6.6	取磷酸二氢钠 1.74g、磷酸氢二钠 2.7g 与氯化钠 1.7g，加水使溶解成 300mL
磷酸盐缓冲液	6.8	取 0.2mol/L 磷酸二氢钾溶液 250mL，加 0.2mol/L 氢氧化钠溶液 118mL，用水稀释至 1000mL，摇匀
磷酸盐缓冲液	7.0	取磷酸二氢钾 0.68g，加 0.1mol/L 氢氧化钠溶液 29.1mL，用水稀释至 100mL
磷酸盐缓冲液	7.2	取 0.2mol/L 磷酸二氢钾溶液 50mL 与 0.2mol/L 氢氧化钠溶液 35mL，加新沸过的冷水稀释至 200mL，摇匀
磷酸盐缓冲液	7.3	取磷酸氢二钠 1.9734g 与磷酸二氢钾 0.2245g，加水使溶解成 1000mL，调节 pH 值至 7.3
磷酸盐缓冲液	7.4	取磷酸二氢钾 1.36g，加 0.1mol/L 氢氧化钠溶液 79mL，用水稀释至 200mL
磷酸盐缓冲液	7.6	取磷酸二氢钾 27.22g，加水使溶解成 1000mL，取 50mL，加 0.2mol/L 氢氧化钠溶液 42.4mL，再加水稀释至 200mL
磷酸盐缓冲液	7.8	甲液：取磷酸氢二钠 35.9g，加水溶解，并稀释至 500mL。乙液：取磷酸二氢钠 2.76g，加水溶解，并稀释至 100mL。取上述甲液 91.5mL 与乙液 8.5mL 混合，摇匀
磷酸盐缓冲液	7.8～8.0	取磷酸氢二钾 5.59g 与磷酸二氢钾 0.41g，加水使溶解成 1000mL

附录3 常用基准物质的干燥条件和应用

基准物质		干燥后的组成	干燥条件和温度	标定对象
名称	分子式			
碳酸氢钠	$NaHCO_3$	Na_2CO_3	270～300℃	酸
十水合碳酸钠	$Na_2CO_3 \cdot 10H_2O$	Na_2CO_3	270～300℃	酸
硼砂	$Na_2B_4O_7 \cdot 10H_2O$	$Na_2B_4O_7 \cdot 10H_2O$	放在装有 NaCl 和蔗糖饱和溶液的密闭器皿中	酸
碳酸氢钾	$KHCO_3$	K_2CO_3	270～300℃	酸
二水合草酸	$H_2C_2O_4 \cdot 2H_2O$	$H_2C_2O_4 \cdot 2H_2O$	室温空气干燥	碱或 $KMnO_4$
邻苯二钾酸氢钾	$KHC_8H_4O_4$	$KHC_8H_4O_4$	110～120℃	碱
重铬酸钾	$K_2Cr_2O_7$	$K_2Cr_2O_7$	140～150℃	还原剂
溴酸钾	$KBrO_3$	$KBrO_3$	130℃	还原剂
碘酸钾	KIO_3	KIO_3	130℃	还原剂
铜	Cu	Cu	室温干燥器中保存	还原剂
三氧化二砷	As_2O_3	As_2O_3	室温干燥器中保存	氧化剂
草酸钠	$Na_2C_2O_4$	$Na_2C_2O_4$	130℃	氧化剂
碳酸钙	$CaCO_3$	$CaCO_3$	110℃	EDTA
锌	Zn	Zn	室温干燥器中保存	EDTA
氧化镁	MgO	MgO	850℃	
氧化锌	ZnO	ZnO	900～1000℃	EDTA
氯化钠	NaCl	NaCl	500～600℃	$AgNO_3$
氯化钾	KCl	KCl	500～600℃	$AgNO_3$
硝酸银	$AgNO_3$	$AgNO_3$	220～250℃	氯化物

附录4 化合物的溶度积常数表

化合物	溶度积	化合物	溶度积	化合物	溶度积
醋酸盐		氢氧化物		* CdS	8.0×10^{-27}
* * AgAc	1.94×10^{-3}	* AgOH	2.0×10^{-8}	* CoS(α-型)	4.0×10^{-21}
卤化物		* Al(OH)$_3$(无定形)	1.3×10^{-33}	* CoS(β-型)	2.0×10^{-25}
* AgBr	5.0×10^{-13}	* Be(OH)$_2$(无定形)	1.6×10^{-22}	* Cu$_2$S	2.5×10^{-48}
* AgCl	1.8×10^{-10}	* Ca(OH)$_2$	5.5×10^{-6}	* CuS	6.3×10^{-36}
* AgI	8.3×10^{-17}	* Cd(OH)$_2$	5.27×10^{-15}	* FeS	6.3×10^{-18}
BaF$_2$	1.84×10^{-7}	* * Co(OH)$_2$(粉红色)	1.09×10^{-15}	* HgS(黑色)	1.6×10^{-52}
* CaF$_2$	5.3×10^{-9}	* * Co(OH)$_2$(蓝色)	5.92×10^{-15}	* HgS(红色)	4×10^{-53}
* CuBr	5.3×10^{-9}	* Co(OH)$_3$	1.6×10^{-44}	* MnS(晶形)	2.5×10^{-13}
* CuCl	1.2×10^{-6}	* Cr(OH)$_2$	2×10^{-16}	* * NiS	1.07×10^{-21}
* CuI	1.1×10^{-12}	* Cr(OH)$_3$	6.3×10^{-31}	* PbS	8.0×10^{-28}
* Hg$_2$Cl$_2$	1.3×10^{-18}	* Cu(OH)$_2$	2.2×10^{-20}	* SnS	1×10^{-25}
* Hg$_2$I$_2$	4.5×10^{-29}	* Fe(OH)$_2$	8.0×10^{-16}	* * SnS$_2$	2×10^{-27}
HgI$_2$	2.9×10^{-29}	* Fe(OH)$_3$	4×10^{-38}	* * ZnS	2.93×10^{-25}
PbBr$_2$	6.60×10^{-6}	* Mg(OH)$_2$	1.8×10^{-11}	磷酸盐	
* PbCl$_2$	1.6×10^{-5}	* Mn(OH)$_2$	1.9×10^{-13}	* Ag$_3$PO$_4$	1.4×10^{-16}
PbF$_2$	3.3×10^{-8}	* Ni(OH)$_2$(新制备)	2.0×10^{-15}	* AlPO$_4$	6.3×10^{-19}
* PbI$_2$	7.1×10^{-9}	* Pb(OH)$_2$	1.2×10^{-15}	* CaHPO$_4$	1×10^{-7}
SrF$_2$	4.33×10^{-9}	* Sn(OH)$_2$	1.4×10^{-28}	* Ca$_3$(PO$_4$)$_2$	2.0×10^{-29}
碳酸盐		* Sr(OH)$_2$	9×10^{-4}	* * Cd$_3$(PO$_4$)$_2$	2.53×10^{-33}
Ag$_2$CO$_3$	8.45×10^{-12}	* Zn(OH)$_2$	1.2×10^{-17}	Cu$_3$(PO$_4$)$_2$	1.40×10^{-37}
* BaCO$_3$	5.1×10^{-9}	草酸盐		FePO$_4$ · 2H$_2$O	9.91×10^{-16}
CaCO$_3$	3.36×10^{-9}	Ag$_2$C$_2$O$_4$	5.4×10^{-12}	* MgNH$_4$PO$_4$	2.5×10^{-13}
CdCO$_3$	1.0×10^{-12}	* BaC$_2$O$_4$	1.6×10^{-7}	Mg$_3$(PO$_4$)$_2$	1.04×10^{-24}
* CuCO$_3$	1.4×10^{-10}	* CaC$_2$O$_4$ · H$_2$O	4×10^{-9}	* Pb$_3$(PO$_4$)$_2$	8.0×10^{-43}
FeCO$_3$	3.13×10^{-11}	CuC$_2$O$_4$	4.43×10^{-10}	* Zn$_3$(PO$_4$)$_2$	9.0×10^{-33}
Hg$_2$CO$_3$	3.6×10^{-17}	* FeC$_2$O$_4$ · 2H$_2$O	3.2×10^{-7}	其他盐	
MgCO$_3$	6.82×10^{-6}	Hg$_2$C$_2$O$_4$	1.75×10^{-13}	* [Ag$^+$][Ag(CN)$_2^-$]	7.2×10^{-11}
MnCO$_3$	2.24×10^{-11}	MgC$_2$O$_4$ · 2H$_2$O	4.83×10^{-6}	* Ag$_4$[Fe(CN)$_6$]	1.6×10^{-41}
NiCO$_3$	1.42×10^{-7}	MnC$_2$O$_4$ · 2H$_2$O	1.70×10^{-7}	* Cu$_2$[Fe(CN)$_6$]	1.3×10^{-16}
* PbCO$_3$	7.4×10^{-14}	* * PbC$_2$O$_4$	8.51×10^{-10}	AgSCN	1.03×10^{-12}
SrCO$_3$	5.6×10^{-10}	* SrC$_2$O$_4$ · H$_2$O	1.6×10^{-7}	CuSCN	4.8×10^{-15}
ZnCO$_3$	1.46×10^{-10}	ZnC$_2$O$_4$ · 2H$_2$O	1.38×10^{-9}	* AgBrO$_3$	5.3×10^{-5}

化合物	溶度积	化合物	溶度积	化合物	溶度积
铬酸盐		硫酸盐		* $AgIO_3$	3.0×10^{-8}
Ag_2CrO_4	1.12×10^{-12}	* Ag_2SO_4	1.4×10^{-5}	$Cu(IO_3)_2 \cdot H_2O$	7.4×10^{-8}
* $Ag_2Cr_2O_7$	2.0×10^{-7}	* $BaSO_4$	1.1×10^{-10}	* * $KHC_4H_4O_6$(酒石酸氢钾)	3×10^{-4}
* $BaCrO_4$	1.2×10^{-10}	* $CaSO_4$	9.1×10^{-6}	* * Al(8-羟基喹啉)$_3$	5×10^{-33}
* $CaCrO_4$	7.1×10^{-4}	Hg_2SO_4	6.5×10^{-7}	* $K_2Na[Co(NO_2)_6] \cdot H_2O$	2.2×10^{-11}
* $CuCrO_4$	3.6×10^{-6}	* $PbSO_4$	1.6×10^{-8}	* $Na(NH_4)_2[Co(NO_2)_6]$	4×10^{-12}
* Hg_2CrO_4	2.0×10^{-9}	* $SrSO_4$	3.2×10^{-7}	* * Ni(丁二酮肟)$_2$	4×10^{-24}
* $PbCrO_4$	2.8×10^{-13}	硫化物		* * Mg(8-羟基喹啉)$_2$	4×10^{-16}
* $SrCrO_4$	2.2×10^{-5}	* Ag_2S	6.3×10^{-50}	* * Zn(8-羟基喹啉)$_2$	5×10^{-25}

附录 5　标准电极电势(298.16K)

电极反应	$E^{\theta}(V)$
$Ag^+ + e \rightleftharpoons Ag$	0.7996
$Ag^{2+} + e \rightleftharpoons Ag^+$	1.98
$AgBr + e \rightleftharpoons Ag + Br^-$	0.0713
$AgBrO_3 + e \rightleftharpoons Ag + BrO_3^-$	0.546
$AgCl + e \rightleftharpoons Ag + Cl^-$	0.222
$AgCN + e \rightleftharpoons Ag + CN^-$	-0.017
$Ag_2CO_3 + 2e \rightleftharpoons 2Ag + CO_3^{2-}$	0.47
$Ag_2C_2O_4 + 2e \rightleftharpoons 2Ag + C_2O_4^{2-}$	0.465
$Ag_2CrO_4 + 2e \rightleftharpoons 2Ag + CrO_4^{2-}$	0.447
$AgF + e \rightleftharpoons Ag + F^-$	0.779
$Ag_4[Fe(CN)_6] + 4e \rightleftharpoons 4Ag + [Fe(CN)_6]^{4-}$	0.148
$AgI + e \rightleftharpoons Ag + I^-$	-0.152
$AgIO_3 + e \rightleftharpoons Ag + IO_3^-$	0.354
$Ag_2MoO_4 + 2e \rightleftharpoons 2Ag + MoO_4^{2-}$	0.457
$[Ag(NH_3)_2]^+ + e \rightleftharpoons Ag + 2NH_3$	0.373
$AgNO_2 + e \rightleftharpoons Ag + NO_2^-$	0.564
$Ag_2O + H_2O + 2e \rightleftharpoons 2Ag + 2OH^-$	0.342
$2AgO + H_2O + 2e \rightleftharpoons Ag_2O + 2OH^-$	0.607
$Ag_2S + 2e \rightleftharpoons 2Ag + S^{2-}$	-0.691
$Ag_2S + 2H^+ + 2e \rightleftharpoons 2Ag + H_2S$	-0.0366
$AgSCN + e \rightleftharpoons Ag + SCN^-$	0.0895
$Ag_2SeO_4 + 2e \rightleftharpoons 2Ag + SeO_4^{2-}$	0.363
$Ag_2SO_4 + 2e \rightleftharpoons 2Ag + SO_4^{2-}$	0.654
$Ag_2WO_4 + 2e \rightleftharpoons 2Ag + WO_4^{2-}$	0.466
$Al_3 + 3e \rightleftharpoons Al$	-1.662
$AlF_6^{3-} + 3e \rightleftharpoons Al + 6F^-$	-2.069
$Al(OH)_3 + 3e \rightleftharpoons Al + 3OH^-$	-2.31
$AlO_2^- + 2H_2O + 3e \rightleftharpoons Al + 4OH^-$	-2.35
$As + 3H^+ + 3e \rightleftharpoons AsH_3$	-0.608
$As + 3H_2O + 3e \rightleftharpoons AsH_3 + 3OH^-$	-1.37
$As_2O_3 + 6H^+ + 6e \rightleftharpoons 2As + 3H_2O$	0.234
$HAsO_2 + 3H^+ + 3e \rightleftharpoons As + 2H_2O$	0.248

电极反应	$E^{\theta}(V)$
$AsO_2^- + 2H_2O + 3e \rightleftharpoons As + 4OH^-$	-0.68
$H_3AsO_4 + 2H^+ + 2e \rightleftharpoons HAsO_2 + 2H_2O$	0.56
$AsO_4^{3-} + 2H_2O + 2e \rightleftharpoons AsO_2^- + 4OH^-$	-0.71
$AsS_2^- + 3e \rightleftharpoons As + 2S^{2-}$	-0.75
$AsS_4^{3-} + 2e \rightleftharpoons AsS_2^- + 2S^{2-}$	-0.6
$Au^+ + e \rightleftharpoons Au$	1.692
$Au^{3+} + 3e \rightleftharpoons Au$	1.498
$Au^{3+} + 2e \rightleftharpoons Au^+$	1.401
$AuBr_2^- + e \rightleftharpoons Au + 2Br^-$	0.959
$AuBr_4^- + 3e \rightleftharpoons Au + 4Br^-$	0.854
$AuCl_2^- + e \rightleftharpoons Au + 2Cl^-$	1.15
$AuCl_4^- + 3e \rightleftharpoons Au + 4Cl^-$	1.002
$AuI + e \rightleftharpoons Au + I^-$	0.5
$Au(SCN)_4^- + 3e \rightleftharpoons Au + 4SCN^-$	0.66
$Au(OH)_3 + 3H^+ + 3e \rightleftharpoons Au + 3H_2O$	1.45
$BF_4^- + 3e \rightleftharpoons B + 4F^-$	-1.04
$H_2BO_3^- + H_2O + 3e \rightleftharpoons B + 4OH^-$	-1.79
$B(OH)_3 + 7H^+ + 8e \rightleftharpoons BH_4^- + 3H_2O$	-0.0481
$Ba^{2+} + 2e \rightleftharpoons Ba$	-2.912
$Ba(OH)_2 + 2e \rightleftharpoons Ba + 2OH^-$	-2.99
$Be^{2+} + 2e \rightleftharpoons Be$	-1.847
$Be_2O_3^{2-} + 3H_2O + 4e \rightleftharpoons 2Be + 6OH^-$	-2.63
$Bi^+ + e \rightleftharpoons Bi$	0.5
$Bi^{3+} + 3e \rightleftharpoons Bi$	0.308
$BiCl_4^- + 3e \rightleftharpoons Bi + 4Cl^-$	0.16
$BiOCl + 2H^+ + 3e \rightleftharpoons Bi + Cl^- + H_2O$	0.16
$Bi_2O_3 + 3H_2O + 6e \rightleftharpoons 2Bi + 6OH^-$	-0.46
$Bi_2O_4 + 4H^+ + 2e \rightleftharpoons 2BiO^+ + 2H_2O$	1.593
$Bi_2O_4 + H_2O + 2e \rightleftharpoons Bi_2O_3 + 2OH^-$	0.56
$Br_2(水溶液, aq) + 2e \rightleftharpoons 2Br^-$	1.087
$Br_2(液体) + 2e \rightleftharpoons 2Br^-$	1.066
$BrO^- + H_2O + 2e \rightleftharpoons Br^- + 2OH$	0.761
$BrO_3^- + 6H^+ + 6e \rightleftharpoons Br^- + 3H_2O$	1.423
$BrO_3^- + 3H_2O + 6e \rightleftharpoons Br^- + 6OH^-$	0.61
$2BrO_3^- + 12H^+ + 10e \rightleftharpoons Br_2 + 6H_2O$	1.482
$HBrO + H^+ + 2e \rightleftharpoons Br^- + H_2O$	1.331

电极反应	$E^{\theta}(V)$
$2HBrO+2H^{+}+2e\!\Longrightarrow\!Br_2(水溶液，aq)+2H_2O$	1.574
$CH_3OH+2H^{+}+2e\!\Longrightarrow\!CH_4+H_2O$	0.59
$HCHO+2H^{+}+2e\!\Longrightarrow\!CH_3OH$	0.19
$CH_3COOH+2H^{+}+2e\!\Longrightarrow\!CH_3CHO+H_2O$	-0.12
$(CN)_2+2H^{+}+2e\!\Longrightarrow\!2HCN$	0.373
$(CNS)_2+2e\!\Longrightarrow\!2CNS^{-}$	0.77
$CO_2+2H^{+}+2e\!\Longrightarrow\!CO+H_2O$	-0.12
$CO_2+2H^{+}+2e\!\Longrightarrow\!HCOOH$	-0.199
$Ca^{2+}+2e\!\Longrightarrow\!Ca$	-2.868
$Ca(OH)_2+2e\!\Longrightarrow\!Ca+2OH^{-}$	-3.02
$Cd^{2+}+2e\!\Longrightarrow\!Cd$	-0.403
$Cd^{2+}+2e\!\Longrightarrow\!Cd(Hg)$	-0.352
$Cd(CN)_4^{2-}+2e\!\Longrightarrow\!Cd+4CN^{-}$	-1.09
$CdO+H_2O+2e\!\Longrightarrow\!Cd+2OH^{-}$	-0.783
$CdS+2e\!\Longrightarrow\!Cd+S^{2-}$	-1.17
$CdSO_4+2e\!\Longrightarrow\!Cd+SO_4^{2-}$	-0.246
$Ce^{3+}+3e\!\Longrightarrow\!Ce$	-2.336
$Ce^{3+}+3e\!\Longrightarrow\!Ce(Hg)$	-1.437
$CeO_2+4H^{+}+e\!\Longrightarrow\!Ce^{3+}+2H_2O$	1.4
$Cl_2(气体)+2e\!\Longrightarrow\!2Cl^{-}$	1.358
$ClO^{-}+H_2O+2e\!\Longrightarrow\!Cl^{-}+2OH^{-}$	0.89
$HClO+H^{+}+2e\!\Longrightarrow\!Cl^{-}+H_2O$	1.482
$2HClO+2H^{+}+2e\!\Longrightarrow\!Cl_2+2H_2O$	1.611
$ClO_2^{-}+2H_2O+4e\!\Longrightarrow\!Cl^{-}+4OH^{-}$	0.76
$2ClO_3^{-}+12H^{+}+10e\!\Longrightarrow\!Cl_2+6H_2O$	1.47
$ClO_3^{-}+6H^{+}+6e\!\Longrightarrow\!Cl^{-}+3H_2O$	1.451
$ClO_3^{-}+3H_2O+6e\!\Longrightarrow\!Cl^{-}+6OH^{-}$	0.62
$ClO_4^{-}+8H^{+}+8e\!\Longrightarrow\!Cl^{-}+4H_2O$	1.38
$2ClO_4^{-}+16H^{+}+14e\!\Longrightarrow\!Cl_2+8H_2O$	1.39
$Co^{2+}+2e\!\Longrightarrow\!Co$	-0.28
$[Co(NH_3)_6]^{3+}+e\!\Longrightarrow\![Co(NH_3)_6]^{2+}$	0.108
$[Co(NH_3)_6]^{2+}+2e\!\Longrightarrow\!Co+6NH_3$	-0.43
$Co(OH)_2+2e\!\Longrightarrow\!Co+2OH^{-}$	-0.73
$Co(OH)_3+e\!\Longrightarrow\!Co(OH)_2+OH^{-}$	0.17
$Cr^{2+}+2e\!\Longrightarrow\!Cr$	-0.913
$Cr^{3+}+e\!\Longrightarrow\!Cr^{2+}$	-0.407

电极反应	$E^{\theta}(V)$
$Cr^{3+}+3e\!\Longrightarrow\!Cr$	-0.744
$[Cr(CN)_6]^{3-}+e\!\Longrightarrow\![Cr(CN)_6]^{4-}$	-1.28
$Cr(OH)_3+3e\!\Longrightarrow\!Cr+3OH^-$	-1.48
$Cr_2O_7^{2-}+14H^++6e\!\Longrightarrow\!2Cr^{3+}+7H_2O$	1.232
$CrO_2^-+2H_2O+3e\!\Longrightarrow\!Cr+4OH^-$	-1.2
$HCrO_4^-+7H^++3e\!\Longrightarrow\!Cr^{3+}+4H_2O$	1.35
$CrO_4^{2-}+4H_2O+3e\!\Longrightarrow\!Cr(OH)_3+5OH^-$	-0.13
$Cu^++e\!\Longrightarrow\!Cu$	0.521
$Cu^{2+}+2e\!\Longrightarrow\!Cu$	0.342
$Cu^{2+}+2e\!\Longrightarrow\!Cu(Hg)$	0.345
$Cu^{2+}+Br^-+e\!\Longrightarrow\!CuBr$	0.66
$Cu^{2+}+Cl^-+e\!\Longrightarrow\!CuCl$	0.57
$Cu^{2+}+I^-+e\!\Longrightarrow\!CuI$	0.86
$Cu^{2+}+2CN^-+e\!\Longrightarrow\![Cu(CN)_2]^-$	1.103
$CuBr_2^-+e\!\Longrightarrow\!Cu+2Br^-$	0.05
$CuCl_2^-+e\!\Longrightarrow\!Cu+2Cl^-$	0.19
$CuI_2^-+e\!\Longrightarrow\!Cu+2I^-$	0
$Cu_2O+H_2O+2e\!\Longrightarrow\!2Cu+2OH^-$	-0.36
$Cu(OH)_2+2e\!\Longrightarrow\!Cu+2OH^-$	-0.222
$2Cu(OH)_2+2e\!\Longrightarrow\!Cu_2O+2OH^-+H_2O$	-0.08
$CuS+2e\!\Longrightarrow\!Cu+S^{2-}$	-0.7
$CuSCN+e\!\Longrightarrow\!Cu+SCN^-$	-0.27
$F_2+2H^++2e\!\Longrightarrow\!2HF$	3.053
$F_2O+2H^++4e\!\Longrightarrow\!H_2O+2F^-$	2.153
$Fe^{2+}+2e\!\Longrightarrow\!Fe$	-0.447
$Fe^{3+}+3e\!\Longrightarrow\!Fe$	-0.037
$[Fe(CN)_6]^{3-}+e\!\Longrightarrow\![Fe(CN)_6]^{4-}$	0.358
$[Fe(CN)_6]^{4-}+2e\!\Longrightarrow\!Fe+6CN^-$	-1.5
$FeF_6^{3-}+e\!\Longrightarrow\!Fe^{2+}+6F^-$	0.4
$Fe(OH)_2+2e\!\Longrightarrow\!Fe+2OH^-$	-0.877
$Fe(OH)_3+e\!\Longrightarrow\!Fe(OH)_2+OH^-$	-0.56
$Fe_3O_4+8H^++2e\!\Longrightarrow\!3Fe^{2+}+4H_2O$	1.23
$2H^++2e\!\Longrightarrow\!H_2$	0
$H_2+2e\!\Longrightarrow\!2H^-$	-2.25
$2H_2O+2e\!\Longrightarrow\!H_2+2OH^-$	-0.8277
$Hg^{2+}+2e\!\Longrightarrow\!Hg$	0.851

电极反应	$E^{\theta}(V)$
$Hg_2^{2+}+2e\!=\!\!=\!2Hg$	0.797
$2Hg^{2+}+2e\!=\!\!=\!Hg_2^{2+}$	0.92
$Hg_2Br_2+2e\!=\!\!=\!2Hg+2Br^-$	0.1392
$HgBr_4^{2-}+2e\!=\!\!=\!Hg+4Br^-$	0.21
$Hg_2Cl_2+2e\!=\!\!=\!2Hg+2Cl^-$	0.2681
$2HgCl_2+2e\!=\!\!=\!Hg_2Cl_2+2Cl^-$	0.63
$Hg_2CrO_4+2e\!=\!\!=\!2Hg+CrO_4^{2-}$	0.54
$Hg_2I_2+2e\!=\!\!=\!2Hg+2I^-$	-0.0405
$Hg_2O+H_2O+2e\!=\!\!=\!2Hg+2OH^-$	0.123
$HgO+H_2O+2e\!=\!\!=\!Hg+2OH^-$	0.0977
$HgS(红色)+2e\!=\!\!=\!Hg+S^{2-}$	-0.7
$HgS(黑色)+2e\!=\!\!=\!Hg+S^{2-}$	-0.67
$Hg_2(SCN)_2+2e\!=\!\!=\!2Hg+2SCN^-$	0.22
$Hg_2SO_4+2e\!=\!\!=\!2Hg+SO_4^{2-}$	0.613
$I_2+2e\!=\!\!=\!2I^-$	0.5355
$I_3^-+2e\!=\!\!=\!3I^-$	0.536
$2IBr+2e\!=\!\!=\!I_2+2Br^-$	1.02
$ICN+2e\!=\!\!=\!I^-+CN^-$	0.3
$2HIO+2H^++2e\!=\!\!=\!I_2+2H_2O$	1.439
$HIO+H^++2e\!=\!\!=\!I^-+H_2O$	0.987
$IO^-+H_2O+2e\!=\!\!=\!I^-+2OH^-$	0.485
$2IO_3^-+12H^++10e\!=\!\!=\!I_2+6H_2O$	1.195
$IO_3^-+6H^++6e\!=\!\!=\!I^-+3H_2O$	1.085
$IO_3^-+2H_2O+4e\!=\!\!=\!IO^-+4OH^-$	0.15
$IO_3^-+3H_2O+6e\!=\!\!=\!I^-+6OH^-$	0.26
$2IO_3^-+6H_2O+10e\!=\!\!=\!I_2+12OH^-$	0.21
$H_5IO_6+H^++2e\!=\!\!=\!IO_3^-+3H_2O$	1.601
$I_n^++e\!=\!\!=\!I_n$	-0.14
$I_n^{3+}+3e\!=\!\!=\!I_n$	-0.338
$I_n(OH)_3+3e\!=\!\!=\!I_n+3OH^-$	-0.99
$K^++e\!=\!\!=\!K$	-2.931
$Li^++e\!=\!\!=\!Li$	-3.04
$Mg^{2+}+2e\!=\!\!=\!Mg$	-2.372
$Mg(OH)_2+2e\!=\!\!=\!Mg+2OH^-$	-2.69
$Mn^{2+}+2e\!=\!\!=\!Mn$	-1.185
$Mn^{3+}+3e\!=\!\!=\!Mn$	1.542

电极反应	$E^{\theta}(V)$
$MnO_2+4H^++2e\!=\!\!=\!Mn^{2+}+2H_2O$	1.224
$MnO_4^-+4H^++3e\!=\!\!=\!MnO_2+2H_2O$	1.679
$MnO_4^-+8H^++5e\!=\!\!=\!Mn^{2+}+4H_2O$	1.507
$MnO_4^-+2H_2O+3e\!=\!\!=\!MnO_2+4OH^-$	0.595
$Mn(OH)_2+2e\!=\!\!=\!Mn+2OH^-$	-1.56
$Mo^{3+}+3e\!=\!\!=\!Mo$	-0.2
$MoO_4{}^{2-}+4H_2O+6e\!=\!\!=\!Mo+8OH^-$	-1.05
$N_2+2H_2O+6H^++6e\!=\!\!=\!2NH_4OH$	0.092
$2NH_3OH^++H^++2e\!=\!\!=\!N_2H_5{}^++2H_2O$	1.42
$2NO+H_2O+2e\!=\!\!=\!N_2O+2OH^-$	0.76
$2HNO_2+4H^++4e\!=\!\!=\!N_2O+3H_2O$	1.297
$NO_3^-+3H^++2e\!=\!\!=\!HNO_2+H_2O$	0.934
$NO_3^-+H_2O+2e\!=\!\!=\!NO_2^-+2OH^-$	0.01
$2NO_3^-+2H_2O+2e\!=\!\!=\!N_2O_4+4OH^-$	-0.85
$Na^++e\!=\!\!=\!Na$	-2.713
$Ni^{2+}+2e\!=\!\!=\!Ni$	-0.257
$NiCO_3+2e\!=\!\!=\!Ni+CO_3^{2-}$	-0.45
$Ni(OH)_2+2e\!=\!\!=\!Ni+2OH^-$	-0.72
$NiO_2+4H^++2e\!=\!\!=\!Ni^{2+}+2H_2O$	1.678
$O_2+4H^++4e\!=\!\!=\!2H_2O$	1.229
$O_2+2H_2O+4e\!=\!\!=\!4OH^-$	0.401
$O_3+H_2O+2e\!=\!\!=\!O_2+2OH^-$	1.24
$P+3H_2O+3e\!=\!\!=\!PH_3(g)+3OH^-$	-0.87
$H_2PO_2^-+e\!=\!\!=\!P+2OH^-$	-1.82
$H_3PO_3+2H^++2e\!=\!\!=\!H_3PO_2+H_2O$	-0.499
$H_3PO_3+3H^++3e\!=\!\!=\!P+3H_2O$	-0.454
$H_3PO_4+2H^++2e\!=\!\!=\!H_3PO_3+H_2O^-$	-0.276
$PO_4^{3-}+2H_2O+2e\!=\!\!=\!HPO_3^{2-}+3OH^-$	-1.05
$Pb^{2+}+2e\!=\!\!=\!Pb$	-0.126
$Pb^{2+}+2e\!=\!\!=\!Pb(Hg)$	-0.121
$PbBr_2+2e\!=\!\!=\!Pb+2Br^-$	-0.284
$PbCl_2+2e\!=\!\!=\!Pb+2Cl^-$	-0.268
$PbCO_3+2e\!=\!\!=\!Pb+CO_3^{2-}$	-0.506
$PbF_2+2e\!=\!\!=\!Pb+2F^-$	-0.344
$PbI_2+2e\!=\!\!=\!Pb+2I^-$	-0.365
$PbO+H_2O+2e\!=\!\!=\!Pb+2OH^-$	-0.58

电极反应	$E^{\theta}(V)$
$PbO+4H^++2e\!\!=\!\!=\!\!Pb+H_2O$	0.25
$PbO_2+4H^++2e\!\!=\!\!=\!\!Pb^2+2H_2O$	1.455
$HPbO_2^-+H_2O+2e\!\!=\!\!=\!\!Pb+3OH^-$	-0.537
$PbO_2+SO_4^{2-}+4H^++2e\!\!=\!\!=\!\!PbSO_4+2H_2O$	1.691
$PbSO_4+2e\!\!=\!\!=\!\!Pb+SO_4^{2-}$	-0.359
$Pt^{2+}+2e\!\!=\!\!=\!\!Pt$	1.18
$[PtCl_6]^{2-}+2e\!\!=\!\!=\!\![PtCl_4]^{2-}+2Cl^-$	0.68
$Pt(OH)_2+2e\!\!=\!\!=\!\!Pt+2OH^-$	0.14
$PtO_2+4H^++4e\!\!=\!\!=\!\!Pt+2H_2O$	1
$PtS+2e\!\!=\!\!=\!\!Pt+S^{2-}$	-0.83
$S+2e\!\!=\!\!=\!\!S^{2-}$	-0.476
$S+2H^++2e\!\!=\!\!=\!\!H_2S$(水溶液，aq)	0.142
$S_2O_6^{2-}+4H^++2e\!\!=\!\!=\!\!2H_2SO_3$	0.564
$2SO_3^{2-}+3H_2O+4e\!\!=\!\!=\!\!S_2O_3^{2-}+6OH^-$	-0.571
$2SO_3^{2-}+2H_2O+2e\!\!=\!\!=\!\!S_2O_4^{2-}+4OH^-$	-1.12
$SO_4^{2-}+H_2O+2e\!\!=\!\!=\!\!SO_3^{2-}+2OH^-$	-0.93
$Se+2e\!\!=\!\!=\!\!Se^{2-}$	-0.924
$Se+2H^++2e\!\!=\!\!=\!\!H_2Se$(水溶液，aq)	-0.399
$H_2SeO_3+4H^++4e\!\!=\!\!=\!\!Se+3H_2O$	-0.74
$SeO_3^{2-}+3H_2O+4e\!\!=\!\!=\!\!Se+6OH^-$	-0.366
$SeO_4^{2-}+H_2O+2e\!\!=\!\!=\!\!SeO_3^{2-}+2OH^-$	0.05
$Si+4H^++4e\!\!=\!\!=\!\!SiH_4$（气体）	0.102
$Si+4H_2O+4e\!\!=\!\!=\!\!SiH_4+4OH^-$	-0.73
$SiF_6^{2-}+4e\!\!=\!\!=\!\!Si+6F^-$	-1.24
$SiO_2+4H^++4e\!\!=\!\!=\!\!Si+2H_2O$	-0.857
$SiO_3^{2-}+3H_2O+4e\!\!=\!\!=\!\!Si+6OH^-$	-1.697
$Sn^{2+}+2e\!\!=\!\!=\!\!Sn$	-0.138
$Sn^{4+}+2e\!\!=\!\!=\!\!Sn^{2+}$	0.151
$SnCl_4^{2-}+2e\!\!=\!\!=\!\!Sn+4Cl^-$（1mol/L HCl）	-0.19
$SnF_6^{2-}+4e\!\!=\!\!=\!\!Sn+6F^-$	-0.25
$Sn(OH)_3^-+3H^++2e\!\!=\!\!=\!\!Sn^{2+}+3H_2O$	0.142
$SnO_2+4H^++4e\!\!=\!\!=\!\!Sn+2H_2O$	-0.117
$Sn(OH)_6^{2-}+2e\!\!=\!\!=\!\!HSnO_2^-+3OH^-+H_2O$	-0.93
$Sr^{2+}+2e\!\!=\!\!=\!\!Sr$	-2.899
$Sr^{2+}+2e\!\!=\!\!=\!\!Sr(Hg)$	-1.793
$Sr(OH)_2+2e\!\!=\!\!=\!\!Sr+2OH^-$	-2.88

电极反应	$E^{\theta}(V)$
$Ti^{2+}+2e\!\!=\!\!=\!\!Ti$	-1.63
$Ti^{3+}+3e\!\!=\!\!=\!\!Ti$	-1.37
$TiO_2+4H^++2e\!\!=\!\!=\!\!Ti^{2+}+2H_2O$	-0.502
$TiO^{2+}+2H^++e\!\!=\!\!=\!\!Ti^{3+}+H_2O$	0.1
$V^{2+}+2e\!\!=\!\!=\!\!V$	-1.175
$Zn^{2+}+2e\!\!=\!\!=\!\!Zn$	-0.7618
$Zn^{2+}+2e\!\!=\!\!=\!\!Zn(Hg)$	-0.7628
$Zn(OH)_2+2e\!\!=\!\!=\!\!Zn+2OH^-$	-1.249
$ZnS+2e\!\!=\!\!=\!\!Zn+S^{2-}$	-1.4
$ZnSO_4+2e\!\!=\!\!=\!\!Zn(Hg)+SO_4^{2-}$	-0.799

附录6 国际原子量表

原子序数	名称	符号	原子量	原子序数	名称	符号	原子量
1	氢	H	1.0079	55	铯	Cs	132.9054
2	氦	He	4.0026	56	钡	Ba	137.33
3	锂	Li	6.941	57	镧	La	138.9055
4	铍	Be	9.01218	58	铈	Ce	140.12
5	硼	B	10.81	59	镨	Pr	140.9077
6	碳	C	12.011	60	钕	Nd	144.24
7	氮	N	14.0067	61	钷	Pm	[145]
8	氧	O	15.9994	62	钐	Sm	150.4
9	氟	F	18.9984	63	铕	Eu	151.96
10	氖	Ne	20.179	64	钆	Gd	157.25
11	钠	Na	22.98977	65	铽	Tb	158.9254
12	镁	Mg	24.305	66	镝	Dy	162.5
13	铝	Al	26.98154	67	钬	Ho	164.9304
14	硅	Si	28.0855	68	铒	Er	167.26
15	磷	P	30.97376	69	铥	Tm	168.9342
16	硫	S	32.06	70	镱	Yb	173.04
17	氯	Cl	35.453	71	镥	Lu	174.967
18	氩	Ar	39.948	72	铪	Hf	178.49
19	钾	K	39.098	73	钽	Ta	180.9479
20	钙	Ca	40.08	74	钨	W	183.85
21	钪	Sc	44.9559	75	铼	Re	186.207
22	钛	Ti	47.9	76	锇	Os	190.2
23	钒	V	50.9415	77	铱	Ir	192.22
24	铬	Cr	51.996	78	铂	Pt	195.09
25	锰	Mn	54.938	79	金	Au	196.9665
26	铁	Fe	55.847	80	汞	Hg	200.59
27	钴	Co	58.9332	81	铊	Tl	204.37
28	镍	Ni	58.7	82	铅	Pb	207.2
29	铜	Cu	63.546	83	铋	Bi	208.9804
30	锌	Zn	65.38	84	钋	Po	[210][209]
31	镓	Ga	69.72	85	砹	At	[210]
32	锗	Ge	72.59	86	氡	Rn	[222]

原子序数	名称	符号	原子量	原子序数	名称	符号	原子量
33	砷	As	74.9216	87	钫	Fr	[223]
34	硒	Se	78.96	88	镭	Ra	226.0254
35	溴	Br	79.904	89	锕	Ac	227.0278
36	氪	Kr	83.8	90	钍	Th	232.0381
37	铷	Rb	85.4678	91	镤	Pa	231.0359
38	锶	Sr	87.62	92	铀	U	238.029
39	钇	Y	88.9059	93	镎	Np	237.0482
40	锆	Zr	91.22	94	钚	Pu	[239][244]
41	铌	Nb	92.9064	95	镅	Am	[243]
42	钼	Mo	95.94	96	锔	Cm	[247]
43	锝	Tc	[97][99]	97	锫	Bk	[247]
44	钌	Ru	101.07	98	锎	Cf	[251]
45	铑	Rh	102.9055	99	锿	Es	[254]
46	钯	Pd	106.4	100	镄	Fm	[257]
47	银	Ag	107.868	101	钔	Md	[258]
48	镉	Cd	112.41	102	锘	No	[259]
49	铟	In	114.82	103	铹	Lr	[260]
50	锡	Sn	118.69	104		Unq	[261]
51	锑	Sb	121.75	105		Unp	[262]
52	碲	Te	127.6	106		Unh	[263]
53	碘	I	126.9045	107			[261]
54	氙	Xe	131.3				

参考文献

[1] 李明豫，丁卫东. 水泥企业化验室工作手册[M]. 北京：中国矿业大学出版社，2002.

[2] 王瑞海，中国建材科学研究院水泥与新材研究所. 水泥化验室实用手册[M]. 北京：中国建材工业出版社，2001.

[3] 水泥标准汇编编写组，中国标准出版社第二编辑室. 建筑材料标准汇编——水泥[M]. 北京：中国标准出版社，2003.

[4] 蔡贵珍. 化验室基本知识及操作[M]. 武汉：武汉工业大学出版社，1993.

[5] 黄一石. 仪器分析[M]. 北京：化学工业出版社，2002.

[6] 刘珍. 化验员读本[M]. 北京：化学工业出版社，2001.

[7] 武汉大学. 分析化学[M]. 北京：高等教育出版社，2000.

[8] 周光明. 分析化学习题精解[M]. 北京：科学出版社，2001.

[9] 高职高专化学教材编写组. 分析化学[M]. 北京：高等教育出版社，2002.

[10] 高职高专化学教材编写组. 分析化学实验[M]. 北京：高等教育出版社，2002.

[11] 杨启凯. 分析化学实验[M]. 武汉：武汉工业大学出版社，1997.

[12] 殷永林. 分析化学[M]. 武汉：武汉工业大学出版社，1993.

[13] 梁述忠. 仪器分析[M]. 北京：化学工业出版社，2004.

[14] 董慧茹. 仪器分析[M]. 北京：化学工业出版社，2000.

[15] 华东理工大学分析化学教研组，成都科学技术大学分析化学教研组. 分析化学[M]. 第4版. 北京：高等教育出版社，1995.

[16] 彭崇慧等. 定量化学分析简明教程[M]. 北京：北京大学出版社，1997.

[17] 吴性良，朱万森，马林编. 分析化学原理[M]. 北京：化学工业出版社，2004.

[18] 于世林，苗凤琴. 分析化学[M]. 北京：高等教育出版社，2001.

[19] 于世林，苗凤琴. 分析化学实验[M]. 北京：高等教育出版社，2001.

[20] 侯振雨. 无机及分析化学实验[M]. 北京：高等教育出版社，2004.

[21] 徐莉英. 无机及分析化学实验[M]. 上海：上海交通大学出版社，2004.

[22] 刘文长，崔健，杨鑫. 水泥及其原燃料化验方法与设备[M]. 北京：中国建材工业出版社，2009.

[23] 苏文春. 建筑材料试验手册[M]. 北京：冶金工业出版社，2006.

[24] 高职高专化学教材编写组. 分析化学[M]. 北京：高等教育出版社，2008.

[25] 雷远春. 硅酸盐材料理化性能检测[M]. 北京：武汉理工大学出版社，2002.

[26] 赵泽禄. 化学分析技术[M]. 北京：化学工业出版社，2006.

[27] 周正立，梁颐，周宇辉. 水泥化验与质量控制实用操作技术手册[M]. 北京：中国建材工业出版社，2006.